中国建筑业信息化发展报告

# 装配式建筑信息化
# 应用与发展

中国建筑业信息化发展报告编写组

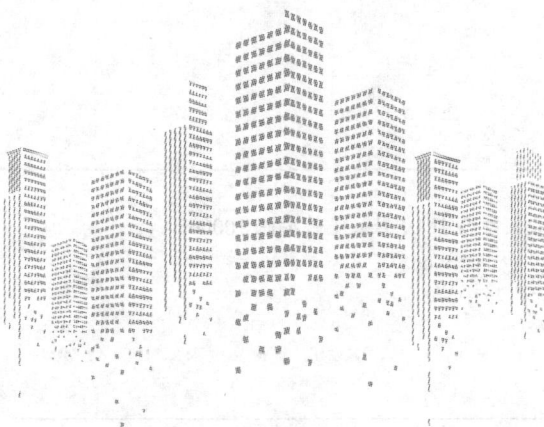

中国电力出版社
CHINA ELECTRIC POWER PRESS

# 内 容 提 要

本书共 11 章内容，从装配式建筑自身的特点、价值、发展历程及其信息化应用特点和需求开篇，对我国装配式建筑信息化应用调研做了深入分析，针对装配式建筑信息化应用技术基础，提出应用框架、关键技术和建设路径，对装配式建筑部品库建设做了描述和分类；按照装配式建筑全阶段，总结了标准化设计、部品生产与管理、混凝土建筑、钢结构建筑及机电模块化施工与管理、装配式装修、全过程管理的信息化应用理论和实践情况，同时展望了装配式建筑信息化发展趋势。通读此书，可以帮助读者认识到信息化在装配式建筑中的应用价值，了解行业信息化发展前沿，同时掌握装配式建筑信息化理论体系、应用系统和应用方法，利于加快装配式建筑绿色化、工业化和信息化"三化"融合发展。

本书适合行业政府管理部门、行业技术、管理人员及高等院校相关专业师生阅读使用。

**图书在版编目（CIP）数据**

中国建筑业信息化发展报告：装配式建筑信息化应用与发展 / 中国建筑业信息化发展报告编写组编 . —北京：中国电力出版社，2019.6
ISBN 978-7-5198-3239-1

Ⅰ. ①中… Ⅱ. ①中… Ⅲ. ①建筑工程–装配式构件–信息化–研究报告–中国 Ⅳ. ①TU7–39

中国版本图书馆 CIP 数据核字（2019）第 103616 号

出版发行：中国电力出版社
地　　址：北京市东城区北京站西街 19 号（邮政编码 100005）
网　　址：http://www.cepp.sgcc.com.cn
责任编辑：王晓蕾（010-63412610）
责任校对：黄　蓓　郝军燕
装帧设计：王英磊
责任印制：杨晓东

印　　刷：三河市航远印刷有限公司
版　　次：2019 年 6 月第一版
印　　次：2019 年 6 月北京第一次印刷
开　　本：787 毫米×1092 毫米　16 开本
印　　张：22
字　　数：425 千字
定　　价：200.00 元

**版 权 专 有　侵 权 必 究**

本书如有印装质量问题，我社营销中心负责退换

# 《中国建筑业信息化发展报告：装配式建筑信息化应用与发展》编委会

主任委员：王中奇　韩　店　毛志兵

副主任委员：米文忠　马智亮　杨富春　李云贵　张建平
　　　　　　李久林　刁志中

编　　　委：（按姓氏拼音排序）
　　　　　　龚　剑　黄　俭　刘　谦　刘　刚　李　浩
　　　　　　王爱华　王晓冬　徐　坤　徐　沫　叶　明
　　　　　　袁正刚　云浪生　曾立民　张光明　赵　钿

# 《中国建筑业信息化发展报告：装配式建筑信息化应用与发展》编写组

主　　编：米文忠

副 主 编：马智亮　张光明　杨富春　李云贵　张建平
李久林　刘　刚　龚　剑　李　洁　徐　沭
龙　凤

编写组成员：（按姓氏拼音排序）

董占波　郝大功　侯　仑　黄　铎　黄锰钢

黄小军　霍俊龙　何　磊　李工龙　李洪艳

李　楠　李松阳　李晓文　李　宇　林佳瑞

刘桂平　刘林华　刘若南　卢书宝　卢晓岩

卢　造　吕雪源　潘　悦　秦　军　任成传

沈灵均　石会敏　石　磊　苏　磊　孙璟璐

孙　禄　唐森骑　田　东　汪少山　王鹏翊

王聪颖　王剑涛　王耀堂　王　勇　王志礼

王金勇　武　峰　邢　洁　幸国权　杨嘉伟

杨思忠　于　洁　尤　俊　曾　帅　周　冲

张臣友　张德伟　张建国　张　仟　张希忠

张　勇　张　胜　赵刘原　赵　铮　郑　航

周饰东　朱　斌　朱敏涛　庄善相

# 序 一

王中奇

 党的十九大报告在绿色生态发展、提高发展质量、优化产业结构等方面提出了新的要求，作出了新部署。近年来，随着社会经济日新月异的发展，面对打造百年住宅、科技住宅、绿色住宅的强烈需求，以及当前建筑市场投资领域的新变化、资源环境和生产要素的新制约等问题的出现，传统建筑业面临转变发展方式和转型升级的局面。我国积极探索发展装配式建筑。2016 年 9 月，国务院办公厅发布《关于大力发展装配式建筑的指导意见》，提出要以京津冀、长三角、珠三角三大城市群为重点推进地区，常住人口超过 300 万的其他城市为积极推进地区，其余城市为鼓励推进地区，因地制宜发展装配式混凝土结构、钢结构和现代木结构等装配式建筑。力争用 10 年左右的时间，使装配式建筑占新建建筑面积的比例达到 30%。这标志着装配式建筑正式上升到国家战略层面，装配式建筑成为建筑业发展的新趋势、新热点。

 2017 年 3 月，住房和城乡建设部印发《"十三五"装配式建筑行动方案》《装配式建筑示范城市管理办法》《装配式建筑产业基地管理办法》三大文件，不仅明确了"十三五"期间装配式建筑的工作目标、重点任务、保障措施和示范城市、产业基地管理办法，同时也对未来一段时间装配式建筑的发展起到持续指导和推动作用。

 在国家大力推进装配式建筑发展的背景下，各省市也纷纷出台了装配式建筑的相关政策，明确各地发展目标及相应的支持计划。据不完全统计，目前全国已有 20 多个省市出台了关于装配式建筑的指导意见和相关配套措施。随着一系列政策举措的加速落地，行业内生动力也逐渐增强，众多企业积极探索、加快布局装配式建筑。

 装配式建筑既是建造方式的重大变革，也是推进供给侧结构性改革和新型城镇化发展的重要举措，有利于节约资源能源、减少施工污染、提高劳动生产效率和质量安全水平，有利于促进建筑业与信息化、工业化深度融合。

信息技术是装配式建筑的重要支撑手段。随着物联网、BIM技术、大数据等信息技术的不断发展，装配式建筑可以依托信息技术，打破传统建筑业上下游壁垒，促使工程建设各阶段、各专业主体之间在更高层面上充分共享资源，有效地避免各专业、各行业间协调不畅问题，进一步解决设计与施工脱节、部品与建造技术脱节等问题，提高工程建设的精细化程度、生产效率和工程质量，充分发挥装配式建筑的特点及优势，从而推动装配式建筑健康发展。

我国装配式建筑目前处于发展阶段，仍有很大的提升和进步空间，装配式建筑信息化应用也存在着诸多问题与挑战。《中国建筑业信息化发展报告：装配式建筑信息化应用与发展》（以下简称《报告》）应运而生。它聚焦装配式建筑信息化应用，呈现现阶段我国装配式建筑信息化应用现状，深度论述装配式建筑信息化应用未来发展方向，为我国装配式建筑信息化应用提供基础性理论和实践指导。

《报告》通过问卷和实地调查，整体展示了我国建筑业装配式建筑的发展情况，特别是信息技术在其中的应用情况和应用效果。《报告》调查显示，发展装配式建筑在整个行业已经达成广泛共识，装配式建筑呈现出蓬勃发展态势，并逐步上升到企业战略高度。随着装配式建筑项目的不断落地和信息技术的不断发展，在政府引导和企业内需的共同作用下，越来越多的企业将信息技术应用到装配式建筑中。然而目前装配式建筑信息化应用仍存在一些问题，现阶段由于缺乏统一、开放的数据接口，缺少成熟的软件，难以支撑装配式建筑各阶段、各专业之间的协同集成应用。部分企业出于对增量成本、短期利益等现实因素的考量，缺少信息化应用的动力，一定程度上放缓了装配式建筑信息化的发展步伐。

《报告》集中研究了装配式建筑信息化的应用点、各阶段信息化应用需求、技术特点、产品应用以及存在的问题、解决对策、今后发展趋势等问题，分别就装配式建筑信息化应用框架、关键技术、建设路径以及不同阶段信息化应用点等内容进行了详细阐释。同时，提炼出我国装配式建筑信息化应用发展趋势和具体形态，发展经验和后来者可遵循的发展规律。

作为《中国建筑施工行业信息化发展报告》（系列）的继续，延续该报告连年的惯例，《报告》以近年来装配式建筑信息化发展积累为依据，以技术应用和实践经验为主线，以问题分析和规划建议为启示，结合各阶段信息化应用给出了具体应用案例，帮助读者建立对装配式建筑信息化应用的感性认识，有利于行业从业人员了解我国装配式建筑信息化应用现状和面临的任务，从而更好地推进装配式建筑信息化工作。

《报告》从建筑业信息化发展大局出发，既是对我国装配式建筑信息化应用现状的记载，也承载了对未来装配式建筑信息化发展的期盼；既有理论上的描述与政策研究，又有具体的信息化应用流程、工具和案例汇总。

《报告》聚合行业各方面专业力量，较为系统地总结我国装配式建筑信息化应用的现状与经验，展望装配式建筑信息化应用发展趋势，将对促进我国装配式建筑信息化更快更好的发展起到积极作用，为装配式建筑的发展提供重要的支撑，同时也将进一步提升建筑业信息化水平，为我国建筑业的信息化建设贡献智慧和经验。

# 序　二

毛志兵

　　我国经济已由高速增长阶段转向高质量发展阶段，正处在转变发展方式、优化经济结构、转换增长动力的关键时期。新一轮科技革命和产业变革正在快速推进，经济向绿色化、智能化发展的步伐不断加快，给建造业生产方式、技术路径、组织管理形式和发展模式带来了革命性的影响。建筑业的市场形态正由产品交易走向"平台经济"，生产方式正由生产建造向服务建造转变，生产特征正由碎片化、粗放式、劳动密集型向集成化、精细化、技术密集型转变，建筑产业正从要素驱动、投资驱动向创新驱动转变，建筑业的规模与质量、速度与效益、增长与转型要达到一种新平衡。

　　探索新型建造方式是深化建筑业供给侧结构性改革的关键抓手，是实现建筑业高质量发展的重要路径。相对于传统建造方式，新型建造方式是指在建造过程中，以"绿色化"为目标，以"智慧化"为技术手段，以"工业化"为生产方式，以工程总承包为实施载体，实现建造过程"节能环保、提高效率、提升品质、保障安全"的新型工程建设方式，其落脚点就在于绿色建造、智慧建造和建筑工业化。建筑工业化实现体力上对人的"替代"，极大提高了生产效率，是发展新型建造方式的基础，是实现绿色建造的有效手段。在建筑工业化的基础上，融合信息化形成智慧建造，将进一步丰富感知、分析、决策、优化等功能，实现功能自动化和决策智能化，达到工程建造执行系统与决策指挥系统的有机统一，实现对人体力的"替代"和脑力的"增强"，是未来更高级的生产方式，代表了新型建造方式未来发展的根本方向。

　　装配式建筑是推动新型建造技术发展的关键路径，能够充分发挥现代化制造、运输、安装和科学管理带来的技术优势，有助于绿色建造、智慧建造和建筑工业化的技术融合，是应对建筑产业生产方式粗放、建筑产业工人短缺、建筑产品品质有待提升等问题的有效手段。伴随着国家信息化战略的推进和BIM、云计算、物联网、大数据、智能终端等现代信息技术的发展，装配式建造技术正与信息技术深度融合，给工程建造方式带来了深刻变化。装配式建筑的设计、生产、装配方式正走向标准化、精细化和智能化，建筑产品也更加绿色、智慧、健康。

本报告正是在这样的大背景下应运而生，从装配式建筑的标准化设计、部品生产、装配式施工的全过程展示了装配式建筑的信息化应用，总结了装配式建筑信息化应用的现状、短板和方向，对装配式建筑的发展具有示范和促进作用。

展望未来，装配式建筑与信息技术的融合发展可以从两个方面推动和提升。一是提升装配式建筑的建造全产业链信息化水平。本报告着重围绕 EPC 和 IPD 两种集成化交付模式进行了探讨和研究，对实现建造各阶段数据的标准化、信息有效传递和网络化共享具有积极的促进作用。此外，借助信息技术，通过建立高度标准化的通行部品部件库，利用云服务平台能进一步提升工程建造的标准化和效率，保障产品质量更为可靠。二是提升装配式建筑产业链各阶段信息化技术的应用深度。未来，通过信息技术特别是大数据、智能化等技术的深度应用，能够推动各阶段生产方式更加自动化、智能化，特别是借助信息技术的辅助，使得工程设计更加智能、方案更加合理，使得生产过程的标准化、智能化水平更高，部品构件的质量更好，使得装配施工过程智能化水平更高，效率更高。

日臻一事，渐成伟业。装配式建筑与信息技术的融合发展，是建筑业转型升级的重要方向，需要持续推动、不断创新，从实现人力"替代"走向更深层次的脑力"增强"，进一步解放生产力，推动工程建造走向更加高级的智慧未来。

# 序　三

习志中

2019 年新年前夕，习近平总书记在新年贺词中提出"中国制造、中国创造、中国建造共同改变着中国的面貌"。"中国建造"的首次提出，提升了建筑业在国民经济发展中的战略高度，同时也对建筑业的可持续健康发展提出了更高要求。需要指出的是，目前我国建筑业高污染、高能耗、低效率的问题依然严重。建筑业体量大、建设周期长、资金投入大、项目地点分散、多专业、多关系方、流动性强等典型特征，使得无论建筑业的工业化还是信息化都明显落后于其他产业，转型升级仍然任重道远。

建筑业要走出一条具有核心竞争力、资源集约、环境友好的可持续发展之路，需要在科技进步的引领下，以新型建筑工业化为核心，以信息化手段为有效支撑，通过绿色化、工业化与信息化的"三化"深度融合，对建筑业全产业链进行更新、改造和升级，通过技术创新与管理创新，带动企业与人员能力的提升，推动建筑产品、全过程、全要素、全参与方的升级，将建筑业提升至现代工业化级的精细化水平。可以说，装配式建筑是建筑业信息化与工业化深度融合的重要载体，是建筑行业未来的主要发展方向，也是建筑业向高质量发展转型升级的重要抓手。

在此背景下，由住房和城乡建设部信息中心主持编写的《中国建筑业信息化发展报告：装配式建筑信息化应用与发展》（以下简称《报告》）全面、客观、系统地分析了我国装配式建筑信息化应用现状与发展趋势，遵循装配式建筑标准化设计、工厂化生产、装配化施工、一体化装修、全过程信息化管理的内涵，归纳总结了装配式建筑不同阶段的信息化典型应用，收集和整理了最佳实践案例，为建筑业大力推进装配式建筑发展提供了信息化支撑，并为装配式建筑信息化、智能化应用提供了系统性的方法和实践指导。

从《报告》中我们可以欣喜地看到：BIM、云计算、大数据、物联网、移动应用和智能制造等先进技术已经开始在装配式建筑的设计、生产与运输、施工、装修各个阶段及全过程管理中综合应用，对提升装配式建筑标准化设计、工厂化智能化生产、现场装配施工智慧管理、一体化装修以及全产业链协同能力和水平起到重要作用，可有效降低成本、缩短工期、避免安全事故发生、提高建筑质量与品质，保证每一个工程项目都成功。

我体会，发展装配式建筑与信息化的融合有三个重点：

第一，实现现场工业化。现场工业化好比是"装配车间"，通过计划排程到末位级、时间精确到小时（甚至分钟）、任务执行最小到工序，"图纸模型"细化到构件的工业化手段实现精益建造。通过数字工地与实体工地的数字孪生，实现对人员、机械、材料、环境等各要素的实施感知、分析、决策和智能执行，形成"智慧工地"。将建造过程提升到工业级精细化水平，达到浪费最小化、价值最大化，精益求精的目标。

第二，实现工厂智能化。工厂智能化基于标准化、流程化，可实现构件及部品的大规模、柔性化生产，使建筑从现场建造向现代工厂制造的转变。在数据驱动的智能工厂中，存在着一明一暗两条生产线，即物理生产线和数字生产线。在物理生产线，通过引入数控机床、机械手臂等先进生产设备，可以实现生产设备的自动化。在数据生产线，通过物联网、大数据分析、人工智能等数字技术的赋能，可以实现生产的智能排程、生产过程中的智能调度等数据流动的自动化。通过数据流动的自动化驱动生产设备的自动化生产是工厂智能化的生产逻辑，自动排程、柔性生产是工厂智能化的显著特征。

第三，实现"厂场"一体化。通过融合工厂生产和现场施工的一体化"数字生产线"，可以充分链接工厂与施工现场，以现场工业化施工驱动工厂智能化生产，通过工厂生产，实现节能、环保、提质和增效，形成从现场调度下单、生产排产、备料采购、构件生产、运输安装的全闭环流程。通过现场工业化施工，满足个性化施工及建筑的定制需求。通过"厂场"一体化最终实现全产业链协同与柔性生产。

在建筑产业变革的浪潮下和数字中国战略的指引下，以信息化为支撑，通过建筑工业化与信息化的深度融合大力推进装配式建筑的发展，必将为整个建筑业的变革与发展注入新的活力，让项目参建各方更好地协同工作，让建筑业向现代化方向发展，让建筑产业链更平台化、生态化，把建筑业的建造水平提升到现代工业级的精益化水平，实现让每一个工程项目成功的产业目标，使人们生活和工作的环境更美好！

# 目 录

# 第1章 绪 论

## 1.1 装配式建筑概述

### 1.1.1 装配式建筑的基本概念

装配式建筑是用预制部品部件在工地装配而成的建筑。它在 20 世纪初就开始引起人们的兴趣，到 20 世纪 60 年代英、法、苏联等国首先作了尝试。由于装配式建筑的建造速度快，而且生产成本较低，在世界各地都得到推广。

发展装配式建筑可以实现建筑业信息化与工业化的深度融合。自党的十八大报告提出"坚持走中国特色新型工业化、信息化、城镇化、农业现代化道路，推动信息化和工业化深度融合"以来，我国积极探索发展装配式建筑，但建造方式大多仍以现场浇筑的混凝土建筑为主，装配式建筑比例和规模化程度较低，与发展绿色建筑的有关要求以及先进建造方式相比还有很大差距。作为建筑业转型升级的方向，装配式建筑无疑是推动绿色化建造、工业化建造和信息化建造的关键推手。

在国务院《关于大力发展装配式建筑的指导意见》中将装配式建筑定义为"用预制部品部件在工地装配而成的建筑"。装配式建筑包括结构系统、外围护系统、设备与管线系统、内装系统四大组成部分，如图 1-1 所示。

（1）结构系统：由结构构件通过可靠的连接方式装配而成，以承受或传递荷载作用的整体。结构系统可划分为预制装配式混凝土结构体系（PC 构件）、预制木结构体系（土木、钢木、竹木等体系）、预制集装箱房屋（盒式建筑）、预制钢结构体系（型钢体系、轻钢体系）等。

（2）外围护系统：由建筑外墙、屋面、外门窗及其他部品部件等组合而成，用于分隔建筑室内外环境的部品部件的整体，可分为装饰保温一体化预制混凝土挂板、装饰保温一体化复合外墙挂板、各类幕墙、组合钢（木）骨架类等。

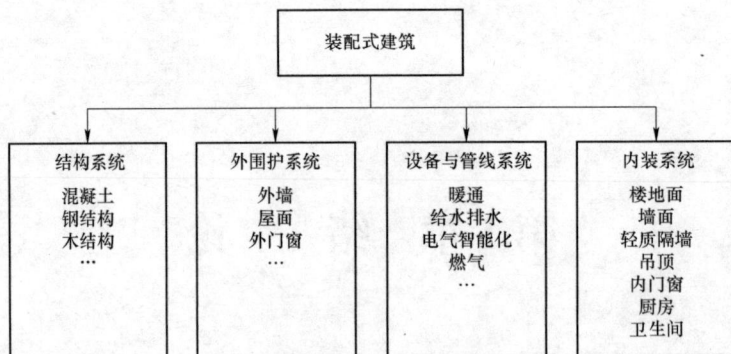

图 1-1　装配式建筑构成

（3）设备与管线系统：由给水排水、供暖通风空调、电气和智能化、燃气等设备与管线组合而成，满足建筑使用功能的整体。

（4）内装系统：由楼地面、墙面、轻质隔墙、吊顶、内门窗、厨房和卫生间等组合而成，满足建筑空间使用要求的整体，可分为隔墙系统、天花系统、地坪系统、厨卫系统、集成部品、装饰材料、设备管线等七大系统。

装配式建筑的建造方式被称为装配式建造，其内涵是通过标准化设计，采用工业化的方式将装配式建筑结构构件、部品部件等通过工厂生产加工，运输至现场，并采用可靠的安装工艺和机械实现工地装配的一种建造方式。

## 1.1.2　装配式建筑的特点及价值

装配式建筑以其工业化的建造方式带来设计、生产、施工全过程的改变。例如，在设计阶段，增加了构件深化设计；在生产阶段，需要完成构件生产与物流运输等。装配式建筑的建设过程具有标准化设计、工厂化生产、装配化施工、一体化装修、信息化管理、智能化应用等特点。

值得强调的是，装配式建筑设计阶段要求集成化、一体化设计，专业和全过程协同要求高。装配式建筑的设计有别于传统设计，对设计单位能力和建筑设计图纸的要求都很高。传统现浇混凝土建筑的设计图纸，是分阶段、分专业出图，图纸之间经常出现接口和配合误差，靠现场变更方式来补救。而工业化生产的产品一旦进入装配线开始批量生产后，设计阶段的一点小错误会造成巨大的损失，甚至无法达到产品最初设计目的。

因此，对装配式建筑的设计提出两方面的要求。一方面，对各设计专业之间的协同要求高。装配式设计产品通过一个完整的产品图纸呈现，需要协同建筑、结构、机电、装修的各专业模数尺寸，避免多专业由于尺寸碰撞导致的二次返工，影响质量；协同建筑、结构、机电、装修的各专业性能要求，保证建筑功能、结构体系、机电布置、装修效果相匹配；协同建筑、结构、机电、装修的各专业接口标准，统筹精准预留预埋，保证安装的精准、正确。同时，在进行空间模块化拆分时，不仅要考虑建筑功能，还要考虑设备系统设置、运输条件限制、现场吊装场地限制、吊装顺序、吊装装置、防水抗渗措施等多种因素。空间模块化是设计中非常重要的环节，对后期建造速度、成本管控均有较大影响。

另一方面，装配式建筑强调建造全过程一体化集成化需求。即通过设计先行，统筹考虑项目从策划、生产、运输、施工、运维等各环节需求，协调建筑结构、机电设备、内装部品、成本控制等各专业技术要求，通过部品构件与系统之间的集成设计，达到空间灵活、功能齐备、使用舒适、易于维护的工业化建筑产品要求。

一般来讲，装配式建筑的价值体现在以下几方面。

（1）装配式建筑与环保节能完美契合，有利于降低环境污染，节能环保，促进建筑业绿色可持续发展。

目前我国城乡建设依然是粗放式增长方式，发展质量与效益不高，建筑建造和使用过程能源资源消耗高、利用效率低的问题比较突出，因而大力发展绿色建筑，能够最大效率地利用资源，最低限度地影响环境，缓解资源约束。装配式建筑采用工厂化制造、现场拼装的生产方式，施工过程较现浇结构大大简化，现场消耗人工量大大减少，缩短了建设周期，减少了原材料使用量，显著降低了建筑污水、有害气体、粉尘排放和建筑噪声等污染。同时，装配式建筑选用绿色环保材料，采用可维护、可拆卸的工艺安装，确保材料循环利用，促进我国建筑业健康可持续发展。

（2）生产过程标准化，产品质量和品质可控。

装配式建筑的部品构件大部分在工厂制作完成，工艺标准化对成本和效率均有较大影响。在产品品质方面，通过工厂技术工人与智能机械相结合，采用标准化管理和流水线上采用工业制造技术生产，可有效确保装配式建筑构配件产品的质量和各项性能与品质，达到工业级品质。在施工现场，对劳动力的需求大大降低，可降低现场施工作业难度，在提高生产效率的同时，可确保安全。

（3）装配化现场建造，施工进度加快、质量和成本可控。

相较于传统现浇模式，装配式建筑有利于施工实施标准化工序、机械化作业、产业化工人操作，由此带来施工质量的提高。装配式建筑的部品构件在工厂生产，能最大限度地改善墙体开裂、渗漏等质量通病，并提高住宅整体安全等级、防火性和耐久性。同时，减少了现场施工环节及浇筑和养护时间。通过对各种安装工艺与工序的施工组织管理，可实现现场施工与构件生产的同步实施，大大缩短施工工期，提高建设效率和施工质量。

同时，装配式建筑有利于缩短建设周期。这主要体现在：一体化建造缩短时间，标准化装配提高工效，机械化作业加快进度，施工过程受环境影响小等。例如在预制外墙板时就预留了墙面安装外窗用时要用的木砖，当主体结构封顶后便可以立即实现外围封闭。在预制外墙和预制飘窗时，就同步预制完成了保温层及装饰层，且预留了很多后期使用的孔洞，减少了装饰工程施工中的开洞、安装埋件、墙体开槽。从美国装配式建筑的发展情况看，目前美国有66%的项目运用了装配式建造方式，从而缩短了工期。

另外，装配式建造方式可改变传统建筑成本偏高、难以把控的现象。装配式建筑通过标准化、规模化、模数化、机械化的生产，可大大降低部品部件的加工成本；通过施工机电内装一体化建造，可实现装饰装修工程与主体工程的同步，节约大量的施工时间、人工和资源；通过设计、加工和装配各环节的协同工作，可避免资源重复投入或返工造成的资源浪费；通过精细化的加工生产和装配施工，可省去大量的外脚手架、顶板支模、建筑面层抹灰等费用。建造方式相比传统的施工方式，流程更加优化，成本更加可控。当前，虽然装配式建筑的成本偏高一些，但随着规模化生产后成本的降低，以及劳动力成本的不断上升，装配式建筑相比传统建筑的成本优势，会加快显现。

## 1.2 装配式建筑发展历程与发展环境

### 1.2.1 装配式建筑发展历程

1. 国外装配式建筑发展概况

根据前瞻产业研究院发布的《2018～2023年中国住宅产业化发展模式与投资战略规划分析报告》数据显示，2016年全球装配式建筑市场规模为1576亿美元，较上年大幅增长30%以上，主要是由于中国市场的快速发展，2016年中国装配式建筑市场规模增长率达到150%。截至2017年底，全球装配式建筑市场规模达到1950亿美元，较上年大幅增长20%以上。我国以约685亿美元的市场规模，占比35.1%，欧洲占比25.6%，低于中国近十个百分点。

从代表性国家的全球份额占比情况看，以美国、欧洲、新加坡和日本等为代表的发达国家2016年市场份额占比之和为60.41%，随着发达国家建筑市场的逐渐饱和，对装配式建筑模式的需求量会有所下降，至2017年代表性国家市场份额占比之和下降至56.03%。其中2017年美国装配式建筑市场规模占全球市场规模的19.5%，欧洲占25.6%，亚洲占49%。2017年我国市场规模占比为35.1%，在我国城市化进程的进一步推进下，还有更高的上涨空间。

西方发达国家的装配式建筑始于工业革命，经过几十年甚至上百年的发展，大规模创立和推广是在二战之后。从最初的以满足工业化、城市化及战后复苏带来的基建及住宅需求的初级阶段，到通过相关政策确立行业标准、规范行业发展，以保证住宅质量与功能，以及以舒适化为目标推进产业化生产的快速发展阶段。目前，已经发展到了相对成熟、完善的阶段，装配式建筑行业规模化程度高，技术先进，追求高品质与低能耗以及资源循环利用。日本、美国、澳大利亚、法国、瑞典、丹麦是最具典型性的国家，但各国按照各自的特点，选择了不同的道路和方式。

（1）欧洲装配式建筑发展。欧洲建筑工业化发展比较完善，其中又以德国、英国、法国和丹麦等为先进代表，已经形成了完整的产业体系，涵盖了建筑设计、软件和信息化工具、生产工艺、施工安装、物流运输、配套产品供应等方面，始终作为第一梯队引领全球的工业化建筑研发和实践。德国的装配式建筑大都因地制宜、根据项目特点选择现浇与预制构件混合建造体系或钢混结构体系建设实施，并不单纯追求高装配率，而是通过策划、设计、施工、安装、装饰各个环节的精细化优化过程，寻求项目的个性化、经济性、功能性和生态环保性能的综合平衡。英国政府明确提出英国建筑生产领域通过新产品开发、集约化组织、工业化生产以实现"成本降低 10%、缺陷率降低 20%、事故发生率降低 20%、劳动生产率提高 10%、最终实现产值利润率提高 10%"的具体目标。

欧洲装配式建筑的发展有几大特征。首先，在政策标准方面，装配式建筑的发展需要政府主管部门与行业协会密切合作。规定装配式建筑首先应该满足通用建筑综合性技术要求，同时满足再生产、安装方面的要求，并鼓励不同类型装配式建筑技术体系研究，逐步形成适用范围更广的通用技术体系，推进规模化应用，降低成本，提高效率。其次，在环保、材料及工艺方面，注重环保建筑材料和建造体系的应用，追求建筑的个性化、设计精细化，不断优化施工工艺，完善建筑施工机械；实行建筑部品的标准化、模数化，强调建筑的耐久性；因地制宜选择合适的建造体系，发挥装配式建筑的优势，达到提升建筑品质和环保性能的目的，不盲目追求预制率的水平。另外，根据装配式建筑行业的专业技能要求，建立专业水平和技能的认定体系，推进全产业链人才队伍的形成；除了关注开发、设计、生产和施工外，还注重扶持材料供应和物流等全产业链的发展。

（2）北美装配式建筑发展。以美国为代表，美国大规模推广装配式建筑源于 20 世纪 50 年代。1976 年，美国国会通过了《国家工业化住宅建造及安全法案》（National Manufactured Housing Construction and Safety Act），同年颁布出台了一系列严格的行业规范标准，沿用至今。在美国，装配式建筑偏好钢结构+PC 挂板组合结构，广泛应用于房屋建筑，如住宅、公共建筑、养老居所、旅游度假酒店、会所、营房、农村住房等各类建筑，具有绿色、低碳、抗震、节能等特点，满足高抗震设防要求。据有关资料，所有构件工厂化生产，现场安装快捷方便，比传统建筑施工节约了 60%工时。建筑部件的大部分可通用互换，90 年的房屋寿命结束后，90%的材料可以回收利用，避免了二次污染。

美国装配式建筑发展有以下两大特点：一是以市场化、社会化发展为主，标准规范齐全，标准化系列化通用化程度高；二是社会化分工与集团化发展并重，工程生产商的产品有 15%～25%的销售是直接针对建筑商，同时大建筑商并购生产商建立伙伴关系大量购买住宅组件，通过扩大规模降低成本。

（3）亚洲装配式建筑发展。日本、新加坡是亚洲装配式建筑典型代表国家，目前在住宅产业化方面走在了世界前列。日本通过立法和认定制度大力推广建筑产业化，20世纪60年代颁布了《建筑基准法》，成为大力推广住宅产业化的契机；70年代设立了"工业化建筑质量管理优质工厂认定制度"，同时期占总约15%的住宅采用产业化方式生产；80年代确定了"工业化建筑性能认定制度"，装配式住宅占总数的20%～25%；90年代，经过多年的实践和创新，形成了适应客户不同需求的"中高层装配式建筑生产体系"，同时完成了规模化和产业化的结构调整，提高了建筑工业化水平与生产效率。日本装配式建筑发展特点，一是从产业结构调整角度出发，在政策上引导；二是建立"住宅生产工业化促进补贴制度"和"会计体系生产技术开发补助金制度"，引导生产方式，将住宅产业工业化和技术作为重点。

新加坡是世界上公认的住宅问题解决较好的国家，住宅政策及装配式住宅发展理念促进其工业化建造方式得到广泛推广，住宅多采用装配式建造技术，截至2015年底，建屋局共建设约100万户的组屋单位，有87%的新加坡人住进了装配式政府组屋。新加坡80%的住宅由政府建造，经过20年快速建设，组屋项目强制装配化，装配率达到70%，大部分为塔式或板式混凝土多高层建筑。新加坡装配式建筑的发展特点：一是在政府建设的公共组屋建设中推进建筑工业化；二是实行项目后评价，持续改进适合国情的建筑工业化生产方式和结构体系；三是建立基于模数化的标准化产品体系和设计规范，以法规强制推行，提高劳动生产效率；四是强化政府质量监督机构在质量监管中的责任；五是集约节约用地，推行人性化规划设计，在满足功能的前提下力争实现住宅及配套设施完善化、集中化、立体化，因地制宜的增加建筑物首层公共活动空间。

2. 我国装配式建筑发展历程

我国装配式建筑起步较晚，从20世纪50年代开始对装配式建筑的初步了解到缓慢发展，不过几十年的发展历程。我国装配式建筑的发展大致经历了三个发展阶段，如图1-2所示。

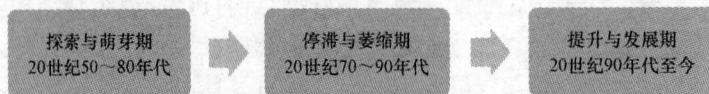

| 探索与萌芽期 20世纪50～80年代 | ➡ | 停滞与萎缩期 20世纪70～90年代 | ➡ | 提升与发展期 20世纪90年代至今 |

图1-2 我国装配式建筑发展阶段

（1）探索与萌芽期。我国对装配式建筑的尝试始于20世纪50年代。在第1个五年计划的发展进程中，发展预制构件和大板预制装配式建筑，初试建筑工业化发展之路。其中，标准化和模数化的设计方法得到了应用，设计水平与国际接轨，各种预制屋面梁、吊车梁、预制屋面板、预制空心楼板以及大板建筑等得到大量应用。

本阶段发展特点：一是装配式建筑技术体系初步创立，大板住宅体系、内浇外挂住宅体系及框架轻板住宅体系得到大量应用；二是预制构件生产技术快速发展，大量预制

6

构件厂在此阶段成立，国外预制构件生产技术也传至我国；三是住宅标准化设计技术得到应用，形成了住宅标准化设计的概念，编制了标准设计方法及标准图集；四是由于当时我国预制装配式建筑技术比较落后，建筑工业化整体水平较低，所以相应的装配式建筑质量偏低，比如楼屋面板的密封效果不好，防水措施不完善，以致存在漏水、隔声效果差等问题，因此期间装配式建筑没有得到较大程度的发展。

（2）停滞与萎缩期。在20世纪80年代到90年代末，随着我国改革开放，经济发展进入快车道，投资驱动建筑业快速发展，大体量、高复杂度、异形建筑层出不穷。装配式建筑在设计水平、构件制作的精细程度和装配技术方面比较落后，原有的装配式建筑产品已不能满足建筑发展多样化的需求，且因技术相对落后导致质量问题较多。同时商品混凝土兴起，城市化进程中农民工群体的出现，为现浇建筑方式提供大量廉价劳动力，现浇建筑的优势逐步体现。我国装配式建筑出现低谷，现浇式建筑崛起，工业化发展停滞不前，预制构件及建筑部品在建筑领域应用很低。在此阶段，初步建立了装配式建筑标准规范体系，模数标准与住宅标准设计逐步完善，住宅产业化的概念也在社会上逐步形成共识。

（3）提升与发展期。进入21世纪，随着我国经济发展模式逐步从投资拉动向质量发展转变，对绿色建筑、生态环境、建筑能耗等要求不断提高，同时，随着劳动力成本的不断上升，预制构件加工精度与质量、装配式建筑施工技术和管理水平的提高以及国家政策因素的推动，装配式建筑重新升温。装配式建筑逐步进入发展提升（2015年前）和全面发展期（2015年至今）。

特别是随着《中共中央国务院关于进一步加强城市规划建设管理工作的若干意见》（中发〔2016〕6号）、《关于大力发展装配式建筑的指导意见》（国办发〔2016〕71号）、《关于大力发展装配式建筑的指导意见》等一系列政策的发布，提出大力推广装配式建筑，积极推进建设国家级装配式建筑生产基地，不断提高装配式建筑占新建建筑的比例等，为装配式建筑的发展提供了政策支持。

随着建筑工业化重新崛起，不同结构体系开始积极探索发展。多地出台政策，地方政府积极推动。一些优秀的城市和企业依然不断进行技术研发创新，也是在此时期推动建立了一批国家住宅产业化基地，形成了试点城市探索发展道路的工作思路，装配整体式混凝土结构体系开始发展。近几年，装配式建筑进入全面发展的时期，政策支持与技术支撑已逐步建立，行业内生动力也逐渐增强。

### 1.2.2 装配式建筑发展环境

经过近年来的快速发展，我国装配式建筑规模化发展格局正在形成。随着国家制定了明确的发展规划和目标，出台了一系列的经济政策、技术政策、标准规范，培育了一批装配式建筑示范城市和产业基地，建设了一批试点示范项目，装配式建筑新开工面积逐年稳步增长，一些地区已初步形成规模化发展格局。

1. 政策驱动方面

自党的十八大提出要发展"新型工业化、信息化、城镇化、农业现代化"以来，发展装配式建筑成为国家推进城镇化建设战略中的重要一环，也是建筑业改革的重点内容之一。党的十九大在绿色生态发展、提高发展质量、优化产业结构等方面提出了新的要求。在改革新时代，积极稳妥推动装配式建筑发展、提高建造质量、促进建筑业转型升级，将成为贯彻落实党的十九大精神的重要举措。纵观政策环境的发展，大约经历了三个阶段。

第一阶段：建筑工业化概念的提出，确立我国发展绿色建筑的方向。

2013 年 11 月 17 日，全国政协主席俞正声在主持全国政协双周协商座谈会时提出"建筑工业化"，同期数据表明"建筑工业化"成为新生热词，至此我国建筑工业化正式进入 2.0 时代。2013 年的《绿色建筑行动方案》，开启了建筑工业化大发展的新篇章。绿色建筑是方向和趋势，推广绿色建筑已成为我国国策之一，建筑工业化是手段和平台，建筑业的全面工业化转型升级是社会经济发展的必然趋势。

第二阶段：装配式建筑成为行业战略，明确我国装配式建筑发展的大目标与趋势。

2015 年之后，我国经济发展进入新的历史阶段。淘汰低端产能供给，提升中高端产能供给，开展供给侧改革是我国未来很长一段时期经济工作的重点。为牢固树立和贯彻落实"创新、协调、绿色、开放、共享"的发展理念，在国家战略导向下，国务院、住建部和各地方政府相关激励政策陆续出台，对装配式建筑发展提出指导目标和方案。

2016 年 2 月，国务院发布《关于进一步加强城市规划建设管理工作的若干意见》，对装配式建筑发展提出了明确要求。要求"大力推广装配式建筑，建设国家级装配式建筑生产基地。加大政策支持力度，力争用 10 年左右时间，使装配式建筑占新建建筑的比例达到 30%。积极稳妥推广钢结构建筑。"同年 3 月，装配式建筑首次出现在《政府工作报告》中，明确要求"大力发展钢结构和装配式建筑，提高建筑工程标准和质量"。2016 年 9 月 27 日，国务院正式发布《关于大力发展装配式建筑的指导意见》，更是全面、系统地指明了推进装配式建筑的目标、任务和措施。提出力争用 10 年左右的时间，使装配式建筑占新建建筑面积的比例达到 30%；进一步明确了装配式建筑的发展目标和八项重点工作任务，划分了装配式建筑的重点推进区域、积极推进区域和鼓励推进区域。

第三阶段：装配式建筑快速发展，形成支撑落地实施的具体政策。

2017 年 2 月，国务院办公厅印发《关于促进建筑业持续健康发展的意见》（以下简称《指导意见》），确立建筑业为支柱产业，并明确了建筑业发展方向。其中提出"推广智能和装配式建筑。坚持标准化设计、工厂化生产、装配化施工、一体化装修、信息化管理、智能化应用，推动建造方式创新，大力发展装配式混凝土和钢结构建筑，在具备条件的地方倡导发展现代木结构建筑，不断提高装配式建筑在新建建筑中的比例。力争用 10 年左右的时间，使装配式建筑占新建建筑面积的比例达到 30%。在新建建筑和既有建筑改造中推广普及智能化应用，完善智能化系统运行维护机制，实现建筑舒适安全、节能高效。"

2017 年 3 月 23 日，住房和城乡建设部印发《"十三五"装配式建筑行动方案》，进一步明确了"十三五"期间装配式建筑发展的工作目标、重点任务、保障措施和示范城市、产业基地管理办法，为未来一段时间装配式建筑的发展指明了方向，也提出了可执行落地的执行方案。方案提出"到 2020 年，全国装配式建筑占新建建筑的比例达到 15%以上，其中重点推进地区达到 20%以上，积极推进地区达到 15%以上，鼓励推进地区达到 10%以上。培育 50 个以上装配式建筑示范城市，200 个以上装配式建筑产业基地，500 个以上装配式建筑示范工程，建设 30 个以上装配式建筑科技创新基地。"

同时，全国 31 个省市陆续出台了装配式建筑目标及相关扶持政策。截至 2017 年 5 月，全国共 25 个省市自治区和直辖市、54 个地级市出台了 149 份与发展装配式建筑相关的政策文件。从各地政策来看，对于装配式建筑，各省市已经有了明确的目标以及确保目标实现的相关政策。2019 年，装配式建筑在工厂生产、现场施工方面将更加标准化、规范化，也将会有更多的装配式项目在政策及市场推动下落地实施。各地在推进装配式建筑发展过程中，注重结合本地产业基础和社会经济发展情况，因地制宜确定发展目标和工作重点，在土地出让、规划、财税、金融等方面制定了相关鼓励措施，创新管理机制，确保装配式建筑平稳健康发展。由此可见，装配式建筑已迎来高速发展的新时代。

2. 科研支撑方面

发展装配式建筑，标准是关键，装配式建筑系列标准起着重要的基础性作用。国务院发布的《指导意见》中，提出了发展装配式建筑的八大任务，首要任务就是健全标准规范体系，要求加快编制装配式建筑国家标准、行业标准和地方标准。

从 2014 年开始国家密集出台了一系列标准规范。如 2014 年、2015 年陆续出台了 GB/T 51231—2016《装配式混凝土建筑技术标准》、GB/T 51232—2016《装配式钢结构建筑技术标准》、GB/T 51233—2016《装配式木结构建筑技术标准》、GB/T 51129—2017《装配式建筑评价标准》四本主要的国家标准。这些技术标准的出台，标志着我国已基本建立了装配式建筑标准规范体系，为装配式建筑发展提供了坚实的技术保障。特别是 2018 年开始实施的 GB/T 51129—2017《装配式建筑评价标准》，不再仅以装配率为等级划分的唯一条件，综合评价的标准体系拟计划以工业化建筑建造过程中涉及的主要性能为指标体系分类依据，按照适用性、环境性、安全性、便捷性、耐久性五大性能分别梳理指标内容，构建简洁明了、科学合理的指标体系，有利于统一装配式建筑的发展认识，规范装配式建筑的健康发展。

随着国家标准的逐步发布，装配式建筑相关标准规范数量增长迅速。据不完全统计，全国出台或在编装配式建筑相关标准规范约 200 余项，涵盖了装配式混凝土结构、钢结构、木结构和装配化装修等多方面内容。如深圳市编制了《预制装配式混凝土建筑模数协调》等 10 余项标准规范；北京市出台了装配式混凝土建筑设计、质量验收等 10 余项标准和技术管理文件。

伴随着标准的实施，各地装配式建筑项目陆续落地，装配式混凝土结构体系、钢结构住宅体系等都得到一定程度的研发和应用，部分单项技术和产品的研发已经达到国际先进水平，节水与雨水收集技术、建筑垃圾循环利用、生活垃圾处理技术等得到了集成应用。这些技术的应用大幅提高了建筑质量、性能和品质。同时，装配式建筑技术研发力度在不断加大。据不完全统计，全国共开展装配式建筑技术研发项目 400 余项。特别是在住房和城乡建设部积极推动下，"绿色建筑及建筑工业化"已列入国家重点研发计划，开展了约 20 个项目的研究工作，将为装配式建筑发展提供重要的技术支撑。

此外，科技部在国家"十三五"重点研发计划方面，还围绕"绿色建筑及建筑工业化"领域科技需求，聚焦基础数据系统和理论方法、规划设计方法与模式、建筑节能与室内环境保障、绿色建材、绿色高性能生态结构体系、建筑工业化、建筑信息化等 7 个重点方向，设置相关重点任务重大专项课题研究，广泛组织行业人员开展建筑工业化科研课题攻关，从基础理论、顶层设计、产业链整合和技术评估等多方面深入研究。

3. 市场应用方面

在装配式建筑市场应用方面，政策红利的驱动使得装配式行业正处于难得的机遇期，装配式建筑在新建工程中的应用逐年加大。据不完全统计，2012 年以前全国装配式建筑累计开工才 300 多万 $m^2$，2015 年达到约 7260 万 $m^2$，2016 年达到约 1.14 亿 $m^2$，2017 年达到约 1.6 亿 $m^2$。从 2017 年装配式建筑的落实面积上来看，推进较快的地区有北京（1100 万 $m^2$）、上海（1468 万 $m^2$）、江苏（1159 万 $m^2$）、浙江（2230 万 $m^2$）、山东（2389 万 $m^2$）、湖南（722 万 $m^2$）、广东（937 万 $m^2$）。从占比数据上来看，上海市新建装配式建筑面积占新建建筑面积的比例达 36.8%，北京、浙江、山东、湖南四地新建装配式建筑面积占新建建筑面积的比例均超过 10%，且发展势头良好，发挥了较好的示范带头作用。

在装配式建筑产业方面，装配式建筑示范城市和产业基地建设工作逐步落地，带动了地方装配式建筑产业的发展。2017 年 11 月，住房和城乡建设部认定了 30 个城市和 196 家企业为第一批装配式建筑示范城市和装配式建筑产业基地。全国已有 56 个国家住宅产业化基地，11 个住宅产业化试点城市，装配式建筑的推广正如火如荼。产业类型涵盖设计、生产、施工、装饰装修、装备制造、运行维护、科技研发等全产业链，通过产业基地建设，发挥先行先试作用，为全面推进装配式建筑打下了良好基础。通过多年的培育，这些基地企业已成为产业关联度大、带动能力强的龙头企业，企业自主创新能力不断增强，加速了科技成果向现实生产力的转化，一些具有共性与前瞻性的核心技术得到了开发和应用。通过集中力量探索装配式建造方式，以点带面，促进建筑质量和性能的全面提升，推动建筑业技术进步，为全面推进装配式建筑发展发挥了重要的引领带动作用。

随着装配式建筑的推进与产业的协同发展，相关产业持续受益。例如钢结构对推动钢铁工业具有巨大意义，据统计 2015 年我国装配式建筑钢结构市场规模为 53.2 亿元，2016 年我国装配式建筑钢结构市场规模增长至 283.9 亿元，随着装配式建筑领域钢结构项目的增长，2017 年我国装配式建筑钢结构市场规模达到 759.9 亿元。

在装配式建筑市场监管机制方面，各地积极探索创新监管机制。2018 年 3 月，北京市发布了《北京市住房和城乡建设委员会　北京市规划和国土资源管理委员会　北京市质量技术监督局关于加强装配式混凝土建筑工程设计施工质量全过程管控的通知》（京建法〔2018〕6 号），对装配式混凝土建筑质量管理做出了全面系统的规定，明确规定工程总承包单位（施工单位）、监理单位应对钢筋隐蔽验收、混凝土生产、混凝土浇筑、原材料检测、出厂质量验收等关键环节进行驻厂监造、旁站监理，有效保证了预制混凝土构件生产质量。上海市加强装配式建筑各环节监管，将装配式建筑建设要求纳入土地征询和建管信息系统监管，在土地出让、报建、审图、施工许可、验收等环节设置管理节点进行把关，保证各项任务和要求落到实处。同时，加强预制部品构件监管，开展部品构件生产企业及其产品流向备案登记。合理引导预制构件产能，及时布局装配式建筑建设计划、预制构件厂布局和产能数据，促进预制构件市场供需平衡。

### 1.2.3　装配式建筑发展需求

改革开放 40 年来，我国建筑业的产业规模不断扩大，科技水平不断提高，建造能力不断增强，带动了大量关联产业，已成为国民经济的重要支柱产业。但是我们必须清醒地看到，目前我国建筑业仍是一个劳动密集型、建造方式相对落后的传统产业，传统粗放的生产方式已不适应当今时代发展要求。

未来社会的发展离不开科技发展、绿色环境发展、全球化经济发展、城市化进程发展等，这些必将促进建筑业实现更大发展。大力推进装配式建筑是实现国家创新发展、推进新型城镇化、促进生态文明建设、绿色发展、实现能源安全战略的内在要求。装配式建筑是建筑业的一场革命，是生产方式的彻底变革，必然会带来生产力和生产关系的变革，从而加速推进建筑产业现代化进程；装配式建筑自身特性可带来建造效率全面提升，对提高工程质量和劳动生产率、降低建造成本和加快工程进度都具有重大意义。通过大力发展装配式建筑，将助力并驱动建筑业在技术和管理以及体制机制上发生根本性变革，从而实现建筑业的转型升级。

1. 实现国家创新驱动发展的内在要求

（1）发展装配式建筑符合我国强调供给侧改革，打造经济发展新动力的内在需求。

改革开放 40 年来，随着人口红利衰减、"中等收入陷阱"风险累积、国际经济格局深刻调整等一系列内因与外因的变化，我国经济从持续高速增长正进入中低速增长的"新常态"。我国供需关系正面临着不可忽视的结构性失衡。一方面，过剩产能已成为制约我国经济转型的一大包袱，另一方面我国供给体系与需求侧严重不配套，总体上是中低端产品过剩，高端产品供给不足。对于建筑业来讲，这种现象更为明显。装配式建造方式的变革，可以带动部品部件、机械装备、施工机具以及运输设备的生产，形成新产业，增添社会投资活力。同时整合优化产业资源，形成产业集聚效应，辐射带动新产业的发展。

（2）发展装配式建筑符合建筑业保护环境、节能减排的绿色发展需要。近几十年来，建筑业一直采用现场浇（砌）筑的方式建造房屋，资源能源利用效率低，建筑垃圾排放量大，扬尘和噪声环境污染严重。如果不从根本上改变建造方式，建设领域的经济增长与资源能源的矛盾将无法扭转，并将极大地影响建设美丽中国目标的实现。装配式建筑中建筑构件实现工厂化制作、施工现场拼装，这种建造方式是有效解决我国住宅低效高耗、标准化程度不高的途径之一。同时，其中的钢材可重复利用，可以大大减少建筑垃圾，更加绿色环保。根据住房和城乡建设部科技与产业化发展中心对 13 个装配式混凝土建筑项目的跟踪调研和统计分析，装配式建筑相比现浇建筑，建造阶段可以减少 80% 以上的建筑垃圾排放，减少对环境带来的扬尘和噪声污染，有利于改善城市环境、提高建筑综合质量和性能、推进生态文明建设。

（3）发展装配式钢结构建筑有利于促进新建筑产业的形成，催生新的服务业，形成新的经济增长点。一是有利于促进相关行业企业提供创新产品，实现转型升级。例如钢结构建筑的发展对于钢铁企业而言，通过为建筑领域提供新的材料和配套产品，扩大新市场需求，在消化过剩产能的同时，促进企业转型发展。二是可带动并催生众多新兴产业。装配式建筑拉长了产业链条，产业分支众多，如有配合钢结构建筑应用的部品部件生产企业、专用设备制造企业、物流运输交通产业以及信息产业、金融产业在建设领域的应用与扩展等。三是提升消费需求。例如装配式建筑中推广的全装修模式，特别是集成厨房和卫生间等装配式装修方式，智能化以及新能源的应用等各项技术与产品的应用，都将促进建筑产品的更新换代，带动居民和社会消费增长，促进新兴产业链的发展。四是有利于形成产业集聚，增强企业国际竞争力。装配式建筑是一项系统工程，集团型企业可以凭借集开发、设计、施工、生产、装修于一体化的优势，充分发挥出装配式建筑的综合优势，形成一大批行业品牌企业，汇聚设计和施工以及管理等各方面能力，与国际先进的建筑企业接轨，在国际市场上获得新的市场份额。

2. 实现建筑产业现代化的关键驱动力

建筑产业现代化是建筑业落实绿色发展理念、实现新型城镇化建设和可持续发展战略的必然选择，是建筑业科技创新的方向。建筑产业现代化是以建筑业转型升级为目标，以装配式建造技术为先导，以现代化管理为支撑，以信息化应用为手段，以建筑工业化发展为核心，通过设计与生产施工的融合、技术和管理的融合、工业化与信息化的深度融合，对建筑的全产业链进行更新改造和升级，从而全面提升建筑工程的质量、效率和效益，而装配式建筑是实现建筑产业现代化的关键驱动力和切入点。

（1）装配式建筑促进建筑生产工业化的实现。建筑工业化是建筑产业现代化的核心支撑，建筑生产工业化是指用现代工业化的大规模生产方式代替传统的手工业生产方式来建造建筑产品。装配式建筑采用工业化生产方式，在建筑产品形成过程中，有大量的构部件可以通过工业化的生产方式，通过建筑设计标准化、产品工厂化、施工机械化等，最大限度地加快建设速度，改善作业环境，提高劳动生产率，降低劳动强度，减少资源消耗，保障工程质量和安全生产，消除污染物排放，以合理的工时及价格来建造满足各种使用要求的建筑。

（2）装配式建筑要求建造过程实现精益化管理。国内建筑工程管理模式中设计、生产、施工阶段严重脱节，无法适应建筑产业现代化的发展要求。装配式建筑自身特点决定其有利于协同建筑结构、机电设备、部品部件、装配施工、装饰装修，推行装配式建筑一体化集成设计；同时，在设计阶段就会统筹考虑项目从策划、生产、运输、施工、运维等各环节需求，加强对装配式建筑建设全过程的指导和服务。因此，只有通过基于数字化技术与管理相融合，有效发挥信息共享和集成优势，促进装配式建筑各专业、各环节、各参与方的协同工作，实现装配式建筑一体化数字化建造，才能有力提升我国装配式建筑发展的品质和效益。数字化建造，是用精益建造的系统方法，控制建筑产品的生成过程，在保证质量、最短工期、消耗最少资源的条件下，对工程项目管理过程进行重新设计，以向用户移交满足使用要求工程为目标的新型建造模式。

（3）装配式建筑驱动建筑业企业转型升级。装配式建筑使建筑项目逐步摆脱项目式工业产品的特征，接近于装配线生产方式生产的产品，这就需要总承包企业要像真正的制造业企业一样进行工业流水线管理。目前现状是，总承包企业不仅没有向制造业企业靠近，反而退化成为以智力咨询服务业为主的第三产业企业。因为咨询服务业只能提供解决方案的咨询服务，真正好的产品，还得由精良的产品设计和实打实的制造业来完成。要做好装配式建筑，总承包企业必须要转型升级，从智力咨询服务业转型到工业制造业企业的角色上来。

（4）装配式建筑的发展有利于促进农民工向技能化、产业化工人转变。随着建筑业科技含量的提高，繁重的体力劳动将逐步减少，复杂的技能型操作工序将大幅度增加，对操作工人的技术能力也提出了更高的要求。因此，实现建筑产业现代化急需强化职业技能培训与考核持证，促进有一定专业技能水平的农民工向高素质的新型产业工人转变。

（5）装配式建筑有利于建筑全产业链集成化。借助信息技术手段，用整体综合集成的方法把工程建设的全部过程组织起来，使设计、采购、施工、机械设备和劳动力实现资源配置优化组合，采用工程总承包的组织管理模式，在有限时间内发挥最有效的作用，提高资源利用效率，创造更大效用价值。

3. 促进建造效率全面提升的有效手段

发展装配式建筑，就是建筑业生产方式的革命，是发展先进生产力，这会带来工程质量、劳动生产率的全面提升，建造成本、工程进度大幅降低和缩短。

（1）装配式建筑可全面提升建筑质量。多年来，建筑质量通病一直无法彻底得到解决，如屋顶渗漏、门窗密封效果差、保温墙体开裂等。建筑业落后的生产方式直接导致施工过程随意性大，工程质量无法得到保证。装配式建筑采取以工厂生产为主的部品制造取代现场建造方式，工业化生产的部品部件质量稳定有保障；以装配化作业取代手工砌筑作业，能大幅减少施工失误和人为错误，保证施工质量；装配式建造方式可有效提高产品精度，确保工程质量，并减少建筑后期维修维护费用，延长建筑使用寿命。采用装配式建造方式，能够全面提升建筑品质和性能，让人民群众共享科技进步和供给侧改革带来的发展成果，并以此带动居民住房消费，在不断的更新换代中，走向中国住宅梦的发展道路。

（2）装配式建筑有助于带动技术进步、提高生产效率。近年来，我国工业化、城镇化快速推进，劳动力减少、高素质建筑工人短缺的问题越来越突出，劳动力价格不断提高，建造方式传统粗放，工业化水平不高，劳动效率低下，工人劳动强度大，安全隐患大，建筑业发展受到严重制约。而装配式建造方式可以减少约30%的现场用工数量，通过生产方式转型升级，减轻劳动强度，提升生产效率，降低建造成本。另外，装配式建筑的大部分工作都在工厂完成，工厂的生产效率远高于现场作业；工厂生产也不受恶劣天气等自然环境的影响，工期更为可控；施工装配机械化程度高，减少了传统现浇施工现场大量抹灰、砌墙等湿作业。同时，因是干法作业，有利于推广交叉作业，提高劳动生产效率。据有些项目统计，采用装配式建造方式可以缩短约1/4的施工时间。这些优势，都是突破建筑业发展瓶颈的重要抓手和有效途径。

（3）装配式建筑通过不断提升标准化、机械化程度，建筑成本优势将会凸显。目前，装配式结构体系平均成本普遍比传统现浇体系高，在一定程度上阻滞了装配式建筑的推广和发展。其原因主要包括：装配式建筑结构设计体系不成熟，标准化程度不高；工程生产的自动化、智能化水平不高；装配式建筑项目没有推行EPC（工程总承包）模式；装配式建筑市场还处于发展初期，还未进入大规模批量生产阶段等；设计、生产、施工各个环节信息化应用程度低，设计信息仍然通过图纸进行传递，不能在各环节、各参与方实时共享共用，各环节间存在信息孤岛等。随着装配式建筑的不断发展，一方面装配式建筑技术及其标准体系不断成熟、可靠和适用，另一方面EPC模式和BIM技术在装配式建筑中的逐步深入应用，以及行业监督管理模式与体制创新及装配式产业链也将逐步健全、成熟，装配式建筑的成本将会大幅降低。

## 1.3 装配式建筑信息化

建筑业实现转型升级，必须走向绿色化、工业化、信息化发展之路。结合装配式建筑发展特点等来看，装配式建筑通过工业化生产建造方式，满足绿色建筑要求。同时从装配式建筑需求来看，其倡导一体化建造，以建筑为最终产品，是要对各个阶段、各个专业全过程实行统筹，通过建筑、结构、机电、内装一体化，通过设计、生产、装配一体化来建造工程。所谓装配式建筑信息化，即通过在装配式建筑中实施信息化技术深度应用，有效发挥信息共享和集成优势，促进装配式建筑各专业、各环节、各参与方的协同工作，真正实现一体化建造、数字化支撑和绿色化发展，实现建筑工业化与信息化的深度融合，有力提升我国装配式建筑发展的品质和效益。

### 1.3.1 装配式建筑信息化应用特点

一般地讲，装配式建筑信息化具有如下特点：

1. 集成化的多专业协同

由装配式建筑的分类来看，装配式建筑是由结构系统、外围护系统、设备与管线系统、内装系统四个子系统组成，装配式建筑的设计过程就是按照多专业、多子系统协同设计思路，统一空间基准规则、标准化模数协调规则、标准化接口规则。通过系统工程的思路，将预制部品部件通过模数协调、模块组合、接口连接、节点构造和施工工法等一体化系统性集成装配，实现以建筑系统为基础，与结构系统、机电系统和装修系统的一体化装配。在这个过程中，各专业和子系统设计互为约束、互为条件，需要综合考虑其功能协同、空间协同、接口协同技术，实现专业间功能匹配、消除专业间冲突、接口精准匹配等。

因此，从技术上讲，可以打造一体化系统性的集成设计平台。利用信息共享平台，通过各专业设计人员的参与，实现建筑、结构、机电和内装各专业设计信息交互和共享、避免信息二次录入和传导、实现各专业一体化设计协同控制。例如，通过基于 BIM 的协同设计平台能够将建筑、结构、机电、装修各专业更为有效地串联形成基于 BIM 的一体化设计，进一步强化各专业协同，减少因"错、漏、碰、缺"导致的设计变更，达到设计效率和设计质量的提升，同时降低成本。

2. 一体化的全过程管理

联合国经济委员会对工业化的定义中有一条是"工程高度组织化"，也就是需要通过科学管理方法把建造全过程组织起来，可以看出，实现全过程一体化组织管理是很有必要的。我国在装配式建筑发展过程中，遭遇了诸多难题，其中以管理问题居多。如设计企业与构件制作企业及施工企业间存在信息沟通盲点，致使施工生产中产生设计变更、施工碰撞问题，需要返工处理，导致工程项目质量下降、造价增加、工期延长，不仅不能体现建筑工业化的优势，反而因信息不能共享而阻碍装配式建筑的发展。

要解决信息管理问题，一方面，可以创新工程管理模式，建立基于 EPC 模式的建设项目组织实施方式。EPC 模式是推进装配式建筑一体化、全过程、系统性管理的重要途径和手段，可以整合产业链上下游分工，解决工程建设切块分割、碎片化管理问题，将工程建设全过程连接为一体化的完整产业链。另一方面，可以借助数字化手段解决装配式建筑全过程管理问题。通过建立基于 EPC 模式的装配式建筑项目管理系统，实现全过程成本、进度、合同、物料等业务管理。因此，装配式信息化需要通过同一平台实现全过程的 EPC 模式需求，并在此基础上实现资源和信息有效整合和集成，形成装配式建筑实施全过程的海量信息库，打造装配式建筑企业的数据中心，支撑项目信息化应用。

3. 全过程信息互联互通

装配式建筑对全过程的信息集成和共享需求很高，实现信息在关联参与者之间共享，使信息更好地传递是项目成功的重要保障。据有关研究表明，建设成本约30%～40%消耗在信息传递共享方面，严重阻碍了信息化的发展。因此保证各个环节信息有效传递和共享是装配式建筑信息管理的重要内容，是装配式建筑得以顺利发展的前提。

信息在全过程和全参与方之间共享，需要统一的载体，目前 BIM 技术有利于实现设计、生产、装配全过程信息集成和共享。基于统一的 BIM 信息平台，按照统一信息交互标准和系统接口，实现不同专业软件信息之间信息互通，有效传递和共享信息，避免不同软件由于交互标准的不同而导致的信息传递失真。在此基础上让模型成为统一载体，实现设计、工厂生产和现场装配的互联互通。主要包括：

（1）设计与生产的联通。工厂生产对 BIM 设计信息的智能读取，BIM 构件与工厂系统连接，实现 BIM 信息直接导入加工设备实现设备对设计信息的识别和自动化加工；并将设计信息与生产管理系统对接，实现工厂物料采购、排产、生产、库存、运输的信息化管控，借助信息化技术实现设计、生产一体化。

（2）生产与施工联通。基于 BIM 的现场建造与工厂生产的信息交互和共享，实现装配式建筑、结构、机电、装修的一体化协同生产和建造，达到工期节省、成本可控、品质提高、高效建造的管理目标，实现设计、生产、装配一体化。

（3）BIM 技术与物联网、移动等新技术联通。通过在设计阶段通过 BIM 技术内置部品件信息编码及二维码，实现结构构件及部品件从设计、生产到装配相关信息全过程的录入和可追溯。

### 1.3.2 各阶段信息化应用需求

1. 设计阶段的应用需求

对装配式建筑而言，前期设计环节至关重要，涉及统筹协调建筑、结构、机电、装修等专业，直接影响到设计优化、构件成本、运输成本、现场建造速度以及建筑质量。装配式建筑设计阶段的信息化应用需求主要包括几下几点：

（1）通过信息化技术提高专业设计能力。一是引入 BIM 技术等实现可视化、体系化、模数化拆分设计，基于统一模型、统一定位基准、统一命名规则，开展不同专业的建模，实现专业模型的组装，利于专业协同。二是通过 BIM 模型的三维可视化、体系化、模数化拆分设计结构体系，实现三维可视化拆分成模数化、体系化预制构件，构件连接节点的细部拆分展示。三是同时通过深化设计，充分考虑各专业间的协同，以及构件生产安装环节，机电管线构件的预留预埋、构件支撑及吊点的预留预埋，精细化设置预留预埋。

（2）通过实现专业间协调和模拟优化，通过 BIM 模型虚拟建筑、结构、机电、装修各专业的系统集成，碰撞检查与规避碰撞自动提醒，进行模型修改，建筑、结构、机电同步修改。利于通过 BIM 模型虚拟生产和装配环节，设计出利于工厂生产、现场装配的设计产品。

（3）通过信息化协同设计平台加强建筑、结构、电气、设备等各专业之间的沟通协作。建立基于 BIM 技术的全过程协同设计，BIM 模型的三维可视化、专业协同将更有效地发挥其技术优势。数字化协同设计技术可以实现建筑模型与装配式建造过程各阶段的信息关联，使设计模型关联设计、生产及装配相关信息，同时实现信息数据自动归并和集成，便于后期工厂及装配现场的数据关联和共享，有效地解决各环节信息不对称的问题。

（4）根据预制装配结构的模数化及标准化设计，建立技术集成性能较好的预制装配结构所需的各个构件库，例如构件标准化构件库、门窗标准库、厨卫部品标准库、机电管线标准库等。在设计过程中，各专业还可以从建筑标准化、系列化构件库和部品件库中选择相互匹配的构件和部品件等模块来组建模型，提高建模的标准化程度和效率，按照装配式建筑特性进行"组装"设计，从而保证构件的系列标准化，且各个构件满足工厂规模化自动化加工和现场的高效装配。

2. 生产阶段的应用需求

工厂生产环节是装配式建筑建造中特有的环节，也是构件由设计信息变成实体的阶段。本阶段的信息化应用需求主要包括：

（1）通过信息化和自动加工技术，提高生产的自动化程度，实现构件的自动化加工，使构件生产摆脱人为干扰的影响，提高生产质量和效率。生产线各加工设备通过基于 BIM 技术形成的可识别的构件设计信息，智能化地完成画线定位、模具摆放、成品钢筋摆放、混凝土浇筑振捣、抹平、预养护、抹平、养护、拆模、翻转起吊等一系列工序。例如在钢筋加工时，通过预制装配式建筑构件钢筋骨架的图形特征、BIM 设计信息和钢筋设备的数据交换，加工设备识别钢筋设计信息，通过对钢筋类型、数量、加工成品信息的归类，自动加工钢筋成品（箍筋、棒材、网片筋、桁架筋等），无须二次人工操作和输入。

（2）通过信息化管理技术进行生产计划、生产组织、生产调度、协调与控制等，从而实现物质变换、产品生产、价值创造。通过信息化平台把设计、采购、生产、物流、施工等各个环节集成起来，共享信息和资源。从项目管理、采购管理、仓库管理、生产管理等方面全面运用信息化手段，有效帮助预制生产企业安排生产计划及采购任务，减少物料浪费、降低成本、保证产品交期等。提前解决和避免在生产整个流程中出现的异常状态，体现计划、执行、检查、纠偏的 PCDA 循环管理方法在预制件管理中的应用。

（3）基于物联网的管理信息平台实现构件全生命周期质量追溯。通过物联网、移动技术等信息化手段，实现部品部件生产、安装、维护全过程质量可追溯。建立部品部件质量验收机制，确保产品质量，以 PC 构件生产、运输、安装为阶段管理核心，在 PC 构件生产时植入 RFID 芯片，以此芯片作为构件的识别码及流转媒介，从生产订单、材料采购、生产工序环节、存储、运输、现场堆放、吊装、验收、维护、拆除等环节进行信息采集与分析，并开发 BIM 模型接口，通过 BIM 模型实时反映构件状态及属性，实现装配式混凝土建筑建造全寿命周期的质量追踪管理，确保建设过程的质量全面控制。同时也减少了设计变更，为施工顺序和施工方法提供依据，提高产品和施工质量，减少资源、人工、时间、成本、机械设备等浪费。

3. 施工阶段的应用需求

施工阶段信息化融合无线射频、物联网等信息技术，通过构件预埋芯片或二维码实现构件、部品在生产、运输、装配过程中的信息动态控制和共享。基于设计 BIM 模型，通过融合无线射频（RFID）、物联网（IOT）等信息技术，实现构件产品在装配过程中，充分共享装配式建筑产品的设计信息、生产信息和运输等信息，实时动态调整，实现以装配为核心的设计－生产－装配无缝接驳的信息化管理。

（1）构件运输、安装方案的信息化控制。通过构件的预埋芯片，实现基于构件的设计信息、生产信息、运输信息、装配信息的信息共享，通过安装方案的制定，明确相对应构件的生产、装车、运输计划。依据现场构件吊装的需求和运输情况的分析，通过构件安装计划、运输计划的协同，明确装车、运输构件类型及数量，协同配送装车、协同配送运输，保证满足构件现场及时准确的安装需求

（2）前期准备工作质量管控。施工前，总承包单位或施工单位应当根据装配式建筑的特点编制施工组织设计、专项施工方案，施工组织设计的内容应当符合现行国家标准 GB/T 50502—2009《建筑工程施工组织设计规范》的规定，且对预制构配件场内运输及堆放、首层装配结构与其下部现浇结构连接、预制构件吊装就位及临时固定、预制构件连接灌浆、外围护预制构件接缝处密封防水、各专业管线布置等关键工序、关键部位编制专项施工方案。总承包单位或施工单位应当对施工组织设计进行专家评审，重点审查

施工组织设计中技术方案可靠性、安全性、可行性，包括技术措施、质量安全保证措施、验收标准、工期合理性等内容，并形成专家意见。施工组织设计发生重大变更的，应按照规定重新组织专家评审。

（3）对预制构件生产制作过程履行总承包质量管理责任。施工单位应当按照下列要求对预制构件生产制作过程履行施工总承包质量管理责任：对预制构件生产企业编制的构件生产制作方案进行审核确认；构件生产前，会同构件生产企业委托有资质的第三方检测机构对钢筋连接套筒与工程实际采用的钢筋、灌浆料的匹配性进行工艺检验；会同监理单位实施首批预制构件生产制作过程的驻厂监造，对首批构件的原材料试验检测、混凝土制备过程进行质量检查，参与首批构件成型制作过程的隐蔽工程和检验批的质量验收；对后续预制构件的生产制作过程，可根据进入施工现场的构件质量水平的稳定性，采取相应措施；协助产品运输过程，提供平整场地，制定吊装预案。

（4）加强预制构件进场验收。施工单位应当建立健全预制构件施工安装过程质量检验制度；会同预制构件生产企业、监理单位应对预制混凝土构件的标识、外观质量、尺寸偏差以及钢筋灌浆套筒的预留位置、套筒内杂质、注浆孔通透性等进行检查，核查相关质量证明文件，并按照 GB 50204—2015《混凝土结构工程施工质量验收规范》等标准规范进行结构性能检验。未经进场验收或进场验收不合格的预制构件，严禁使用；对进场时可不做结构性能检验的预制构件，无驻厂监督的，预制构件进场时应按照规定，对其主要受力钢筋数量、规格、间距、保护层厚度及混凝土强度等进行实体检验。

（5）施工过程质量管理。施工单位应加强预制混凝土构件安装、预制混凝土构件与现浇结构连接节点、预制混凝土构件之间连接节点的施工过程质量管理，并加强预制外墙板接缝处、预制外墙板和现浇墙体相交处、预制外墙板预留孔洞处等细部防水和保温的质量控制。当连接钢筋位置存在严重偏差影响预制混凝土构件安装时，应会同设计人员制定专项处理方案，严禁随意切割、调整受力钢筋和定位钢筋。设备与管线施工前，工程总承包单位或施工单位应对结构构件预埋套管及预留孔洞的尺寸、位置进行复核，合格后方可施工。

（6）实施预制构件首件首段验收。施工单位应选择有代表性的施工段进行预制构件安装，由建设单位组织工程总承包、监理和预制混凝土构件生产单位对其质量进行验收，包括对外观质量、位置尺寸偏差、连接质量、接缝防水施工质量、预留预埋件等方面进行检查，形成验收记录，并对资料的真实性、准确性、完整性、有效性负责，不得弄虚作假。

### 1.3.3 全过程协同信息化应用需求

从装配式建筑的信息化应用特点可以看出，装配式建筑需要解决实现设计、生产和施工多阶段的管理与协同，包括实现全过程的成本、进度、合同、物料等各业务信息化管控，提高全过程信息集成、信息共享、协同工作效率。

为实现"设计、加工、装配一体化"的需要，一方面可以通过 EPC 模式，推进装配式建筑一体化、全过程、系统性管理。整合全过程不同参与方业务，解决工程建设切块分割、碎片化管理问题。将工程建设的全过程连接为一体化的完整产业链。在此基础上，建立统一的设计、生产、装配一体化信息管理平台，在统一的信息交互标准下集成各专业软件，保证各环节、各专业、各相关方的信息通过标准化接口进行共享与交互。同时，结合各个职能机构的管理流程和业务流程、总包项目层面的部门流程和业务流程，统一对所有参与方和项目全过程的采购、成本、进度、合同、物料、质量安全的信息化管控，有效发挥信息化技术在装配式建造全过程中的深度应用，提高整体建造效率和效益，并相应提升企业管理水平和经营能力。

另一方面，可以充分利用 BIM 技术。基于 BIM 的信息化管理是以建筑信息模型为项目的信息源，结合企业层面的信息管理平台，以云技术、RFID 等物联网技术和移动终端技术为信息采集和应用手段，通过搭建基于 BIM 的一体化信息管理平台，EPC 模式可以实现对装配式建筑设计、生产、装配全过程的采购、成本、进度、合同、物料、质量和安全的信息管理，最终实现资源全过程的有效配置。

在此基础上，可以搭建数据管理平台，把设计、采购、生产、物流、施工、财务、运营、管理等各个环节集成起来，共享信息和资源，并在数据不断积累的基础上实现大数据分析与深度挖掘。例如建立协同集成的标准化构配件库，将原来的构件部品库进一步向制造、装配环节创新扩展；例如与各个构件模型相对应的生产模具库，和与构件模型相对应的吊钩吊具、支撑架体等工装系统库，从而保证标准构件集成了相应的生产、装配信息，实现 BIM 设计应用已有标准化构件库快速集成组装建筑模型。

## 1.4  本报告内容构成

本报告是一部关于装配式建筑信息化技术在我国建筑业应用发展的研究报告（以下简称《报告》）。《报告》通过对装配式建筑信息化技术应用的现状进行调研、分析和总结，阐述装配式建筑信息化的应用点，并逐点展开深入论述。《报告》共包括 11 章内容。

《报告》第 1 章论述了装配式建筑的概念、特点和价值，提出"装配式建筑信息化发展"，阐述信息化应用特点、装配式建筑各阶段信息化应用需求，强调满足装配式建筑一体化需求的全过程协同信息化应用。

为深入、客观了解我国装配式建筑信息化应用现状，本书编委会组织进行了装配式建筑信息化应用专业调查，调查采用线上和线下结合的方式进行，第 2 章将对调查结果进行详细分析。

装配式建筑的建造过程是工业化与信息化深度融合的过程，其信息化应用的技术基础至关重要，第 3 章给出装配式建筑信息化应用框架、关键技术及建设路径，为装配式建筑信息化应用指明方向。

第 4～第 10 章从装配式建筑部品库、标准化设计、部品生产与管理、装配式混凝土建筑及机电模块化的施工与管理、钢结构构件生产与安装、装配式建筑装修、全过程信息化管理进行论述，既清晰展现不同阶段信息化应用点其系统功能、应用范围等，又总结了装配式建筑建造全过程现有信息化管理平台，引领行业全过程信息化应用。第 11 章对装配式建筑信息化发展趋势进行展望。

此外，为更翔实地展现当前我国装配式建筑信息化应用取得的成绩，本报告在第 4～第 10 章内容中，结合不同应用点给出应用案例，用于展示信息化在装配式建筑中的具体应用系统和途径，帮助读者建立对装配式建筑信息化应用的感性认识，进而更好地指导实践。

## 参 考 文 献

[1] 从六个方面打造装配式建筑智能工厂 [OL].
https://wenku.baidu.com/view/c74f931adc36a32d7375a417866fb84ae55cc37a.html.2019.3.

[2] 叶浩文，周冲，王兵. 以 EPC 模式推进装配式建筑发展的思考 [J]. 工程管理学报，2017，31（02）：17－22.

[3] 周冲. 装配式建筑智能制造的研发需求和创新思考 [C]. 中欧建筑工业化论坛. 北京. 2018.11.

[4] 叶浩文，周冲，樊则森，刘程炜. 装配式建筑一体化数字化建造的思考与应用 [J]. 工程管理学报，2017，31（05）：85－89.

[5] 孙峥. 浅谈装配式建筑的发展与思考 [J]. 中国集体经济，2017（23）：127－128.

[6] 田春雨，李然. 装配式建筑体系及研究进展简介. [OL] 百度文库.
https://wenku.baidu.com/view/cd3eccf0b9f67c1cfad6195f312b3169a451eabf.html. 2019.3.

[7] 装配式建筑特点及应用展望 [D]. 北京. 北京航空航天大学.

[8] 樊则森. 装配式建筑发展概况、技术体系及案例分享 [OL]. http://jz.docin.com/p－1872345461.html.2019.3.

[9] 装配式建筑的内涵、国内外装配式建筑的发展历程与趋势 [OL]. http://jz.docin.com/p－1933039773.html.2019.3.

[10] 汪杰. 装配式建筑一体化集成设计实践与发展 [OL]. https://wenku.baidu.com/view/0a9b6001ae45b307e87101f69e3143323868f542.html. 2019.3.

[11] 樊骅. 信息化技术在预制装配式建筑中的应用 [J]. 住宅产业，2015（08）：61－66.

# 第2章 装配式建筑信息化应用调研分析

为了全面、客观地反映我国装配式建筑信息化应用的现状，本书编写组对全国装配式建筑信息化的应用情况进行了调查，并将其结果作为本章的主要内容。对于调查不能覆盖的部分，借鉴了其他来源的数据；对于没有其他数据可借鉴的部分，采取了根据感性认识进行定性描述的方法。

## 2.1 装配式建筑信息化应用调研概述

本次对于装配式建筑信息化应用情况的调查通过专业调研公司进行，采用线上调查方式。线上调查是指由 PC 端、手机微信端和邮箱进行调查问卷链接推送，调查对象点击电子问卷链接进行答题，共收到有效问卷 267 份。

本次问卷调查被访对象所在单位类型包括政府部门、IT 供应商、勘察设计单位、施工企业、科研及教育机构、部品生产企业等。其中，来自施工企业的占比最多，达 35.21%；科研及教育机构占比较多，为 16.85%；建设、开发单位占比为 15.36%，勘察设计单位占比为 11.61%，部品生产企业占比为 8.61%；材料设备供应商和 IT 供应商占比较少，均为 1.12%；政府部门占比最小，仅为 0.75%，如图 2-1 所示。这表明，本次调查覆盖范围较为广泛，被访对象更多来自施工企业；来自科研及教育机构的被访对象占比较多，意味着装配式建筑是行业未来的发展趋势。

从装配式建筑业务分布情况来看，被访对象所在单位装配式建筑业务主要分布在华东地区（包括山东、江苏、安徽、浙江、福建、上海）、华北地区（包括北京、天津、河北、山西、内蒙古），占比分别为 36.33% 和 35.96%；华南地区（包括广东、广西、海南）次之，占比为 23.22%；华中地区（包括湖北、湖南、河南、江西）、西南地区（包括四川、云南、贵州、西藏、重庆）、西北地区（包括宁夏、新疆、青海、陕西、甘肃）业务分布情况趋近，占比分别为 13.86%、12.73% 和 13.48%；东北地区（包括辽宁、吉

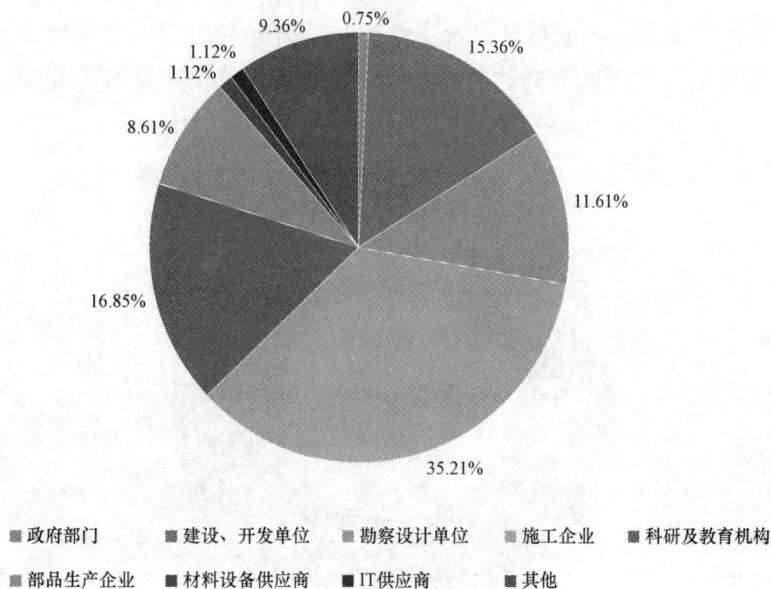

图 2-1 被访对象所在单位类型

林、黑龙江）装配式建筑业务分布最少，占比为 12.36%，如图 2-2 所示。可见，被访对象所在单位装配式建筑业务在全国范围内均有分布，业务主要集中在华东、华北和华南等经济较发达区域。

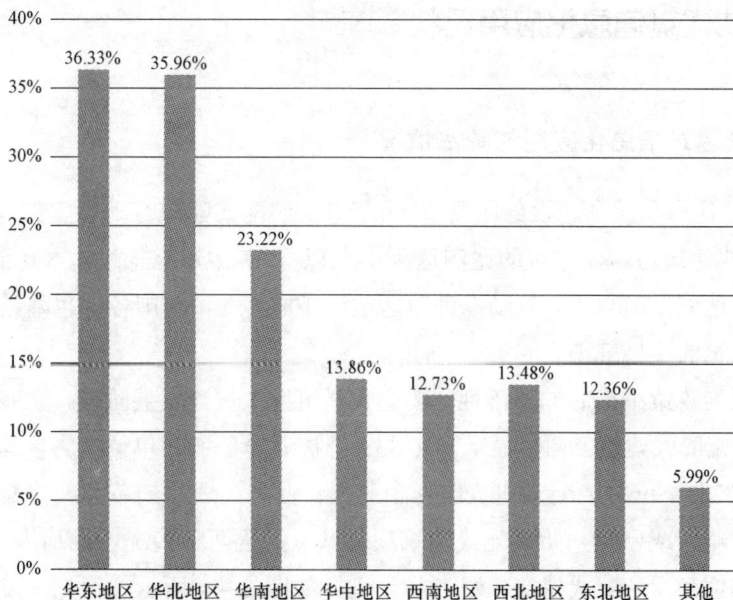

图 2-2 被访对象所在单位开展装配式建筑业务主要分布区域

从工作年限来看，被访对象从事装配式相关工作的从业时间 1～3 年占比为 41.57%，3～5 年的占比为 25.47%，5～10 年占比为 16.1%，从业时间在 10 年以上的占比为 16.85%，如图 2-3 所示。可见，被访对象有较宽泛的从业时间分布，但大部分被访对象从事装配式建筑相关工作的时间较短，这与近年来装配式建筑快速发展需要大量相关人员相吻合。

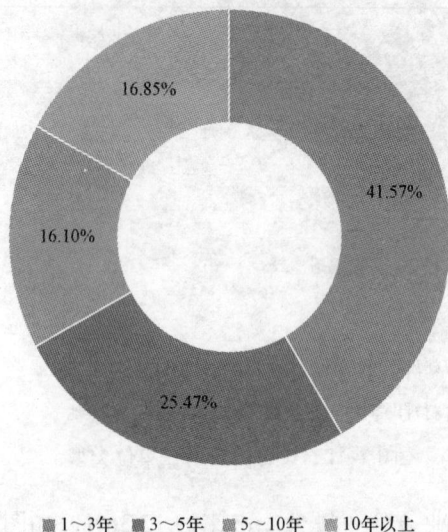

■1～3年　■3～5年　■5～10年　■10年以上

图 2-3　被访对象从事装配式建筑相关工作年限

## 2.2　装配式建筑信息化应用现状

### 2.2.1　装配式建筑信息化应用的基本情况

2017 年，住房和城乡建设部印发《"十三五"装配式建筑行动方案》，明确到 2020 年，全国装配式建筑占新建建筑的比例达到 15%以上，其中重点推进地区达到 20%以上，积极推进地区达到 15%以上，鼓励推进地区达到 10%以上。全国各地也陆续出台鼓励和推动装配式建筑的实施细则。

随着一系列政策举措的加速落地，装配式建筑进入快速发展阶段，众多企业积极探索、加快布局装配式建筑。调查显示，36.33%的被访对象所在单位大力参与、推广装配式建筑，22.1%的单位将装配式建筑作为企业主营业务，还有的单位或将装配式建筑纳入公司发展战略，或已经开始装配式建筑项目试点，这两种情况占比均为 12.73%；仅有 8.99%的单位尚无装配式建筑项目参与计划，如图 2-4 所示。可见，发展装配式建筑在整个行业已经达成广泛共识，装配式建筑呈现出蓬勃发展态势，并逐步上升到企业战略高度。

装配式建筑意味着传统建造方式的重大变革，是建筑业信息化与工业化深度融合形

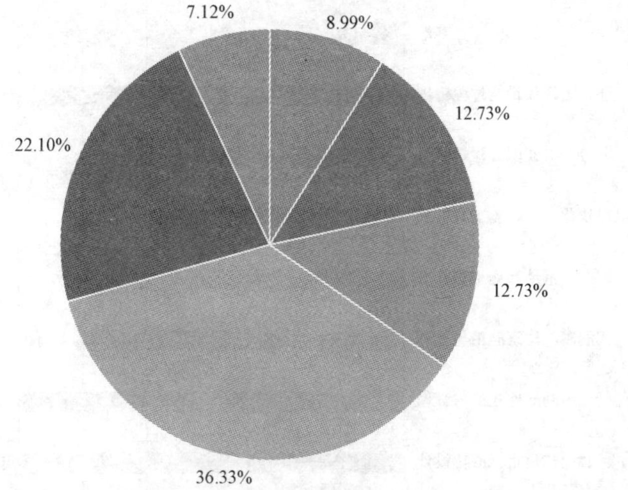

图 2-4 被访对象所在单位参与装配式建筑项目现状

成的建筑产品。装配式建筑的核心是"信息化集成"，它集设计、生产、施工、装修和管理"五位为一体"，即标准化设计、工厂化生产、装配化施工、一体化装修和信息化管理。在信息化、互联网高速发展的今天，需要积极运用信息化的手段助力装配式建筑发展，从而打通装配式建筑从策划、设计、生产、物流、施工、运维及管理全生命周期各流程。

对于信息化在装配式建筑中的应用价值，调查显示，被访对象认为信息化在装配式建筑标准化设计方面应用价值较高，占比为 73.41%；48.31% 的被访对象认为信息化在装配式建筑部品库建库方面应用价值较高，被访对象认为信息化在混凝土预制部品生产与管理和装配式建筑工程项目全过程管理应用价值较高，分别占 59.18%、61.42%；50.94% 的被访对象认为信息化在装配式混凝土建筑施工与管理方面的应用价值也不容忽视。此外，被访对象认为信息化在钢结构施工与管理、机电模块化生产、施工与管理及装配式建筑装修等方面同样具有较高的应用价值，分别占 36.7%、39.33% 和 29.59%，如图 2-5 所示。可见，信息化应用可以覆盖装配式建筑设计、生产、施工、装修等多个阶段，具有很高的实际应用价值，并为装配式建筑的快速健康发展奠定基础。

针对具体的信息技术，调查显示，绝大部分被访对象认为 BIM 技术在装配式建筑中作用最大，占比 88.39%；自动识别技术（RFID、二维码等）和智能制造技术（CAM、ERP、MES、PCS 等）被认为在装配式建筑中发挥了较大作用，分别占 56.18% 和 49.81%；41.95% 的被访对象认为大数据技术在装配式建筑中发挥了积极作用，还有部分被访对象认为定位跟踪技术（GPS 等）和图像采集技术（视频监控、3D 激光扫描技术等）在装配式建筑应用中作用较大，分别占 30.34%、33.71%；此外，云计算、传感器与传感网

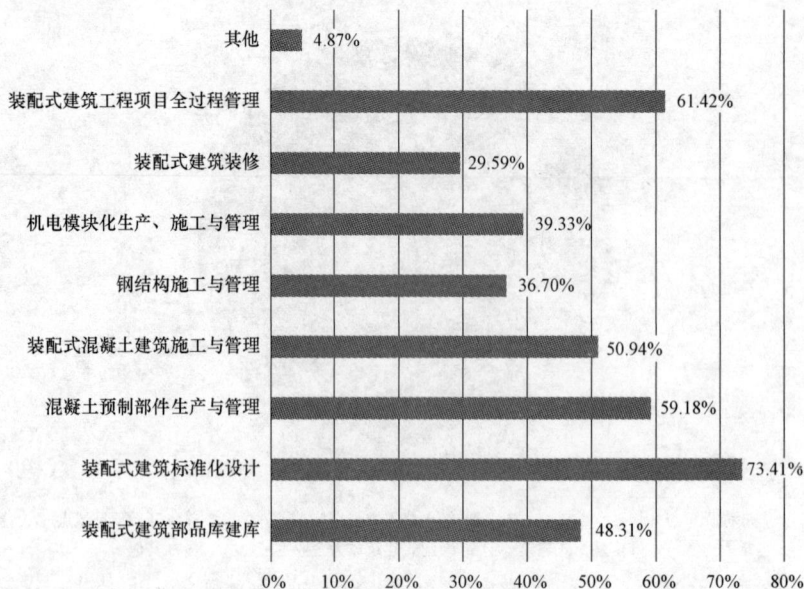

图 2-5 被访对象认为信息化在装配式建筑中的应用价值

络技术、移动应用/通信技术是装配式建筑信息技术的重要组成，分别占 25.84%、22.47% 和 21.35%，如图 2-6 所示。这表明，BIM 技术在装配式建筑中的重要性已经成为行业共识，装配式建筑信息化应用在 BIM 技术支撑下，能够使整个建筑过程中各个环节实现有序、有效的联动；同时，装配式建筑中的 BIM 技术应用也离不开云计算、大数据等其他信息技术的融合，这也意味着，装配式建筑的整个实施过程是多种信息技术集成应用的过程。

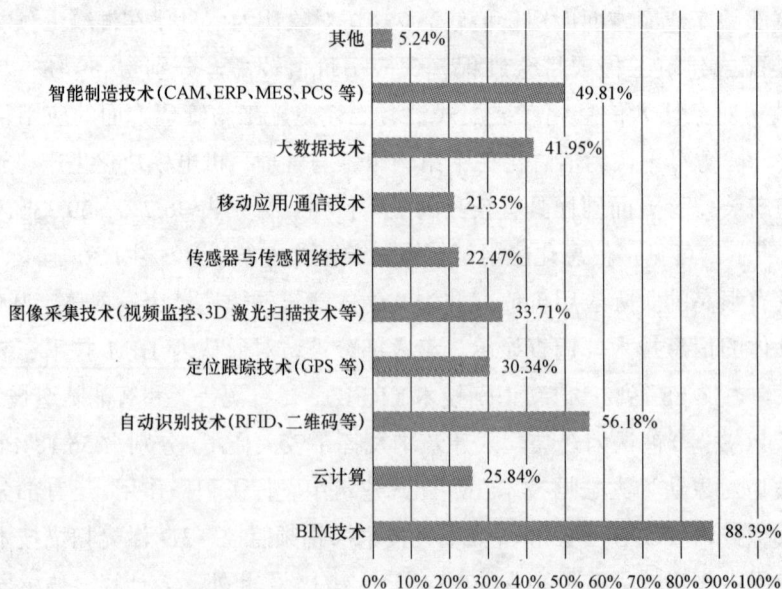

图 2-6 被访对象认为在装配式建筑中作用较大的信息技术

装配式建筑信息化是指在装配式建筑项目的全过程中运用信息化手段，从设计、生产、运输到安装施工和运维阶段，都通过充分利用信息技术来完成，从而形成建筑信息的全流程传递和全信息化控制。调查显示，超过半数的被访对象所在单位在装配式建筑设计阶段应用了信息技术，占比 54.31%；在施工与管理阶段应用信息技术的单位占比次之，为 51.69%；32.58% 的单位在装配式建筑部品库建库阶段应用了信息技术，41.2% 的单位在装配式建筑部品生产与管理阶段应用信息技术，还有单位在装配式建筑装修、部品部件全过程跟踪与溯源阶段应用信息技术，均占 24.72%；34.08% 的单位在装配式建筑工程项目全过程管理应用信息技术，11.99% 的单位在装配式建筑建造的其他阶段应用信息技术，如图 2-7 所示。可见，企业在装配式建筑设计、生产和施工阶段应用信息技术较多，其他阶段的信息化应用虽有涉及，但仍需不断探索普及。

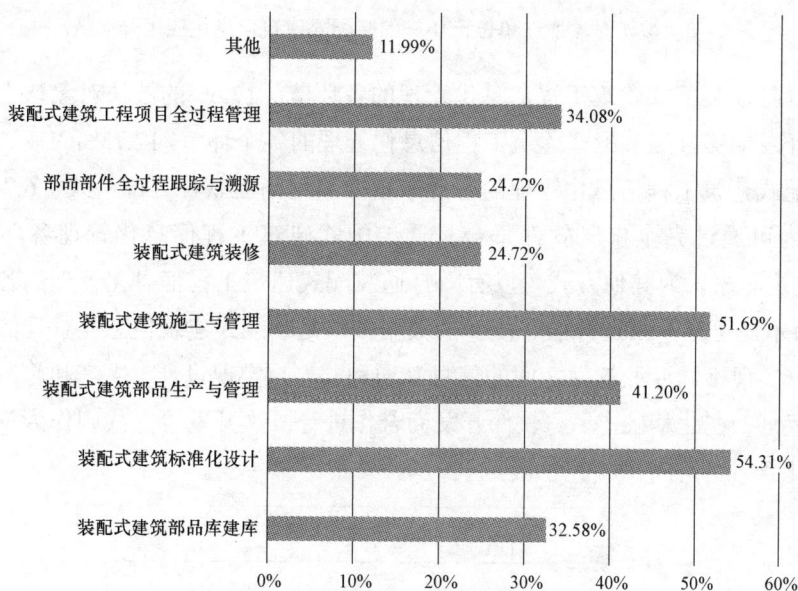

图 2-7　被访对象所在单位装配式建筑信息化应用情况

随着装配式建筑项目的不断落地和信息技术的不断发展，在政府引导和企业内需的共同作用下，越来越多的企业将信息技术应用到装配式建筑中。针对已经实施的装配式建筑信息化应用开展情况，调查显示，大部分被访对象所在单位成立专门的组织实施，占比 61.05%；部分单位选择与外部合作形成临时组织，占 33.71%；10.49% 的单位选择外包给软件企业，还有 18.73% 的单位选择其他方式升展装配式建筑信息化应用，如图 2-8 所示。这表明，绝大部分单位重视装配式建筑信息化应用，有能力自主开展装配式建筑信息化应用，并在其中起到主导作用。

保证各个环节信息有效传递和共享是装配式建筑信息化管理的重要内容，也是装配式建筑得以顺利发展的基本前提。调查显示，超过半数的被访对象认为基于通用开放数

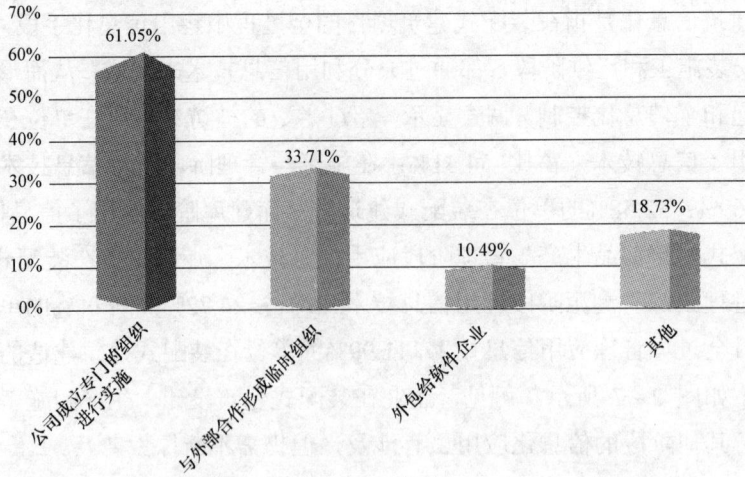

图 2-8　被访对象所在单位已实施的装配式建筑信息化应用开展情况

据接口可以打通装配式建筑工程信息化管理的各环节，17.6%的被访对象认为基于商业软件二次开发能够打通装配式建筑工程信息化管理的各个环节，12.73%的被访对象则认为打通装配式建筑工程信息化管理的各环节需要采用商业软件内部格式，6.74%的被采访对象认为可通过完全自研软件平台打通装配式建筑工程信息化管理各环节，还有7.12%的被访对象认为其他方式可以有效打通装配式建筑工程信息化管理的各环节，如图 2-9 所示。可见，打造开放、统一的数据接口是装配式建筑信息化管理的基础条件之一，可以实现不同专业软件之间的信息互通和共享，实现设计、生产和施工等多个环节的互联互通。在此基础上，与软件开发商合作进行二次开发等方式则作为打通装配式建筑信息化管理各环节的补充手段。

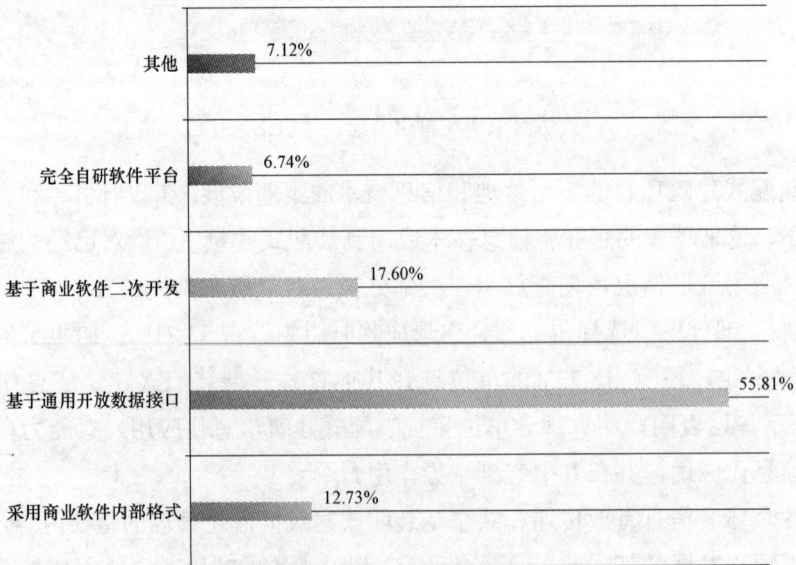

图 2-9　被访对象认为打通装配式建筑工程信息化管理各环节最常见的方式

28

## 2.2.2 装配式建筑各阶段信息化应用情况

装配式建筑全生命周期涉及多个阶段,信息技术能够串联装配式建筑中设计、生产、装配、装修和管理等多个环节。在设计阶段,利用信息技术,设计人员可根据具体需要将个性化设计方案传递给工厂,生产所需的部件。运输过程中也可运用信息化手段对部件进行定位追踪,实时掌握运输进度。在部件安装过程中可对施工进度进行监控,利用信息技术进行信息的实时传递和互联互通。后期的运营和维护也可以运用信息化手段进行智能化管理。

部品部件是装配式建筑的基础,部品库的建立可大大提高协作效率,通过部品库的支撑,便于基于部品单元进行设计、加工制作及施工装配。调查显示,在装配式建筑部品库建库过程中,大部分被访对象所在单位在部品检索(种类及品牌)方面应用信息技术,占 59.93%;48.69%的单位信息化应用点集中在部品(外观、功能、价格)比选,38.95%的单位信息化应用点是部品产地及生产日期,25.47%的单位在装配式建筑部品库建库的信息化应用点是部品使用的频率及评价,还有 19.48%的单位在装配式建筑部品库建库过程中采用了其他信息化应用点,如图 2-10 所示。这表明,目前在装配式建筑部品库建库的信息化应用主要集中在检索、比选等基本应用上,对于部品来源以及后期追溯等方面的信息化应用点还较少,装配式建筑部品库建库的信息化应用还有待进一步深入。

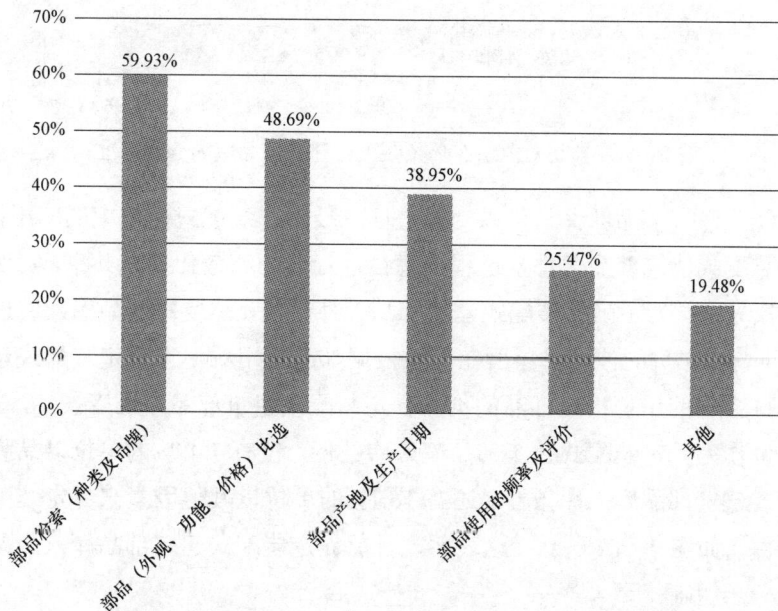

图 2-10 被访对象所在单位装配式建筑部品库建库的信息化应用点

由于装配式建筑涉及大量各种不同功能、不同规格的部品,要建立部品库首先必须建立分类体系。调查显示,63.3%的被访对象所在单位装配式建筑部品库按照部品类型分类（梁、楼板、柱、剪力墙、阳台、楼梯等），57.3%的单位按照功能分类（结构、设备与管线、内装、外围护等），36.33%的单位按照材料（混凝土、钢、木、铝合金等）对装配式建筑部品库进行分类，20.22%的单位按照部品生产地区及生产厂家分类，还有14.61%的单位按照部品适用地区（全域、严寒地区、寒冷地区、温和地区等）对装配式建筑部品库进行分类，如图2-11所示。这表明，目前行业对装配式建筑部品部件的分类标准大体相同，大都以部品类型、功能为分类参照标准，这也是由于部品部件种类多、功能杂等特点所决定；以部品类型、功能为分类标准也便于部品库的后续管理。

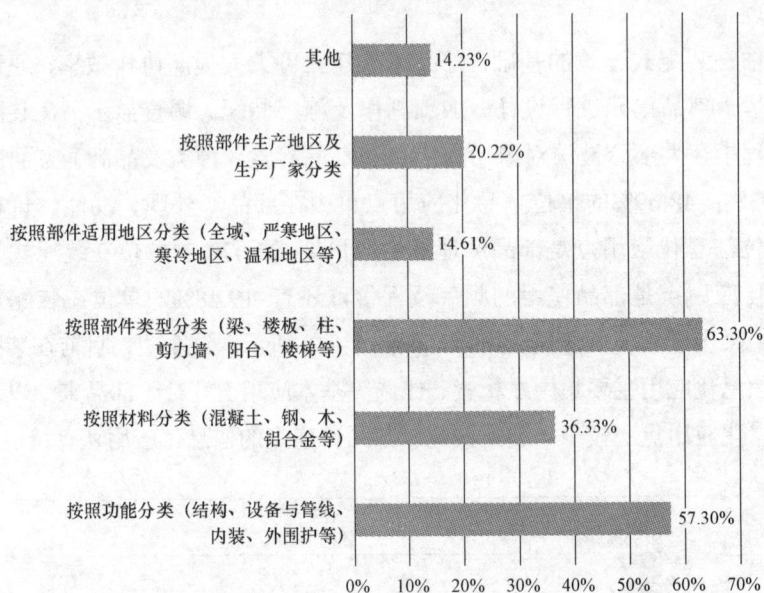

图2-11　被访对象所在单位装配式建筑部品库的分类标准

　　规范装配式建筑部品部件，可以为推进信息技术在装配式建筑中的应用提供依据，有利于推动装配式建筑部品部件全过程信息在全行业的高效传递和共享，实现装配式建筑的快速健康发展。为了确保装配式建筑部品部件质量，需要对部品库入库进行一定界定。调查显示，47.57%的被访对象所在单位根据部品使用频率来界定装配式建筑部品库入库条件，11.24%的单位根据部品的价格界定装配式建筑部品库入库条件，17.6%的单位将用户评价作为界定装配式建筑部品库入库条件，仅有7.49%的单位以品牌知名度作为界定装配式建筑部品库入库条件，还有16.1%的单位以其他因素来界定装配式建筑部品库入库条件，如图2-12所示。这表明，目前界定装配式建筑部品库入库条件并不统一，有待进一步明晰。

　　对装配式建筑而言，设计阶段至关重要，直接影响到设计优化、部品成本、运输成本、现场建造速度以及建筑质量。利用信息化手段可以提高装配式建筑设计能力，加强各专业之间的沟通协作，便于装配式建筑后续阶段的施工和运维。调查显示，80.15%的

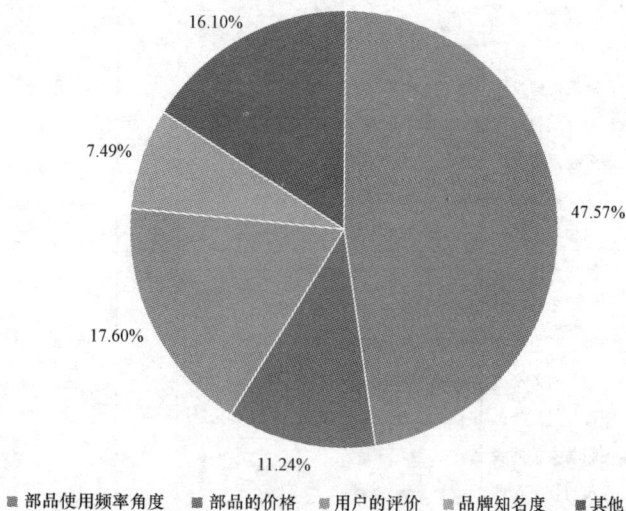

16.10%

7.49%

47.57%

17.60%

11.24%

▨ 部品使用频率角度　▨ 部品的价格　▨ 用户的评价　▨ 品牌知名度　▨ 其他

图 2−12　被访对象所在单位装配式建筑部品库入库或收录条件界定情况

被访对象所在单位在装配式建筑设计阶段应用 BIM 建模，46.07%的单位在装配式建筑设计阶段信息化的主要应用点是二维 CAD 施工图设计，35.96%的单位装配式建筑设计阶段信息化的主要应用是集成设计，装配式建筑设计阶段信息化主要应用点为设计流程与进度管理和基于平台的装配式建筑协同设计的单位相差不多，分别占 34.46%和 34.08%；设计阶段应用在线数字化审图和人员与权限管理的单位占比相同，均为 24.72%；13.11%的单位装配式建筑设计阶段信息化的主要应用为版本更新与文件同步，17.98%的单位还应用了远程办公与对外交流，20.22%的单位设计阶段的信息化应用主要为图档管理与信息安全，还有单位在装配式建筑设计阶段信息化的主要应用为结构系统设计和部品部件深化设计，分别占 32.58%和 33.71%；此外，装配式建筑设计阶段内装系统设计、外围护系统设计、设备管线系统设计也都是主要信息化应用点，分别占 21.35%、22.85%和 28.84%，如图 2−13 所示。可见，装配式建筑设计阶段的信息化应用点虽多，但较为分散，主要集中在建模和施工图设计方面。这也意味着，装配式建筑设计阶段需要更多的信息化手段进行支撑。

装配式建筑部品的生产与管理贯穿装配式建筑建造全过程，是装配式建筑的核心环节。调查显示，装配式建筑部品生产阶段，71.54%的被访对象所在单位该阶段信息化应用点为深化设计，56.55%的单位该阶段信息化应用点为生产管理，该阶段的信息化应用点还有质量管理和安装及进度管理，均占 46.07%；45.69%的单位该阶段信息化应用点为计划管理，该阶段在储存运输管理和集成化管理应用信息化的单位相差不多，分别占 37.45%和 32.96%，如图 2−14 所示。与装配式建筑设计阶段信息化应用相比，装配式建筑部品生产阶段的信息化应用点虽少，但较为集中，信息化应用基本覆盖装配式建筑部品生产阶段全过程，对于部品储存运输等后续环节的信息化应用还有待深化。

31

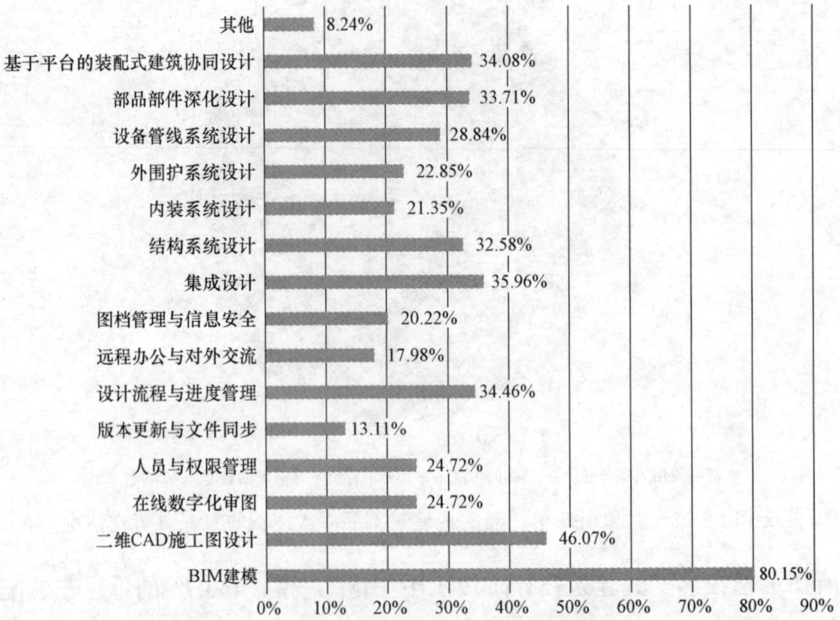

图 2-13　被访对象所在单位装配式建筑设计阶段信息化的主要应用点

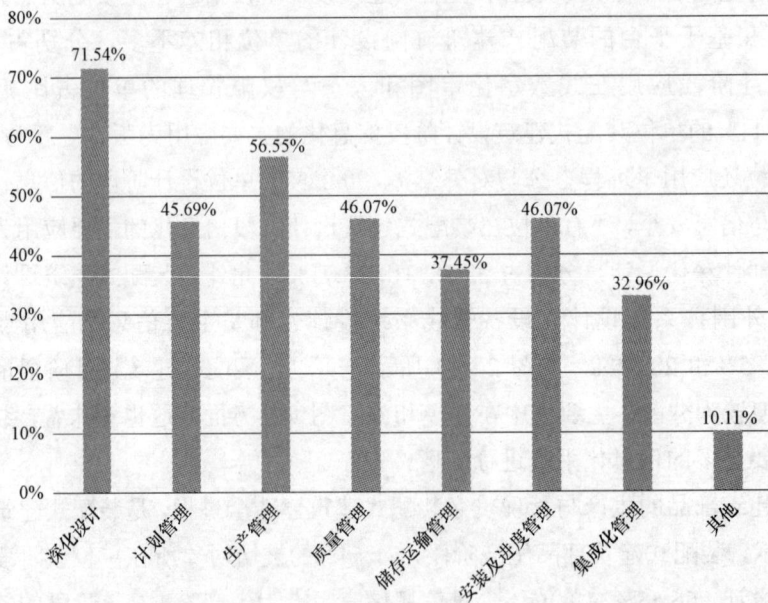

图 2-14　被访对象所在单位装配式建筑部品生产阶段的信息化应用点

装配式建筑现场施工与管理涉及相关方众多,环节诸多,既有与传统建筑项目相同之处,又有很多更先进之处,需要利用信息化手段支持具体工作。调查显示,70.79%的被访对象认为虚拟预拼装是装配式建筑现场施工与管理中的信息化应用点,68.54%的被访对象认为装配式建筑现场施工与管理中的信息化应用点有可视化技术交底,56.55%的被访对象认为预制部品质量跟踪管理是装配式建筑现场施工与管理中的信息化应用点，施工方案智能管理也被认为是装配式建筑现场施工与管理中的信息化应用点，占54.68%；还有被访对象认为套筒灌浆质量信息化管理、机电安装也是装配式建筑现场施工与管理中的信息化应用点，分别占比36.33%和36.7%，如图2-15所示。这表明，大部分被访对象认为装配式建筑现场施工与管理中的信息化应用可以减少错漏、返工，合理规划进度，从而节约工程成本，提升工程质量，并使施工过程的管控更为精细化。

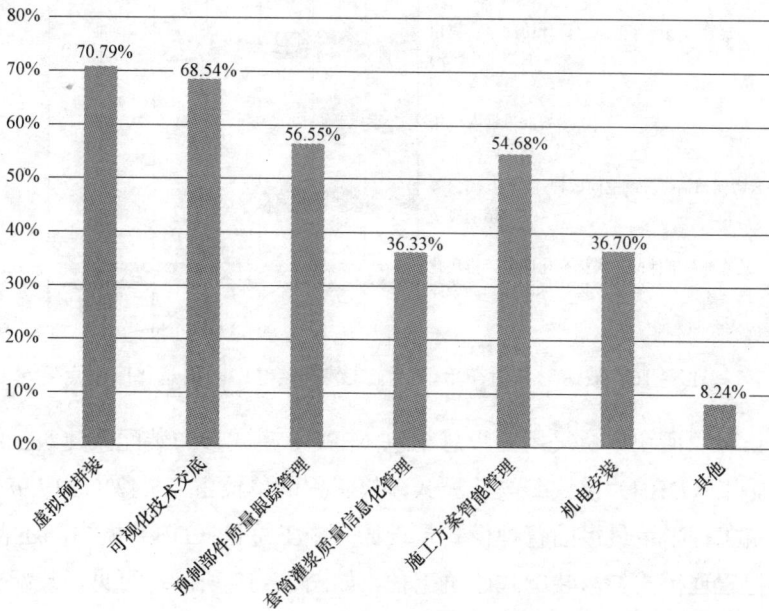

图2-15　被访对象认为装配式建筑现场施工与管理中的信息化应用点

　　装配式建筑装修作为装配式建筑的重要组成部分是建筑行业升级的要求与趋势，将信息技术和装配式建筑装修结合在一起，可以提高生产效率，有效降低装修过程中所带来的环境污染、能源消耗。调查显示，68.16%的被访对象所在单位装配式装饰装修中的信息化应用点为装修部品部件的三维标准化图集、模块化设计标准、部品族库，31.09%的单位应用点云激光扫描、三维空间放样、AR互动台等辅助设备，19.1%的单位装配式装饰装修中应用智能机器人，34.83%的单位应用装修部品部件信息化设计协同平台（例如PLM等），33.71%的单位应用装修部品部件信息化生产系统（例如企业ERP、生产管理系统MES等），35.96%的单位应用装修可视化交底及施工协同平台，19.85%的单位装配式装饰装修中的信息化应用点为装修运维服务，还有14.23%的单位在装配式装饰装修中应用了其他信息化，如图2-16所示。

　　装配式建筑需要实现设计、生产和施工多阶段的管理与协同，既需要从工程质量、进度、成本等几个方面进行整体控制，又需要从生产、运输、施工等各个环节确保项目的可实施性，原有的传统管理模式已不能支撑装配式建筑工程的落地实施。调查显示，

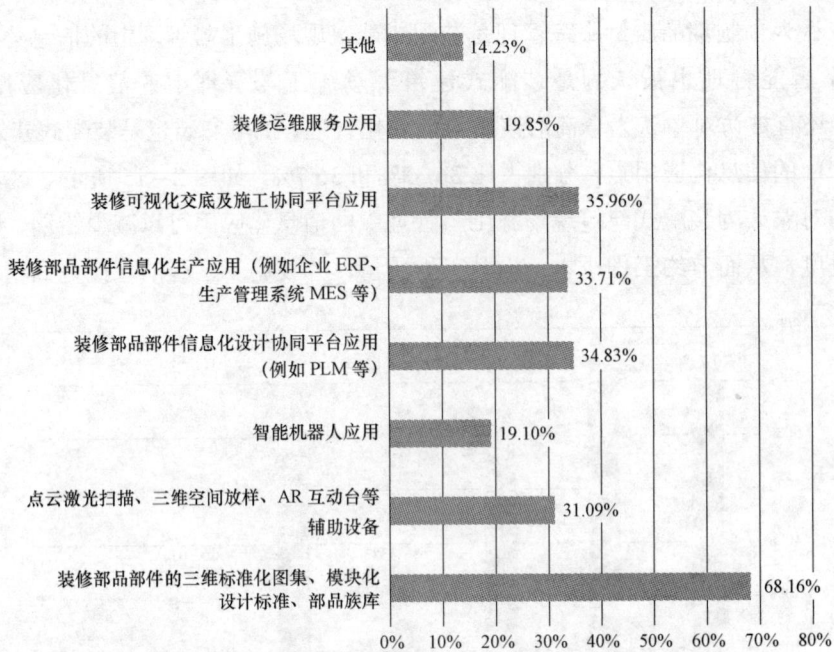

图 2-16 被访对象所在单位装配式装饰装修中的信息化应用点

42.32%的被访对象所在单位采用工程总承包（EPC）模式参与装配式建筑工程，采用设计—招标—施工（DBB）模式参与装配式建筑工程的单位占 25.47%，17.98%的单位参与装配式建筑工程采用最多的管理模式是设计—施工总包（DB）模式，还有14.23%的单位采用其他管理模式参与装配式建筑工程，如图 2-17 所示。可见，装配式建筑工程采用最多的管理模式是工程总承包（EPC）模式，其内涵满足装配式建筑全寿命期管理的内在要求，并能显著提升项目管理水平。

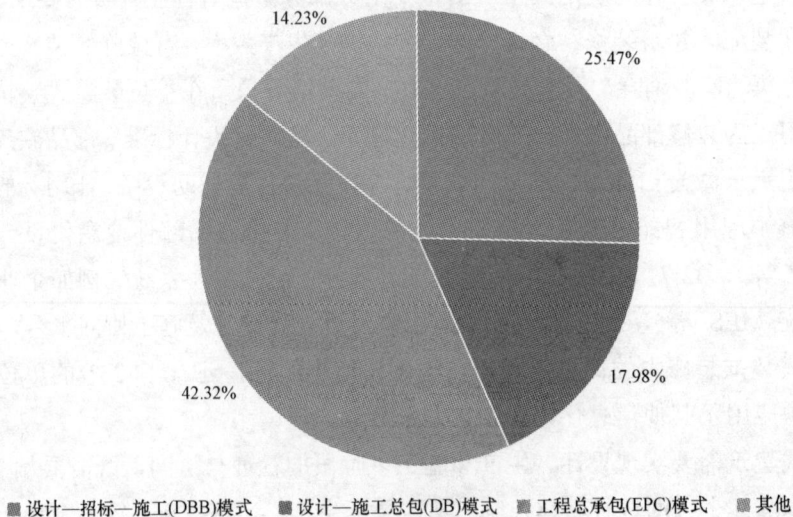

图 2-17 被访对象所在单位参与的装配式建筑工程采用最多的管理模式

调查显示，被访对象认为装配式建筑 EPC 企业信息化管理系统主要包括装配式建筑深化设计软件，占 70.79%；认为装配式建筑 EPC 企业信息化管理系统主要是装配式建筑设计软件的占比次之，为 65.17%；认为信息化管理系统主要包括装配式建筑工程算量、计价及成本管理系统和预制部品生产管理系统占比相差不多，分别为 62.55% 和 60.3%；认为信息化管理系统主要包括装配式建筑材料管理系统和预制部品运输、安装管理系统的占比也较为相近，分别为 58.8% 和 57.68%；52.06% 的被访对象认为智慧工地管理系统是装配式建筑 EPC 企业的信息化管理系统主要构成，还有 40.45% 的被访对象认为信息化管理系统主要包括装配式建筑人力资源管理系统，如图 2—18 所示。这大体表明，装配式建筑 EPC 企业信息化管理系统有效地集成了设计、采购、生产、施工等业务进程，实现了从设计到生产到物流再到装配的信息化应用全流程贯通。

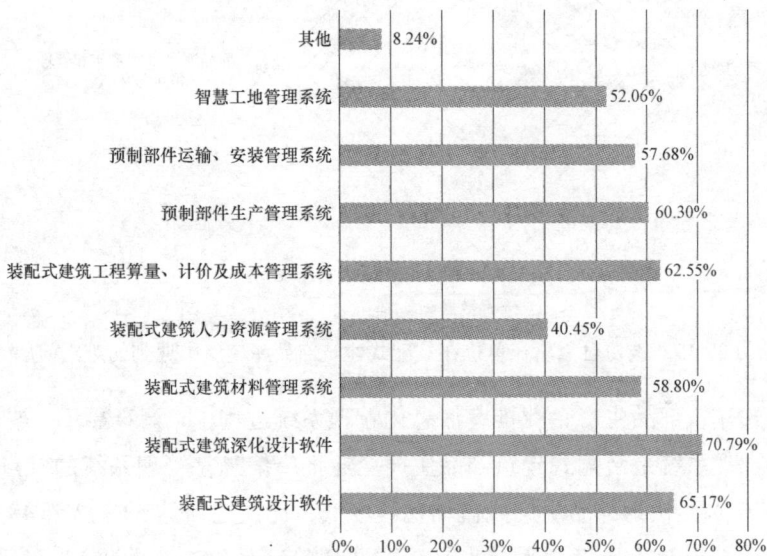

图 2—18 被访对象认为装配式建筑 EPC 企业的主要信息化管理系统

## 2.3 装配式建筑信息化应用存在的问题和期望

### 2.3.1 装配式建筑信息化应用存在的问题

装配式建筑信息化应用可以有效促进装配式建筑各专业、各环节、各参与方的协同工作，实现建筑工业化与信息化的深度融合。目前装配式建筑信息化应用范围和深度在不断提升，与此同时也存在一些问题。例如，调查显示，67.42% 的被访对象所在单位在装配式建筑部品库建库中遇到了部品库的标准（模型精度、编码规范、属性规范等）制定难题，53.93%的单位认为装配式建筑部品库建库中的难点问题是部品库平台的搭建和管理维护投入大，21.72%的单位认为企业部品数据安全是装配式建筑部品库建库的难题所在，还有 14.61%的单位认为其他问题是装配式建筑部品库建库的难点问题，如图 2−19 所示。可见，目前装配式建筑部品库建库存在的问题较为集中，主要涉及标准制定、平台搭建、数据安全等方面。

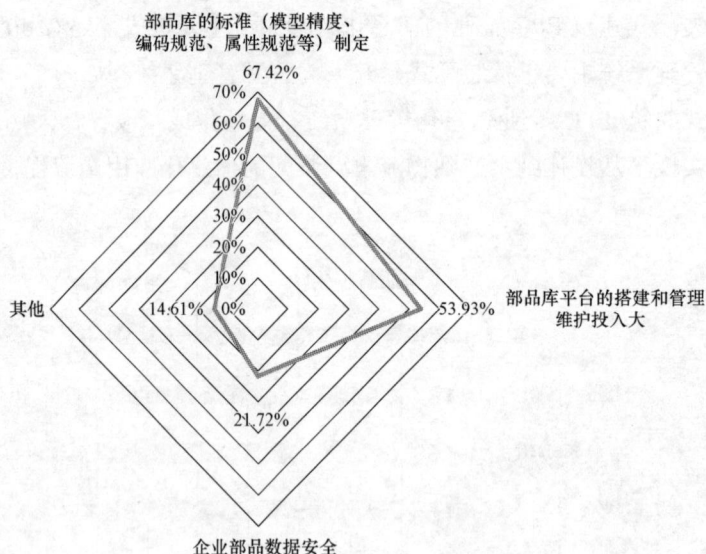

图 2−19　被访对象所在单位在装配式建筑部品库建库中遇到的难点问题

　　在装配式建筑部品生产企业推广信息化管理系统过程中，调查显示，被访对象认为没有成熟的管理系统是装配式建筑部品生产企业推广信息化管理系统的难点所在，占比最多，达 54.68%；认为部品生产线自动化程度低占比次之，达 51.31%；48.31%的被访对象认为工厂缺乏高素质管理人员也是装配式建筑部品生产企业推广信息化管理系统的难点之一，认为装配式建筑部品生产企业推广信息化管理系统的难点是混凝土结构体系复杂和市场管理系统价格过高的相差不多，分别为 38.58%和 34.08%；此外，还有被访对象认为部品配筋过于复杂、工厂主要领导不重视也是装配式建筑部品生产企业推广信息化管理系统的难点，分别占 25.09%、11.99%，如图 2−20 所示。这表明，目前装配式建筑部品生产企业推广信息化管理系统面临多重困难，包括软件系统、人才配置、业务模式、市场认可、管理理念等多个方面。

　　对于目前装配式建筑信息化应用所面临的难题，调查显示，68.54%的被访对象认为信息化人才的培养是企业在装配式建筑信息化应用中面临的难题，64.79%的被访对象认为软硬件的成熟度是企业在装配式建筑信息化应用中面临的难题，理念和认识的差距、成本投入的风险和目前的项目管理模式也被认为是企业在装配式建筑信息化应用中所

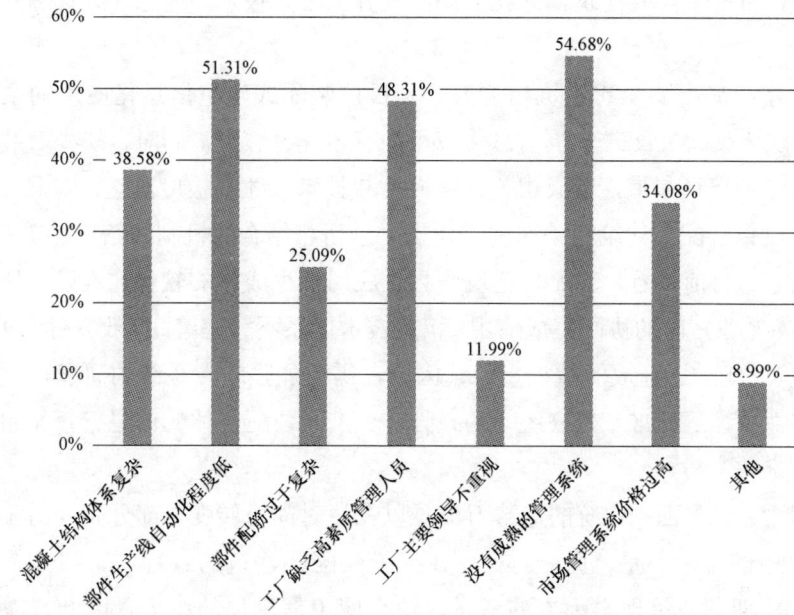

图 2-20 被访对象认为装配式建筑部品生产企业推广信息化管理系统的难点

面临的困难，分别占 47.57%、46.07% 和 46.82%，还有 29.59% 的被访对象认为政府的政策引导也是企业在装配式建筑信息化应用中面临的难点，如图 2-21 所示。

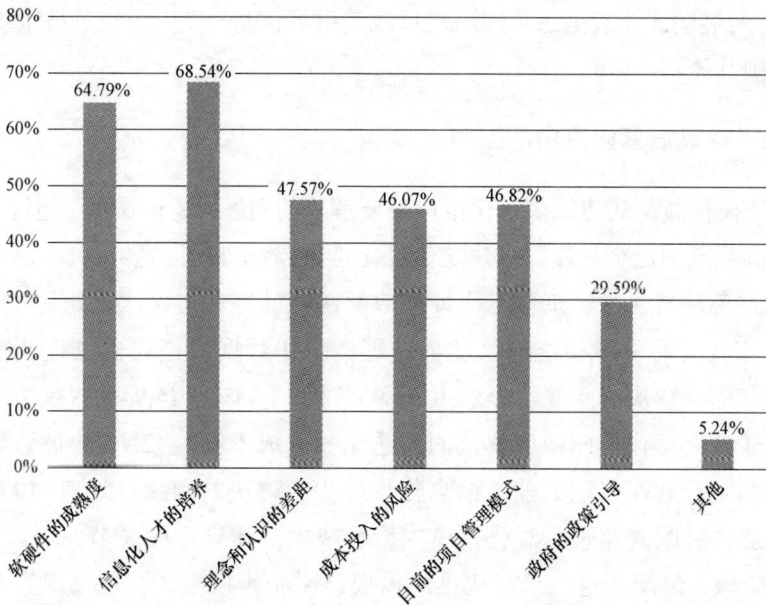

图 2-21 被访对象认为企业在装配式建筑信息化应用中面临的困难

这表明，目前装配式建筑信息化应用主要在人才、技术、理念、政策等几大层面存在问题。

（1）人才。缺乏装配式建筑相关人才是目前装配式建筑信息化应用的主要问题所在，人才的缺失使得装配式建筑信息化应用的推进速度较慢。同时，缺少对装配式建筑技术人才的专业培训渠道，造成相关管理人才和技术人才都极度匮乏。对此，可以通过校企联动，设置装配式建筑相关课程，建立产学研相结合的机制，培养、吸引人才。

（2）技术。目前来看，装配式建筑信息化应用缺少成熟的软件，难以支撑装配式建筑各阶段、各专业之间的协同集成应用。相关技术体系不够完善，行业软件企业大都"各自为战"，缺乏统一、开放的数据接口。因此，需要加强软件系统的研发，完善信息技术、部品部件协调等标准，建立统一的设计、生产、装配一体化信息管理平台，实现资源共享与数字化交付。

（3）理念。一方面，传统的建造习惯难以在短时间内转变，部分企业对于装配式建筑信息化应用的意愿不足；另一方面，在推进装配式建筑的过程中，部分企业出于对增量成本、短期利益等现实因素的考量，缺少应用信息化的动力。因此，需要不断明确装配式建筑信息化应用的价值所在，进一步加大装配式建筑信息化应用的宣传推广工作。

（4）政策。目前各地政府出台了多项推广装配式建筑的相关政策和指导意见，但缺乏全国范围内统一的行业规范，对于装配式建筑信息化应用缺少相关标准，对装配式建筑信息化应用没有起到规范作用。对此，应从政府层面出台装配式建筑信息化应用相关标准、规范，对装配式建筑信息化应用进行政策引导；进一步出台相关技术规范、验收、标准等，明确其控制范围。

### 2.3.2 装配式建筑信息化应用的期望

对于下一阶段装配式建筑信息化推广需要解决的问题，调查显示，超过半数的被访对象认为标准规范的健全是装配式建筑信息化推广需解决的问题，占比 64.04%；认为技术体系的完善是装配式建筑信息化推广应解决的问题，占比次之，为 58.8%；被访对象认为国家政策的引导和落地以及全过程信息化数据的打通也是行业在装配式建筑信息化推广中应解决的问题，分别占 56.93%和 55.43%；44.94%的被访对象认为行业在装配式建筑信息化推广中应解决的问题是投入成本高，42.7%的被访对象认为软件的适用性则是行业在装配式建筑信息化推广中应解决的问题，还有 40.07%的被访对象认为行业在装配式建筑信息化推广中应解决生产建设程序脱节问题，如图 2－22所示。下一阶段，装配式建筑信息化推广需要从多个维度发力，包括国家政策的引导和落地、标准规范的健全、技术体系的完善和相关管理的成熟以及人才队伍素质的整体提高等。

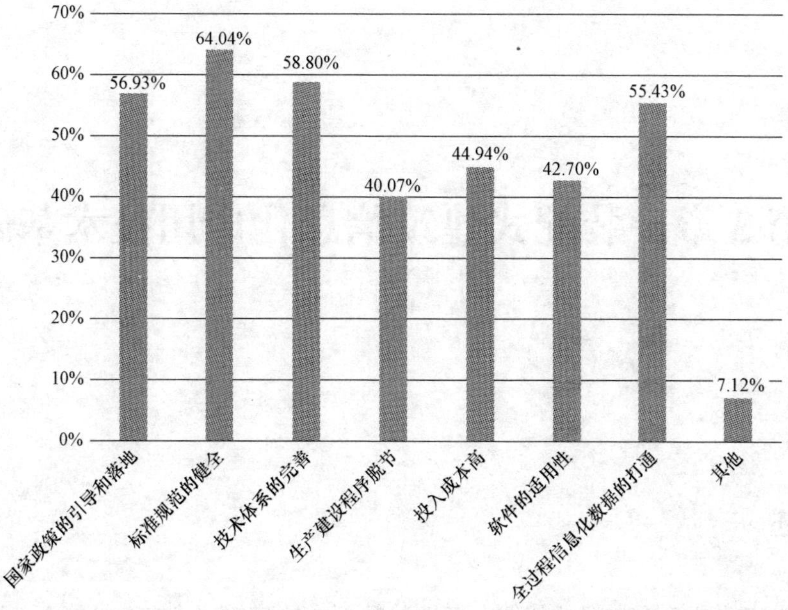

图 2-22　被访对象认为行业在装配式建筑信息化推广中应解决的问题

# 第3章 装配式建筑信息化应用技术基础

## 3.1 概述

装配式建筑是由预制部品部件在工地装配而成的建筑，其特点是施工速度快、劳动强度低、绿色环保，实现了像制造汽车一样在工厂里制造建筑。日本欧美最早采用这种技术，后期经过不断的发展，从最开始的木质、钢结构逐渐增加了混凝土结构，近年来我国也在提倡这种高效环保的建筑模式，并给予了大力的政策支持。

装配式建筑信息化是指在装配式建筑项目的全过程中运用信息化手段，项目过程中的质量、安全、工期、成本等控制都通过信息化手段来完成，实现装配式建筑的全过程控制的信息化。不同于传统项目管理的是，装配式建筑可以在多个专业和阶段同时进行施工，相对传统项目的环环相扣模式，不会发生一个阶段施工滞后影响到整体工期的情况。装配式部品构件在工厂中进行生产，施工过程中不需要像传统模式一样对施工材料进行养护，缩短工期、减少人力的同时工作环境也更加稳定，工程项目质量也更易于控制，其项目管理也更加灵活。

将信息化技术应用到装配式建筑中，设计人员可根据客户需要将个性化设计方案技术传递给工厂人员，生产客户所需的部件。在运输过程中也可运用信息化手段对部件进行定位追踪，实时掌握运输进度。在部件安装过程中也可对施工进度进行监控，若工程变更可及时将信息传递并沟通，同时采取相关解决措施。后期的运营和维护可运用信息化手段进行智能化的管理，更好地将工程结果用到实处。

目前，国内建筑业的整体信息化水平不高。在装配式建筑建造全过程中，信息化应用程度低，基于 BIM 的设计、生产、装配全过程信息集成和共享系统还没有形成；项目实施全过程中成本、进度、合同、物料等各业务信息化集成管理系统还没有形成。为了促进装配式建筑的发展，需要在装配式建筑设计、生产、施工及运维等全过程加强信息化应用范围和深度，为装配式建筑的快速健康发展奠定基础。

## 3.2 装配式建筑信息化应用框架

参照信息化应用一般框架，结合装配式建筑设计、生产、施工等各业务阶段信息化特点，我们提出了装配式建筑信息化应用框架，如图3-1所示，自下而上分为设备层、资源层和应用层共3层。

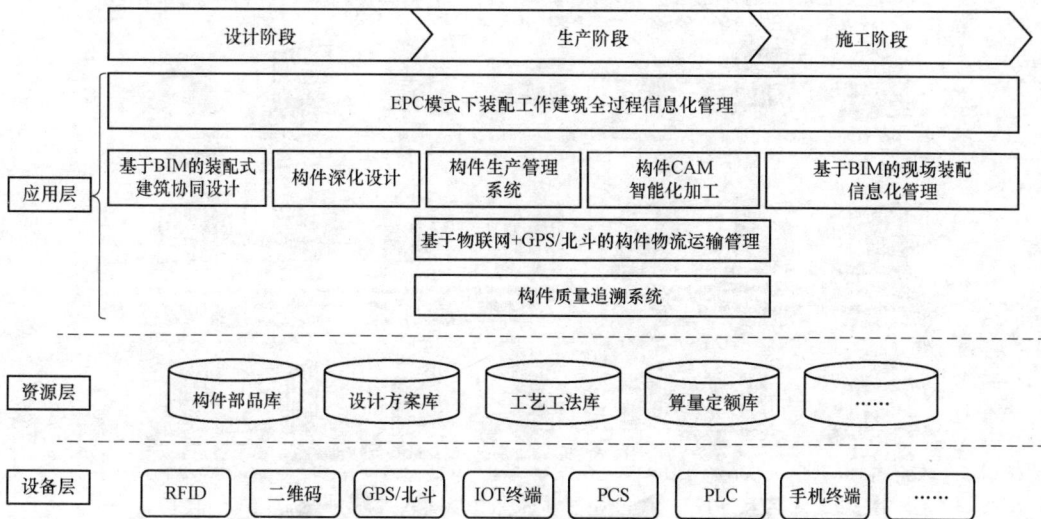

图3-1 装配式建筑信息化应用框架

1. 设备层

设备层主要是装配式建筑信息化应用中涉及的如RFID、二维码、GPS/北斗、IOT终端、PCS、PLC、手机终端等前端设备。前端设备大致可分为：

（1）标签和芯片模组：RFID、二维码、GPS/北斗定位芯片模组。

（2）信息终端：手机终端、车载终端、读卡器、机械设备智能控制终端等。

（3）网关设备：DTU、RTU、物联网网关、2G/3G/4G通信网关等。

（4）机械设备：PLC、PCS、塔吊等工业机械设备。

2. 资源层

资源层主要是装配式建筑涉及的构件部品库、设计方案库、工艺工法库、算量定额库等资源数据库。

（1）构件部品库。构件部品库是基于BIM的装配式建筑的标准构件库，是装配式建筑分析设计的重要基础信息库，如图3-2所示。构件部品库实现多类型装配式建筑构件的数据储存，涵盖建筑专业、机电（暖通和给排水）等专业，包含PC构件和钢构构件等构件类型，可以与装配式建筑设计、施工、造价和运维等环节软件无缝连接和交换数据。构件部品库一般可分为通用模型库和企业产品库两部分：通用模型库不附带企业参数信息、模型简单，用于初步设计阶段；企业产品库附带企业产品参数信息，模型精致，可广泛用于初步设计、深化设计、选型、招标、造价、施工、验收、运维等各个阶段。

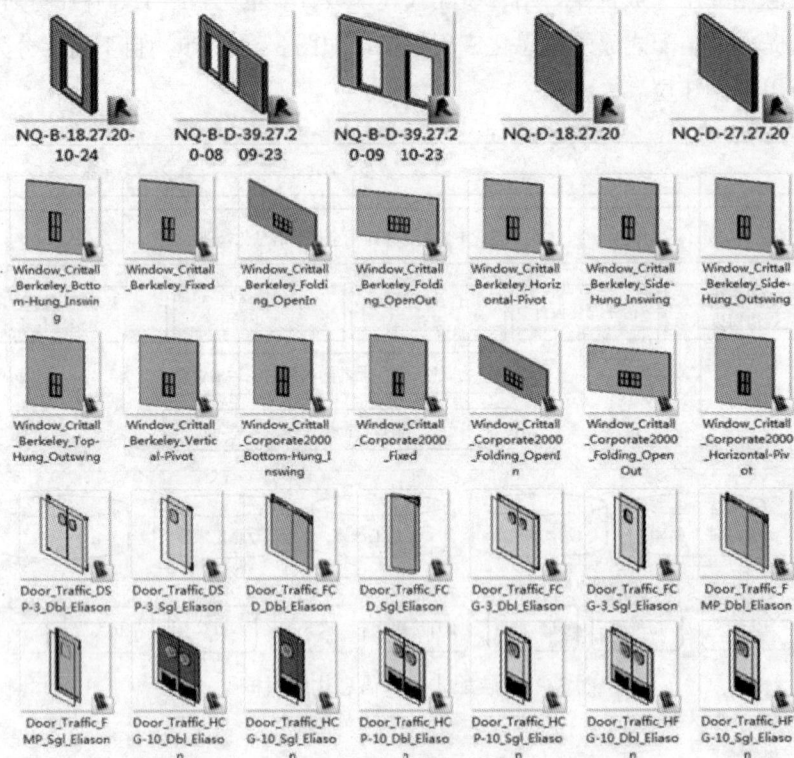

图 3-2  构件部品库

构件部品库可大幅提升装配式建筑 BIM 构件的复用和共享能力，提高设计效率，降低设计阶段的劳动强度和设计差错率，帮助装配式建筑设计师节约建模时间，提高建模工作效率；同时，构件部品库中的 BIM 构件参数化信息可为设计中的模拟工作提供所需产品数据，提高设计工作效率和工作质量。在装配式建筑生产和施工环节，构件部品库的建立可大大提高协作效率；通过 BIM 构件部品库的支撑，可以实现构件加工图纸与构件模型双向的参数化信息连接，方便基于构件单元的加工制作、运输存放及施工装配。

（2）设计方案库。设计方案库主要存储各种装配式建筑设计方案的 BIM 模型数据，在方案层面上实现装配式建筑 BIM 设计方案的复用和共享，方便建筑设计师快速完成装配式建筑方案设计，减少不必要的重复劳动，提高方案设计效率。

（3）工艺工法库。工艺工法库存储装配式建筑领域的国家、地方和企业施工工艺标准数据。施工工艺标准数据按照施工工艺规范要求，一般分为项目—分部工程—分项工

42

程—工序四级，每个末位的工序包含生产要素、工艺标准（作业标准、质量标准）、技术要求（作业条件、施工准备、成品保护、安全环保）等内容。

（4）定额库。定额库存放装配式建筑的土建、钢筋、结构、机电、装修等各专业算量定额数据，用于装配式建筑工程量和造价计算，方便装配式建筑项目工程报价、预算、采购和施工管理。

3. 应用层

应用层是装配式建筑涉及的主要信息化应用系统，包括装配式建筑设计阶段的基于BIM的装配式协同设计、构件深化设计软件，装配式建筑生产阶段的构件生产管理系统、构件CAM智能化加工、基于物联网+GPS/北斗的构件物流运输管理系统和构件质量追溯系统，装配式建筑施工阶段的基于BIM的现场装配信息化管理系统，以及涵盖设计、生产和施工全过程的EPC模式下的装配式建筑全过程信息化管理系统。下面对这些装配式建筑涉及的信息化应用系统一一进行简要介绍。

### 3.2.1 基于 BIM 的装配式协同设计

设计环节是装配式建筑方案从构思到形成的过程，也是建筑信息产生并不断丰富的过程。传统的2D设计模式在建筑工程项目设计中易产生信息丢失、错误等，设计过程使用大量的人力，效率低且质量不稳定，缺乏有效的协同设计，工作流程管理及生产方式落后。装配式建筑涉及多系统的集成，而BIM技术天然具有信息集成优势。在装配式建筑设计中，利用BIM三维可视化设计技术，搭建基于BIM的装配式协同设计平台，可实现多专业、多环节、相关方信息互通和共享，实现装配式建筑、结构、机电、装修的多专业横向一体化；同时可在装配式建筑设计过程中，实现施工方、构件生产方提前介入，进行更广更深的协同设计，使设计模型关联设计、生产及装配相关信息，有效地解决各环节信息不对称的问题，提前避免项目可能遇到的困难，保证设计成果满足生产及施工的需求，实现装配式建筑设计、加工、装配的纵向一体化。

基于BIM的装配式协同设计平台主要功能包括项目各参与方共同参与BIM模型及文档管理，各参与方信息交互及权限管埋，BIM模型数据提取，BIM模型操控，平台统一数据接口，移动App应用（实现模型查看和信息查询等功能）。

基于BIM的装配式协同设计平台具体应用功能包括：

（1）基于统一的基点、轴网、坐标系、单位、命名规则、深度和时间节点，开展建筑、结构、机电、装修等各专业建模并实现专业模型的综合组装。在此过程中，各专业还可以从建筑标准化、系列化构件库和部品库中选择相互匹配的构件和部品等模块来组建模型、提高建模的标准化程度和效率。此外各专业需要进行各自设计流程的协同，通过协同工作不断丰富BIM模型数据，最终形成集成各专业设计信息的综合设计模型。

（2）在各专业整合模型基础上，进行结构构件内部、机电管线内部、机电管线与结构构件、机电管线与内装装修之间的碰撞检查，在设计阶段解决碰撞问题。系统自动提醒碰撞，建筑、结构、机电、装修等各专业同步进行模型修改和规避。

（3）对完成碰撞检查与规避的各专业整合模型，通过三维可视化手段将模型拆分成模数化、体系化的预制构件，同时对构件连接节点的细部拆分进行展示，创建视图、材料明细表，最终生成构件深化设计图纸。

### 3.2.2 构件深化设计

装配式建筑是将整栋建筑的各个部品拆分成独立单元，包括梁、柱、外墙、内墙、叠合板、楼梯、阳台板、空调板等预制构件，然后通过现场局部浇筑将各独立的构件形成可靠的连接，最终形成装配整体式建筑。装配式建筑预制构件深化设计阶段是非常重要的环节，不仅要考虑建筑、结构、设备等专业，还要考虑加工工艺和施工安装工艺的预埋。同时由于预制构件设计和生产的精确度决定了现场安装的准确度，深化设计需要保证每个构件到现场都能准确地安装，减少图纸的"错、漏、碰、缺"等问题。这就要求装配式建筑预制构件深化设计，只能依靠基于 BIM 的协同设计，各专业之间通过 BIM 协同设计平台把可能在现场发生的冲突与碰撞提前消除在 BIM 模型中，保证深化图纸的准确性和可实施性。

基于 BIM 的预制构件深化设计，需要利用基于 BIM 的装配式协同设计平台，充分考虑建筑、结构、机电等各专业间的协同，进行整体模型深化设计、碰撞检查等工作，在 BIM 协同设计云平台上进行多方多专业间沟通和交流。同时，需要提前考虑构件生产安装环节、机电管线与构件的预留预埋、构件支撑及吊点的预留预埋等，精细化设置预留预埋。基于 BIM 的预制构件深化设计具体功能包括：

1. 基于模型的深化设计

在确定了各专业的设计意图并明确了大的设计原则之后，深化设计人员就可利用 Revit 等 BIM 设计软件，建立详尽的预制构件 BIM 模型，模型包含钢筋、线盒、管线、孔洞和各种预埋件。建立模型的过程中不仅要尊重最初方案和二维施工图的设计意图，符合各专业技术规范的要求，还要随时注意各专业、施工单位、构件厂间协同和沟通，考虑实际安装和施工的需要。如线盒、管线、孔洞的位置，钢筋的碰撞，施工的先后次序，施工时人员和工具的操作空间等。建成后的预制构件 BIM 模型可以在协同设计平台上拼装成整体结构模型。

2. 钢筋与预埋碰撞检查

将拼装好的结构整体模型导出到 Navisworks 等软件，添加碰撞测试，根据需求设置碰撞忽略规则，修改碰撞类型以及碰撞参数等、选择碰撞对象，然后运行碰撞检查。最后，对检查出的碰撞进行复核，并返回 Revit 等 BIM 建模软件修改模型。

3. 专业间碰撞检查

将各专业模型整合到 Navisworks 等软件，添加各专业间的碰撞测试，如建筑模型和暖通。设置碰撞忽略规则，修改碰撞类型以及碰撞参数等、选择碰撞对象，然后运行碰撞检查。最后，对检查出的碰撞进行复核，并返回 Revit 等 BIM 建模软件对模型进行必要的修改。

4. 基于模型协同与沟通

将整合好的各专业模型及图纸文档上传到 BIM 协同设计平台，在协同平台上可以进行漫游、查看、测量、隐藏、半显、剖切模型构件等操作，供项目参与人员进行实时异地协同审图及交流沟通、批注，如查看构件属性、图纸审核、文档批注等。

5. 调整优化设计

根据碰撞检查报告及校对、审核的修改批注，在 Revit 等 BIM 建模软件对当前模型进行修改调整，逐步优化设计，并将优化后的模型数据上传到 BIM 协同设计平台。

### 3.2.3　构件数字化生产管理系统

装配式建筑预制构件加工生产阶段，需要构建一个数字化生产管理系统，实现构件生产排产、物料采购、模具加工、生产控制、构件查询、构件库存和运输的数字化、信息化管理。构件生产管理系统主要包括传统工厂管理的 ERP（企业资源计划）、MES（制造企业生产过程执行系统）、WMS（仓库管理系统）相关内容。在导入构件深化设计 BIM 模型数据的基础上，运用 RFID、无线互联网等信息技术手段，打通上下游的业务流和信息流，实现对装配式建筑构件生产过程中原料采购、生产计划、生产质量、生产进度与成本的精细化管控。

构件生产管理系统的主要功能包括：

（1）构件生产信息管理：通过与 BIM 协同设计平台打通数据接口或手工导入 BIM 模型方式，获取构件深化设计 BIM 数据，实现构件设计信息到构件生产信息的传递和共享，避免大量烦琐构件生产数据信息的二次输入和输入数据的失真，达到设计生产一体化的信息共享。在进一步导入构件 BIM 模型数据的基础上，创建构件生产加工信息表，并关联各个构件对应二维码、生产预埋 RFID 等，生成构件生产管理信息。

（2）生产计划排产管理：根据施工进度计划，按照项目工期要求，综合考虑构件生产加工工序、各工序作业时间、现场构件吊装顺序，自动优化生成构件生产排产计划，包括构件模具计划、构件生产计划、存储计划、发货计划、每日生产任务单、每日发货计划单，并通过生产、发货反馈进行进度控制。构件生产计划编制的好坏直接影响到构件的质量、进度与成本，是构件生产管理最核心的内容。构件厂的生产计划依据是项目的施工进度计划，而施工进度计划因为各种因素会经常变化，计划的变化对构件生产影响巨大。因此构件生产管理系统需要与施工进度计划实现数据打通，及时获取施工进度计划变更信息，以便调整生产计划。

（3）物料采购管理：运用 ERP 中物料需求计划的原理，为每个构件的设计型号编制物料清单表，即将每个构件设计型号的原材料组成输入系统中形成一个物料清单表，依此计算出项目成本及需要采购的原材料数量。再根据生产排产计划制定物料采购计划，在生产过程中实时记录构件生产过程中物料消耗，关联构件排产信息，通过分析构件生产的物料所需量，对比物料库存及需求量，自动生成物料采购报表，适时提醒向物料供应商下单采购。

（4）生产质量管理：记录构件生产中各种质量问题，运用数据统计手段分析构件生产质量问题原因，并通过系统实时反馈质量及实验数据进行质量控制。

（5）构件堆场管理：通过构件二维码信息，关联不同类型构件的产能及现场需求，自动排布构件成品存储计划、产品类型及数量，并可通过构件二维码及 RFID 扫描快速确定所需构件的具体位置。

### 3.2.4 构件 CAM 智能化加工

构件 CAM 智能化加工的核心思想是将构件深化设计 BIM 模型数据与构件自动化生产设备相关联，打通构件设计信息模型和工厂自动化生产线之间的协同瓶颈，实现装配式预制构件的 CAM 智能化加工和自动化生产。通过这种数字化加工生产方式可以大幅提升装配式构件的生产效率和生产质量。

在前述构件数字化生产管理系统中，已经实现了 PC 构件深化设计 BIM 模型数据的集成和导入。再将构件数字化生产管理系统的构件 BIM 模型数据接入工厂 CAM 中央控制系统，由 CAM 中央控制系统自动提取构件 BIM 设计信息，以规定格式的数据文件输出，再导入生产线各数字化加工设备，由各加工设备的控制电脑、PLC 识别构件加工所需数据信息，即可实现包括画线定位、模具摆放、成品钢筋摆放、混凝土浇筑振捣、刮杆刮平、预养护、抹平、养护、拆模、翻转起吊等一系列工序在内的构件数字化、智能化加工生产。

构件 CAM 智能化加工的典型应用场景包括：

（1）自动画线和模具摆放：画线机根据构件设计信息（几何信息）实现自动画线定位和模具摆放。

（2）智能布料：在对 BIM 构件的混凝土加工信息导入基础上，编写程序利用设备控制指令系统将混凝土加工信息自动生成设备控制程序代码，自动确定构件混凝土的体积、厚度以及门窗洞口的尺寸和位置，智能控制布料机中的阀门开关和运行速度，精确确定浇筑混凝土的厚度及位置，实现构件生产中的自动化智能化布料。

（3）自动振捣：振捣工位结合构件 BIM 设计信息（构件尺寸、混凝土厚度等），通过程序自动确定振捣时间、频率，完成构件生产的自动化振捣工序。

（4）构件养护：养护工位根据加工构件的不同类型，实现构件生产加工中环境温度、湿度的自动设定和控制，以及对各个构件养护时间的计时，完成构件的自动化养护和存取。

（5）翻转吊运：翻转工位通过激光测距或传感器配置，实现构件的传运、起吊信息实时传递，安全适时进行自动翻转。

（6）钢筋数字化加工：将构件设计 BIM 模型的钢筋骨架图形特征、设计信息导入钢筋加工设备，由钢筋加工设备自动识别钢筋设计相关信息，通过对钢筋类型、数量、加工成品信息的归并，自动加工钢筋成品（箍筋、棒材、网片筋、桁架筋等），无须二次人工操作和输入。

（7）生产过程监控：各生产加工设备将加工过程信息、设备运行状态信息实时反馈给 CAM 中央控制系统，实时监控生产过程、设备运行负荷、设备运行能耗，设备故障等信息，实现及时、准确、全面了解构件生产线生产动态和设备运行状况，实现构件生产过程的精细化管理。

### 3.2.5 基于物联网+GPS/北斗的构件物流运输管理

装配式建筑预制构件生产过程中会预埋 RFID/芯片，并赋予每个构件唯一的二维码。通过扫描 RFID，结合 GPS/北斗定位，可对预制构件的出厂、运输、进场进行全程追踪监控，并通过无线网络即时传递信息到工厂生产管理系统和施工现场管理系统，完成整个预制构件物流运输过程的全程数字化管理，有效掌握预制构件的物流和安装进度信息。

基于物联网+GPS/北斗的构件物流运输管理具体功能包括出厂管理、车辆定位跟踪、进场管理、构件吊装管理、构件/车辆溯源查询等。

（1）出厂管理：出厂环节，通过条码扫描对构件运输车辆进行识别，由出厂管理员完成车辆信息的录入，包括车牌号、司机姓名等信息。确认车辆信息后，对准备出厂的预制构件进行扫描，添加此车装载的构件信息，自动完成预制构件与车辆的关联及出厂登记。

（2）车辆定位跟踪：构件运输车辆加装 GPS/北斗定位系统，实现对运输过程中的出厂构件运输车辆的实施位置跟踪，位置信息实时上报服务器；运输途中可随时对已出厂车辆位置信息、车辆信息及所载构件信息进行查询，及时掌握构件物流运输动态情况。

（3）进场管理：车辆到施工现场后，根据车牌或扫码方式获取车辆信息，核实通过后对车辆运输每个预制构件进行进场扫描，自动完成进场登记。进场扫描结束后，系统自动对车载构件进行清点，如有未入场或缺失预制构件，系统会给出提示，继续进行进场扫描，直到车载的构件全部完成进场登记。

（4）构件吊装管理：通过扫描构件二维码、RFID 获取构件信息，包括预制构件安装位置及要求等属性。完成吊装后由吊装管理员进行质量检查，更新构件的吊装信息，并将结果上传后台服务器。

（5）构件/车辆溯源查询：可对所有构件运输车辆进行溯源查询，包括在途及已入场车辆，同时可查询此车所载的所有构件信息，便于进行过程追溯。

### 3.2.6　构件质量追溯系统

构件质量追溯系统是一个涵盖装配式建筑政府监管部门、建设单位、设计单位、构件生产企业、物流企业、施工单位、监理单位等各方的行业公共服务平台，用于实现装配式预制构件的全过程质量溯源和质量监管，以确保装配式建筑的质量安全。构件质量追溯系统是以单个构件为基本管理单元，以 RFID 芯片或二维码为跟踪手段，采集原材料进场、生产过程检验、入库检验、装车运输、施工装配、验收等全过程信息，建立起构件全生命期质量数据，在此基础上提供构件质量相关信息查询服务，实现装配式预制构件的质量溯源和统计分析。

构件质量追溯系统主要功能包括：

（1）构件信息管理：利用 RFID、二维码技术，通过唯一性编码，关联构件生产、运输、施工装配等各环节信息，实现对构件信息的综合管理。

（2）构件质量追溯信息采集：根据装配式预制构件建造过程质量追溯所需信息，按照 5W1H 原则利用 RFID、二维码技术获取预制构件在生产、物流、装配等产业链各环节相关质量追溯信息。

（3）信息查询门户：提供公共信息查询门户，为行业建设单位、设计单位、构件生产企业、物流企业、施工单位、监理单位等各方提供预制构件质量追溯信息查询服务。

构件质量追溯系统可促进装配式建筑产业链的健康发展，确保产业链上信息的完整性、准确性和实时性，使构件质量可监控、可追踪，增强装配式建筑质量追溯能力，健全质量监管长效机制。

### 3.2.7　基于 BIM 的现场装配信息化管理

装配式施工过程一般划分为施工准备、施工与交付阶段，在现场装配时，需要严格按构件编码吊装到对应的建筑部位进行安装。但是，由于施工现场的复杂性，构件在吊装时，有时会发生该安装的构件放在了吊装设备工作半径范围外，或被堆放在了其他构件下面，需要进行二次搬运。有的塔吊司机不熟悉 PC 构件的安装过程，会发生吊装偏差或吊装位置错误。另外，在构件的节点连接方式上，也有特殊性，工人不理解图纸或工艺，也会造成连接错误或效率低等问题，质量管理难度大。

BIM 模型里包含丰富的信息，在 PC 构件模型中除了 3D 建筑模型的几何信息描述外，还包含了施工阶段的很多信息（如安装时间、安装位置、安装质量要求）以及建筑构件对象之间的逻辑关系等。可以利用 BIM 模型的直观性、可分析性、可出图性的特点，通过场地布置、方案模拟、构件管理、可视化技术交底、进度管理、构件质量管理等解决上述问题。

1. 场地布置

为了避免 PC 构件的二次搬运，提高安装效率，需要提前对 PC 构件的堆放位置及堆放顺序进行合理安排。采用传统的人工方式对 PC 构件堆放位置进行安排是非常复杂的工作，现在采用基于 BIM 技术的场地布置软件可以很好地解决这个问题。通过三维场地布置软件对施工现场的道路、临设、大型设备、各生产操作区域、PC 构件的堆放区域等进行可视化的布置，利用 PC 构件模型中的施工时间、施工顺序、安装位置等信息，结合吊装设备的吊装半径、吊装能力，通过 3D 模型以动态的方式进行 PC 构件堆放位置、顺序的模拟，对构件的吊装路径进行模拟，实现吊装路径优化，避免二次搬运。通过模拟分析，可以选择最佳方案确定塔吊位置、PC 构件堆放位置及顺序，为后续施工奠定基础，提高施工质量及效率。

2. 施工方案模拟

由于采用了 PC 构件，施工组织方案的编制工作要考虑施工现场 PC 构件吊装的顺序及其他很多干扰因素，比传统施工要复杂，难度大，采用 BIM 软件进行施工方案模拟可以很好地验证施工组织方案的合理性及科学性。在 BIM 软件中建成建筑模型以及场地模型后，根据项目施工组织计划方案对项目进行动态的施工模拟，实现在虚拟模型中未建先试。例如，使用 Autodesk 公司的 Navisworks 软件，将 PC 构件的进场时间顺序、吊装顺序等输入 BIM 模型中进行施工模拟，对标准层 PC 构件吊装的每一个步骤进行精细化模拟，查找项目施工中可能存在的动态干涉，从而提前规划起重机位置及路径，并优化构件吊装计划，使吊装过程更加有序、科学。在施工方案模拟的过程中通过查看任一时间段的施工状态，发现施工组织过程中的纰漏，及时调整施工进度计划，避免在实际施工过程中由于时间安排的不合理而导致的各工种、各专业、各工序配合上的冲突，避免由此引起的窝工现象，影响项目工期。

3. 构件管理

在构件生产管理方面，可以在 BIM 模型中录入每个 PC 构件的唯一编号、安装楼层、安装部位、计划安装时间等信息，并与对应的 PC 构件模型关联。在施工过程中，可以根据 PC 构件计划安装时间提前进行订购，并可以将 PC 构件的实际生产、运输、在场、安装等不同的状态信息录入 BIM 模型中，从而直观地了解不同构件的运转情况，实现便捷的订购、生产、运输、现场装配的管理工作。

4. 吊装方案模拟

在正式施工时，有的吊装班组不熟悉 PC 构件的安装过程，会发生吊装偏差、碰撞或吊装位置错误。可以使用 BIM 软件进行专项吊装方案模拟，利用 PC 构件中包含的安装工序、楼层、部位等信息，以及吊装设备的吊装路径，对拟安装构件的每一个装配步骤进行精细化模拟，查找施工中可能发生的动态干涉，提前规划起重路径，帮助判断方案的合理性，或者通过模拟多项方案，帮助制定最佳方案决策，优化构件吊装计划，使吊装过程更加有序、科学。

5. 可视化技术交底

在 PC 构件的节点连接方式上，不同的构件有不同的连接方式，有特殊的工艺要求。采用传统的二维图纸交底，工人理解图纸或工艺有难度，会造成连接错误或工作效率低下等问题。利用 BIM 的直观性，通过将模型展示给工人，可以非常直观地向工人进行技术交底，使工人清楚地理解设计对连接方式的表达，有助于提高工作效率，提高施工安装的精准度和质量。

6. 施工进度管理

在施工进度管理方面，采用传统方式不能直观地看到项目实际进度的偏差情况，可以利用 BIM 的直观性和可分析性实现进度的形象化管理。在施工开始时，将 BIM 模型与施工进度计划相关联，形成可视化的 4D 模型。在施工过程中，可以将实际进度录入 BIM 模拟中，并与计划进度进行关联，实现随时通过模型展现实际进度与计划进度的对比，随时随地监控项目进展与计划的偏差，直观、精确地反映整个建筑的施工进度，提前发现计划偏差，提高进度管控的科学性和及时性，保证项目工期。

7. 构件质量管理

在 PC 构件安装质量检查中，采用传统的二维图纸与实际完成现状很难进行形象的对比，质量的检查记录也是分散在不同的地方，无法与工程部位进行关联。集成应用 BIM 技术与移动技术，技术人员在现场通过手持平板电脑查看设计模型，与现场实际完成情况进行对比，及时发现质量问题。技术人员还可以通过基于 BIM 的质量管理软件将质量检测、检查数据输入，与对应的 PC 构件模型关联，并与质量控制指标进行对比核实，其他管理人员可以及时查询构件质量检查信息。利用 BIM 的可管理性，做到了构件质量记录可以非常方便地进行追溯，提高了质量管理的水平。

综上所述，在装配式施工过程中应用 BIM 技术，可以更有效地管控项目进度，提高质量管理水平，降低项目成本。在进度方面，通过基于 BIM 的施工方案模拟，可以优化施工计划；通过基于 BIM 的施工进度管理，可以形象直观地发现实际进度与计划进度的偏差，及时进行计划及相关资源调整，保证进度在可控范围内。在质量方面，通过基于 BIM 的可视化技术交底和吊装模拟，进行形象化的交底，保证构件的节点连接质量，保证吊装的精度。在成本方面，基于 BIM+RFID 的场地布置管理，可有效避免构件的二次运输；通过基于 BIM 的施工方案模拟，可优化资源配置，避免窝工现象的发生；通过吊装模拟及可视化的技术交底，提高工作效率和安装质量，降低项目成本。

50

### 3.2.8 EPC 模式下的装配式建筑全过程信息化管理

装配式建筑项目具有"设计标准化、生产工厂化、施工装配化、一体化装修、全过程管理信息化"的特征，与 EPC（工程总承包）模式集约化、一体化管理理念相契合。通过 EPC 模式才能有效将装配式建筑工程建设的全过程连接为完整的一体化产业链，全面发挥装配式建筑的建造优势。在 EPC 模式下，工程项目设计、制造、装配、采购等工程实施工作全部交由 EPC 工程总承包方完成，总承包方围绕工程建造的整体目标，以设计为主导，全面统筹制造和装配环节，统一协调配置人力、物力、资金等资源，能够有效解决设计、生产、施工脱节、产业链不完善、信息化程度低、组织管理不协同等问题。

实施 EPC 模式时，工程总承包方需要结合企业项目管理系统和各部门的业务管理流程，构建装配式建筑全过程信息化管理系统，实现装配式建筑设计、生产、装配全过程的合同、物料、成本、进度、质量和安全的信息化管理，实现政府监管部门、业主、工程总承包方、设计、生产、施工、构件配送运输等多方高效协同。全过程信息化管理系统是装配式建筑 EPC 模式有效落地的不可或缺的技术手段。其核心是基于 BIM 的协同和构件管理，包括基于 BIM 的协同设计、基于 BIM 的构件全过程管理、基于 BIM 的现场装配施工管理等内容。

1. 基于 BIM 的协同设计

在 EPC 模式下，作为工程总承包方需要搭建一个基于 BIM 的协同设计云平台，为项目设计各单位、各部门、各专业协同工作提供技术和平台支撑，使项目设计参与各方能够在同一平台上使用相同的设计规则进行协同设计工作，及时进行信息交流和共享，减少设计冲突。同时，基于 BIM 的协同设计还需要实现装配式建筑设计和生产间的协同，基于 BIM 将设计方案拆分成模数化、体系化预制构件，完成预制构件深化设计，并生成提取出工厂生产和现场装配所需的如构件类型与数量、钢筋类型与数量、预留预埋件类型与数量、原材料（混凝土、钢筋等）数量等各种信息，实现设计与生产、施工的无缝对接。

2. 基于 BIM 的构件全过程管理

完成构件拆分和构件深化设计后，EPC 总承包方需要搭建一个预制构件综合管理平台，导入构件深化设计信息，并与构件生产企业信息化系统进行对接，向构件生产企业提供构件生产所需的构件加工生产数据和进度计划要求，由构件生产企业完成构件生产；同时在构件综合管理平台内，实现前述类似基于物联网+GPS/北斗的构件物流运输管理功能，实现对构件出厂、运输到进场、吊装的全过程管理。

3. 基于 BIM 的现场装配施工管理

依据构件的预埋 RFID 芯片或二维码，实现基于构件的设计信息、生产信息、运输信息、装配信息的信息传递和共享，在此基础上应用 BIM 技术实现现场装配施工管理的信息化，如基于 BIM 现场布置动态优化和可视化管理，基于 BIM 的装配现场施工方案及工艺模拟和优化，基于 BIM 的进度、成本、物料等项目 BIM$n$D 管理等。

## 3.3 装配式建筑信息化应用关键技术

### 3.3.1 BIM 技术

BIM 是以建筑工程项目的各项相关信息为基础，集成建筑物所有的几何形状、功能和结构信息，建立起三维建筑模型，通过数字信息模拟建筑物所具有的真实信息。BIM 模型包含了从规划设计、建造施工到运营管理阶段全生命周期的所有信息，并把这些信息存储在一个模型中。它具有信息完备性、信息关联性、信息一致性、可视化、协调性、模拟性、优化性和可出图性等特点。

BIM 技术的应用可以使建筑项目的所有参与方在从建筑规划设计、建造施工到运行维护的整个生命周期，都能够在三维可视化模型中操作信息和在信息中操作模型，进行协同工作，从根本上改变依靠符号文字形式表达的蓝图进行项目建设和运营管理的工作方式，实现在建筑项目全生命周期内提高工作效率和质量、降低资源消耗、减少错误和风险的目标。

由于 BIM 技术与管理手段类似，且具有协同工作、信息资源共享的优势特征，在建筑信息化中有重要的应用。在装配式建筑中应用 BIM 技术，可以打通设计、生产、施工各阶段的信息壁垒，实现装配式建筑设计、深化设计、构件生产、物流运输、施工装配直到运维等全过程的信息有效传递和共享，实现建筑工业化和信息化深度融合。BIM 在装配式建筑中各阶段的应用点如图 3-3 所示。

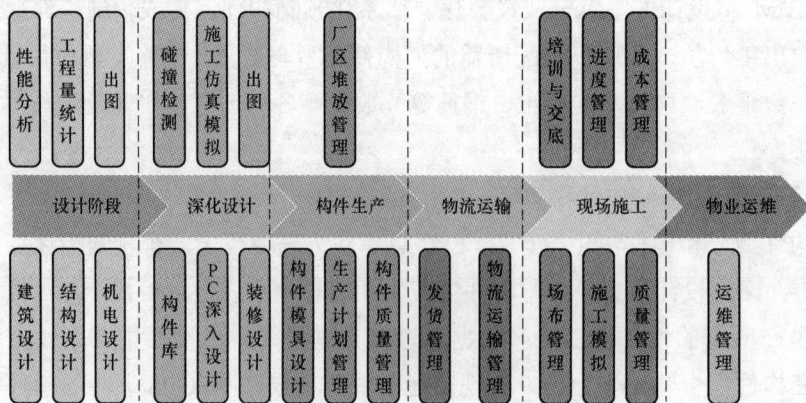

图 3-3  装配式建筑中 BIM 的应用点

有效应用 BIM 技术能够增加装配式建筑信息化应用价值，通过 BIM 集成/关联装修、机电、结构、建筑等多专业设计、生产和施工等信息，可大大加强建筑各环节各参与方间的协同促进作用，提升建筑工作综合效率。装配式建筑信息化应用在 BIM 技术支撑下，能够使整个建筑过程中各个环节有序、有效的联动，减少二次返工、重新设计方案等现象出现，有助于建筑项目质量的提升。

### 3.3.2　云计算技术

云计算技术是指将大量用网络连接的计算、存储等进行资源统一管理和调度，构成一个资源池通过网络向用户提供服务。云计算可使用户摆脱具体终端设备、软件的束缚，随时随地用任何网络设备访问云服务，实现云服务的共享。云计算可以认为包括以下几个层次的服务：基础设施级服务（IaaS）、平台级服务（PaaS）、软件级服务（SaaS）和数据级服务（DaaS）。

在装配式建筑中 BIM 技术的应用离不开云计算技术的配合参与。装配式建筑信息化应用中，需要将 BIM 和云计算技术进行集成应用，二者的集成机制如图 3－4 所示。其中，各类 BIM 应用以云计算为枢纽，BIM 数据统一存储在云端并与所有 BIM 应用软件共享，从而形成跨业务、跨单位、跨岗位、跨软件的数据协同，形成基于 BIM 和云计算技术的协同解决方案。

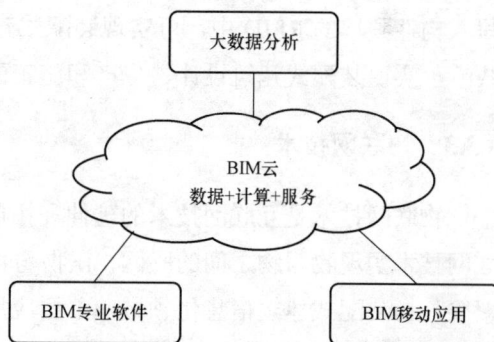

图 3－4　BIM 与云计算的集成

在装配式建筑信息化中，云计算应用主要包括以下几个方面：

1. BIM 专业软件与云计算的集成应用

利用云计算实现基于 BIM 的协同。用户将 BIM 专业软件所创建的业务数据保存到云端，从而能够随时随地访问到相应的业务数据。同时，数据也能够便捷地在多个协作者之间共享，实现多人协同工作。

利用云计算实现基于 BIM 的复杂计算工作。BIM 专业软件所涉及的一些复杂计算过程（如模型渲染、结构分析、工程量计算等）可以从本地计算机转移到云端服务器进行，大幅度提升计算效率，减少用户等待时间，提高工作效率。

利用云计算提供的大规模数据存储和处理能力，BIM 专业软件能够高效访问庞大且实时更新的数据（例如地理信息数据、气象数据等），提升 BIM 集成应用功能的准确性和智能性。

2. BIM 移动应用与云计算的集成应用

BIM 技术的应用场景大部分发生在办公室里，使用个人计算机进行，现场的专业技术人员使用不方便。通过云计算技术的应用，可将 BIM 能力从电脑延伸到移动设备（如手机、PAD 等），克服移动设备计算能力的限制，有效拓展 BIM 在装配式建筑生产、运输、施工等各环节中的应用价值。现场专业技术人员可通过移动设备从云端获取 BIM 数据信息，访问到各类项目数据，如文档、图纸、三维模型等，并利用移动设备在信息采集（如定位、拍照、录像、录音等）方面的优势，现场及时采集信息、存储到云端并与 BIM 模型进行整合，从而方便技术人员现场开展如质量验收检查等各项工作。

3. 基于 BIM 的产业链协同云平台

为了充分发挥 BIM 技术与云技术的集成应用价值，还需要打破装配式建筑设计、生产、施工等各阶段信息壁垒，实现装配式建筑产业链上不同厂商、不同单位的协同工作，形成面向整个项目上、整个产业链上的 BIM 协同云服务。通过建立基于 BIM 的产业链协同云平台，利用云技术使得装配式建筑产业链各利益相关者实时准确地获取管理所需数据，实现数据的协同和共享。如通过云平台将设计阶段生成的最终 BIM 模型导入预制构件生产厂家生产管理系统中，实现装配式建筑设计和生产的有效协同；在构件生产过程中，将 BIM 数据库中各预制构件的基本信息、预制构件质量检查记录等数据写入构件预埋的 RFID 中，可实现装配式建筑设计、生产信息向施工阶段的有效传递和共享，实现装配式建筑设计、生产和施工的有效协同。

### 3.3.3 物联网技术

物联网技术是互联网技术的延伸和拓展。互联网技术实现了人与人之间的联网，物联网技术实现物与物之间的联网，在物与物之间进行信息交换和通信。物联网技术种类繁多，在装配式建筑信息化领域，主要应用的物联网技术有 RFID 技术、卫星定位技术（GPS/北斗）和低功耗广域网（LPWAN）技术。

1. RFID 技术

RFID 即无线射频识别，俗称电子标签。RFID 技术是一种不需识别系统，与特定目标之间建立光学或机械接触就能通过无线电信号识别特定目标并读写相关信息的无线电波通信技术，具有信息容量大、安全性高和读取率高的特点。整个识别过程不需要人为干预，能够在多种不利环境中正常工作，高速运动物体及多个不同无线标签也可以被 RFID 技术捕捉识别，操作方便快捷。

在装配式建筑信息化中，应用 RFID 技术，为每个构件赋予唯一的 RFID，以 RFID 为信息载体实现预制构件设计、生产、运输及装配阶段中产生各种实时信息的方便快捷读写，实时追踪和监控预制构件状态，加速信息在项目利益相关者之间的传递，可很好地解决装配式建筑建设管理过程中信息传递缺乏时效性的难题。

在预制构件生产阶段，将 RFID 放置在耐腐蚀性的卡扣式塑料盒纸腔中，并将其固定在近保护层相邻的两根钢筋上，随混凝土的浇筑永久埋设于预制构件内部，然后利用 RFID 阅读器录入每一预制构件的生产厂家、生产日期、规格、材料组成以及产品检查记录等基本信息，并将信息同步保存在 RFID 和后台数据库中。

在预制构件运输阶段，运输工人通过读取 RFID 中预制构件的基本出厂信息，并将其信息上传到数据库中进行处理，BIM 系统将合理规划预制构件运输顺序，生成运输线路，选取运输车次，安排施工顺序，并连同运输车辆的信息一并上传到数据库中。在预制构件现场堆放时，在堆放现场的入口处安装门式阅读器，通过 RFID 阅读器快速识别并读写进入施工现场的预制构件，完成预制构件的进场验收。

在预制构件装配阶段，RFID 阅读器能够快速识别并读写进入施工现场的预制构件，通过无线网络把预制构件 RFID 中所包含的信息上传至数据库，数据库控制中心将 BIM 系统中的信息数据发送给现场施工人员，施工人员接收到装配信息后对预制构件进行装配。

2. 卫星定位技术

卫星定位是指通过利用定位卫星和接收机的双向通信来确定接收机的位置，可以实现全球范围内实时为用户提供准确的位置坐标及相关的属性特征。如果采用差分技术，其精度甚至可以达到米级。国内应用的卫星定位技术主要有 GPS 和北斗定位技术两种。在装配式建筑信息化应用中，卫星定位技术可应用在预制构件物流运输、预制构件的精准装配等环节。

在预制构件物流运输环节，通过在运输车辆上安装卫星定位系统，通过无线网络与后台系统连接，可实时获取运输车辆的位置信息，随时获取和掌握构件物流运输状态，确保构件生产、施工装配计划的有效达成。

在预制构件的装配环节，通过在塔式起重机的吊臂以及吊钩平衡杆上安装北斗定位系统，在塔吊的吊臂以及吊钩平衡杆上安装卫星定位接收器，通过无线网络将北斗定位接收器接收的数据传输到装配终端设备的数据库中，按照预定义的装配位置和装配时间，预制构件的各项参数将自动与每一具体装配位置进行匹配，可实时定位预制构件的装配位置，实现构件的精准装配。

3. 低功耗广域网技术

低功耗广域网简写 LPWAN，是物联网的一种，专为低带宽、低功耗、远距离、大量连接的物联网应用而设计。与传统的物联网技术相比，LPWAN 有着明显的优点：与蓝牙、Wi-Fi、Zigbee、802.15.4 等无线连接技术相比，LPWAN 技术距离更远；与蜂窝技术（如 GPRS、3G、4G 等）相比，连接功耗更低。LPWAN 大致可分为两类：一类是工作于未授权频谱的 LoRa、SigFox 等技术；另一类是工作于授权频谱下，3GPP 支持的 2/3/4/5G 蜂窝通信技术，比如 EC-GSM、eMTC、NB-IoT 等。

在装配式建筑信息化应用中，单纯使用二维码和 RFID 对预制构件进行信息采集时，采集的信息是静态的，且只能进行信息匹配，查看构件信息是否有误，不能满足对吊装、安装过程中垂直度等构件实时状态的智能监测。应用 LPWAN 技术，结合卫星定位技术和倾角传感器组成的主动式定位传输标签，可实现对装配式构件的自动定位、信息沟通以及构件垂直度的主动检测。吊装过程中施工人员可用移动平板接收构件上主动式标签发送的信息，实时查看构件状态，通过 GPS/北斗定位实时掌握构件的位置信息，并随时与 BIM 模型进行信息匹配，避免出错。构件就位后，主动式标签的传输模块中的倾角传感器将对构件角度进行感应，使得施工人员可以在手持终端设备上得到构件垂直度是否符合要求的相关信息，高效完成构件吊装施工工作。

### 3.3.4 移动互联网技术

移动互联网技术是一种通过手机、平板等移动终端，通过移动无线通信方式获取各种应用和服务的技术，是移动通信与互联网技术的结合。移动互联网技术可使用户随时随地访问应用、获取服务，非常适合需要在现场进行信息化应用的场景。在装配式建筑信息化应用中，移动互联网技术广泛应用于装配式建筑的构件生产、现场施工等环节。

在预制构件生产环节，现场生产加工、质量检查等技术人员，可应用移动互联网技术，通过手机、平板移动端 App 应用，访问相关构件生产加工、质量检查相关信息，指导相关技术工作开展；同时，通过移动端 App 实现指令发送，功能操作和信息记录。

在装配式建筑现场施工环节，应用移动互联网技术，通过各种移动 App 应用，可实现物料进场核验、现场装配施工、劳务监管、质量监管、安全监管等各种应用。

此外，移动互联网技术结合二维码技术，可作为 RFID 技术的有效补充手段，广泛用于构件的生产、运输、施工等环节的信息化应用中。

### 3.3.5 智能制造技术

智能制造技术是工业化和信息化两化深入融合的产物，是在工业制造领域广泛应用信息化技术，实现工业生产制造的自动化、智能化和精益化。在装配式建筑生产中涉及的智能制造技术主要有 ERP、MES、PCS。

ERP 是从 MRP（物料需求计划）发展而来的新一代集成化管理信息系统，是将物质资源、资金资源和信息资源集成一体化管理的企业级信息化管理系统。ERP 整合企业市场销售、采购供应、财务、人力资源、生产、物流运输等企业生产经营各个环节，提供综合信息化管理功能，以实现企业生产活动的低成本、高效率。

MES 是面向制造企业车间执行层的生产信息化管理系统，为企业提供包括制造数据管理、计划排程管理、生产调度管理、库存管理、质量管理等相关信息化应用模块。MES 是位于 ERP 之下，偏重于生产制造过程执行的车间级信息化管理系统。

PCS 是车间自动化生产流水线级的生产过程自动化控制系统，通过基于 PLC 或微机，对生产线上各生产加工设备进行控制，实现整个生产过程的自动化控制。

装配式建筑生产中需要建立工厂级的构件数字化生产管理系统。这个工厂数字化生产管理系统的核心功能构建，需要用到 ERP 及 MES 的相关技术。运用 ERP 技术结合 BIM 技术，实现构件工厂级的生产进度、物料需求、财务、采购、人力资源、物流运输等信息化管理，打通上下游的业务流和信息流。运用 MES 技术，自动编制车间级构件生产加工计划，生成模板计划、构件生产计划、存储计划、发货计划、每日生产任务单、每日发货计划单，并通过生产、发货反馈进行进度控制。

在装配式建筑的生产加工环节，实现构件 CAM 智能化加工，需要用到 PCS 技术和各种智能化自动化生产加工设备。装配式建筑生产环节的信息化，需要实现将预制构件的三维信息导入 PCS 系统，由 PCS 系统控制生产加工设备完成构件加工，从而实现预制构件的流程化和智能化制造。

### 3.3.6 大数据技术

大数据是互联网、移动设备、物联网和云计算等技术快速发展的产物。根据麦肯锡定义，大数据是一种规模大到在获取、存储、管理、分析方面大大超出了传统数据库软件工具能力范围的数据集合，具有海量的数据规模、快速的数据流转、多样的数据类型和价值密度低四大特征。大数据技术是对大数据进行处理、存储和分析的技术。

大数据技术具有重要意义，当前在我国已经上升为国家战略。装配式建筑信息化的发展，也离不开大数据技术的参与。装配式建筑信息化的一个主要出发点即是实现产业链各参与方的广泛协同，为此要利用 BIM 和云计算技术，构建 BIM 协同云平台。通过云平台，利用大数据处理、存储和分析技术，可搜集大量数据，在此基础上形成装配式建筑行业大数据。通过装配式建筑行业大数据，可以强化装配式建筑的生产、施工质量控制，提高服务效率，优化产业发展环境，加强责任可追溯性，促进政府市场监管，建立行业诚信体系，为产业发展提供诸多创新可能性。例如利用大数据，可以建立工程项目各参与方的征信信息，有利于建立公平、公正的市场环境，并基于行业征信，引入产业金融，为各方提供金融保险、贷款等服务。

## 3.4 装配式建筑信息化建设路径

装配式建筑信息化建设的关键是打破设计、生产、施工等各阶段、各参与方间的信息壁垒，在实现信息的有效传递和共享的基础上，实现协同一体化。遵照这一原则，装配式建筑信息化建设路径可以设计为：

（1）从源头——装配式建筑设计阶段，建设基于 BIM 的装配式协同设计和构件深化设计云平台，实现各专业建筑、结构、机电、装修各专业间高效协同设计，为实现"建筑、结构、机电、装修一体化"的系统性装配要求打下基础。

（2）围绕预制构件生产，应用 BIM 技术。一方面，构建起基于 BIM 的标准化预制构件部品库，设计出有利于机械化、自动化、规模化加工的系列标准化构配件，能够批量化生产，从而降低生产成本、提高生产效率；另一方面，需要实现 BIM 从设计到生产阶段的信息传递和共享，构建起构件工厂数字化生产管理系统和构件 CAM 智能化加工应用，并在物流运输和现场装配中广泛应用物联网技术，实现"设计、加工、装配一体化"的工业化生产要求。

（3）大力促进 EPC 模式下的装配式建筑全过程信息化应用系统，实现在工程总承包方统筹管理下的设计方、生产加工方、现场装配方和整个产业链的高度融合，促进装配式建筑的快速发展。

## 参 考 文 献

［1］刘占省. 装配式建筑 BIM 技术应用［M］. 北京：中国建筑工业出版社，2018.

［2］住房和城乡建设部科技与产业化发展中心. 中国装配式建筑发展报告（2017）［M］. 北京：中国建筑工业出版社，2017.

［3］中国建筑施工行业信息化发展报告（2015）：BIM 深度应用于发展［M］. 北京中国城市出版社，2015.

［4］中国建筑施工行业信息化发展报告（2016）：互联网应用与发展［M］. 北京：中国城市出版社，2016.

［5］翟栋绪. 关于装配式建筑中 BIM 应用的思考［J］. 建筑技术，2018，49（S1）：123－124.

［6］安然，周东明，张彦欢，景园，赵典刚. 基于 BIM 和 RFID 技术的 PC 建筑全生命周期应用研究［J］. 工程建设，2017，49（11）：24－27.

［7］王全良，宋佳祥，杨飞颖. 装配式建筑智慧工厂管理系统的试验研究［J］. 建筑技术，2018，49（S1）：211－212.

［8］周冲，董作见，黄轶群. 装配式建筑智能制造和智能建造的创新需求［J］. 建设科技，2018（23）：28－31.

［9］刘占省，刘诗楠，王文思，赵玉红，于嘉琪. 基于低功耗广域物联网的装配式建筑施工过程信息化解决方案［J］. 施工技术，2018，47（16）：117－122.

［10］陈峰，任成传，卢造，国仕蕾，王志礼. ERP、MES 系统在装配式建筑构件智能制造中的应用［J］. 混凝土世界，2018（01）：38－41.

［11］叶浩文，周冲，樊则森，刘程炜. 装配式建筑一体化数字化建造的思考与应用［J］. 工程管理学报，2017，31（05）：85－89.

［12］张仲华，孙晖，刘瑛，冯伟东，肖毅. 装配式建筑信息化管理的探索与实践

［J］．工程管理学报，2018，32（03）：47－52．

　　［13］苏世龙．装配式建筑 EPC 信息化管理技术项目应用［J］．建设科技，2019（01）：56－60．

　　［14］郑娇君，陈剑，闫浩．EPC 模式下 BIM 信息化管理平台在装配式建筑中的应用研究［J］．项目管理技术，2019，17（01）：117－121．

# 第4章 装配式建筑部品库

## 4.1 引言

 装配式建筑从国家层面到产业层面，从行业层面到企业层面，正在引发越来越大的关注。2017 年，住建部出台《"十三五"装配式建筑行动方案》，宣告发展装配式建筑上升到了国家战略性高度，各级政府应强化引导，推动装配式建筑产业化规模化发展。随着国家一系列装配式建筑政策的发布，各地按照适用、经济、安全、绿色、美观的要求，积极落实党中央、国务院决策部署，建立完善部品部件体系，推进装配式建筑产业化发展。党中央、国务院高度重视装配式建筑的发展，中央城市工作会议以来，我国装配式建筑进入全面发展期。

 大力发展装配式建筑是住房城乡建设领域推进绿色发展的战略举措。装配式建筑是用预制构件、部品部件在工地通过可靠连接方式装配而成的建筑。这种建筑的优点是建造速度快，受气候条件制约小，节约劳动力，并可提高建筑质量。装配式建筑有两个特征：第一个特征是构成建筑的主要部品部件特别是结构部件是预制的；第二个特征是预制部品部件的连接必须是可靠的。

 装配式建筑发展迅速，产业链发展也日趋完善，但目前也存在一些制约装配式行业发展的障碍，根据 2018 全国装配式建筑市场研究报告显示，主要有以下几点：

 1）装配式上下游产业不健全，数据、信息融会贯通存在一定难度；

 2）装配式建筑部品部件功能、规格不统一，造成装配式部品部件之间通用适用性较差，无法形成规模化、标准化部品部件生产，装配式建筑成本居高不下；

 3）装配式建筑部品部件功能、规格不统一，难以形成标准化装配施工，现场施工难度加大。

 总的来说，装配式建筑使用的预制部品部件（结构部品也称构件）标准化、通用化和模数化较低，建筑与部品部件间模数难以协调，部品部件集成和配套能力弱，比如工程大多使用定制构件，构件需要单独制作、生产模具，造成工程造价较高。没有形成行业或企业统一的标准化部品部件，一方面造成装配式产业链设计、生产、施工等各阶段数据对接难度加大，另一方面造成数据不统一，无法形成规模化生产，难以体现装配式建筑的优势。因此，装配式建筑要实现走工业化道路，亟需为实现装配式建筑在全产业链的信息共享和传递以及数据融会贯通，建立行业或企业统一的、全产业链共享的、基于建筑信息模型（BIM）的部品库。

装配式建筑产业链的核心在于"标准化设计、工厂化生产、装配化施工、一体化装修、信息化管理、智能化应用"，建立装配式建筑全行业统一标准部品库，积极发展装配式通用部品部件，在产业链源头上提供标准化支撑，作为信息共享的基础，逐步形成系统开发、规模生产、配套供应的标准装配式建筑部品部件体系。

建立和完善装配式建筑和部品部件体系，实现部品部件开发、生产和供应的标准化、通用化，是实现装配式建筑产业化的重要标志。标准化是产业化的基础，标准化便于直接应用于深化设计，选用部品库中合适的部品部件，通过有序的组合装配，提高设计的建造效率。通用化则可满足各类建筑的功能需求，便于预制构件厂的流水线施工，减少成本造价。模数是工业化生产的基础，能达到优化尺寸系列化和通用化的目标，还有一个关键点是协调建筑要素之间的相互关系，这样就大大推进了国家装配式建筑的工业化发展。同时，装配式与 BIM 技术融合，使 BIM 作为装配式产业链的新型数据载体，整合过程数据，使装配式部品部件成为产业链的信息资产，在设计、生产、施工、运维等全生命周期中实现数据信息的高度共享与复用。

由于装配式建筑涉及大量各种不同功能、不同规格的部品部件，要建立部品库首先必须建立分类体系。装配式部品库分类是指将个体按其首要特征归入相应范畴的分类学的概念，即通过确定不同个体的相似性把他们归入同质的群体，或通过确定其非相似性把个体归到群体之外。类目划分是构建分类体系的基础，划分的原则和标准决定着分类体系的性质和功能。按照国家标准 GB/T 51231—2016《装配式混凝土建筑技术标准》的定义，装配式建筑是"结构系统、外围护系统、内装系统、设备与管线系统的主要部分采用部品部件集成的建筑"。这个定义强调装配式建筑是四个系统的集成，如图 4-1 所示。

本章将依托"十三五"国家重点研发计划项目"工业化建筑标准化部品与构配件体系研究及部品库开发"（课题编号：2017YFC0703702）。其中，广州粤建三和软件股份有限公司作为本课题的主要参与单位，负责子课题"工业化建筑标准化部品与构配件数据库及应用平台研究与开发"，构建装配式标准化部品与构配件信息平台，运用 BIM、AR/VR 技术将建筑行业部品和构配件标准化、模数化、可视化，研究工业化建筑标准化体系并建立标准化部品和构配件数据应用平台，为工程设计者、构配件生产者等参建各方人员直观、高效检索选取所需部品和构配件提供信息服务。

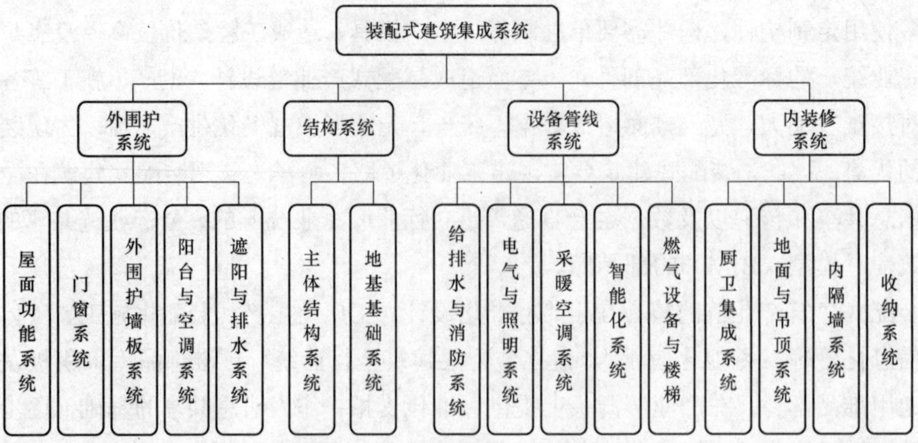

图 4-1　装配式建筑集成系统

从整个装配式产业链应用的特征，类目划分将以"结构部品（也称构件）库、外围护部品库、内装部品库、设备管线部品库"展开，建筑装配式部品库将是一项长期持续的工作，下面将按分类对装配式建筑部品库进行阐述。

## 4.2　结构部品库

### 4.2.1　概述

结构系统作为装配式建筑承重体的主体结构，是装配式建筑的重要技术内容，主要有混凝土结构、钢结构、木结构以及混合结构等体系。本章主要以混凝土结构与钢结构为重点阐述。

1. 装配式混凝土结构

装配式混凝土结构主要包括框架结构与剪力墙结构。

（1）框架结构。框架结构是由柱、梁、板为主要构件组成的承受竖向和水平作用的结构。框架结构包括装配整体式混凝土框架结构及其他装配式混凝土框架结构。装配整体式框架结构是指全部或部分框架梁、柱采用预制构件通过可靠的连接方式装配而成，连接节点处采用现场后浇混凝土、水泥基灌浆料等将构件连成整体的混凝土结构。其他装配式框架主要指各类干式连接的框架结构，主要与剪力墙、抗震支撑等配合使用。

框架结构主要构件为预制框架柱、预制框架梁、预制叠合板、预制外挂板等构件。

（2）剪力墙结构。由剪力墙组成的承受竖向和水平作用的结构、剪力墙与楼盖一起组成的空间体系。指全部或部分采用预制墙板构件，通过可靠的连接方式后浇混凝土、水泥基灌浆料形成整体的混凝土剪力墙结构。这是近年来在我国应用最多、发展最快的装配式混凝土结构技术。

剪力墙结构主要构件为预制混凝土剪力墙外墙板、预制混凝土剪力墙叠合板、预制钢筋混凝土阳台板、空调板及女儿墙等构件。

（3）框架-剪力墙结构。由柱、梁和剪力墙共同承受竖向和水平作用的结构，由框架和剪力墙结构两种不同的抗侧力结构组成的新的受力形式，在框架结构中布置一定数量的剪力墙，构成灵活自由的使用空间，满足不同建筑功能的要求，同时又有足够的剪力墙承受荷载。

框架-剪力墙结构主要构件为预制框架柱、预制框架梁、预制混凝土剪力墙外墙板、预制混凝土剪力墙叠合板、预制钢筋混凝土阳台板、空调板及女儿墙等构件。

（4）筒体结构。由密封框架形成的空间封闭式的筒体，它将抗侧力结构集中设置于房屋的内部或外部而形成空间封闭的筒体。筒体是空间整截面工作的结构，如同竖立在地面上的悬臂箱形截面梁，它使结构体系具有很大的抗侧刚度和抗水平推力的能力，并随房屋高度增加而具有明显的空间作用。

筒体结构主要构件为预制外挂墙板、预制叠合楼板、预制框架柱、预制框架梁、预制钢筋混凝土阳台板、空调板及女儿墙等构件。

2. 装配式钢结构

装配式钢结构主要包括冷弯薄壁型钢结构、钢框架结构、轻钢结构、模块化钢结构。

（1）冷弯薄壁型钢结构。采用钢结构作为住宅的主要承重结构体系，对于低密度住宅宜采用冷弯薄壁型钢结构体系为主，墙体为墙柱加石膏板，楼盖为 C 型格栅加轻板。

（2）钢框架结构。对于多、高层住宅结构体系可选用钢框架、框架支撑（墙板）、筒体结构、钢框架-钢混组合等体系，楼盖结构宜采用钢筋桁架楼承板、现浇钢筋混凝土结构以及装配整体式楼板，墙体为预制轻质板或轻质砌块。可适用于低、多层的基于方钢管混凝土组合异形柱和外肋环板节点为主的钢框架体系；可适用于高层以钢框架与混凝土筒体组合构成的混合结构或以带钢支撑的框架结构。

（3）轻钢结构。目前钢结构住宅的主要发展方向有可适用于多层的采用带钢板剪力墙或与普钢混合的轻钢结构。轻型钢结构住宅的钢构件宜选用热轧 H 型钢、高频焊接或普通焊接的 H 型钢、冷轧或热轧成型的钢管、钢异形柱等；多高层钢结构住宅结构柱材料可采用纯钢柱或钢管混凝土柱等，柱截面形状可采用矩形、圆形、L 形等；外墙体可为砂加气板、灌浆料墙板或蒸压加气混凝土砌块，内墙体可选用轻钢龙骨石膏板等板材，楼板可为钢筋桁架楼承板、叠合板或现浇板。

（4）模块化钢结构。模块建筑其标准化、装配化、安全实用、低碳环保、经济实惠等特点，为可持续低碳建筑发展提供一个崭新的思路。模块化钢结构是将传统房屋以单个房间或一定的三维建筑空间进行模块单元划分，每个单元都在工厂预制且精装修，单元运输到工地整体连接而成的一种新型建筑形式。根据结构形式的不同可分为全模块建筑结构体系以及复合模块建筑结构体系，复合模块建筑结构体系又可分为模块单元与传统框架结构复合体系、模块单元与板体结构复合体系、外骨架（巨型框架）模块建筑结构体系、模块单元与剪力墙或核心筒复合结构体系。模块外围护墙板可选用加气混凝土板、薄板钢骨复合轻质外墙、轻集料混凝土与岩棉板复合墙板；模块底板可采用钢筋混凝土结构底板、轻型结构底板；顶板可为双面钢板夹芯板。

3. 装配式结构系统发展趋势

装配式结构系统近年流行的技术体系和发展趋势如下：

（1）预制预应力混凝土结构技术。预制预应力混凝土构件是指通过工厂生产并采用先张预应力技术的各类水平和竖向构件，主要包括预制预应力混凝土空心板、预制预应力混凝土双 T 板、预制预应力梁以及预制预应力墙板等。各类预制预应力水平构件可形成装配式或装配整体式楼盖，空心板、双 T 板可不设后浇混凝土层，也可根据使用要求与结构受力要求设置后浇混凝土层。预制预应力梁可为叠合梁，也可为非叠合梁。预制预应力墙板可应用于各类公共建筑与工业建筑中。

预制预应力混凝土构件的优势在于采用高强预应力钢丝、钢绞线，可以节约钢筋和混凝土用量，并降低楼盖结构高度，施工阶段普遍不设支撑而节约支模费用，综合经济效益显著。预制预应力混凝土构件组成的楼盖具有承载能力大、整体性好、抗裂度高等优点，完全符合"四节一环保"的绿色施工标准，以及建筑工业化的发展要求。

（2）混凝土叠合楼板技术。混凝土叠合楼板技术是指将楼板沿厚度方向分成两部分，底部是预制底板，上部后浇混凝土叠合层。配置底部钢筋的预制底板作为楼板的一部分，在施工阶段作为后浇混凝土叠合层的模板承受荷载，与后浇混凝土层形成整体的叠合混凝土构件。

（3）钢－混组合结构技术。型钢与混凝土组合结构主要包括钢管混凝土柱，十字型、H 型、箱型、组合型钢混凝土柱，钢管混凝土叠合柱，小管径薄壁钢管混凝土柱，组合钢板剪力墙，型钢混凝土剪力墙，箱型、H 型钢骨梁，型钢组合梁等。钢管混凝土可显著减小柱的截面尺寸，提高承载力；型钢混凝土柱承载能力高，刚度大且抗震性能好；钢管混凝土叠合柱具有承载力高，抗震性能好同时也有较好的耐火性能和防腐蚀性能。

### 4.2.2 结构部品分类

结构可分为柱、梁、楼梯、剪力墙、楼板、基础小类，每类目融合混凝土结构、钢结构、组合结构构件，见表 4-1。

表 4-1　　　　　　　　　　　结 构 系 统 分 类

| 一级类目 | 二级类目 | 三级类目 |
|---|---|---|
| 柱 | 预制混凝土柱 | 预制混凝土实心柱 |
| | | 预制混凝土空心柱 |

| 一级类目 | 二级类目 | 三级类目 |
|---|---|---|
| 柱 | 预制钢柱 | 预制实腹组合钢柱 |
| | | 预制格构式钢柱 |
| | | 预制型钢柱 |
| | 预制组合柱 | 预制型钢混凝土柱 |
| | | 预制钢管混凝土柱 |
| 梁 | 预制混凝土梁 | 预制混凝土实心梁 |
| | | 预制混凝土叠合梁 |
| | 预制钢梁 | 预制型钢梁 |
| | | 预制实腹组合钢梁 |
| | | 预制桁架钢梁 |
| 楼梯 | 预制混凝土楼梯 | 预制混凝土板式楼梯 |
| | | 预制混凝土平台板 |
| | 预制钢楼梯 | 预制直行钢楼梯 |
| | | 预制螺旋钢楼梯 |
| 剪力墙 | 预制混凝土剪力墙 | 预制混凝土实心剪力墙板 |
| | | 预制混凝土夹芯剪力墙板 |
| | | 预制混凝土叠合剪力墙板 |
| | 预制钢板剪力墙 | 预制钢板剪力墙板 |
| | | 预制钢板外包混凝土剪力墙板 |
| 楼板 | 预制混凝土楼板 | 预制混凝土空心板 |
| | | 预制预应力 SP 板 |
| | | 预制混凝土双 T 板 |
| | 预制楼板底板 | 混凝土叠合板 |
| | | 压型钢板 |
| | | 钢筋桁架楼承板 |
| 基础 | 预制混凝土桩 | 预制混凝土实心桩 |
| | | 预制混凝土管桩 |
| | 预制钢桩 | 预制钢管桩 |
| | | 预制钢板桩 |

部分结构构件 BIM 三维展示如图 4-2~图 4-5 所示。

图 4-2 预制混凝土叠合剪力墙板

图 4-3 预制混凝土板式楼梯

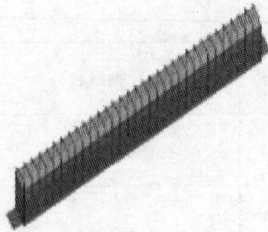

图 4-4　预制钢板柱　　　　　　图 4-5　预制混凝土叠合梁

### 4.2.3　结构部品库案例

1. 远大住工 PCMaker I 标准构件库的应用

（1）应用背景。以远大住工 PCMaker I 项目应用案例进行介绍。PCMaker I 可为结构设计师、机电工程师和工艺工程师提供专业的装配式建筑整体解决方案，提供符合规范和审图要求的装配式建筑结构标准构件库，其中包含施工图和深化构件加工图，并为工厂提供每个构件详细的 BOM 清单指导备料和报价。

对于装配式建筑项目，设计作为龙头的作用较传统现浇建筑来说更为显著。为了更好地促进整个装配式建筑行业的发展，远大住工将 20 年的设计经验和设计标准封装在 PCMaker I 内，面向合作伙伴，面向越来越庞大的装配式建筑市场，以此更好地带动整个行业的良性发展。

（2）应用系统与主要功能。

1）自动拆分和预制率统计。软件可以根据拆分参数，自动进行拆分设计，提高拆分质量，减少异形构件的数量，降低 PC 构件的制作成本，降低造价，如图 4-6 所示。

软件还可根据拆分方案，对预制率进行统计，为项目早期预制率统计提供技术支持。

2）正向结构设计。软件可以直接接力 PKPM 结构计算软件，进行装配式建筑的正向设计，保证前端结构数据与后端深化构件数据信息一致，避免因为前后信息不对等造成的生产浪费，如图 4-7 所示。

3）自动出图。软件可以基于结构计算结果一键自动配筋，根据配筋结果自动出图，将工程师从烦琐的绘图工作中解脱出来，极大提高了设计效率，同时避免了制图过程中的人工错误，如图 4-8 所示。

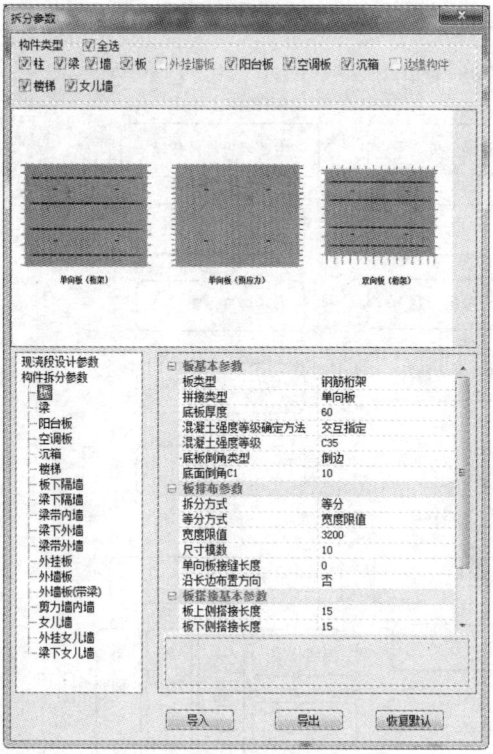

图 4-6 拆分参数

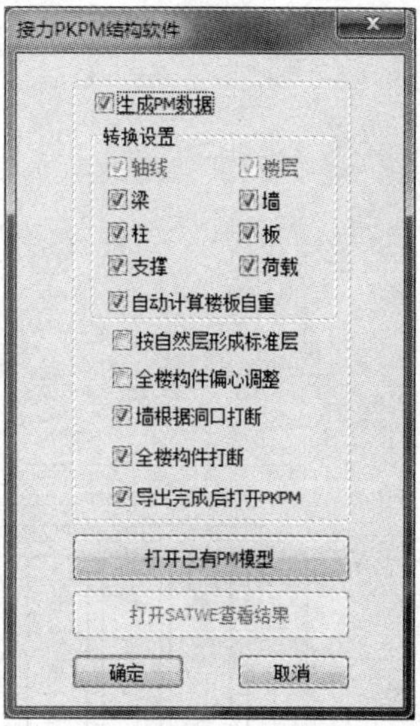

图 4-7 接力 PKPM 结构软件

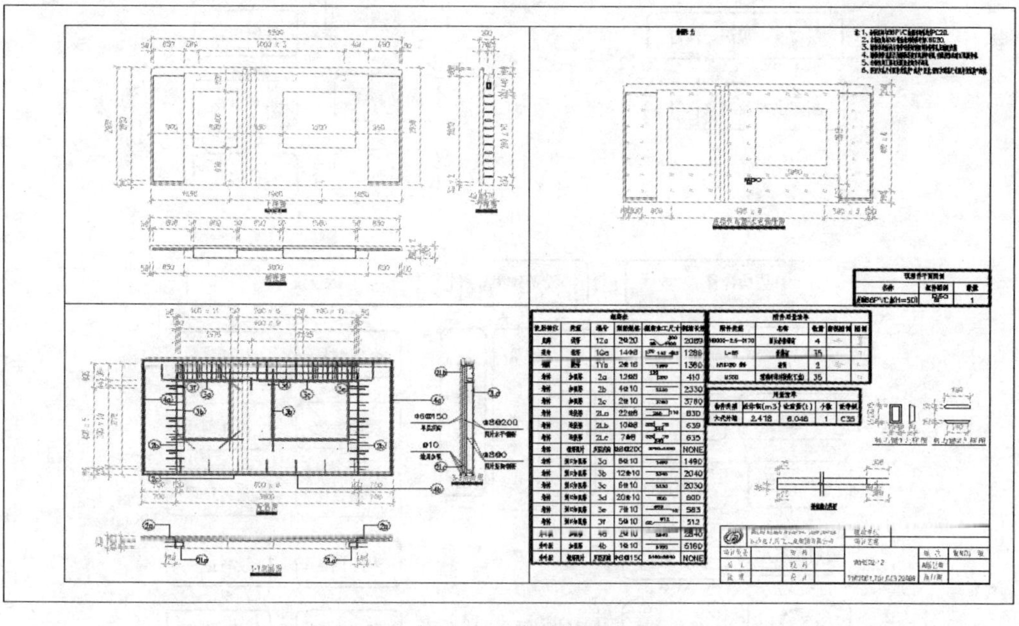

图 4-8 自动出图

（3）应用范围。远大住工 PCMaker I 装配式 BIM 正向设计软件，为装配式建筑提供从结构到深化设计出图的全流程整体解决方案，通过详细的深化设计图纸和 BOM 清单，为预制构件厂提供生产所需要的数据信息。

（4）应用流程。PCMaker I 的应用流程如图4-9所示。

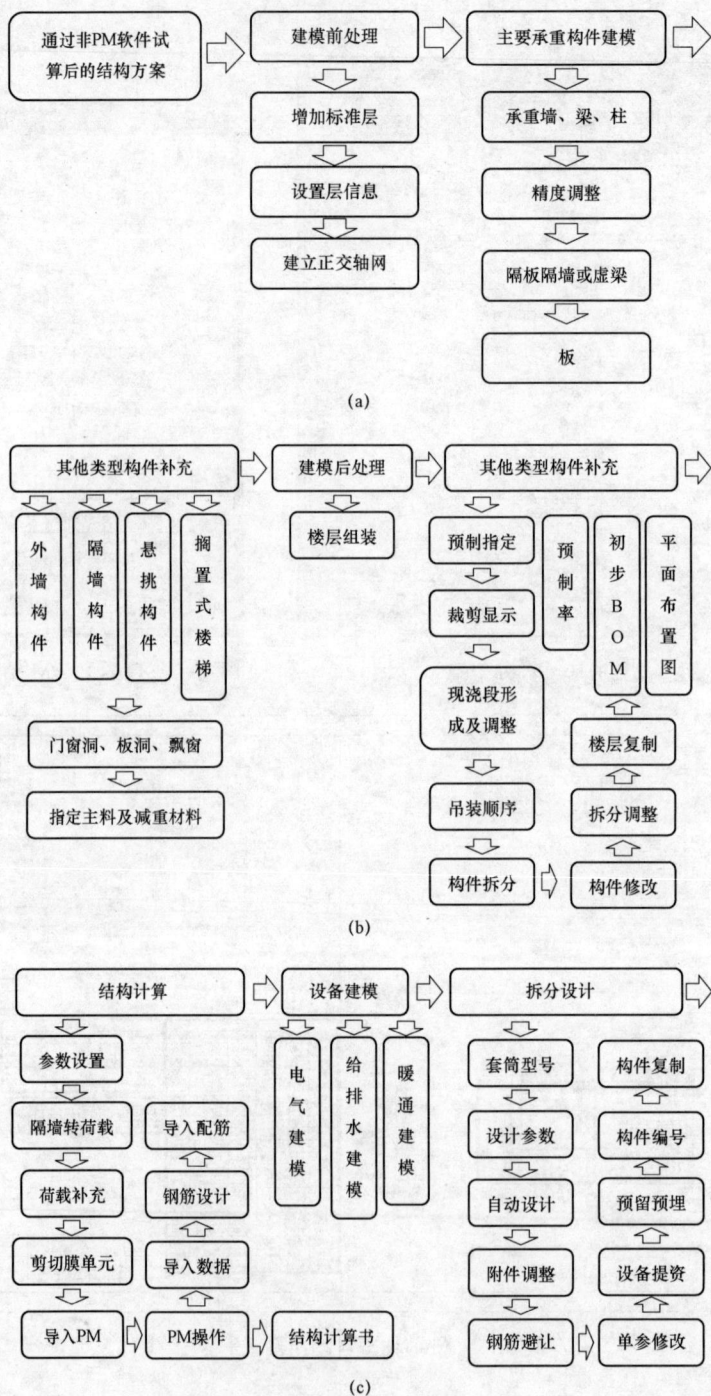

```
通过非PM软件试      ⇒   建模前处理   ⇒   主要承重构件建模   ⇒
算后的结构方案
                        ⇓                   ⇓
                     增加标准层         承重墙、梁、柱
                        ⇓                   ⇓
                     设置层信息           精度调整
                        ⇓                   ⇓
                     建立正交轴网       隔板隔墙或虚梁
                                            ⇓
                                            板
```

(a)

```
其他类型构件补充   ⇒   建模后处理   ⇒   其他类型构件补充   ⇒

外  隔  悬  搁          楼层组装      预制指定   预   初   平
墙  墙  挑  置式                               制   步   面
构  构  构  楼                       裁剪显示   率   B   布
件  件  件  梯                                    O   置
                                   现浇段形      M   图
门窗洞、板洞、飘窗                   成及调整
                                                楼层复制
指定主料及减重材料                    吊装顺序
                                                拆分调整
                                     构件拆分  ⇒ 构件修改
```

(b)

```
结构计算      ⇒   设备建模   ⇒   拆分设计      ⇒

参数设置          电  给  暖       套筒型号    构件复制
                 气  排  通
隔墙转荷载  导入配筋  建  水  建       设计参数    构件编号
                 模  建  模
荷载补充   钢筋设计     模            自动设计    预留预埋

剪切膜单元  导入数据              附件调整    设备提资

导入PM  ⇒ PM操作 ⇒ 结构计算书      钢筋避让  ⇒ 单参修改
```

(c)

图4-9　PCMaker I 应用流程（一）

（a）结构建模；（b）模型补充；（c）构件设计

68

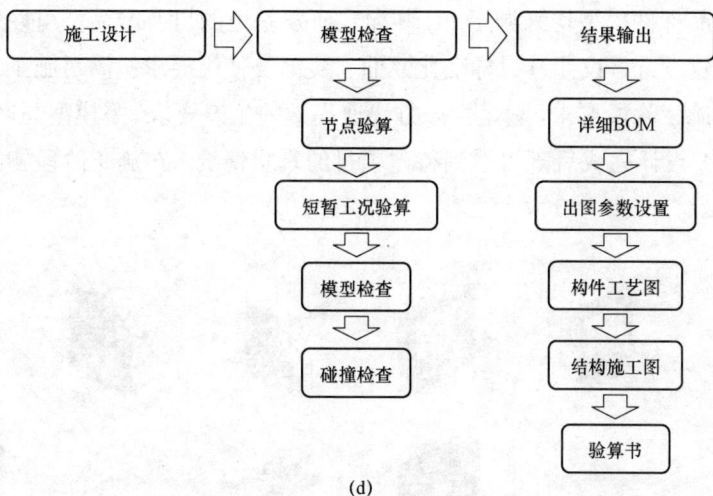

图 4 - 9 PCMaker I 应用流程（二）

（d）结果输出

（5）应用价值。

1）推动装配式建筑的"标准化"设计和"标准化"生产，降低装配式建筑的建安成本，使原来的粗放型模式向集约型模式转变，促进建筑产业化的可持续发展。

2）为后端工厂生产提供详细的配套信息数据，指导工厂的备料和报价，提高工厂的生产效率。

3）提供精细化的 BIM 模型，用于指导施工方案的确定，在前端设计阶段为施工提供技术支持，提供现场施工效率。

4）软件提供计算机自动出图，提高设计人员的工作效率，降低图纸的错误概率，最终提高整个设计的质量的产值。

2. 华临绿建装配式 BIM 标准构件库的应用

（1）应用背景。华临绿建科技股份有限公司是国内首批致力于打造绿色建筑产业化服务平台的企业之一，建立了专业研发团队，涉及新材料开发、生产工艺设计、装配式建筑图纸深化设计及 BIM 技术应用等，以自动化预制构件厂为依托，主要从事预制构件、混凝土家具、预制综合管廊的设计和生产，为客户提供从研发到设计、生产、供应链、装配与施工的一体化、定制化的绿色建筑整体解决方案，推动中国建筑业的全面革新和可持续发展。

下面以华临绿建科技股份有限公司的 PC 装配式研发基地部品、部件库案例进行介绍。该库可为建设方、设计方、施工方、生产方提供一体化设计、工厂化生产、装配化施工、信息化管理的装配式建筑整体解决方案。

（2）应用系统与主要功能。部品库提供满足建设、设计、生产、施工等多元要求，带有信息数据的部品、部件模型库，如图 4 - 10 所示。

提供的部品部件模型均来源于 PC 装配式研发基地的自有产品，可以提供一体化解决方案，满足建设方、设计方对标准化立面、装饰及使用要求；满足施工方施工设备设施等预埋件的施工阶段要求，满足生产方快速高效的生产要求。因模型与产品一一对应，可见即所得，在设计完成后既可看到待建项目的真实情况，在施工阶段初期又可看到现场的模拟情况。

图 4-10　部品部件 BIM 模型库

（3）应用范围。华临绿建科技股份有限公司的 PC 装配式研发基地部品库面向建设、设计、生产、施工等企业的需求，可直接对接各单位进行设计、生产、施工等服务。

（4）应用成效。

1）提高装配式建筑设计效率。在设计过程中，根据各专业需要，利用 BIM 部品库的产品模型，并借助"云端"技术，能够让设计人员快速从中调取所需部品部件进行组合，如图 4-11 所示，从而为设计人员节省大量时间和精力，大大提高装配式建筑的设计效率，减少或避免由于设计原因造成的项目成本增加和资源浪费。

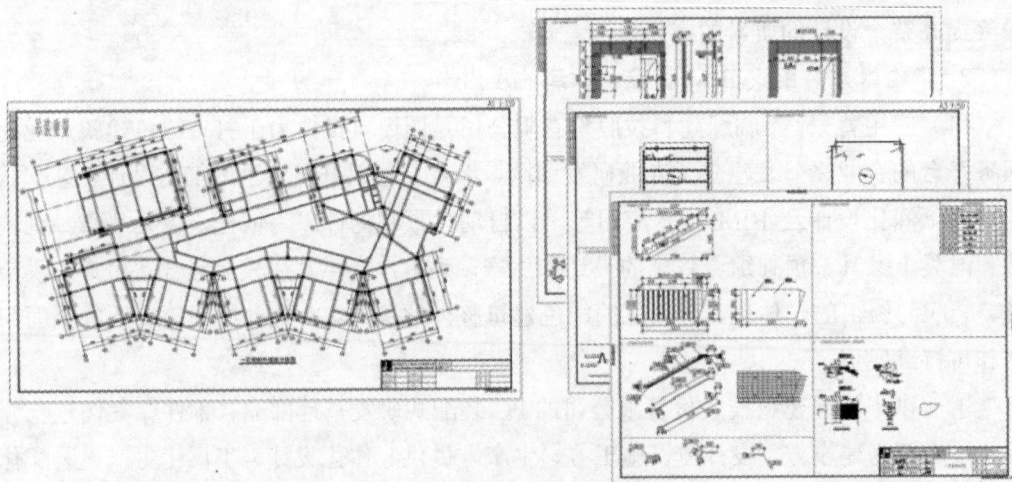

图 4-11　二维平面图及工艺图

2）实现装配式标准化设计。设计人员将装配式建筑的设计方案上传到项目的云端服务器上，在云端中进行尺寸、样式等信息的整合，并构建装配式建筑各类预制构件的"族"库。随着云端服务器中"族"的不断积累与丰富，设计人员可以将同类型"族"进行对比优化，以形成装配式建筑预制构件的标准形状和模数尺寸，如图4-12所示。预制构件"族"库的建立有助于装配式建筑通用设计规范和设计标准的设立。

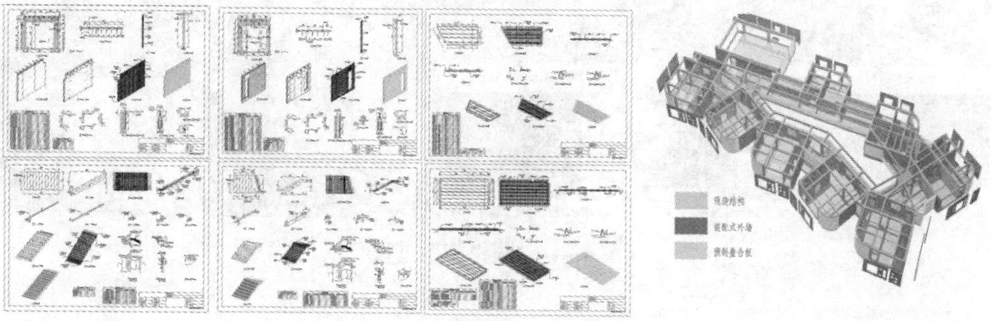

图4-12　三维标准化构件工艺图

3）降低装配式设计误差。设计人员借助BIM部品库，选取拼接部位的部品部件，可以快速对部品部件内部钢筋直径、间距、钢筋保护层厚度等重要参数进行定位。同时可以细致分析预制构件结构连接节点的可靠性，排除预制构件之间的装配冲突，从而避免由于设计粗糙而影响到预制构件的安装定位，减少由于设计误差带来的工期延误和材料资源的浪费。

4）改善预制构件库存和现场管理。利用部品部件的BIM信息，仓储人员及物流配送人员可以直接读取，实现信息的自动对照，如图4-13所示。从而减少了传统人工验收和物流模式下出现的验收数量偏差、构件堆放位置偏差、出库记录不准确等问题的发生，可以显著节约时间和成本。

粘贴二维码　　　　　　　构件出场　　　　　　　构件近场

实施进度　　　　　　　安装跟踪　　　　　　　进场验收

图4-13　部品库现场管理

5）提高施工现场管理效率。施工开始前，由于应用了部品库，因此可以快速进行施工模拟和仿真，模拟现场预制构件吊装及施工过程，并对施工流程进行优化，如图 4-14 所示。

图 4-14　模拟施工过程

## 4.3　外围护部品库

### 4.3.1　概述

按照国家标准 GB/T 51231—2016《装配式混凝土建筑技术标准》的定义，外围护系统是"由建筑外墙、屋面、外门窗及其他部品部件等组合而成，用于分隔建筑室内外环境的部品部件的整体"。不论是探讨建筑节能，还是大力发展装配式建筑，外围护系统设计、制作及施工技术都可谓是其中的难点、重点和关键点。

目前外围护系统技术体系和发展趋势如下：

从装配式外围护系统的发展趋势来看，建筑、结构、保温、装饰一体化是方向。

（1）保温一体化。外墙外保温在节能上有很多优势，装配式采用外墙内保温、夹芯保温墙板，即用两层混凝土板夹着保温层。就保温层不脱落和防火而言，夹芯保温墙板是比较可靠的做法。三明治夹心保温墙板（简称"夹心保温墙板"）是指把保温材料夹在两层混凝土墙板（内叶墙、外叶墙）之间形成的复合墙板，可达到增强外墙保温节能性能，减小外墙火灾危险，提高墙板保温寿命，从而降低外墙维护费用的目的。夹心保温墙板一般由内叶墙、保温板、拉接件和外叶墙组成，形成类似于三明治的构造形式，内叶墙和外叶墙一般为钢筋混凝土材料，保温板一般为 B1 或 B2 级有机保温材料，拉接件一般为 FRP 高强复合材料或不锈钢材质。夹心保温墙板可广泛应用于预制墙板或现浇墙体中，但预制混凝土外墙更便于采用夹心保温墙板技术。

（2）绿色生态。绿色建筑是我们追求的人居发展理念，绿色建筑要求在建筑全寿命周期内，最大限度地节约资源，包括节能、节地、节水、节材等，保护环境和减少污染，为人们提供健康、舒适和高效的使用空间。装配式建筑标准化设计、工厂化生产、装配式施工、一体化装修，节能、环保，提升建筑品质，符合绿色建筑要求，是实现绿色建筑的重要途径。尤其对于外围护部品材料，充分利用可再生能源，如太阳能光热、光电、地源热泵等；对既有建筑外围护结构进行节能升级改造，或者在新建建筑中推广使用新型保温墙材等。

（3）建筑艺术。建筑最基本最重要的功能是由外围护系统实现的，而建筑的艺术魅力很大程度上也依靠外围护系统展现。

### 4.3.2 外围护部品分类

外围护系统可分为墙板、门窗、屋面、阳台与空调、遮阳与排水小类，见表4-2。

表4-2 外围护系统分类

| 一级类目 | 二级类目 | 三级类目 |
| --- | --- | --- |
| 墙板 | 保温装饰复合板 | 聚氨酯外墙装饰保温板 |
| | | 岩棉外墙装饰保温板 |
| | | 酚醛外墙装饰保温板 |
| | | EPS外墙装饰保温板 |
| | | STP外墙装饰保温板 |
| | 外墙夹芯板 | 岩棉金属面夹芯板 |
| | | EPS苯板夹芯板 |
| | | 聚氨酯外墙装饰保温板 |
| | | 钢丝网混凝土预制夹芯板 |
| | 外墙实心板 | 蒸压轻质加气混凝土板 |
| | | 预制混凝土实心板 |
| | | 轻集料预制混凝土条板 |
| 门窗 | 实木门窗 | 木门 |
| | | 木窗 |
| | 金属门窗 | 钢门窗 |
| | | 铝合金门窗 |
| | 复合门窗 | 铝塑复合门窗 |
| | | 铝木复合类门窗 |
| | | 钢木复合门窗 |
| 屋面 | 防水保温装饰一体化板 | 岩棉金属面夹芯板 |
| | | 玻璃丝棉金属面夹芯板 |
| | | 聚氨酯金属面夹芯板 |
| | | 聚苯乙烯金属面夹芯板 |
| 阳台与空调 | 空调板 | 预制混凝土空调板 |
| | 阳台构件 | 叠合板式混凝土阳台 |
| | | GRC阳台 |

| 一级类目 | 二级类目 | 三级类目 |
|---|---|---|
| 遮阳与排水 | 遮阳构件 | 固定式遮阳构件 |
| | | 活动式遮阳构件 |
| | 排水构件 | 雨水斗 |
| | | 天沟 |
| | | 檐沟 |
| | | PVC排水管 |

部分外围护部品 BIM 三维展示，如图 4-15～图 4-18 所示。

图 4-15　铝合金门窗

图 4-16　蒸压轻质加气混凝土板

图 4-17　聚氨酯外墙装饰保温板

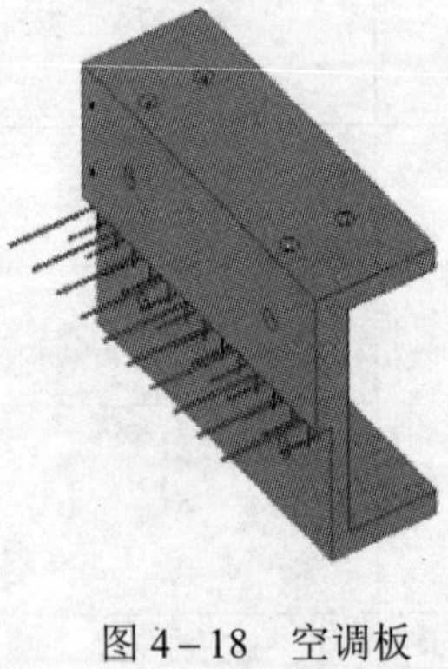

图 4-18　空调板

### 4.3.3　外围护部品库案例

以汉尔姆模块化装配式建筑示范楼外围护系统为例。

（1）应用背景。汉尔姆建筑科技有限公司源于德国，多年来致力于研发和应用装配式建筑整体解决方案，是国家级高新技术企业、省级企业研究院、浙江省新墙材龙头企业。拥有稳定的设计研发团队并拥有装配式钢结构建筑相关百余项专利技术，编制包括《装配式钢结构建筑技术标准》等八项国家及行业标准，主编《集成化装配式医疗建筑内装修技术标准》等多项装配式建筑团体标准。

目前汉尔姆在多年装配式建筑成果研究基础上，在产业园区内拟建汉尔姆模块化装配式建筑示范楼。项目设计以预制率、装配率、可循环利用为核心内容，同时达到绿建三星、低能耗遮阳、抗震研究、能源利用、高精度、模数化等设计，实现高效率的生产和安装，以此检验汉尔姆在装配式建筑产品研发及信息化平台应用的成果。

（2）应用系统及主要功能。汉尔姆建筑科技有限公司的部品库自行研发、自行使用在设计研发系统中，不对外开放。汉尔姆建筑科技有限公司在汉尔姆模块化装配式建筑示范楼外围护系统中从以下几个方面进行了信息化应用：

1）汉尔姆模块化装配式建筑示范楼外围护系统，围绕汉尔姆自主研发的单元式幕墙及集成的 PC 板材建立企业族库以满足正向设计应用，如图 4-19 和图 4-20 所示。

图 4-19 PC 板块幕墙族

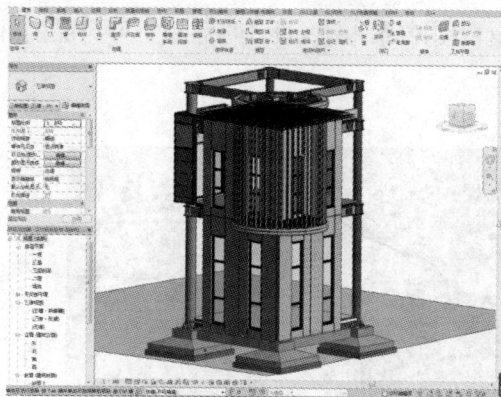

图 4-20 部品研发试验模型

2）汉尔姆模块化装配式建筑示范楼外围护系统正向设计及出图，如图 4-21 和图 4-22 所示。

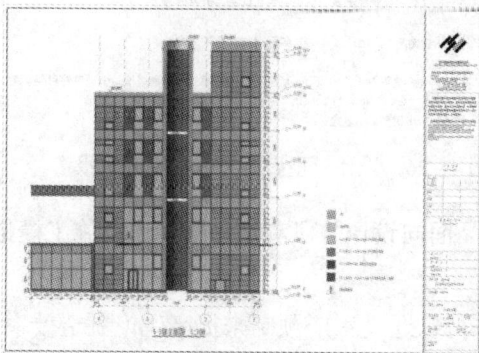

图 4-21 幕墙专项设计 BIM 立面出图

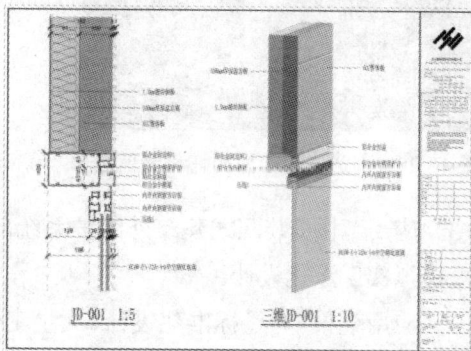

图 4-22 幕墙专项设计 BIM 节点出图

3）汉尔姆模块化装配式建筑示范楼外围护系统部品部件信息编码的应用以满足工厂预制信息应用，如图 4－23 和图 4－24 所示。

| | 编码 | 类目中文名称 |
|---|---|---|
| 15 | 10.10.10 | 幕墙 |
| 16 | 10.10.10.05 | 玻璃幕墙 |
| 17 | 10.10.10.05.05 | 钢龙骨隐框玻璃幕墙 |
| 18 | 10.10.10.05.10 | 钢龙骨明框玻璃幕墙 |
| 19 | 10.10.10.05.15 | 钢龙骨半隐框玻璃幕墙 |
| 20 | 10.10.10.05.20 | 玻璃橱窗、隔断 |
| 21 | 10.10.10.05.25 | 点式玻璃幕墙 |
| 22 | 10.10.10.10 | 石材幕墙 |
| 23 | 10.10.10.15 | 金属板幕墙 |
| 24 | 10.10.10.15.05 | 涂胶密封金属板幕墙 |
| 25 | 10.10.10.15.10 | 开缝金属板幕墙 |
| 26 | 10.10.10.20 | 全玻璃幕墙 |
| 27 | 10.10.10.25 | 陶板幕墙 |

图 4－23　BIM 构件分类及编码

| | 编码 | 类目中文名称 | 清单编码 | 清单名称 | 单位 |
|---|---|---|---|---|---|
| 78 | 10.10 | 建筑 | | | |
| 79 | 10.10.10 | 幕墙 | | | |
| 80 | 10.10.10.05 | 玻璃幕墙 | | | |
| 81 | 10.10.10.05.05 | 钢龙骨隐框玻璃幕墙 | | | |
| 85 | 10.10.10.05.10 | 钢龙骨明框玻璃幕墙 | | | |
| 89 | 10.10.10.05.15 | 钢龙骨半隐框玻璃幕墙 | | | |
| 93 | 10.10.10.05.20 | 玻璃橱窗、隔断 | | | |
| 97 | 10.10.10.05.25 | 点式玻璃幕墙 | | | |
| 99 | 10.10.10.10 | 石材幕墙 | | | |
| 100 | | | | | |
| 101 | | | B3041101 | 不锈钢挂件石材幕墙 | m2 |
| 102 | | | B3042101 | 铝合金挂件石材幕墙 | m2 |
| 103 | | | B3043101 | 背栓式挂件石材幕墙 | m2 |
| 104 | | | B3049101 | 石材压顶、吊顶及收边 | m2 |
| 105 | 10.10.10.15 | 金属板幕墙 | | | |
| 106 | 10.10.10.15.05 | 涂胶密封金属板幕墙 | | | |
| 110 | 10.10.10.15.10 | 开缝金属板幕墙 | | | |
| 114 | 10.10.10.20 | 全玻璃幕墙 | | | |
| 116 | 10.10.10.25 | 陶板幕墙 | | | |
| 117 | | | B3051101 | 陶板幕墙 | m2 |

图 4－24　BIM 构件分类编码材料关系

4）汉尔姆模块化装配式建筑示范楼外围护系统在研发阶段利用 BIM 模型模拟施工及精度控制，实现设计指导施工及产品的升级，如图 4－25 和图 4－26 所示。

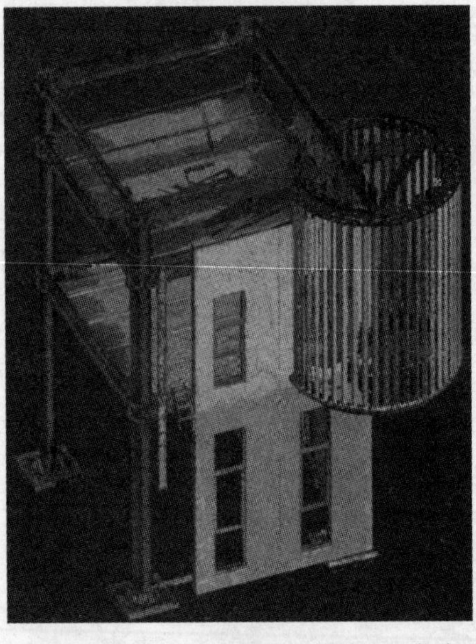

图 4－25　部品实验模型构件点云信息

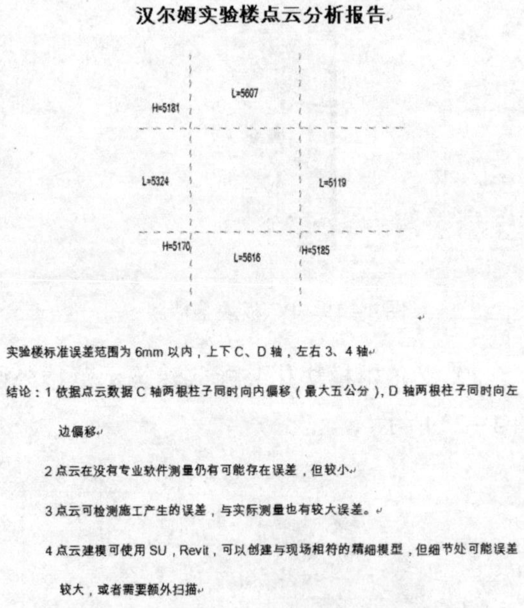

汉尔姆实验楼点云分析报告
L=5607
H=5181
L=5324
L=5119
H=5170
L=5616
H=5185
实验楼标准误差范围为 6mm 以内，上下 C、D 轴，左右 3、4 轴
结论：1 依据点云数据 C 轴两根柱子同时向内偏移（最大五公分），D 轴两根柱子同时向左边偏移
2 点云在没有专业软件测量仍有可能存在误差，但较小。
3 点云可检测施工产生的误差，与实际测量也有较大误差。
4 点云建模可使用 SU，Revit，可以创建与现场相符的精细模型，但细节处可能误差较大，或者需要额外扫描

图 4－26　设计模型叠合点云模型分析报告

（3）应用范围。装配式建筑外围护系统部品面向设计阶段利用 BIM，通过施工模拟和精度模拟实现深化设计。

（4）应用效果。通过标准化设计，大量工作可以通过工厂预制来提高生产制造效率，同时保证部品部件的高精度，通过工厂的标准检验系统提升建筑的整体质量。

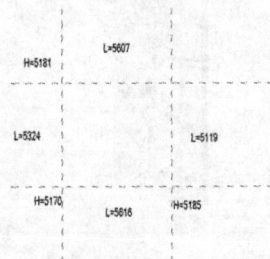

## 4.4 内装修部品库

### 4.4.1 概述

内装系统是指由楼地面、墙面、轻质隔墙、吊顶、内门窗、厨房和卫生间等组合而成，满足建筑空间使用要求的整体。装配式建筑要求大力普及全装修应用，应于结构系统、外围护系统、设备管线系统一体化设计，告别毛坯房，不仅给消费者带来方便，也会大幅度提高经济效益、环境效益与社会效益。

目前内装系统技术体系和发展趋势上，装配式建筑只有与全装修、集成同步推进，才能显现它的工期优势、品质优势和环保优势等，才能最大化显现其经济效益、环境效益和社会效益。

1. 集成化内装部品

集成化内装要求功能性的装修单元尽可能部品化，目前比较成熟的集成化部品包括集成式厨房、集成式卫生间和整体收纳系统。集成化部品能够达到工厂化生产，使复杂的装修部位变得美观、精准。

集成式厨房是由工厂生产的楼地面、吊顶、墙面、橱柜和厨房设备及管线等集成并主要采用干式工法装配而成的厨房。集成式卫生间是由工厂生产的楼地面、墙面（板）、吊顶和洁具设备及管线等集成并主要采用干式工法装配而成的卫生间。整体收纳是工厂生产、现场装配，满足储藏需求的模块化集成收纳产品的统称，为装配式建筑的一部分，属于模块化产品，是固定家具和集成化内装修的部品。

集成化装修是一种新型的装修模式，其实是指将家居相关的产业资源进行整合，为消费者提供一种一体化家居服务方式。集成化装修要求装修单元尽量部品化，比如厨房装修，在装修过程中，所使用的产品是经过工厂标准化生产的，就算是再复杂的装修，也可以做得很美观，功能性也更好，收边也更精准，同时集成化可在节省人工成本、品质有保证的前提卜达到更好的环保效果。

2. 全装修

全装修是装配式建筑评价标准里的重要指标之一。全装修是指所有功能空间的固定面装修和设备全部安装施工完成，达到建筑使用功能和建筑性能的状态。

建筑采用全装修模式将整合内装家居资源，部品和部品体系应采用标准化、模数化、通用化的工艺设计，满足制造工厂化、施工装配化的要求，并执行优化参数、公差配合和接口技术等有关规定，以提高其互换性和通用性。采用干式工法施工，为消费者提供节约装修时间和成本、材料和资源、全环保的一体化装修服务模式。

## 4.4.2 内装部品分类

内装可分为收纳系统、集成厨房、内隔墙、集成卫浴间、地面与吊顶小类，见表4-3。

表4-3 内 装 系 统 分 类

| 一级类目 | 二级类目 | 三级类目 |
| --- | --- | --- |
| 收纳系统 | 收纳柜 | 鞋柜 |
| | | 衣帽柜 |
| | | 储藏柜 |
| 集成厨房 | 厨房地面 | 瓷砖复合地板 |
| | | 硅钙板复合地板 |
| | | 实木复合地板 |
| | 厨房吊顶 | 石膏板集成吊顶 |
| | | 硅钙板集成吊顶 |
| | | 铝扣板集成吊顶 |
| | | 铝塑板集成吊顶 |
| | | PVC板集成吊顶 |
| | 橱柜 | U型集成橱柜 |
| | | L型集成橱柜 |
| | | 一字型集成橱柜 |
| | 厨房电器 | 消毒柜 |
| | | 微波炉 |
| | | 吸油烟机 |
| | | 冰箱 |
| | | 燃气灶 |
| | | 电磁炉 |
| | | 厨宝 |
| | | 洗碗机 |
| 内隔墙 | 空心隔墙板 | 普通混凝土空心隔墙板 |
| | | 石膏空心条板 |
| | | 膨胀珍珠岩空心隔墙板 |
| | | 陶粒混凝土空心隔墙板 |
| | | 轻集料混凝土空心隔墙板 |
| | 实心隔墙板 | 石膏实心条板 |
| | | ALC板 |
| | | 陶粒混凝土隔墙板 |
| | | 聚苯颗粒混凝土隔墙板 |
| | | 发泡混凝土隔墙板 |
| | 夹芯隔墙 | 水泥岩棉夹芯板 |
| | | 水泥聚苯颗粒砂浆夹芯板 |
| | | 水泥发泡混凝土夹芯板 |
| | | 轻钢龙骨隔墙 |

| 一级类目 | 二级类目 | 三级类目 |
|---|---|---|
| 集成卫浴间 | 卫生洁具 | 浴缸 |
| | | 坐便器 |
| | | 蹲便器 |
| | | 小便器 |
| | | 洗面器 |
| | | 卫生洁具五金 |
| | 整体卫浴间 | 一体化浴缸防水盘 |
| | | 一体化洗面盆 |
| | | 一体化防水盘 |
| | | 卫浴间壁板 |
| | | 卫浴间顶板 |
| 地面与吊顶 | 地面 | 实木地板 |
| | | 实木复合地板 |
| | | 竹材地板 |
| | | PVC 地板 |
| | 顶棚 | 石膏板吊顶 |
| | | 硅钙板吊顶 |
| | | 铝扣板吊顶 |
| | | 铝塑板吊顶 |
| | | PVC 吊顶 |

部分内装部品 BIM 三维展示，如图 4-27 和图 4-28 所示。

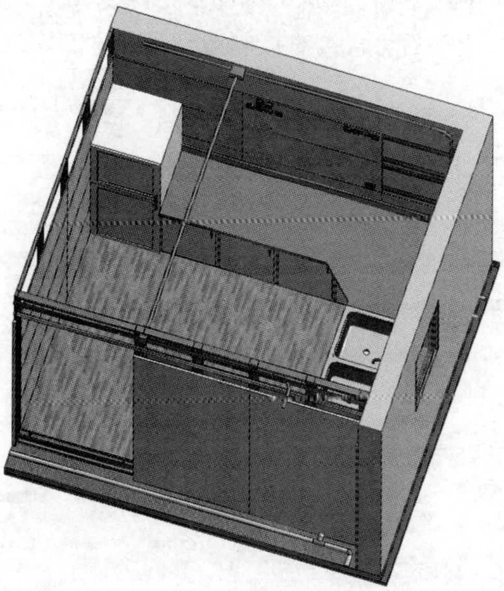

图 4-27 集成厨房部品

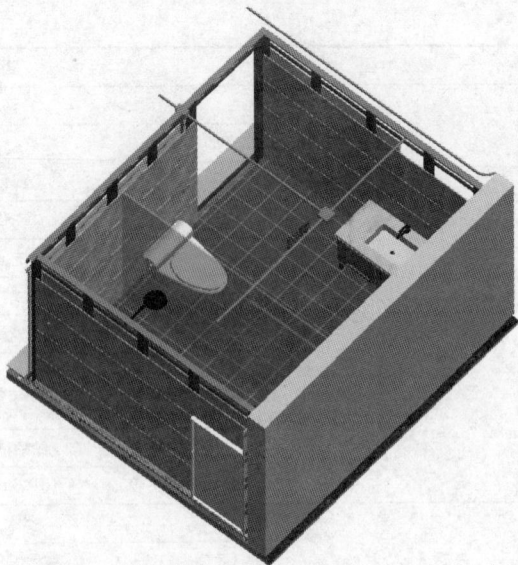

图 4-28 集成卫生间部品

### 4.4.3 内装部品库案例

以筑库 BIM hi-isp 部品库案例进行介绍。

（1）应用背景。筑库 BIM hi-isp 能为投资方、设计企业、施工企业提供专业化、精细化、可视化的装配式内装解决方案。

（2）应用系统与主要功能。

1）提供真实精益部品模型库。提供的部品模型均来源于建材制造商的精益产品，品质、环保、成本可控，选型后可直接对接制造商进行生产、安装，如图 4-29 所示。

图 4-29 提供部品模型的部分建材制造商

80

2）部品预组合。根据建材制造商的产品应用反馈数据和设计企业案例反馈数据，来进行部品预组合，实现快速重用，节约设计时间，减少出错率，如图4-30所示。

（3）应用范围。筑库BIM hi-isp部品库平台，利用可视化、信息化技术，实现BIM数据在投资方、设计企业、施工企业、建材制造商之间的流动，通过循证的方法，有效控制成本、质量、进度，使项目实现投资效果最优化，如图4-31所示。

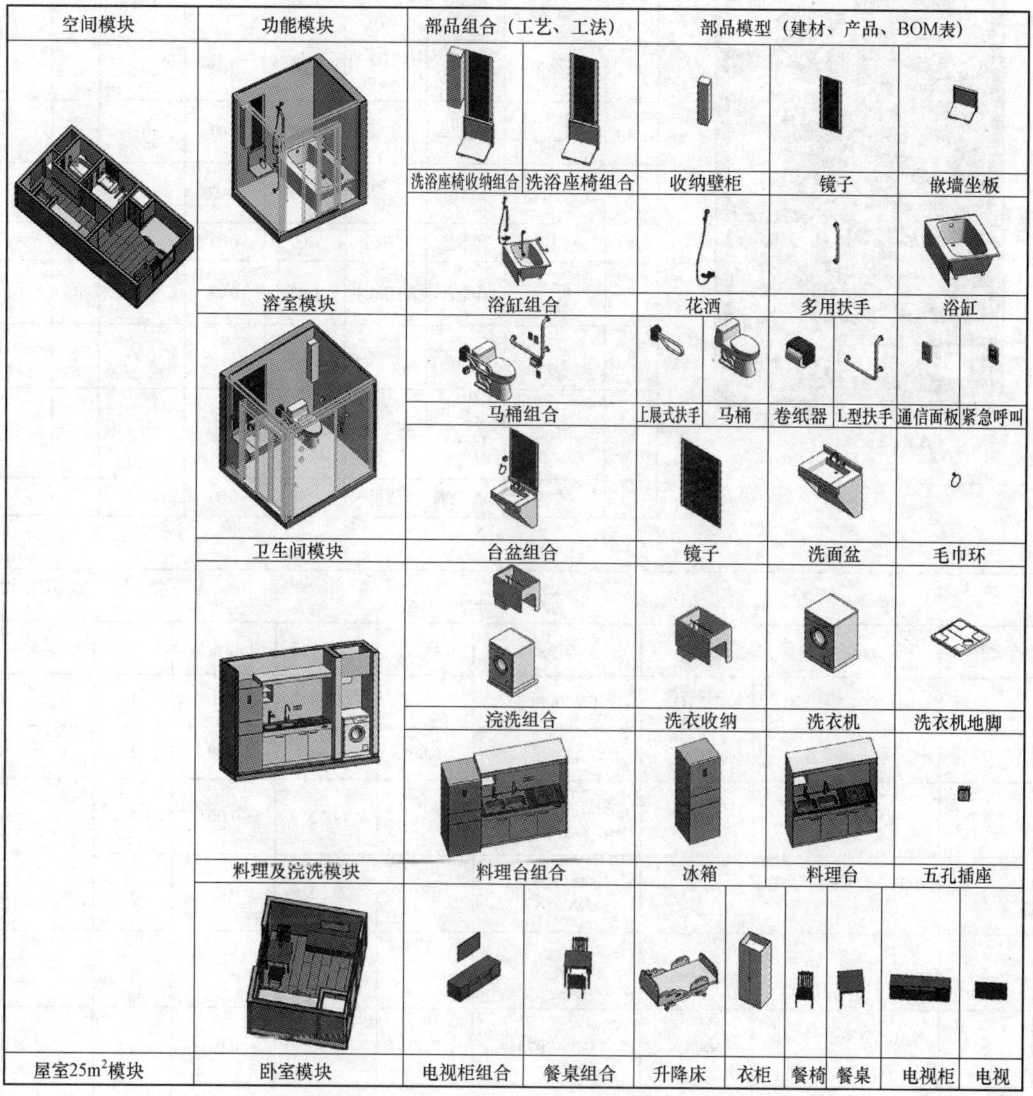

图4-30 精益产品分级预组合（一）

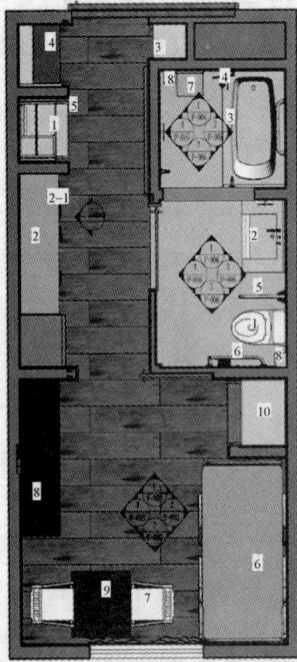

平面图　比例SCALE1:40

| 配置表 | | | | | | | | |
|---|---|---|---|---|---|---|---|---|
| 序号 | 名称 | 品牌 | 型号 | 市场单价 | 市场价格 | 折扣价格 | 数量 | 产品清单 |
| 1 | DAIKEN-洗衣机收纳 | DAIKEN | FGC11-11-L | 3740.00 | 67 000.00 | 67 000.00 | 1 | P15 |
| 2 | LIXIL-料理台 | LIXIL | 定制 | 0.00 | 0.00 | 0.00 | 1 | |
| 2-1 | LIXIL-温水器 | LIXIL | SEHPNKA12ECV1A1 | 0.00 | 0.00 | 0.00 | 1 | |
| 3 | 收纳柜 | DAIKEN | FGB13-34-R | 0.00 | 0.00 | 0.00 | 1 | |
| 4 | DAIKEN-玄关收纳 | DAIKEN | 定制 | 0.00 | 0.00 | 0.00 | 1 | |
| 5 | 洗衣机地脚 | LIXIL | PF-6464AC | 608.00 | 608.00 | 608.00 | 1 | |
| 6 | 休闲椅 | 印卓艺 | ZY002 | 0.00 | 0.00 | 0.00 | 2 | |
| 7 | 印卓艺-电视柜 | 印卓艺 | KTDSG1 | 0.00 | 0.00 | 0.00 | 1 | |
| 8 | 印卓艺-餐桌 | 印卓艺 | 定制 | 399.00 | 218.49 | 0.00 | 1 | |
| 9 | 电动床 | 北京中西远大科技 | BJ-01-ICU | | | | 1 | |
| 10 | 衣柜 | DAIKEN | 衣柜 | 0.00 | 0.00 | 0.00 | 1 | |

| 卫生间浴室配置 | | | | | | | | |
|---|---|---|---|---|---|---|---|---|
| 产品序号 | 名称 | 品牌 | 型号 | 市场单价 | 市场价格 | 折扣价格 | 数量 | 产品清单 |
| 1 | TOTO-坐便器 | TOTO | CW864RB | | 0.00 | 0.00 | 1 | |
| 2 | 永大洗面盆 | 永大 | | 0.00 | 0.00 | 0.00 | 1 | |
| 3 | LIXIL-浴缸 | LIXIL | 浴缸-LIXIL-BZW-1216LBP | | 0.00 | 0.00 | 1 | |
| 4 | TOTO-单柄挂墙式沐浴用水龙头 | TOTO | DM715CMF+DM354R | 0.00 | 0.00 | 0.00 | 1 | |
| 5 | NAKA-向上展开式扶手 | NAKA | CM-4 | 0.00 | 0.00 | 0.00 | 1 | |
| 6 | NAKA-多用途L型扶手 | NAKA | CL-7070 | 0.00 | 0.00 | 0.00 | 1 | |
| 7 | DAIKEN-收纳架 | DAIKEN | FQ0501-11 | 46 800.00 | 519.48 | 0.00 | 1 | |
| 8 | DAIKEN-收纳壁柜 | DAIKEN | 收纳壁柜（小）TSF103U/LP | | 0.00 | 0.00 | 1 | |

图4-30　精益产品分级预组合（二）

图4-31 精益产品虚拟数据的搭建、设计和实际的生产、运输、安装

（4）应用成效。筑库部品库平台为项目关联方搭建云端部品库，实现数据的流动，如图4-32所示。

1）为投资方搭建项目BIM决策云，通过有效协作和利用所有参与方，从而优化各个项目阶段，实现结果前置的项目数字孪生，降低风险、提高品质和准确掌控项目建设的时间和预算。

2）为设计企业搭建BIM设计云，快速搭建出强大的BIM设计云平台，实现战略数字化升级。

3）为建材制造商搭建BIM采购云，创建新的营销方式，把产品BIM数据化部署到云端，前置化协助设计方、甲方随时决策及应用。

图4-32 BIMhi-isp搭建的数据云架构

4）为施工企业搭建BIM建造云，主动管理质量和工期，自动执行任务并减少返工，控制成本并按计划进行。

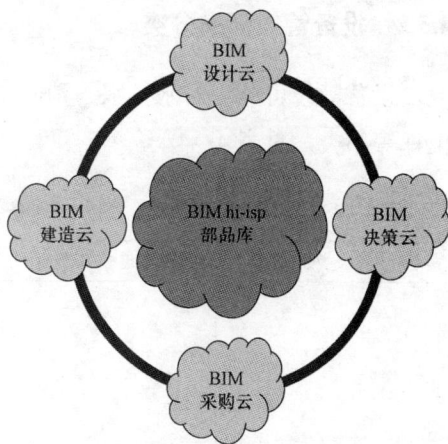

## 4.5 设备管线部品库

### 4.5.1 概述

设备管线系统是由给水排水、供暖通风空调、电气和智能化、燃气等设备与管线组

83

合而成，满足建筑使用功能的整体，目前装配式建筑中，设备管理较多以以下方式进行融合。

（1）SI 管线分离设计技术。SI 是一种结构支撑体与填充体完全分离方式进行施工的技术。目前采用的混凝土建筑工法，主体结构与管线设备混在一起，当管线老化时，管线改造难度很大。在装配式建筑中，管线设备采用 SI 分离体系，管线与主体结构相分离进行集成化，剪力墙体设置架空层，电气专业以外的管线置身于架空层而不埋设于混凝土结构中，并对各个专业管线进行综合设计，避免碰撞。

（2）部品与管线一体化集成。设备管理部品库需跟其他部品库进行一体化集成考虑，如与设备管线有关的集成化厨房和集成化卫生间。

基于集成化的部品，采用部品的工业化生产和装配化供应，实行厨房和卫生间的模块化设计，改变传统的住宅建造方式，提高建筑寿命与科技含量，解决质量通病。

（3）节能技术。装配式建筑设备管线部品宜采用节能技术，降低建筑能耗，尤其新风系统、供暖系统、空调系统均倾向于能效比高的节能型部品；供暖系统宜采用适宜于干式工法施工的低温地板辐射供暖部品。

### 4.5.2　设备管线部品分类

设备管线可分为给水排水与消防、电气与照明、智能系统、暖通空调、燃气设备、电梯等小类，见表 4—4。

表 4—4　　　　　　　　　　设 备 管 线 系 统 分 类

| 一级类目 | 二级类目 | 三级类目 |
| --- | --- | --- |
| 给水排水与消防 | 给水设备 | 球墨铸铁管 |
| | | 建筑给水铜管 |
| | | 热浸镀锌钢管 |
| | | 不锈钢波纹管 |
| | | 聚氯乙烯（PVC—U）管 |
| | 排水设备 | 承插式柔性接口铸铁管 |
| | | 卡箍式柔性接口铸铁管 |
| | | 硬聚氯乙烯（PVC—U）实壁管材 |
| | | 氯化聚氯乙烯（PVC—C）管 |
| | | 高密度聚乙烯（HDPE）管 |
| | | 隔油器 |
| | | 油水分离器 |
| | 排水设备 | 室内消火栓 |
| | | 消火栓箱 |
| | | 喷淋喷水灭火系统 |
| | | 压力消防水箱（罐） |

| 一级类目 | 二级类目 | 三级类目 |
|---|---|---|
| 给水排水与消防 | 排水设备 | 开式消防水箱 |
| | | 灭火器箱（柜） |
| 电气与照明 | 电气设备 | 电箱 |
| | | 配电柜 |
| | | 高压避雷器 |
| | 室内照明设备 | 吊灯 |
| | | 嵌入式灯 |
| | | 镜前灯 |
| | | 壁柜灯 |
| | 线缆及开关 | 穿线管 |
| | | 线盒 |
| | | 开关 |
| | | 插座 |
| | | 调光装置 |
| 智能系统 | 电视电话与网络系统 | 双绞线 |
| | | 同轴电缆 |
| | | 光缆 |
| | | 弱电箱 |
| | 安防监控系统 | 室外监控系统 |
| | | 室内控制系统 |
| 暖通空调 | 供暖系统 | 散热器 |
| | | 分集水器 |
| | | 浴霸 |
| | | 温控面板 |
| | | 热量表 |
| | | 热分配表 |
| | | 热量分配装置 |
| | 空调系统 | 集中式中央空调 |
| | | 半集中式中央空调 |
| | | 壁挂式空调 |
| | | 柜式空调 |
| | | 窗式空调 |
| | | 风机盘管机组 |
| | | 变风量末端装置 |
| | 新风系统 | 机组 |
| | | 管道 |
| | | 风口 |
| | | 控制系统 |

| 一级类目 | 二级类目 | 三级类目 |
|---------|---------|---------|
| 燃气设备 | 燃气热水器 | 热水器 |
| | | 进排气系统 |
| | | 进水系统 |
| | | 出水系统 |
| 电梯 | 电梯设备 | 曳引电梯 |
| | | 扶梯 |
| | | 输送通道 |
| | | 专用电梯 |
| | | 预埋件 |

部分设备管理部品 BIM 三维展示，如图 4-33 和图 4-34 所示。

图 4-33　新风系统

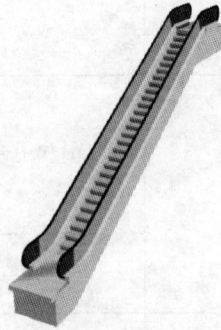

图 4-34　电梯设备

### 4.5.3　设备部品库案例

以广联达 MagiCloud 机电部品库案例进行介绍。

（1）应用背景。MagiCloud 可为设计者、制造商提供专业的机电专业解决方案，提供符合设计师要求的一百多万个真实产品，来自全球 270 多家 120 多万个真实产品模型可供选择。

（2）应用系统与主要功能。广联达 MagiCloud 机电部品库，以在线云服务的方式提供给客户，客户在其平台上可直接操作，其中部分模型库对客户免费，其余通过付费购买。系统主要提供以下功能：

1）具有丰富的真实产品模型库。部品库涵盖全球多达百万的真实产品模型库，包含丰富的技术参数和精细的模型精度，满足项目要求和设计工具集成的免费插件，一键布置，如图 4-35 所示。

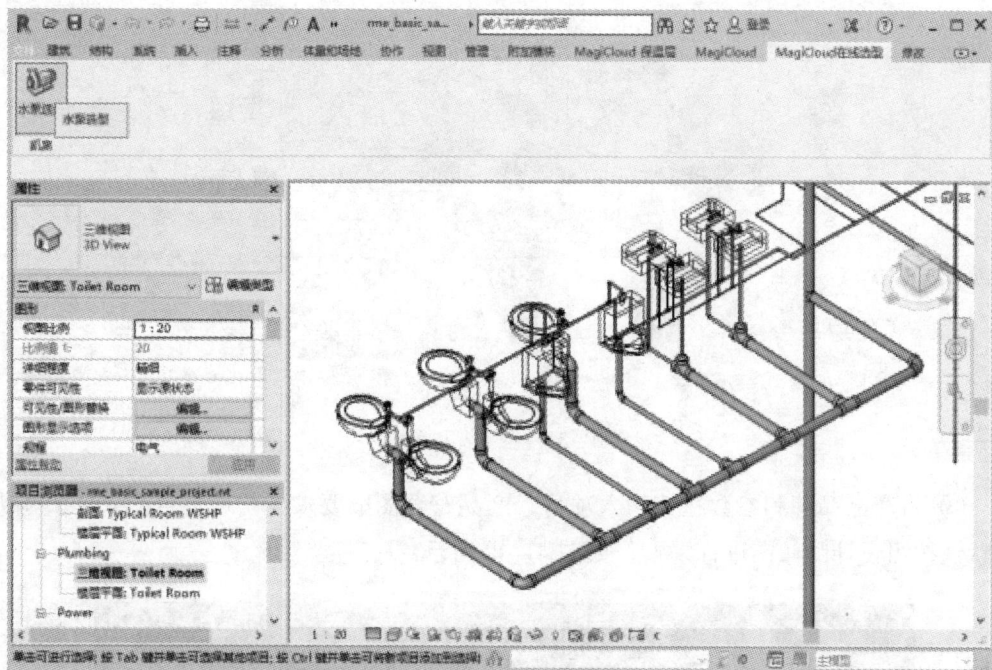

图 4-35　水泵模型库

2）对于制造商提供以下功能：

① 为工程行业用户提供更专业的产品服务，提供专业的产品选型工具和准确的三维 BIM 模型（完全 1:1）一键应用到项目，如图 4-36 所示。

图 4-36　专业化产品模型

② 将产品发布给国内外工程设计和施工人员，包含国内 500 多家工程企业用户，欧洲 90%以上工程行业市场份额，并可提供独立品牌页，提升品牌形象和便于推广，如图 4-37 所示。

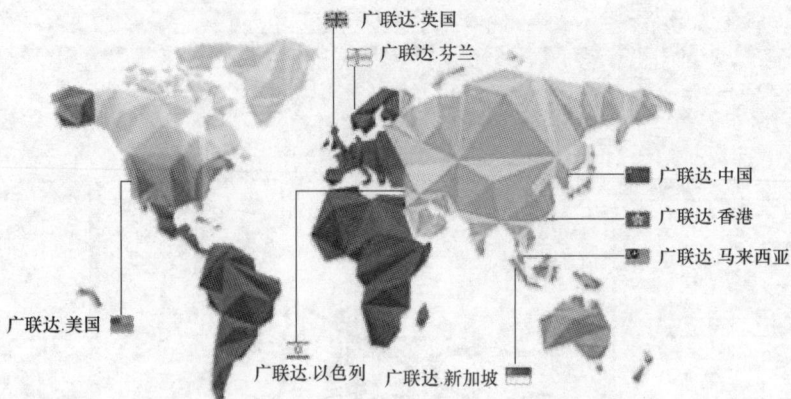

图 4-37 独立品牌发布

③ 将产品品牌和参数直接植入项目，产品符合图纸要求，实现项目准入，采购人员默认按照设计师倾向进行采购，如图 4-38 所示。

图 4-38 项目示例

④ 提供产品被工程师浏览和使用的报表，记录哪个工程师、什么时间、如何浏览和使用产品的详细报表，工程师通过平台主动联系制造商获取产品详细资料，如图 4-39 所示。

3）对工程师提供以下功能：

① 提供基于产品类型的专业选型工具，通过特定参数搜索和过滤产品，内置丰富的技术参数和性能曲线，如图 4-40 所示。

② 提供和产品无缝集成的设计工具，基于性能的 MagiCAD 系统布置和计算，基于产品分类的一键算量 MagiCAD QS，基于产品的智能支吊架布置 MagiCAD S&H，如图 4-41 所示。

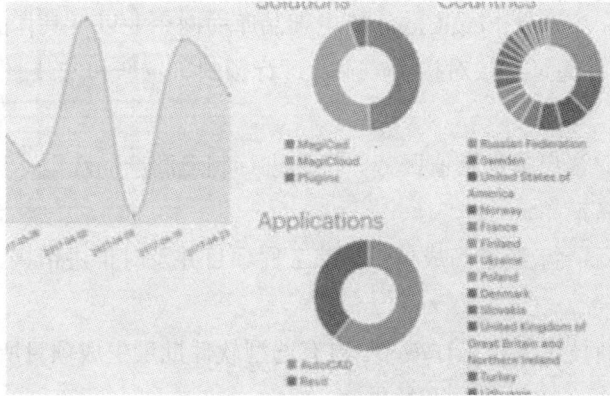

图 4-39　产品使用报表

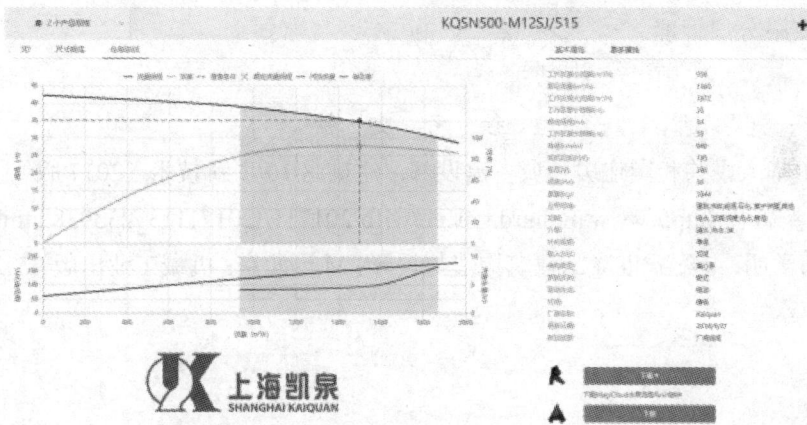

图 4-40　工程师的选型工具

图 4-41　工程师的设计工具

（3）应用范围。广联达 MagiCloud 机电部品库面向企业以及具体的施工方案提供针对性的产品服务，并通过直接对接生产企业进行预制、生产和安装服务。

（4）应用成效。

1）为工程行业客户提供增值服务。快速进行制造商产品选型，提供项目所需二维图纸/BIM 模型/设备清单。

2）促进制造商销售/经销商成单。跟踪工程项目并及时推进销售工作，提供项目招投标相关数据和报告。

3）提高制造商技术人员工作效率。自有选型软件批量生成项目所需的产品 BIM 模型和图纸，生成非标的产品模型和数据。

4）搭建制造商企业产品管理平台（PDM）。统一管理和维护企业核心产品数据，产品数据权限分层管理。

## 参 考 文 献

［1］中华人民共和国住房和城乡建设部．建筑业 10 项新技术（2017 版）［EB/OL］．［2019－04－20］．http://www.mohurd.gov.cn/wjfb/201711/t20171113_233938.html.

［2］郭学明．装配式混凝土建筑构造与设计［M］．北京：机械工业出版社，2018－03.

# 第5章 装配式建筑标准化设计

## 5.1 引言

装配式建筑是采用工厂预制的部品部件（结构部品部件也称为"构件"）在工地现场装配而成的建筑，是高度集成的工业化成品建筑。装配式建筑具有如下特征，即，标准化设计、工厂化生产、装配化施工、一体化装修、信息化管理、智能化应用。

装配式建筑由结构系统、内装系统、外围护系统、设备管线系统组成。设计是所有建筑工作的源头，是建造活动的起点，也是后续工作的依据和信息数据的来源。为了提高建造活动的效率，提高建筑产品和建筑物的质量，提高建筑项目的经济效益，满足工业化生产的要求，装配式建筑必须进行标准化设计，即以少量规格的部品部件，通过排列组合，以模数化、集成化、模块化的方式，形成多样化、适应性强的建筑功能和建筑形态，以满足成本、功能和审美的需求。标准化设计是提高装配式建筑质量、效率、效益的重要手段，是建筑设计、生产、施工、管理之间技术协同的桥梁，是装配式建筑在生产活动中能够高效率运行的保障。因此，发展装配式建筑必须以标准化设计为基础。

标准化设计首先是一种方法，即采用标准化的部品部件，形成标准化的模块，进而组合成标准化的楼栋，在部品部件、功能模块、单元楼栋等层面上进行不同的组合，形成多样化的建筑成品，这种具有工业化特征的建筑成品也称作建筑产品。

标准化设计首先要坚持"少规格、多组合"的原则。"少规格"的目的是为了提高生产的效率，减少工程的复杂程度，降低管理的难度，降低模具的成本，为专业之间、企业之间的协作提供一个相对较好的基础。"多组合"是以少量的部品部件组合成多样化的产品，满足不同的使用需求。

一般的建筑设计过程可以分为三个阶段——前期阶段、设计阶段和服务配合阶段。前期阶段主要是确认设计任务，一般以签订设计合同为标志。签订设计合同是前期阶段的结束，同时也是设计阶段的开始。设计阶段一般分为方案设计、初步设计和施工图设计三个阶段，这个阶段以交付完成的施工图纸为标志。服务配合阶段一般从交付正式的施工图纸到竣工验收，配合工程招标、技术交底、确定样板、分部分项验收，直至竣工验收等一系列的设计延伸服务工作。一般建筑项目设计的流程如图5-1所示。

图 5-1　一般建筑项目设计流程

在实际工作中，设计工作往往被切割成不同的工作任务（图5-2），由不同的设计单位负责不同的任务。如果建设项目的管理者有很强的组织和统筹能力，建筑项目往往能够取得不错的结果，但大多数建设项目的管理团队，并不具备足够的专业知识和管理能力，这种"碎片化"的过程导致大量的冲突，重复工作、大量变更的情况时有发生，项目超支、质量不高的情况也是普遍现象。要想做好装配式建筑，应采用全专业、全产业链的一体化协同设计方式。

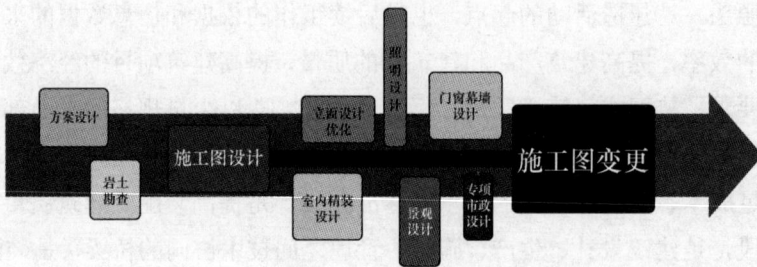

图 5-2　现行建筑项目设计管理碎片化图示

装配式建筑的建设过程是个系统工程，在设计工作开始之前应进行技术策划，根据项目需要，确定技术路线，明确建设标准，确定实施路径。在设计的过程中，需要协调建筑、结构、给排水、暖通、电气等专业，还需要延伸至部品部件的深化设计，并与内装设计、幕墙设计等在统一的协同平台进行一体化集成设计，如图5-3所示。

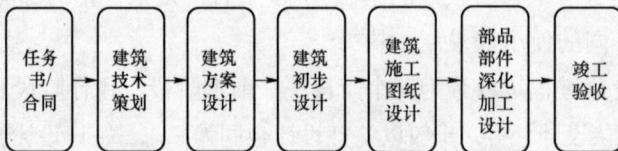

图 5-3　装配式建筑设计流程

## 5.2 装配式建筑集成设计

### 5.2.1 概述

装配式建筑的集成设计，是指以房屋建筑为完整的建筑产品，通过建筑、结构、设备和管线、内装、幕墙、经济等各专业实现一体化协同设计，并统筹建筑设计、部品部件生产、施工建造、运营维护等各个阶段，充分考虑建筑全寿命周期的问题。

传统设计方法是以二维平面设计为基础，各个专业相对独立地进行设计，在设计过程中进行阶段性的综合，这种方式不能满足装配式建筑的要求。装配式建筑设计应采用一体化集成的设计方法，即综合考虑各专业、各阶段的需求，以标准化为原则，以二维协同（如 CAD）、三维协同（如 BIM）的信息化手段，在设计的前期综合解决各种问题，实现建筑设计效率和质量的提高。

一体化集成设计需要对建筑、结构、机电设备及室内装修进行统一考虑，保证建筑结构、建筑外围护、室内装修、机电设备和管线形成有机完整的系统，并充分考虑生产、施工中的要求，实现装配式建筑的各项技术系统得到协同和优化。

基于 CAD 的二维协同，虽然能够实现装配式建筑一体化集成设计的基本需要，但是设计效率和质量难以提高，不同阶段的信息难以进行传递。基于建筑信息模型（BIM）技术的一体化集成设计，能够实现各专业之间的高效协同与配合。一方面，一组协同的 BIM 模型可被各个专业共同使用，能够完整地描述工程设计对象，真实反映建筑产品的信息。BIM 技术为建筑工程提供了一种基于计算机模拟的可视化建筑模型，帮助各专业改进和优化设计，提高设计、施工和运维的质量，减少浪费，创造价值。另一方面，BIM 技术可以作为沟通协同的工作方式，为建筑产品提供了多方可以在同一个平台上协作的工作平台，创造了一种新型的项目管理和协作模式。

### 5.2.2 应用场景

1. 基于 CAD 的一体化集成设计

目前，CAD 平台仍是装配式建筑设计的主要工具，主要的软件有 AutoCAD、天正 CAD、理正 CAD 等，其中天正和理正均是以 AutoCAD 为基础进行二次开发的国内应用软件。CAD 在装配式建筑设计领域至今还是不可或缺的二维设计软件，利用其标准化、通用性的特点，可以实现网络二维协同的集成设计。

集成设计的主要内容是利用网络共享平台，通过中心文件的方式，结构、机电和内装等专业参照中心文件进行同步设计，构件图以外部参照的方式参照到中心文件中，这种方式可以实现全专业的实时二维协同，对于需要核对大量装配式预制构件、标准化构件提高了效率。对于有较强的规律性可循，单元模块、核心筒模块可进行拆分组合的项目，二维协同设计也会发挥重要的作用。

2. 基于 BIM 的一体化集成设计

建筑信息模型（BIM）技术是近几年在建筑行业迅速发展的一种新的设计技术，采用 BIM 技术进行装配式建筑的设计能够有效提高建筑设计的质量，提高信息在不同专业之间、不同阶段之间传递的有效性，有助于提升效率、提高质量，提升效益。

BIM 技术在装配式建筑设计中的应用仍处于发展的初级阶段。常用的软件平台有国外的 Revit、Bentley，Allplan 等，国内建筑行业的软件开发企业如建研院的 PKPM、盈建科的 YJK 等也在其原有的设计平台上发展出装配式混凝土建筑的设计模块。

基于 BIM 的一体化集成设计，是将结构设计、内装设计、外围护系统设计、设备和管线设计以三维 BIM 软件进行设计，并在一个软件平台中进行集成，或者在不同软件平台之间进行模型和信息的转换，实现集成化设计。其中，以幕墙为主的外围护系统采用的 BIM 设计技术与传统建筑区别不大，可以采用的软件也比较多。内装系统采用 BIM 技术的难度没有结构系统采用 BIM 的难度高，设备和管线系统采用 BIM 设计也与普通现浇建筑区别不大。但从全专业集成设计的角度来看，尚未有一种软件平台能够比较好地将 4 个系统整合起来。总的看来，当下装配式建筑设计阶段的信息化应用，仍没有完全成熟的方案，软件和应用都处于不断的开发和更新过程中。

部品部件是装配式建筑的基本组成单元。以 Revit 为基础的设计软件在装配式建筑上应用较为广泛，但是需要用户自建大量的部品部件族，形成族库。族库的建立，需要有大量的实践项目支持，并进行持续的投入，对单个企业来说，都是难以独立完成的庞大工程。住房和城乡建设部科技与产业化发展中心正推动行业层面建立装配式建筑的部品部件库，但离建成并能够使用尚需时日，部品部件族和族库的行业标准也需要建立。

当前装配式建筑设计中应用比较多的软件有 CBIM、PKPM、YJK、ArchiCAD 等。

3. 设计与管理相结合的平台

（1）CBIM 设计协同平台。CBIM 设计平台是中设数字在 Revit 基础上开发的设计软件平台。CBIM 协同平台具有集成化、云端化、模块化、可视化、实时化的特点，以 Web 云平台产品为核心和基础，将建设行业全生命期各阶段应用功能集成在云平台系统上，将数字化建设全过程以可视化方式呈现，项目信息数据实时统计分析，跨专业跨部门跨企业跨地域项目云端协同，是一个数字化的协同平台。

CBIM 协同管理平台软件（CBIM Collaboration Easier-Work），是 CBIM 协同平台在线管理的核心功能。通过 CBIM 协同管理平台软件，用户可以在任何时候、任何地方进行在线、高效的项目进度管理和项目成果管理，可在线浏览、审核 BIM 模型及图纸等，进行高效项目协调，从而大幅提升企业各级项目管理人员的管理效率。该平台不仅适用于设计、施工、监理、业主/建设单位的项目管理（包括 BIM 工程项目及传统的 CAD 类工程项目），也适用于其他工程建设行业，甚至非工程建设行业的工作进度管理（通过企业站点系统管理员在后台的企业组织架构设置、工作类型和阶段、工作流程和成果模板等的设置，满足不同类型企业、不同类型工作的管理要求）。

CBIM 工具平台提供了丰富的 BIM 工具，为设计人员提供了一系列提高建模效率、提升建模准确性、提升模型数据质量和应用效率的工具。

（2）基于 BIM 的汉尔姆设计协同平台。基于 BIM 的汉尔姆设计协同平台集成所有文件并按设计院存放标准保存；能够协同设计和实时共享；能够按权限实现分层管理，保密传输协议能够切实保证安全；可以从电脑客户端、手机移动端等多端进行工作；可与其他平台进行数据交换，确保设计院选择的多样性。

基于 BIM 的汉尔姆设计协同平台是基于 Revit 软件开发的。它采用点与中心的协同方式。首先在服务器上建立中心文件，然后每个参与的设计师打开中心文件就可以在本地创建副本，每间隔一段时间就将成果同步至服务器；同步之后每个设计师都可以看到整个项目的最新进展，并可以通过工作集的方式来隐藏一些与本专业无关的信息；而中心文件可以根据项目大小按单体、楼层、区域建立，中心文件与中心文件之间以链接的方式互相关联。

（3）设计与生产、施工信息化平台的对接。建谊集团的信息化平台支持各专业基于同一个 BIM 模型进行协同工作，可在线基于模型数据进行协同对话，并通过部品部件的研究，将建筑产业化工作前置到设计端，直接输出工厂部品部件模型，对接生产。施工时，各方根据平台上模型进行工序安排、工艺规划等工作，做到先虚拟后施工。建筑师、结构工程师、生产协同厂家、安装工程师从方案阶段直到实施的全过程密切配合和共同创作，实现设计生产施工一体化。

### 5.2.3 应用案例——中设数字技术股份有限公司

1. 应用背景

中设数字技术股份有限公司（简称"中设数字"）是由原中国建筑设计研究院 BIM 设计研究中心发展而来，成立于 2018 年初，由中国建筑设计研究院有限公司、紫光集团、北京中设汉禾数字技术发展中心共同投资成立。

基于装配式建筑的特点，构件的设计除了要满足结构安全、建筑表现和使用功能外也要利于工厂的生产和现场的装配，设计时需要充分考虑加工与装配的要求，各环节的协同配合需要前置。有效运用 BIM 技术能够将建筑、结构、机电、装修各专业更为有效地串联，并有效联动优化设计、生产、装配，形成基于全产业链的一体化集成方案，从而减少二次设计和返工、缩短工期并提高项目质量。

基于 BIM 技术应用，中设数字着重于搭建装配式建筑的整体设计流程，并着重解决构件模板问题。通过实际项目的尝试，实现了通过各专业模型协同，解决装配式构件外形的设计问题，并实现了通过"装配式"模型直接生成构件模板图的技术。累计完成10余项、近200万 m² 的装配式建筑工程，代表项目有朝阳区垡头地区焦化厂公租房、北京城市副中心职工周转房（北区）、郭公庄一期公共租赁住房项目等。

2. 目前应用系统及主要功能

基于 CBIM 协同平台，中设数字完成了项目工程方案设计至深化设计各设计阶段的协同工作，同时应用 BIM 技术进行装配式建筑设计，建立健全工业化建筑资源库，包括相关的部品库、部件库、土建构件库、机电设备库等。BIM 模型包含了建筑物的丰富设计信息，要生成工业化生产所需要的各种部品部件构件的数据表单，如门窗表、材料表以及各种综合表格都是比较容易的事。因此，通过拆分工业化建筑的部品部件，利用 BIM 技术，将建筑工程的每个部分分解成为尺寸、形状标准化，可以定型生产的构件，方便设计、生产和施工。在 BIM 中建立的资源库可以包括建筑材料库、预制构件库（预制梁、预制板、柱、栏杆、门、窗等）、家具库（桌椅、厨卫、洁具、灯具等）等。

3. 应用范围

BIM 技术在建筑产品标准化设计、模型拆分、现场工业化建造过程中，发挥着重要的信息整合作用。以朝阳区垡头地区焦化厂公租房为例，项目应用 BIM 技术与装配式产业化生产结合，应用于公租房主体结构和内部装修，对提升保障房的质量和品质起着至关重要的作用。

首先建立基于 BIM 的户型产品库如图 5-4 所示。本项目户型产品标准化设计部分包括楼栋基本形式及基本设计要点、楼栋公共空间基本设计要点、户型基本形式及其设计要点、户型各空间基本设计要点（卧室、起居室、阳台、餐厅等），如图 5-5 所示。

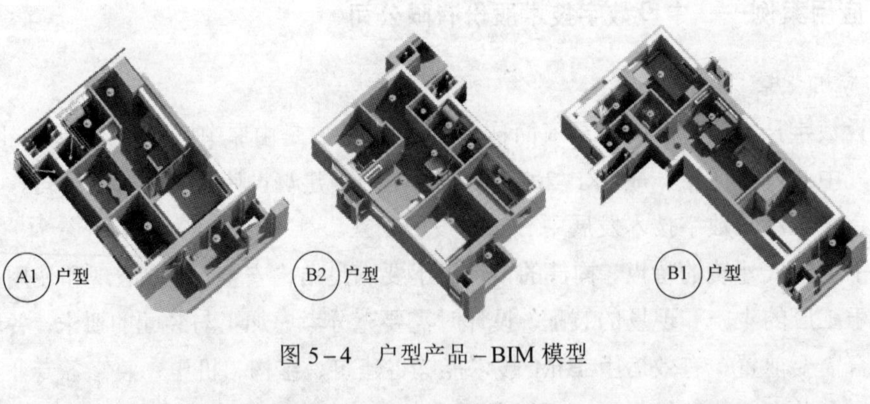

（A1）户型    （B2）户型    （B1）户型

图 5-4　户型产品-BIM 模型

其次，建立基于 BIM 的部品库。基于 BIM 的部品库包括以下几类内容：通用性强的、重复率高的部品部件，例如厨房卫浴部品，隔墙板产品、预制楼梯产品。

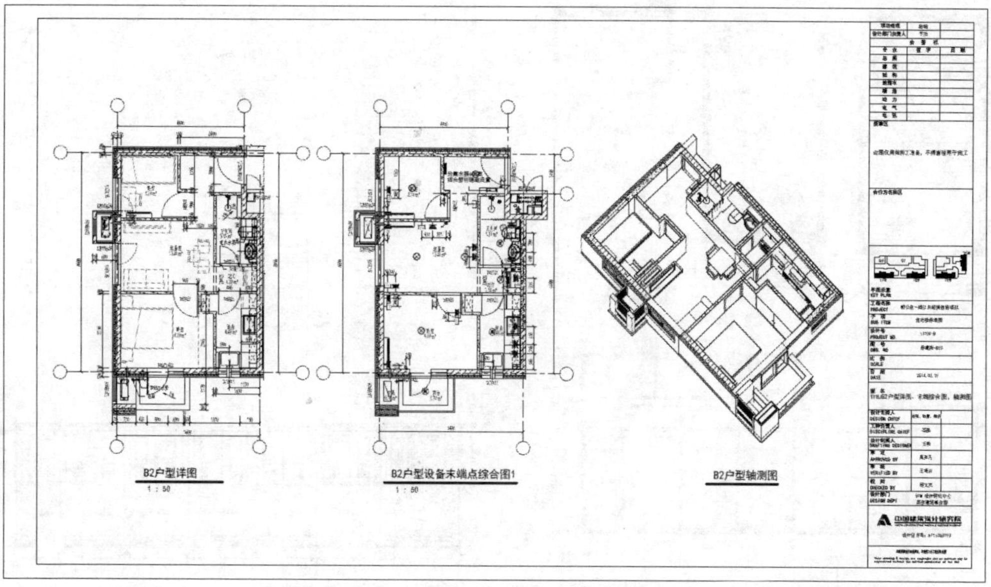

图 5-5　户型产品标准化-二维图纸

### 4. 应用效果

项目工程底部加强区以上主要构件采用预制构件装配式结构（PC）技术。经计算统计，本工程住宅楼标准层构件的 PC 率为 40%～50%，其中阳台板（含空调板）3.43m³，叠合楼板预制部分 2.11m³；预制楼梯板 24.4m³，预制外墙板 44.25m³。预制阳台板拆分如图 5-6 所示，预制构件布置如图 5-7 所示。

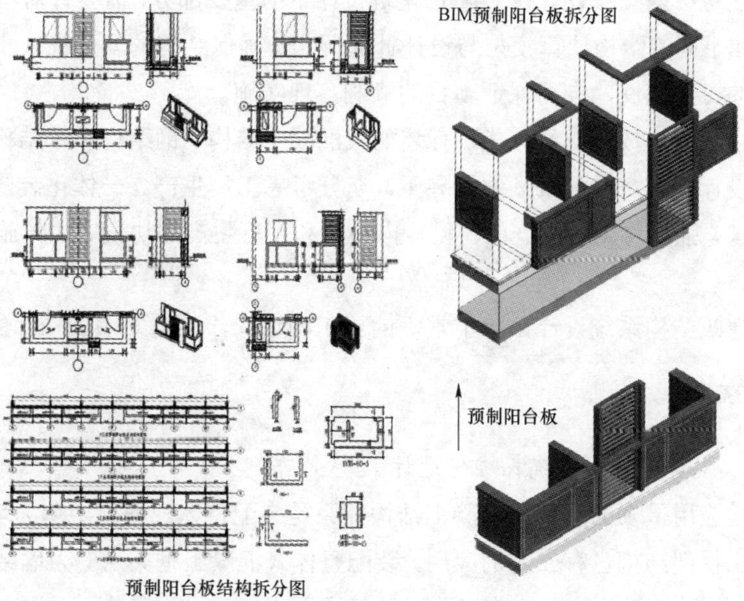

BIM预制阳台板拆分图

预制阳台板

预制阳台板结构拆分图

图 5-6　BIM 预制阳台板拆分

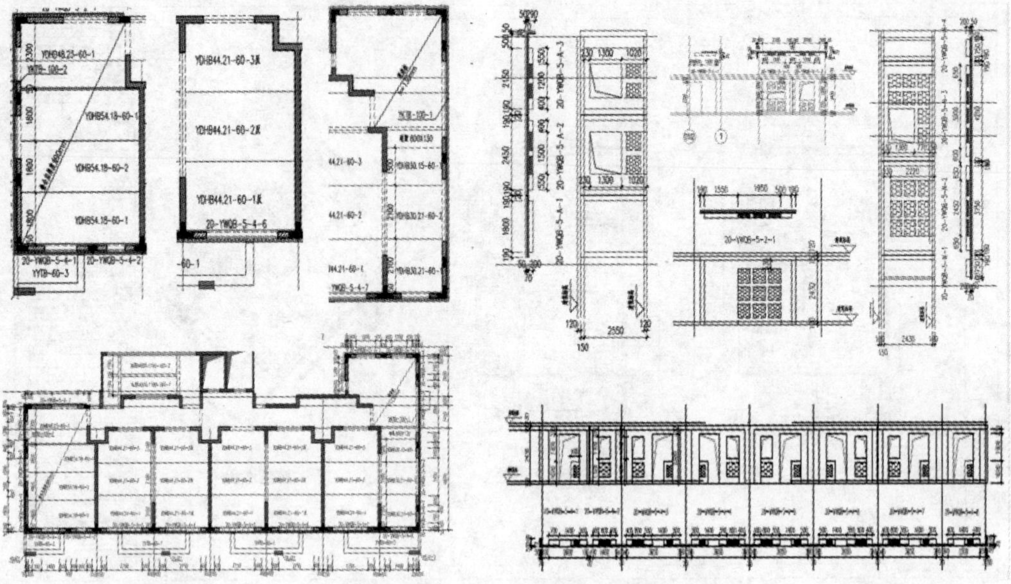

图 5-7　BIM 预制构件布置图

## 5.3　装配式结构系统设计

### 5.3.1　概述

装配式建筑结构系统设计是装配式建筑设计中的重要部分，需要针对不同类型的结构体系，选择不同的结构计算模型与设计计算假定，确保结构的安全性，才能保证装配式建筑项目的可实施性，进而保证项目的顺利落地实施。

装配式建筑结构按照材料分类，有装配式混凝土结构、钢结构和木结构三大类。装配式结构的设计需要在技术策划的指导下，充分考虑工厂生产、一体化装修、维护更新等过程的要求，强化与工厂生产的协同、内装修和工厂生产的协同、主体施工和内装修施工的协同。

装配式建筑结构系统设计，除了常规的施工图设计，还需要增加构件的深化设计。

### 5.3.2　应用场景

1. 装配式混凝土结构系统标准化设计

我国目前应用最多的装配式混凝土结构体系是装配整体式混凝土剪力墙结构，装配整体式混凝土框架结构也有一定的应用，装配整体式混凝土框架-剪力墙结构有少量应用。不同结构体系的设计阶段工作以及设计技术要点把控过程基本一致，主要分为技术策划阶段、方案设计阶段、初步设计阶段、施工图设计阶段、构件加工图设计阶段。

在设计平台选用方面，传统模式为通过 AutoCAD 软件进行构件拆分布置工作，再使用传统结构设计软件如 PKPM‑PMCAD 模块或 YJK‑A 模块进行结构计算，并根据计算结果进行后续的工作。随着设计软件的发展，PKPM‑PC 模块与 YJK‑PC 模块得到了越来越广泛的应用。这些模块的优势在于可以进行预制构件的拆分布置工作，在此基础上形成的数据库可以满足设计各个阶段的协同配合工作，并为后期加工图深化设计提供数据。

图 5‑8 为采用 AutoCAD 软件进行结构平面拆分布置及采用 PKPM 软件将平面布置导入进行计算的工作演示。在 AutoCAD 软件中，将预制构件按照实际尺寸进行绘制并摆放于结构平面中，并将构件按照规则进行编号命名且标注定位；以上工作完成后在 PKPM 结构计算软件中进行建模，完成安全性计算工作。

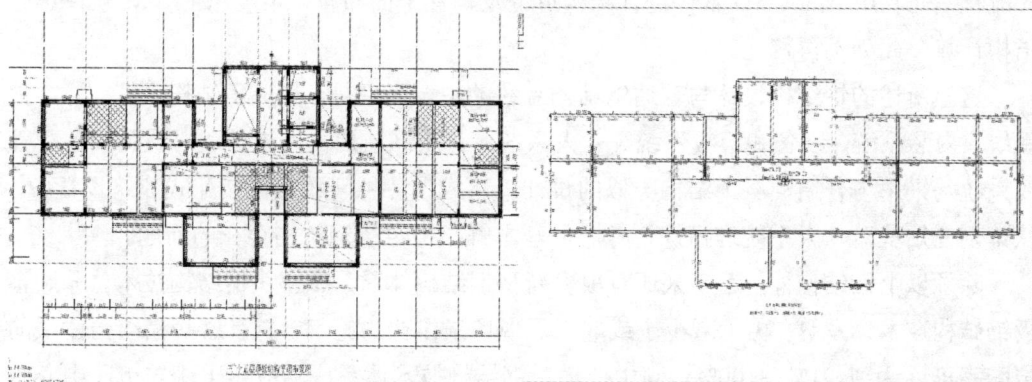

图 5‑8　AutoCAD 物件进行结构平面拆分布置及 PKPM 软件进行建模

技术策划应该充分考虑项目定位、建设规模、装配化目标、成本限额以及各种外部条件影响因素，制定合理的建筑概念方案，提高预制构件的标准化程度，并与建设单位共同确定技术实施方案。构件拆分应按照"少规格、多组合"的原则，考虑成本的经济性与合理性，同时协调平面设计的标准化与系列化，立面设计满足个性化和多样化的要求。应与各专业进行协同设计，基于共同的 BIM 平台，优化构件规格种类，协调设备管线的预留预埋，推敲节点大样的构造工艺，考虑防水、防火的性能特征，满足隔声、节能的规范要求，形成一套完整的可实施的设计文件。

装配式结构设计采用与现浇混凝土结构相同的方法进行分析，一般采用 PKPM 软件和 YJK 软件进行计算，包括基本原则、分析模型、弹性分析、塑性分析等。当同一层内既有预制又有现浇抗侧力构件时，地震作用下现浇抗侧力构件的弯矩和剪力进行适当放大，现浇墙肢水平地震作用弯矩、剪力宜乘以不小于 1.1 的增大系数。同时应注意结合不同的构件形式节点连接方式，选取适当的方法进行结构分析。

预制构件设计是装配式建筑结构设计中重要的环节，构件的设计需要考虑以下因素：采用适宜的建筑方案，结构布置应根据预制构件及其连接的特点，努力做到规则、连续、均匀，对所有可能出现的设计状况逐一分析，并提高预制构件的使用效率。

预制构件连接设计是装配式建筑结构设计中又一个非常重要的环节，主要包括预制构件之间的连接设计以及预制构件与现浇、后浇混凝土之间的连接设计，连接节点是影响结构受力性能的关键部位，合理可靠的连接节点能够保证结构的整体受力性能。

2. 钢结构系统标准化设计

钢结构系统可以分为重钢结构和轻钢结构，此两种类型的结构具有较大区别，所采用的结构类型取决于建筑物大小和用途。其中，大部分公共建筑和高层住宅建筑均采用重钢结构（钢框架、钢框架剪力墙等）。钢框架结构是一种技术成熟、性能优良的结构形式，具有跨度大、内部空间灵活的优势。钢结构设计方法采用与混凝土结构相同的设计流程，先利用 AutoCAD 软件进行结构拆分及构件平面布置，再利用 PKPM 软件进行结构计算。此处不再赘述。

这里所述的钢结构设计与普通钢结构系统的主要区别是，集成了结构系统、外围护系统、内装系统、设备和管线系统等 4 大系统。普通钢结构在外围护、内装及设备和管线系统均采用与普通混凝土结构类似的设计，造成了各种问题。在装配式建筑设计中，从策划开始就对 4 大系统进行综合考虑，基本解决了传统钢结构存在的问题。

除了以上钢结构外，近年来还有很多新型钢结构体系，如模块钢结构技术体系、箱板钢结构技术体系等。由于减少了或取消了现场湿作业的施工方式，这些钢结构体系的装配率可以达到 91%～100%。其中，模块钢结构技术体系成功应用于雄安市民中心企业办公区项目，成为最早竣工投入使用的项目。

3. 木结构系统标准化设计

木结构系统可以分为轻型木结构和重型木结构，此两种类型的结构具有较大区别，所采用的结构类型取决于建筑物大小和用途。木结构的结构设计采用以概率理论为基础的极限状态设计法。

工程设计法是常规的木结构工程设计方法，通过工程计算进行结构内力分析来确定构件的尺寸和布置，以及构件之间的连接设计。此种设计方法采用与混凝土结构相同的设计流程，先利用 AutoCAD 软件进行结构拆分及构件平面布置，再利用 PKPM 软件进行结构计算。此处不再赘述。对于轻型木结构而言，可以对满足一定条件的房屋，采用构造设计法进行设计。该法是基于经验的一种设计方法，可以不做结构内力分析，特别是抗侧力分析，只进行构件的竖向承载力分析验算，根据构造要求设计施工。

常见的木结构结构体系有井干式木结构体系、轻型木结构体系、梁柱—剪力墙木结构体系、梁柱—支撑木结构体系、CLT 剪力墙木结构体系、框架—核心筒木结构体系、网架木结构体系、张弦结构体系、拱结构体系和桁架结构体系等。

现代木结构连接主要有以下几种类型：钉连接、螺钉连接、螺栓连接、销连接、裂环与剪板连接、齿板连接和植筋连接等，其中前 4 类可统称为销轴类连接，是现在木结构中最常见的连接形式。江苏省绿色建筑博览园展示馆——木营造馆项目是集展示、办公等功能为一体的绿色建筑技术集成工程示范。项目应用胶合木梁柱—木质剪力墙混合承重体系，已于 2015 年竣工投入使用。

### 5.3.3 应用案例——北京市建筑设计研究院有限公司

1. 应用背景

北京市建筑设计研究院有限公司（简称 BIAD），是与共和国同龄的大型国有建筑设计咨询机构。2015 年成为"国家住宅产业化基地"，2016 年被授予"中国建筑学会建筑产业现代化发展委员会副理事长单位""国家装配式建筑产业技术创新联盟——副理事长单位"。在装配式建筑发展的新时期中，BIAD 秉承"建筑服务社会"的企业发展理念和"开放、合作、创新、共赢"的经营方针，累计完成 30 余项、500 万 $m^2$ 的装配式建筑工程，在技术推广方面，主编及参编了 20 余项国家、行业、北京市地方的标准和标准设计图集、技术措施、技术指南等，与 10 余家国内设计企业开展技术交流和设计咨询服务。

百子湾保障房公租房项目共 12 栋住宅楼，其中装配式建筑 10 栋，为 11~27 层住宅楼，采用装配整体式剪力墙结构体系。实施装配整体式剪力墙结构的建筑最高为 27 层，建筑高度 80m，标准层层高 2.8m。本项目的设计特点为结构产业化与建筑形体多变的融合，以漂浮的城市花园作为设计理念，建筑形体外形多变，与标准化设计相融合。

该项目预制构件类型包括预制外墙、预制内墙、预制叠合楼板、预制楼梯、预制空调阳台板、轻型预制水平装饰构件等。预制混凝土墙板采用套筒灌浆连接，预制墙板间通过水平现浇带连接为整体。采用标准户型组合，平面为三叉形，竖向多次退层，走廊外墙窗位置持续跳跃变化，并采用预制高性能混凝土箱形水平装饰构件。

2. 目前应用系统及主要功能

该项目结构设计阶段采用 AutoCAD 软件进行结构平面布置拆分，将预制构件包括预制外墙、预制内墙、预制叠合板等按照拆分原则进行拆分并布置在结构平面图中，将构件按照编号原则进行编号，并明确构件重量数量统计表，为施工阶段各类工作提供依据。结构平面布置如图 5-9 所示。

本项目一大特点为外立面窗洞变化复杂，同一层内竖向门窗洞口位置变化，结构设计难度大。在结构布置时对结构计算假定采用开结构洞口的布置方式，在结构平面布置图中将对应位置处的构件采用不同的结构填充处理方式以实现建筑的外立面门洞开设的需要，预制构件的巧妙设计布置与计算假定的合理确定是实现项目复杂多变外立面的重要保证。建筑洞口布置、结构预制构件布置及结构电算构件布置如图 5-10~图 5-12 所示。

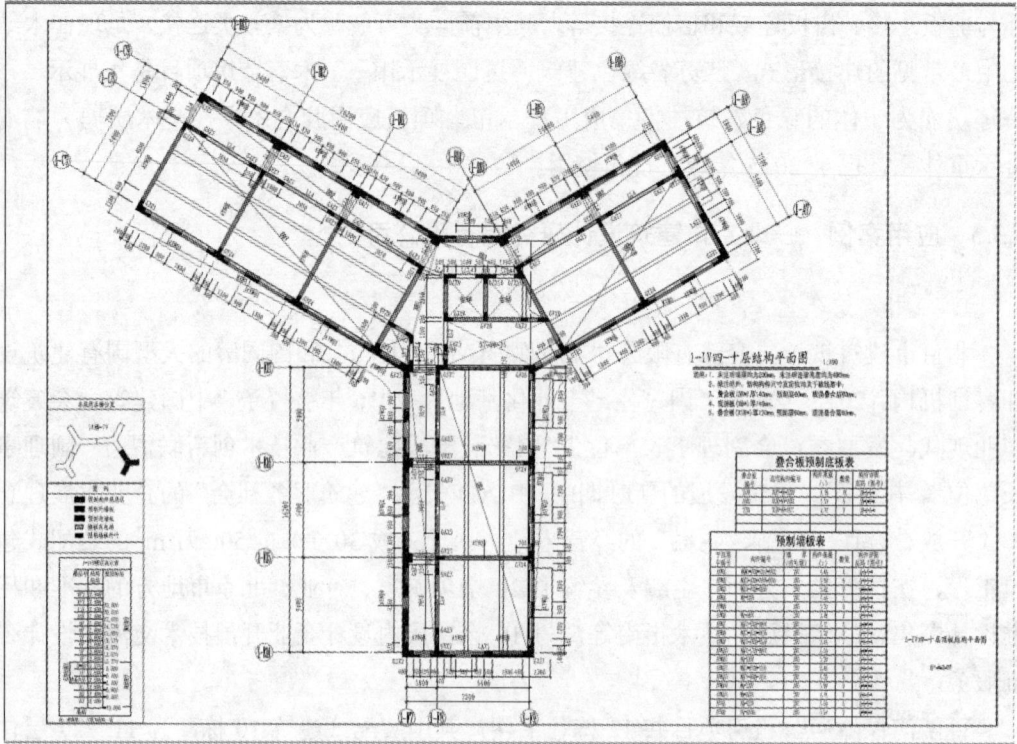

图 5-9　结构平面布置图

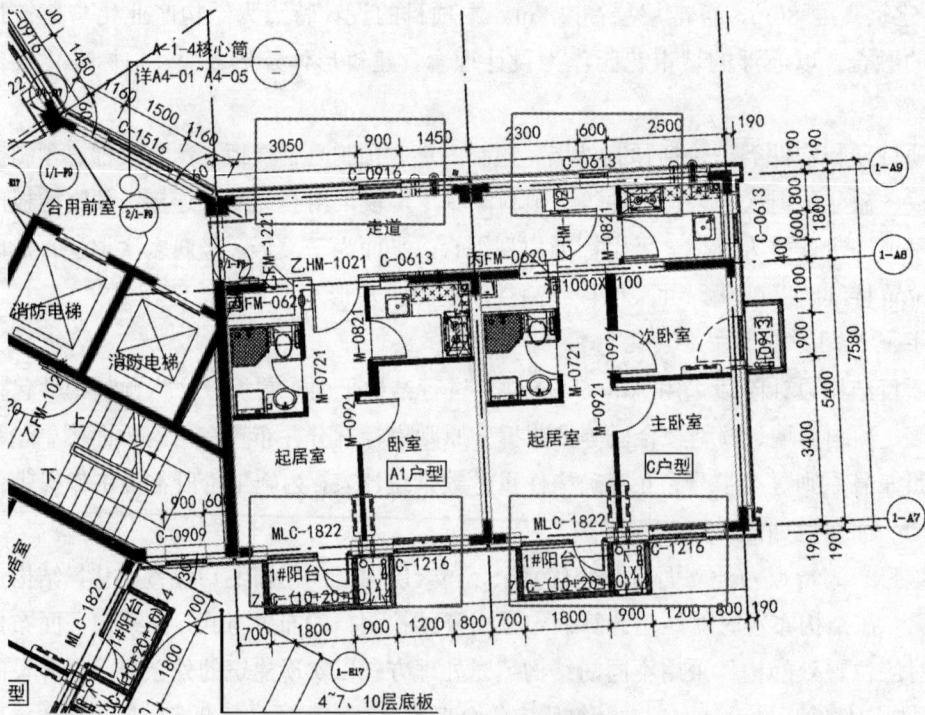

图 5-10　建筑洞口布置

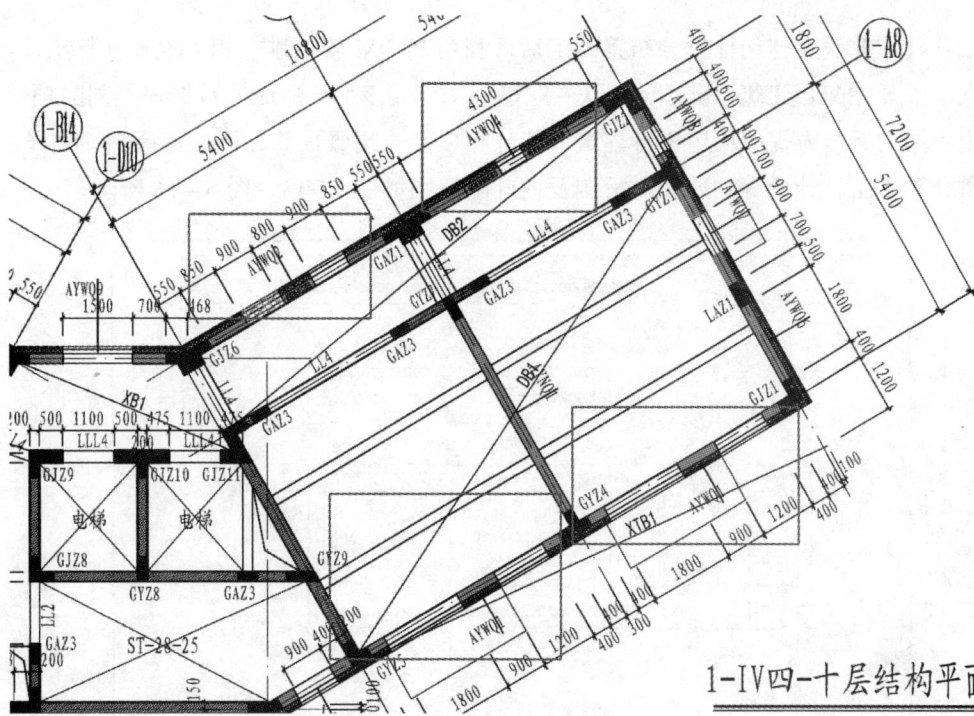

图 5-11  结构预制构件布置

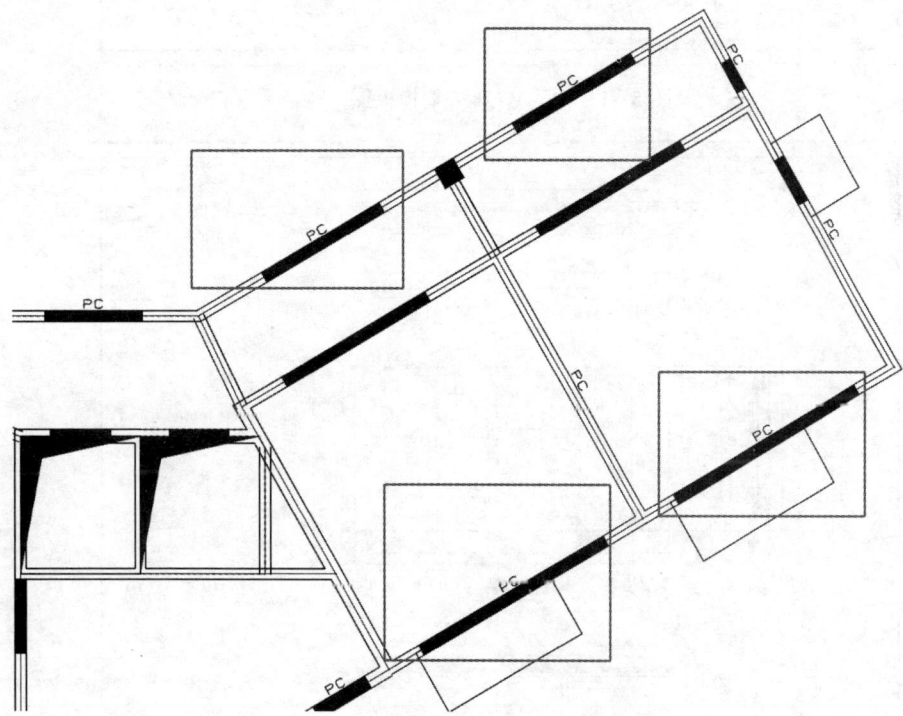

图 5-12  结构电算构件布置

在各种计算假定与构件拆分布置确定后，利用 PKPM 软件进行相关设计计算工作，自方案阶段开始配合建筑、设备、电气专业进行工作。该系统形成的数据在不同的项目阶段由不同的参与方提取应用进行建筑节能计算以及建筑概预算分析，包括钢筋抽样、工程量计算、工程计价等。外墙模板图及内叶配筋图如图 5-13～图 5-16 所示。

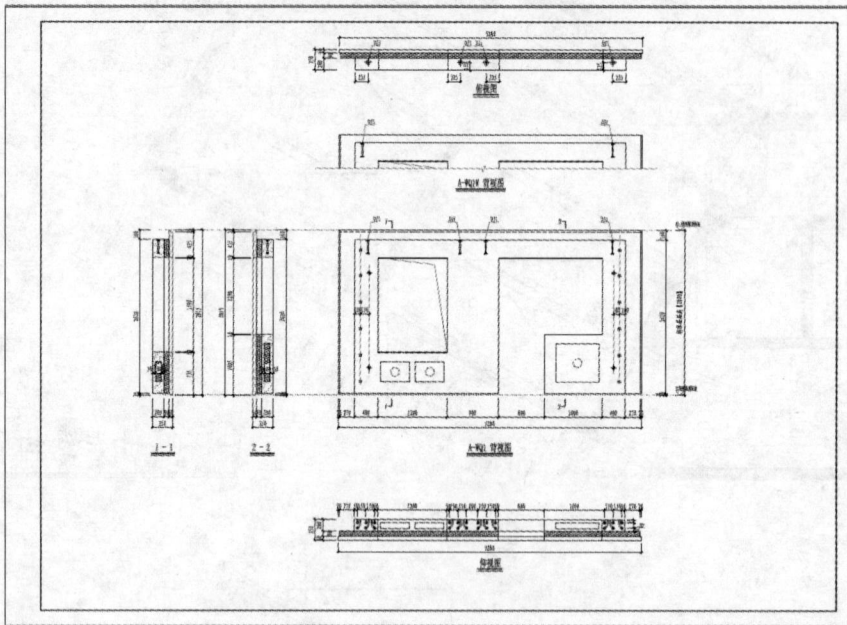

图 5-13　A-WQ1 外墙模板图

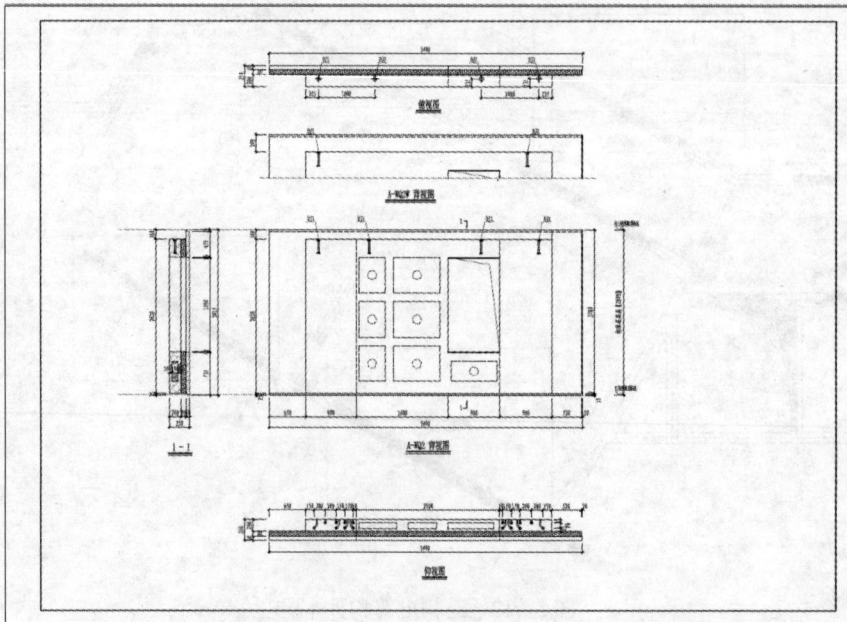

图 5-14　A-WQ2 外墙模板图

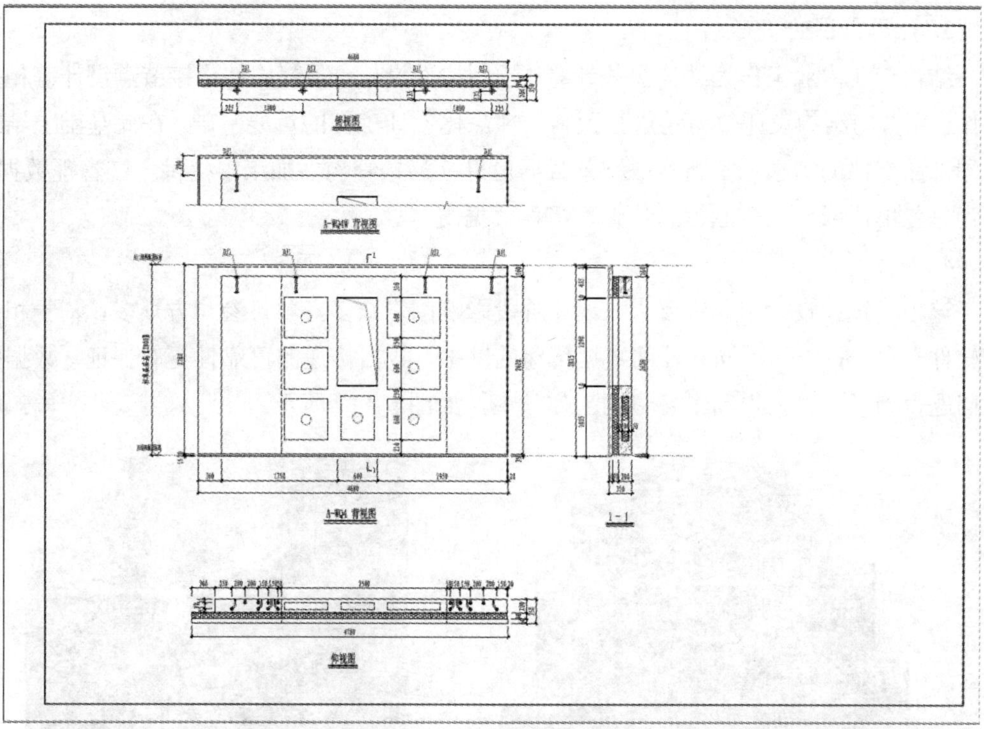

图 5-15　A-WQ4 外墙模板图

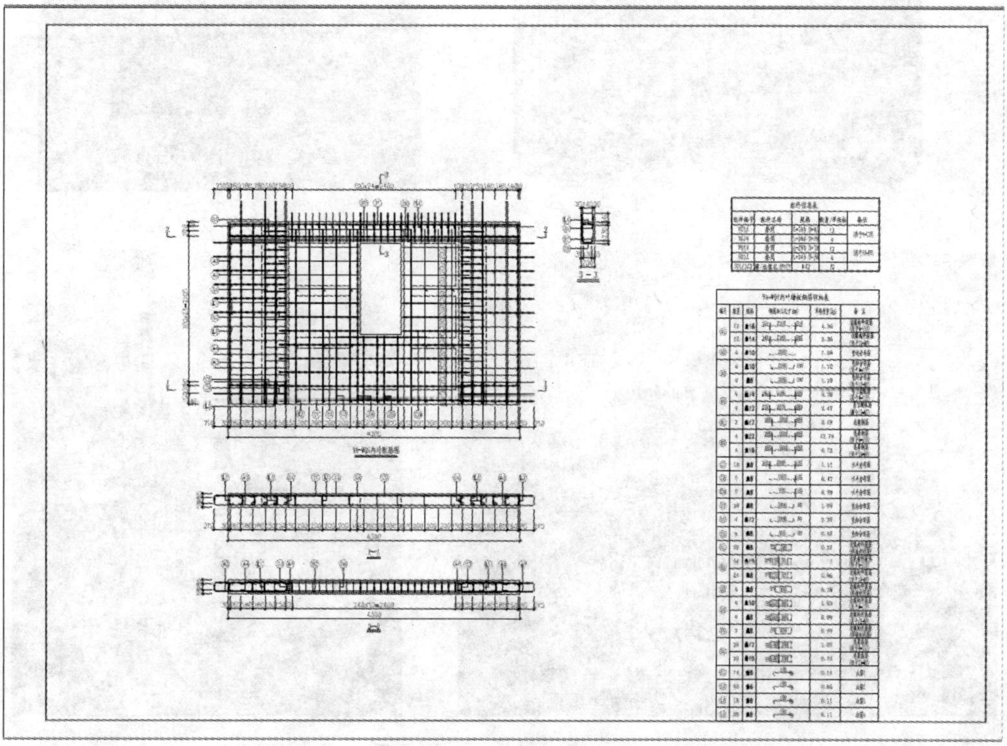

图 5-16　A-WQ4 外墙内叶配筋图

## 3. 应用范围

结构专业内业工作为结构整体计算、预制构件设计、预制构件连接节点设计等相关工作，完善的结构设计数据是进行预制构件深化设计工作的重要基础。在此基础上结合不同部品部件的需求，不断修改完善数据信息，为预制构件加工厂提供生产管理数据，并为总包单位或施工企业信息化管理提供数据支持。

## 4. 应用效果

该项目结构设计工作难度大，设计阶段影响因素众多，项目参与方众多，基于相同的软件平台，打破了不同软件间数据传递的壁垒，数据传递的可靠性更有保证，数据丢失问题得到了改善，提高了各方的工作效率，如图5-17所示。

图5-17 装配式建筑案例

## 5.4　装配式内装系统设计

### 5.4.1　概述

装配式建筑的内装系统设计，强调建筑设计与装修设计同步进行、BIM 模型协同设计、模数体系统一（不冲突），通过提高装修部品部件的通用化率，将装修所需的材料、部品部件、构配件等全部工业化生产，整体安装。在实现装配式建筑标准化设计前提下，装修空间能够实现模块化组合和个性化风格的结合；根据户型可提供多种标准化装修方案，从而实现菜单式设计和定制式装修，为业主提供更优质的居住体验。BIM 在装配式建筑装修设计的应用是整个信息化流程中不可缺失的阶段，信息化模型是后续应用的基础。

### 5.4.2　应用场景

1. 应用背景

装配式建筑装修的部品部件制造企业需要将装修需求从工业设计的角度转化成可工业化生产的部品部件，为此，各个部品部件制造企业需要完善三维标准及图集、模型库等资料，通过信息化平台展示及推送给设计师在 Revit 等相关设计软件内选择应用，保证设计信息的可靠性和可实施。设计师通过现场实测实量得到的信息化模型，利用 BIM 三维参数化设计软件进行标准化、模数化、参数化的集成设计和碰撞检查应用。基于 BIM 的内装修设计以标准化为标志，具有减少环境污染、缩短工期、提高施工质量等优点。

2. 应用范围

基于 BIM 的建筑内装设计方法，包括下列步骤：参数化设计，装修模块的划分、归类和编码，装修模块族库的构建，建立装修模块族信息模型，建立设计深化模型的精装修设计手册、构造图集，完善信息化模型的应用标准和规范，提供设计师的集成设计应用。

在建筑与结构 BIM 模型建立的前提下，设计阶段部品库的分类决定了设计师的选型范围，设计师根据需求选择使用部品类型，这一阶段主要是基于不同功能的部品属性的比较与选择，如整体卫浴、门窗、墙面、地面、吊顶等相关的部品及连接件的选择。

BIM 技术下的部品编码融入了部品的属性，设计过程中设计师能够根据属性特征，或者更改属性参数，建立适合项目条件的部品族库，通过电脑屏幕上虚拟出三维立体图形，达到三维可视化设计，有利于设备管线的准确定位和布置，体验不同材料的装修质感，不同角度观察装修效果，从而实现方案的选择和优化。

实现建筑与装修一体化设计，需要各专业协同工作。基于 BIM 的部品信息自带属性数据，任何一个专业的设计师对参数数据进行了调整，其他专业设计人员可同步获得修改信息。各专业之间的协同决定了装修及管线设备等部品的选择与现场施工契合度更高。例如，在装配式建筑中大开间式的户型设计决定了装修部品中需要选择轻质隔墙，在具有内隔墙的建筑结构下，装修部品则只选择墙面系统。

在设计阶段完成 BIM 模型的建立，能够以三维可视化效果呈现，同时对应的各个参数指标标识明确，有利于后续环节中的应用。

### 5.4.3 应用案例——北新集团建材股份有限公司

1. 应用背景

北新集团建材股份有限公司（简称"北新建材"）是世界 500 强中央企业中国建材集团所属新型建材产业平台，目前已发展成为中国最大的新型建材产业集团、亚洲最大的轻钢龙骨产业集团（业务规模 30 万 t）、全球最大的石膏板产业集团。

2. 目前应用系统及主要功能

北新建材独立研发了一款针对轻钢龙骨石膏板隔墙和吊顶的自动布置系统，该系统实现了将所有产品制作成参数化 BIM 模型，并能够快速创建出 BIM 装饰模型，实现快速导出龙骨布置图、石膏板布置图、节点图，物料清单统计，数据查询等各种应用，如图 5–18 和图 5–19 所示。该系统基于 Revit 软件进行二次开发，并将北新建材特有的轻钢龙骨石膏板隔墙吊顶体系的专利技术细节植入其中，按照比现有图集标准更加详细的做法，进行固化规则设计，最终得出一套应用简便、逻辑正确、节点高度标准化的设计软件系统。

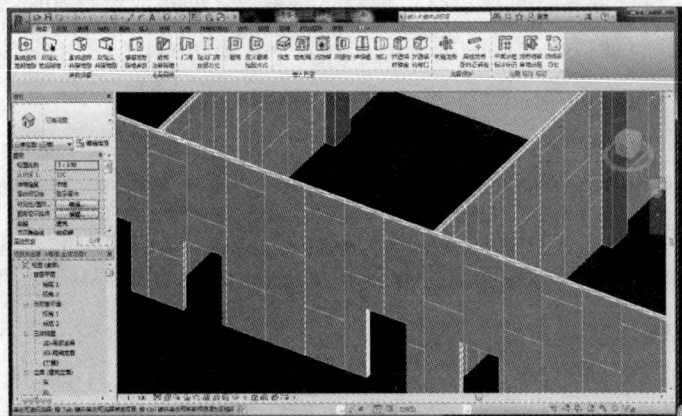

图 5–18　装配式内装软件界面 1

3. 应用效果

自动布置系统大大提高了技术支持人员的工作效率，提升了相关设计人员的节点设计准确率，而且能够准确提量，快速出图，对指导施工、准确加工订货有非常重要的意义，同时对将来与生产系统的自动化对接奠定了技术基础。

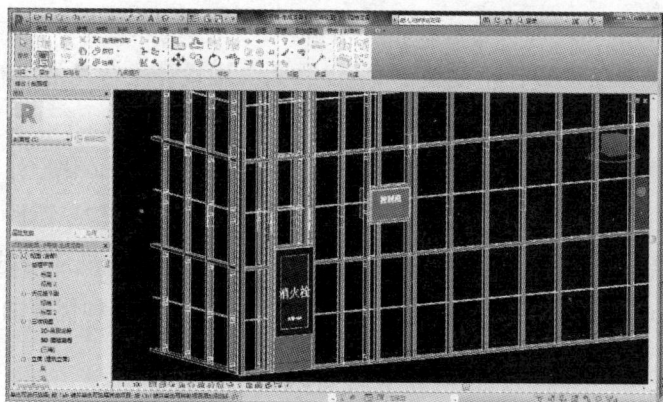

图 5-19　装配式内装软件界面 2

## 5.5　装配式外围护系统设计

### 5.5.1　概述

装配式外围护系统由屋面子系统、外墙子系统、外门窗子系统和装饰子系统等组成，按照构造的不同，外墙可分为幕墙类、外墙挂板类、组合钢（木）骨架类和三明治外墙类等多种装配式外墙系统。装配式外围护系统不只具有防寒保暖的功能，还具有隔热、防水、防潮、隔声等多项功能。

### 5.5.2　应用场景

1. 装配式外围护系统的集成化设计

装配式外围护系统主要包括屋面、女儿墙、外墙板、外门窗、幕墙、阳台板、空调板、遮阳等部件的设计，这些部件均需进行模块化设计，构件间应选用合理有效的构造措施进行连接，提高构件在使用周期内抗震、防火、防渗漏、保温及隔声耐久各方面的性能要求。

2. 装配式建筑的立面设计

建筑立面是由若干立面要素组成的多维集合，通过利用每个预制墙所特有的材料属性，通过层次和比例关系表达建筑立面的效果。可以选择几种不同尺寸的预制外墙标准构件，选择装饰混凝土、清水混凝土、涂料、面砖或石材反打等不同的工艺，进行排列组合，就能够形成千变万化的效果，如图 5-20 所示。

图 5-20　某装配式混凝土建筑施工过程中的建筑立面

109

3. 装配式外围护系统的设计软件

装配式外围护系统的设计主要采用 CAD 作为二维设计平台，常用的三维设计软件平台主要是 Revit 软件和 Rhino 软件。

Reivt 软件主要是结合建筑结构的模型，考虑外围护系统的一体化设计，在整体建筑模型之外，建立外围护系统的构件和整合模型，实现装配式建筑的集成设计。

Rhino 软件擅长于产品外观造型建模，近年来在建筑设计领域应用越来越广。Rhino 软件配合 Grasshopper 软件的参数化建模插件，可以快速做出各种优美曲面的建筑造型。

### 5.5.3 应用案例——中国建筑设计研究院有限公司

1. 应用背景

中国建筑设计研究院有限公司（简称"中国院"或 CADG）其前身是创建于 1952 年的中央直属设计院，后经原建设部建筑设计院、原中国建筑技术研究院合并组建为国有大型建筑设计企业，隶属中国建设科技集团股份有限公司。

2. 目前应用系统及主要功能

（1）单体设计。中国院在国内设计机构中较早采用了基于 Revit 的 BIM 正向施工图设计技术，实现了由 BIM 模型直接进行施工图绘制，以正式蓝图形式提交现场进行施工。

（2）构件深化设计。在装配式构件的深化设计中，将主体装配式结构和外立面的预制外挂板分成两部分分别进行深化设计，并且对预制外墙板、预制内墙板、预制叠合板、预制梯段、预制外挂板这 5 类预制化构件建立了定制化 BIM 族库。在预制构件拼装完成之后，将预制化拼装模型和单体土建模型进行链接，实现构件外尺寸的校验，避免出现构件拼接冲突问题。

3. 应用范围

中国院在装配式建筑方面形成了以一体化集成设计为核心的技术体系，包括装配式建筑 4 个系统——结构系统、外围护系统、内装系统、设备和管线系统，形成以 BIM 为平台的一体化设计和管理平台，设计工作延伸到部品部件（含构件）的深化加工设计，并将装配式建筑技术与超低能耗被动式建筑技术成功进行了结合，具有整体成本管控和优化能力，形成了 10 项技术，包括：

（1）装配式建筑一体化集成技术；

（2）基于 BIM 的全产业链设计协作与管理技术；

（3）构件设计技术；

（4）装配式建筑成本控制与优化技术；

（5）装配式建筑 BIM 技术；

（6）装配式混凝土（PC）集成技术；

（7）钢结构建筑（住宅）集成技术；

（8）装配式内装修集成技术；

（9）装配式建筑外墙集成技术；

（10）超低能耗被动式装配建筑技术。

4. 应用效果

在多个装配式建筑设计中，采用了 BIM 正向设计，如在北京城市副中心 A2 市政府办公楼、B1、B2 委办局办公楼、C2 综合物业楼、周转房北区等项目的设计中，均采用 BIM 设计，大大提高了设计的准确性和设计的质量。

最近两年，中国院积极参与装配式建筑项目设计，完成装配式建筑设计 10 余项，主要有郭公庄一期公租房、焦化厂公租房、通州台湖公租房、副中心职工周转房、副中心职工宿舍、中铁海淀西北旺、中铁大兴、中铁曹各庄、大兴区黄村镇、昌平南邵住宅项目、泰兴新城吾悦广场等多个住宅项目；北京城市副中心行政办公区 A2、B1、B2、C2、雄安市民中心企业临时办公区、张家口太子城雪花小镇（2022 年冬奥项目）、海南老城经济开发区标准化厂房工业园等近 10 项公共建筑。

在北京城市副中心的建设中，积极采用装配式建筑技术，在市政府办公楼、委办局办公楼、综合物业楼等中成功应用了多种创新的装配式技术，如 PC 外墙挂板、单元式装配式幕墙、装配式内装修、ECP 装配式外墙等新技术，取得了良好的效果，如图 5-21 和图 5-22 所示。

图 5-21　综合物业楼全景

在模块式钢结构住宅项目方面，2017 年完成了 3 个模块式钢结构住宅项目，2018 年完成了 6 个模块式钢结构住宅项目，累计完成设计建筑面积 8 万多平方米。在雄安市民中心企业临时办公区项目中采用箱式钢结构集成模块结构，建筑面积 3.3 万 $m^2$，如图 5-23 所示。

图 5-22　综合物业楼立面细部

图 5-23　雄安市民中心企业临时办公区

## 5.6 装配式设备管线系统设计

### 5.6.1 概述

装配式设备和管线系统标准化设计运用系统论理论进行"建筑一体化设计",避免建筑、结构和机电设计等专业各自独立进行设计,导致设计过度或性能不佳的情况。通过"建筑一体化设计",可以减少或摆脱机电管道和暖通空调系统,从而节约成本,优化空间;增加用户面积、缩小建筑规模,从而提高项目的整体经济性,有利于节能减排。

机电工程在大型民用建筑中成本占20%~30%,在保证空间功能、使用品质的前提下,机电设备管线均应遵循节约化设计,任何过度设计、重复设计都与装配式建筑的理念相违背。

装配式设备和管线系统标准化设计是装配式机电安装工法的前提和组成部分,该工法是基于 BIM 技术的精细化设计+工厂化预制+现场装配安装的系统工程,包括但不限于如下优点和特点:

(1)提升建筑综合品质:优化建筑平面和空间、提高建筑综合利用率。

(2)提高机电系统功能的可靠性、稳定性、舒适性,大幅度延长机电系统寿命。

(3)成就健康建筑:杜绝或大幅度减少焊接、切割、油漆、保温等现场湿热操作,减少施工安装中的有害物质释放。

(4)成就绿色建筑:绿色建筑是锦上添花,装配式机电保障了机电系统的合理、可靠、耐久,既是绿色建筑的基础、也是绿色建筑的最可靠保证,实现了从设计、安装、运行管理的最优化。

(5)提高生产效率:提高机电安装的工程效率、缩短工期,降低工程安装成本、降低综合造价。

(6)减少资源浪费:杜绝无效拆改,避免资源浪费;准确备品配料、减少工料耗费。

(7)减少环境污染:施工改造中杜绝湿热操作,采用装配式机电最大化降低对环境的影响,减少施工期间火灾、噪声、环保等不利隐患。

在我国现有建设体制下,结合国外发达国家工程设计流程,装配式设备管线系统标准化设计的流程如图 5-24 所示。

113

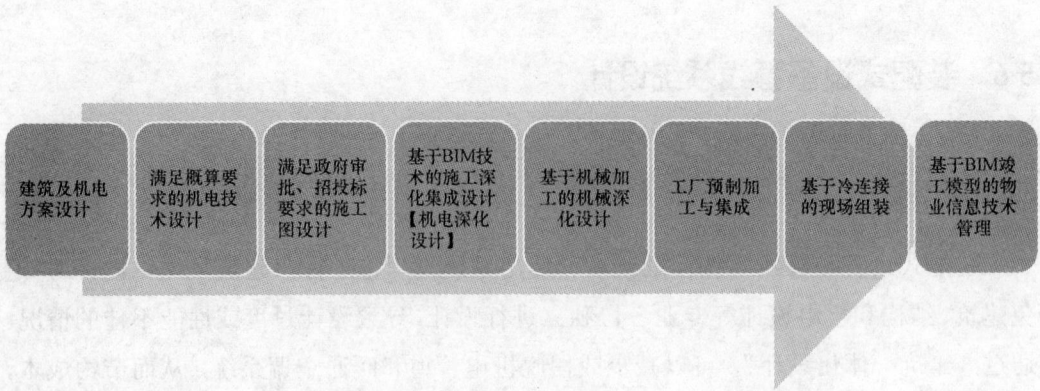

图 5-24　装配式设备管线系统标准化设计流程

## 5.6.2　应用场景

1. 关键技术

（1）技术设计与施工图设计：需要满足政府各类报批手续和施工招投标，由设计院完成。

（2）施工图深化设计：基于 BIM 技术的机电二次深化设计，进行建筑、结构、机电、精装、景观等全专业的技术综合和管线综合，所有机电细节必须设计到位，满足现场照图施工的要求、满足工厂机械加工的要求；由施工总包单位、原设计单位或委托第三方专业技术单位完成。

（3）工厂机械加工图设计：在施工深化设计 BIM 模型的基础上，进一步核实机电与工地现场，工厂预制单位绘制机械加工图，满足数控机床加工需要，由工厂预制单位完成。

2. 关键考虑

机电集成化是通过工程创新理念，为实现某个功能目标进行的单专业或多专业的设计优化和技术创新，通过专业的设计团队，利用专业的设计软件，将不同机电设备管线进行系统化的策划，实现"标准化设计+模块化加工+装配化施工+信息化管理+智能化应用"全生命周期的机电一体化集成的建设理念。对任何非标准建筑中的机电工程进行标准化机电集成，形成一种产业化体系，既可以与装配式建筑配套实施，也可以机电工程独立实施，这是机电集成的技术核心。

利用 BIM 工具在技术设计阶段，协助土建专业进行机电专业的机房、路由综合，保证机电方案的先进性与合理性。施工图深化阶段，配合各专业完成 BIM 模型的建立，保证各专业的系统合理性、各专业的空间合理性，同时需满足土建施工的预留预埋的实施；准确反映实际使用的设备、管材、器具的相关信息，为机电施工工厂化加工提供准确的模型及可加工信息。

利用专业的 BIM 机电软件，根据专业特点、设计要求、运输与吊装的条件，将设备管道与附件最大化形成标准化组件，实现机电管道工业化预制、合理控制成本。

### 5.6.3 应用案例——山东品通机电科技有限公司

1. 应用背景

山东品通机电科技有限公司（以下简称"品通"）成立于 2018 年，作为一个新建立的机电科技公司，品通立足于机电 BIM 设计、预制生产、物流运输、装配安装、物业运维、旧楼机电改造等领域全站式解决方案的研发和执行。目前，品通已在山东德州建立了技术先进、产能高效的设计生产一体化工厂。

2. 应用范围

工厂现已建立完整的机电 BIM 设计优化团队、内保温风管预制化生产线、水管预制化生产线，产能达日均 2000m²。设计上，山东品通深研机电 BIM 设计，公司设计团队联合中国、日本、美国等国内外优秀 BIM 设计公司，采用日本先进的 BIM 设计软件，做到轻量级设计、深度图纸优化、直接对接生产。

在生产上，山东品通已经建立完整的预制化生产流水线，多种新型内保温风管系列、水管系列可以满足用户不同的需求，如声学内保温风管可以有效大幅降低室内声学环境，双板内保温风管可以解决特殊环境中长效坚固保温的问题。

在物流上，山东德州位于山东省西北部、黄河下游冲积平原，是山东省的西北大门，处于环渤海经济圈、京津冀经济圈、山东半岛蓝色经济区以及黄河三角洲高效生态经济区交汇区域，现如今已定位为京津冀协同发展示范城市。同时，德州交通便利，2006 年德州就被确定为全国交通运输主枢纽城市，地理上的有利条件，完善了品通的物流体系，彻底打通了预制化加工和装配化安装之间的通道。

3. 应用效果

以北京新机场换热机房装配式机电工程为例。北京新机场体量巨大、设备管线复杂，尤其是设备机房内管线密集，为保证工期、提高安装质量，根据业主及总包单位的要求，北京新机场旅客航站楼及综合换乘中心（核心区）工程 − AL 区热交换站 HR − B1 − AL01 机房及 AL 区生活热水机房采用工厂预制、现场装配的工艺。

通过 4D 进度模拟软件，对机房建造过程按时间轴顺序进行模拟，真实模拟主要施工过程，并检验各种行动方案。通过虚拟建造在施工前对施工全过程或关键过程进行模拟施工，以验证施工方案的可行性或优化施工方案，达到控制质量和施工安全的目的。可视化施工计划进度和实际形象进度等的应用，大大提高了建设项目的实施效果和管理效率。

热交换站为建筑面积 900m² 的机房，通过优化设计节约设备占地面积 150m²，管材、管件使用量较原设计减少 25%。生活热水机房建筑面积 320m²，通过优化设计节约设备占地面积 72.25m$^2$，管材、管件使用量较原设计减少 20%。

运用先进加工设备，圆管除锈机、型钢除锈机除锈速度更快，效率更高，除锈更彻底，同时大大降低人工使用率，避免传统人工除锈中易出现的除锈不干净、型材死角无法除锈的弊端问题。利用冷弯机，直接把管路弯管，减少管件和焊口。

管道焊接采用全自动焊接机，改变传统人工手持焊接工艺，提高焊口焊接质量，焊口处理更加美观。管件管材到厂后，制作加工 18d，现场实际安装时间 35d。

机房深化设计与预制化流程如图 5-25～图 5-28 所示；深化设计三维如图 5-29和图 5-30 所示；预制装配成品如图 5-31 所示。

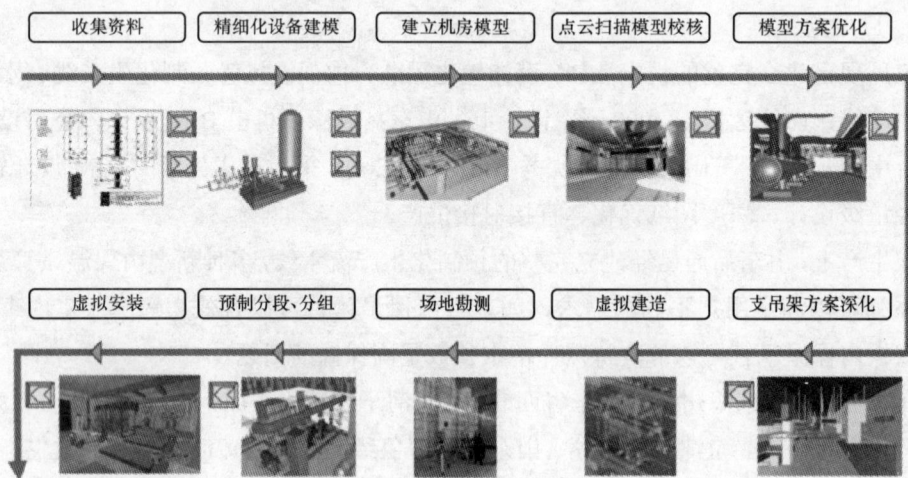

图 5-25　机房深化设计与预制化流程 1

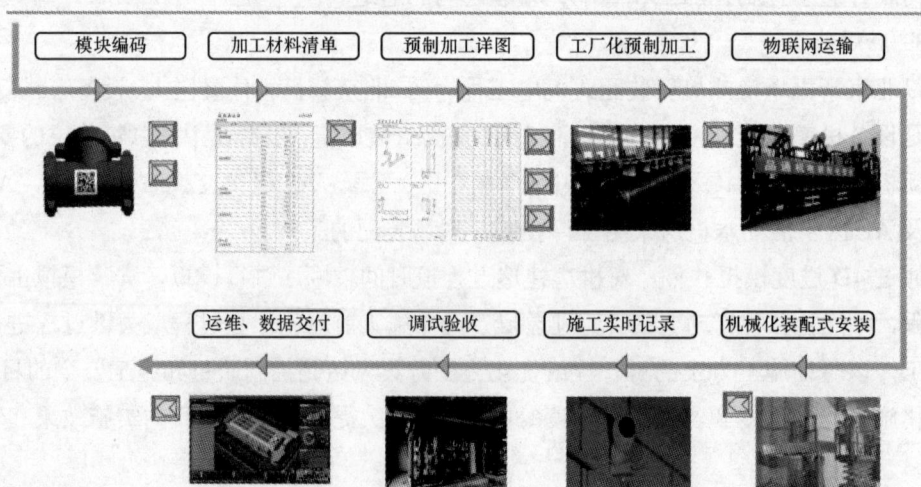

图 5-26　机房深化设计与预制化流程 2

116

除锈设备　　　弯管机　　　数控切割带锯床　　　坡口机

管道对位　　　相贯线切割机　　　手控电焊机　　　自动焊接机

图 5-27　机房深化设计与预制化流程 3

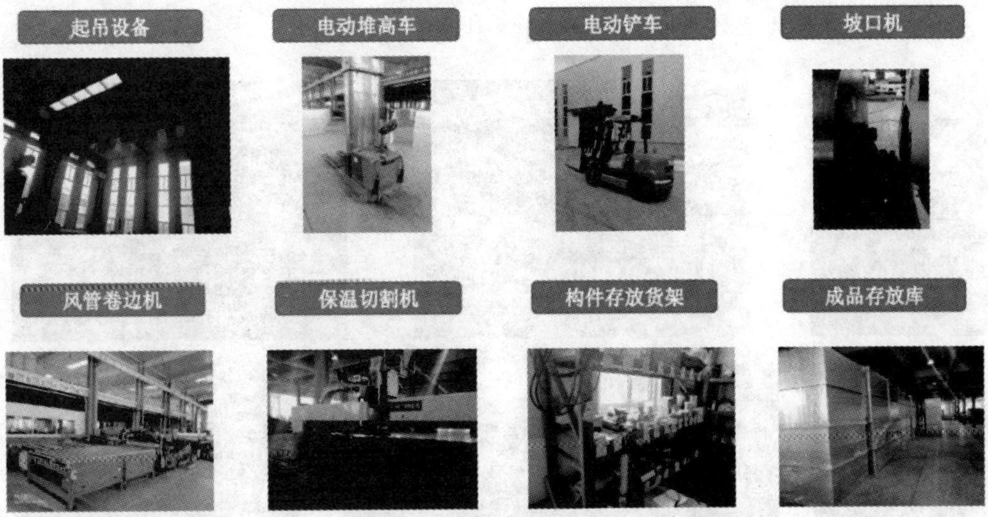

起吊设备　　　电动堆高车　　　电动铲车　　　坡口机

风管卷边机　　　保温切割机　　　构件存放货架　　　成品存放库

图 5-28　机房深化设计与预制化流程 4

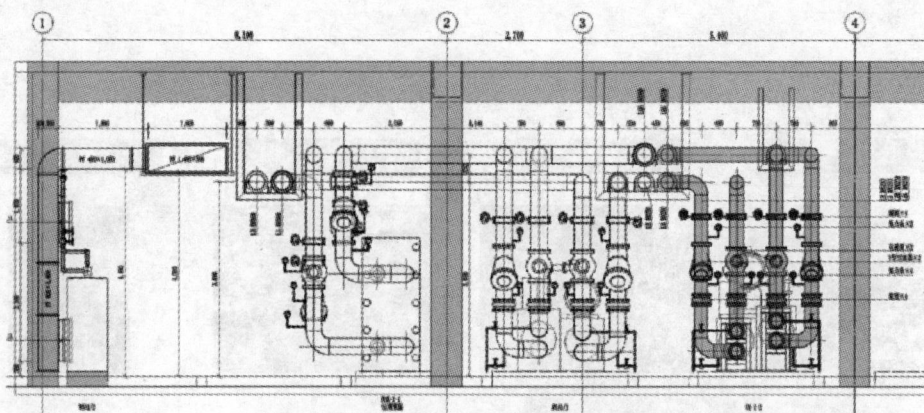

模型、双线表示的图模合一才是BIM时代的施工图

图 5-29　深化设计图样剖面

集成模块划分—热水系统1　　　　　　　　集成模块组合—热水系统1

图 5-30　深化设计图样三维面

图 5-31　预制装配成品实景

## 5.7 部品部件深化设计

### 5.7.1 概述

装配式建筑的部品部件的深化设计分为两类：第一类是内装部品部件的深化设计，第二类是结构部品部件的深化设计，主要是装配式混凝土结构的预制构件的深化设计。

部品部件的深化设计是装配式建筑设计独有的设计阶段，其主要作用是将建筑各系统的构件、内装部品部件、设备和管线部品部件以及外围护系统部件进行深化设计，完成能够指导工厂生产和施工安装的部品部件深化设计图纸和加工图纸，如图5-32所示。

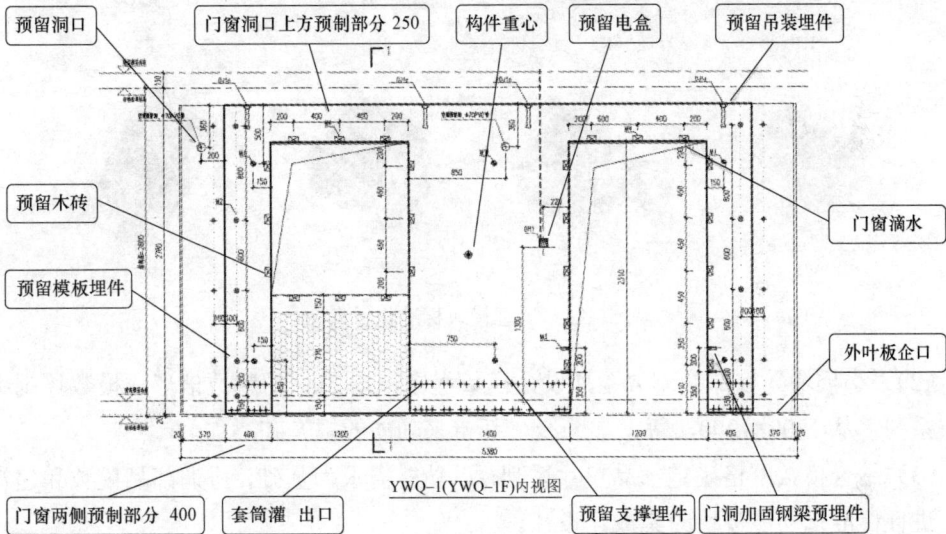

图5-32 预制混凝土三明治外墙深化设计示意

部品部件的深化设计，是装配式建筑设计区别于一般建筑设计所在，具有高度工业化特征，更类似于工业产品的设计，因而具有独特的制造业特征。做好深化设计，必须了解部品部件的加工工艺、生产流程、运输安装等各环节的要求，因此大力加强深化设计的能力、培养深化设计的专门人才是装配式建筑发展紧要的任务。

在部品部件深化设计之后，部品部件生产企业还应根据深化设计文件，进行生产加工的设计，主要根据生产和施工的要求，进行放样、预留、预埋等加工前的生产设计。

### 5.7.2 应用场景

1. 部品深化设计

建筑部品标准化需要通过集成设计，用功能部品组合成若干"小模块"，再组合成

119

更大的模块。小模块划分主要是以功能单一部品部件为原则，并以部品模数为基本单位，采用界面定位法确定装修完成后的净尺寸；部品、小模块、大模块以及结构整体间的尺寸协调通过"模数中断区"实现。在此原则基础上，采用部品标准化的设计方法。

（1）在标准模块中划分"小模块"。以比例控制、模数协调的方法建立系列功能单元模块（厨房、卫生间）的标准化模块设计技术，比如某项目对厨房、卫生间等功能模块进行标准化设计，提供了4种标准化卫生间、4种标准化厨房，如图5-33所示，覆盖9600套标准户型，标准化程度很高。

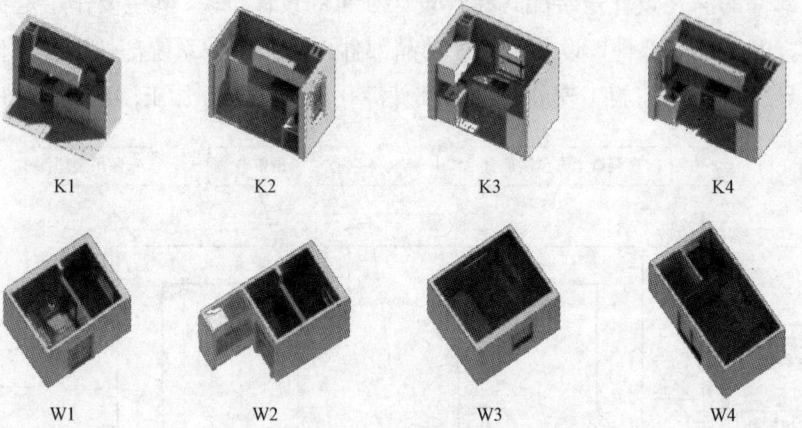

图5-33　厨卫模块标准化示意图

（2）"小模块"按部品模数系列设计模数网格，按300的整数倍形成模数控制下的模块系列，从1200×1200，每增加一级，都带来功能的提升和增加。

（3）结合模数网格确定部品尺寸系列，以功能需求为基础，协调部品模数和建筑模数，进行标准化功能模块的集成化设计。

2. 构件深化设计

装配式建筑的部件设计可以采用信息化手段进行分类和组合，建立构件系统库，对优化房屋的设计、生产、建造、维修、拆除、更新等流程，提高工程项目管理的效率大有帮助。构件分类系统库能够使建筑设计和建造流程变得更加标准化、理性化、科学化，减少各专业内部、专业之间因沟通不畅或沟通不及时导致的"错、漏、碰、缺"，提升工作效率和质量。

以标准构件为基础进行建筑设计，可以优化房屋的设计、生产、装配的生产流程，并使得整个工程项目管理更加高效。在方案修改过程中替换相应的构件，构件之间的逻辑关系并不发生根本性的改变；在技术设计环节中，可以从构件分类系统库里选取真实的构件产品进行设计，可以大大提高设计准确性和效率。当构件分类系统库中的构件不能满足相应的建筑要求时，可以通过市场调研，和相关企业合作研发新构件，通过相关专业规范验证和产品技术论证，存入构件分类系统库中，以备下次使用。新构件研发之初，也会通过实际工程项目来验证其合理性。在施工环节中，由于构件分类系统库中的构件都是成熟的建筑产品，施工企业提取相应的技术图纸进行标准化的建造与装配；在生产环节中，生产单位按照相配套的技术图纸和产品说明书进行标准化的生产；在管理过程中，管理人员参照构件分类系统库里每个构件里相匹配的技术图纸和产品说明书来管理工程项目中的设计、建造、装配、生产环节。

### 5.7.3 应用案例——长沙远大住宅工业集团股份有限公司

1. 应用背景

长沙远大住宅工业集团股份有限公司（以下简称"远大住工"），是国内首家从事建筑工业化体系研发和产业化应用的综合型企业。历经 20 余年，已拥有 6 代产品技术体系，500 多项技术专利，9 项软件著作权，超过 100 城的产业发展规模，以及逾 1000 个工业化建筑项目的市场实践，远大住工已成为集研发设计、工业生产、工程施工、装备制造、运营服务为一体的新型建筑工业企业，拥有世界级的 PC（预制混凝土）成套装备研发制造能力及工厂的整体规划、运营管理和技术服务能力，提供包括装配式建筑、地下综合管廊、海绵城市建设相关的多种产品及服务，为推进装配式建筑产业发展提供系统化的专业解决方案。

2. 目前应用系统及主要功能

装配式建筑设计软件 PCMaker I，是以远大住工逾千例的工业化建筑项目实践经验为基础，并结合中国建筑科学研究院的课题研究理念和软件技术设计而成，是装配式建筑领域首款基于 BIM 平台的正向设计软件。着力解决装配式建筑以设计技术标准为牵引的全流程建设，实现装配式建筑设计、生产、施工多专业协同的工作模式，打造远大住工践行智能设计、智能制造、智慧工地的入口。

3. 应用范围

PCMaker I 可实现模型创建、构件拆分、构件设计、结构计算、装配式检查、数据统计、深化自动成图，并通过一套 BIM 模型打通前后端数据，可一键生成装配式建筑的结构施工图、工艺深化图，为生产提供完整的 BOM 清单和数据，指导市场预算，实现装配式建筑多专业协同的工作模式。

PCMaker I 还通过简化装配式建筑设计流程，取消人工翻图，可以减少误差并提高设计精度，缩减设计周期，提升设计效能。

4. 应用效果

PCMaker I 是基于 BIM 的正向设计软件，在软件中内置了两类标准：第一类是设计标准，包括建筑设计标准、结构设计标准和装配式建筑设计标准；第二类是构件的节点标准，包括结构连接标准、建筑保温防水构造标准等，还有水电的预留埋节点，这些都是在应用过程中积累总结出来的。图纸包括两大类：第一类是装配式结构施工图，第二类是专业的构件生产小图。数据包括原始工程量数据、预制率数据，还有预制构件率（包括 4 大类）。

模型初创的阶段，与初步设计阶段、方案设计阶段是一个同步阶段，是一个模型反复确立和修改的过程。这部分工作量，在整个 PCMaker I 的工作量中占到 80%，传统装配式建筑设计这一块的工作量比较少，甚至是没有。第二个是模型确立的过程，基本属于智能设计，智能喷装检查，计算机自动处理的过程，到了图纸管理更加简单，基本是一键出图。

PCMaker I 可以通过画框选的方式，来实现外墙、内墙快速建模和墙板的预制以及预制部分的指定和制定拆分，然后就可以得出一个初步的数据清单。整个模型完成后，就可以去接 PMSatwe 的数据，这是一个反复的过程，到后面基本上是一个自动的过程。之后就可以做水电的预留预埋，也是通过水电模块建立整个水电模型，也可以只建立整个 PC 构件预留预埋的数据，这个数据通过整个 BIM 模型自动切入的方式就可以导入整个模型中间，整个过程都是准确和轻松的，如图 5-34 所示。

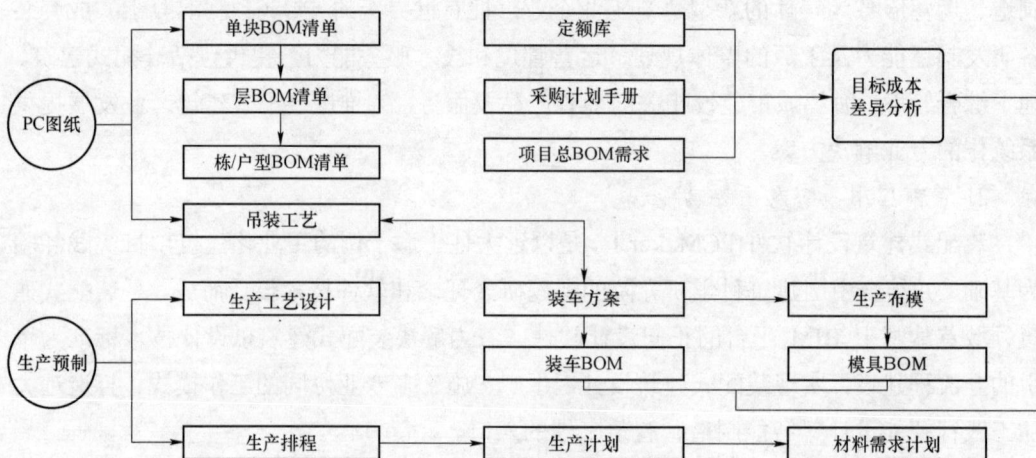

图 5-34　PCMaker I 设计生产流程

## 5.8　基于平台的装配式建筑协同设计

### 5.8.1　概述

装配式建筑是 4 个系统的协同设计，各专业及各部门的大量信息需要及时共享，更需要信息化平台的支持。协同平台可以实现信息的及时共享，各专业实行并行设计模式，团队设计工作实现无缝对接。同时，避免了传统设计中建筑、结构、机电、构件、内装等专业在不同阶段因主、客观的因素，缺乏沟通以至于大部分工作都浪费在修改设计上的问题。

协同设计流程大致分为准备、建模、深化、绘图 4 个阶段。

（1）准备阶段。该阶段分为操作层面的协同准备和制度层面的协同准备。操作层面协同准备包括协同方式的选择、统一坐标和高程体系，项目样板定制、工作集划分和权限设置。制度层面的协同准备包括明确各参建单位职责，统一建模标准，制定协同流程，编制 BIM 应用计划。

（2）建模阶段。根据不同建筑的难易程度，建模阶段主要分为方案设计、初步设计、施工图设计三个阶段，每个阶段依据不同的深度要求深化模型。

（3）深化阶段。深化阶段的关键是管线综合及碰撞检查，将三维格式的项目模型导入碰撞软件对专业进行综合检查，软件自动检测到存在多处碰撞，设计人员再在三维视图中查看到的构件的实际情况，沟通后进行调整。

（4）绘图阶段。根据前述阶段的模型及相关规范要求，按照深度绘制二维图纸，装配式建筑在此阶段可以导出三维构件施工图纸。

将基于平台的协同设计运用到装配式项目，会给设计、生产、施工带来诸多便利，尤其 BIM 协同设计为装配式复杂的前期设计工作提供了更多传统 CAD 二维设计无法做到的技术支持。

### 5.8.2 应用场景

1. 装配式建筑的协同设计

与一般建筑的设计相比，装配式建筑设计涉及的专业更多，除了建筑、结构、机电专业外，还需要增加室内、幕墙、部品部件和造价等 4 个专业，进行同步协同设计如图 5-35 所示。

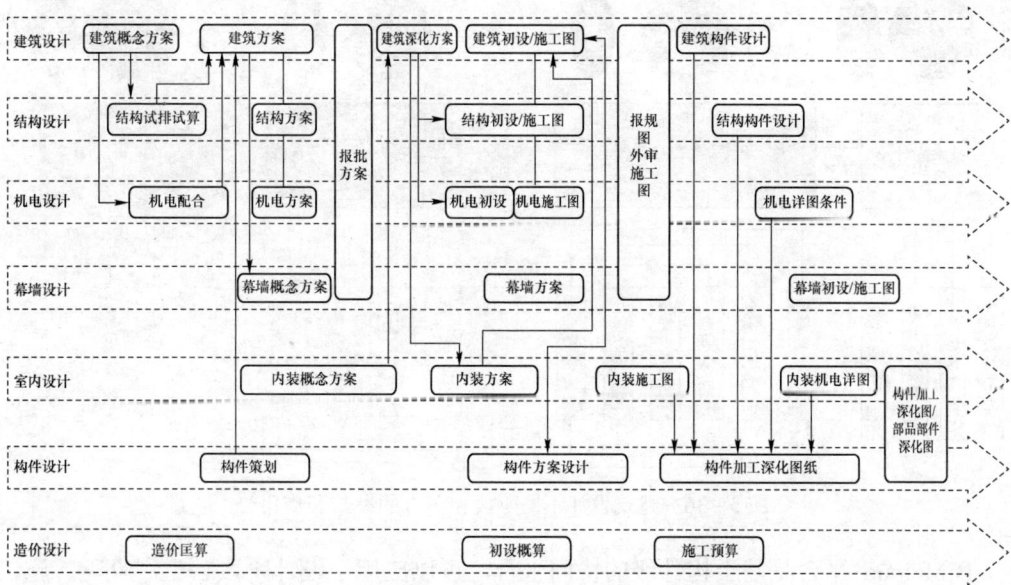

图 5-35 装配式建筑多专业同步协同设计流程

由于装配式建筑的部品部件主要在工厂生产，这就要求在生产之前部品部件的设计必须完成，一旦生产启动，临时变更就会因为代价高昂而不具备可行性，因此，部品部件的设计成为生产之前最重要的一个制约因素。相反，一般的现浇建筑，只要还没有施工，更改就有可能。装配式建筑不能随意更改的特点，恰恰是工业化生产的基本要求。因此，设计工作必须同步协同进行。

对装配式混凝土建筑来说，预制混凝土构件受到设备管线预埋的制约，就要求在构件深化设计进行之前，室内装修的施工图设计应该完成。同样在主体结构上需要为外墙部件预留和预埋的连接件，也应在预制混凝土构件生产前做好设计，这就要求外墙的深化设计也要在构件的深化设计之前确定下来。一般来说，在建筑概念方案设计时，室内装修和外墙的设计工作就要开始启动；建筑初步设计开始前，室内装修方案应该确定。

采用 BIM 协同平台，重于搭建装配式建筑的整体设计流程，并着重解决构件模板问题。通过实际项目的尝试，实现了通过各专业模型协同，解决装配式构件外形的设计问题，并实现了通过"装配式"模型直接生成构件模板图的技术。

2. 装配式建筑的协同管理

装配式建筑设计组织可以利用专门的项目管理软件，将 9 个专业的工作流程进行协同管理。需要重点关注的是专业之间的互提条件接口，控制好这些关键点，装配式建筑的设计就会比较顺畅，反之，工作就很容易陷入"打乱仗"的状态，如图 5-36 所示。

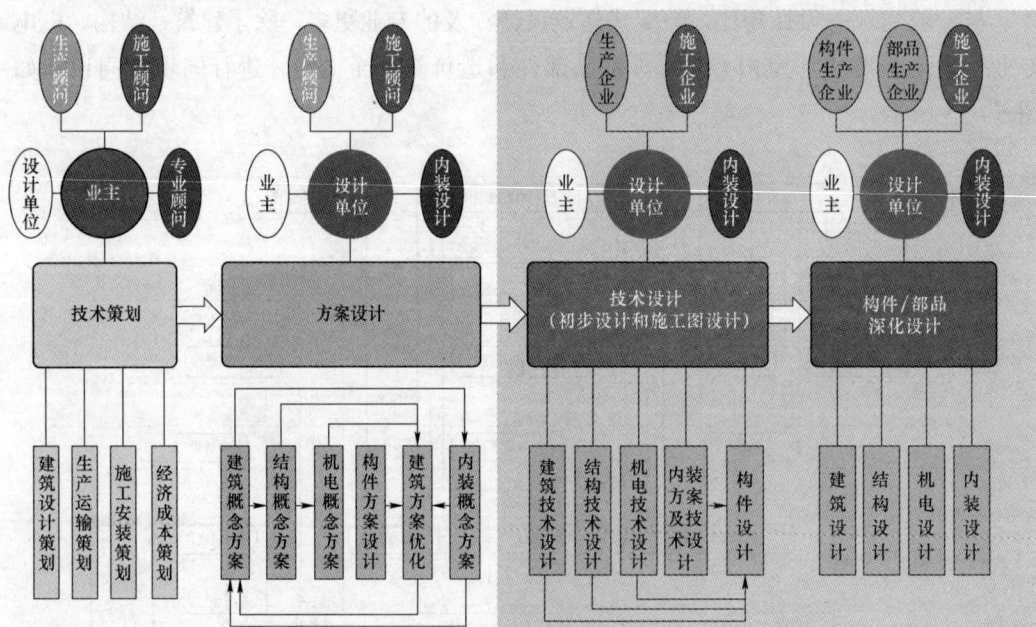

图 5-36　建筑设计不同阶段相关方的参与和作用

BIMcloud 平台是基于构件级的协同平台，可以应用于设计阶段、生产阶段、施工阶段等阶段的信息化协同。各专业基于同一个 BIM 模型进行协同工作，并在线基于模型数据进行协同对话。依托 BIM 信息化技术，利用 BIMcloud 云平台，打通设计标准化、生产工业化、安装机械化的数据链，实现现场的施工进度同物流配送、安装施工的可视化管理，如图 5-37 所示。

图 5-37　部品部件信息可视化管理

装配式建筑是一个完整的、系统的集成部品，是各专业的集成。从全产业链的角度统筹考虑，协同设计、生产、运输、施工、安装、维护只有通过基于智能经济的产业化能力和基于平台经济的社会化分享模式，才能使企业以更低的成本开展装配式建筑的建设和运营。装配式建筑开放生态平台的出现，将彻底改变目前建筑建设、运营、使用粗放的问题，通过开放的大众创新赋能平台，实现跨企业、跨领域的大规模开源协作创新，如图 5-38 所示。

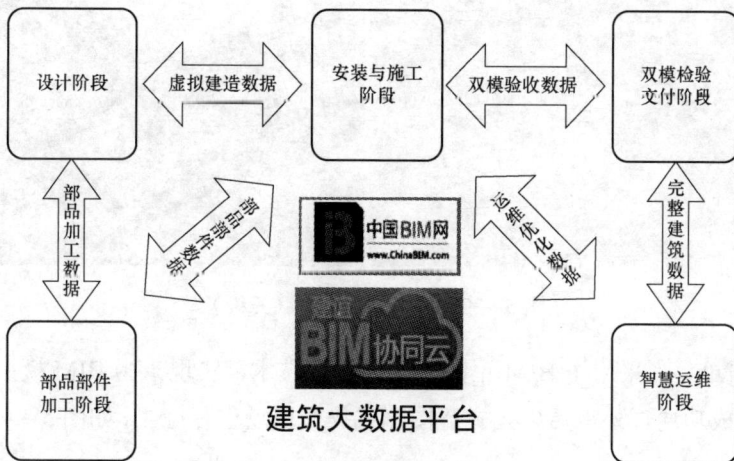

图 5-38　设计生产施工一体化

### 5.8.3 应用案例

1. 中设数字技术股份有限公司

（1）应用背景。中设数字以 BIM 技术为核心，为政府、建设方、设计方提供以发展规划、标准、工具、平台、资源数据及咨询为载体的 CBIM 数字化解决方案的产品及服务，助力行业数字化、信息化升级。

北京城市副中心职工周转房（北区）项目，总建筑面积达 105 万 $m^2$，该项目规模庞大、功能复杂。在项目设计过程中，团队基于 CBIM 协同平台完全贯彻从总体到单体的全专业三维协同设计理念，制定 BIM 模型拆分原则，对模型进行逐级构建，完成装配式构件深化设计。

（2）目前应用系统及主要功能。设计团队基于 CBIM 协同平台完成该项目设计过程，在各专业施工图设计过程中，提前进行机电专业的管线综合设计，解决地下车库和建筑单体地下区域的管线排布问题，控制建筑内部净高，使设计精细化。管线综合设计成果以机电深化设计图的形式提交至现场，实现了 BIM 设计成果直接指导工程实施的目标，如图 5-39 和图 5-40 所示。

图 5-39 机电管线综合（三维）

针对建筑单体，采用了 BIM 正向施工图设计技术，实现了由 BIM 模型直接进行施工图绘制，且成功通过外审后以正式蓝图形式提交现场进行施工，如图 5-41 和图 5-42 所示。

126

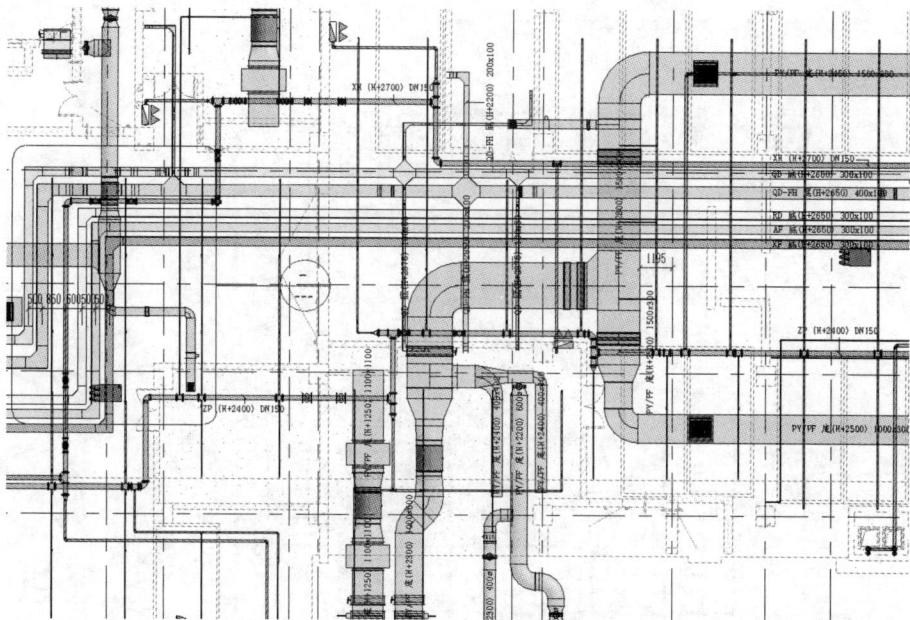

图 5-40　机电管线综合（平面）

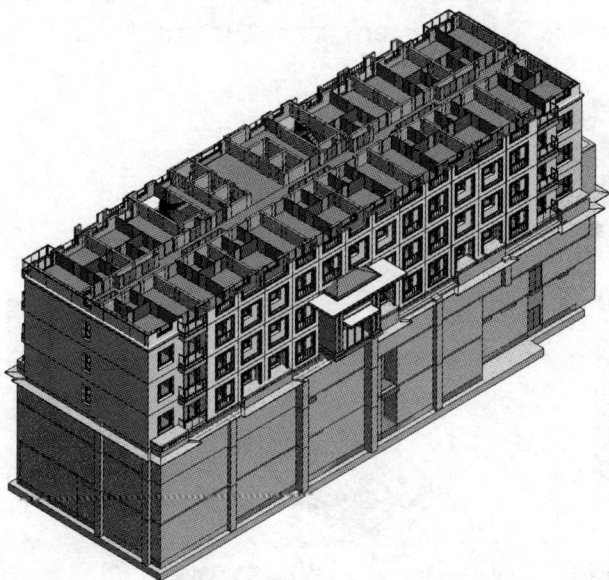

图 5-41　BIM 正向施工图设计

在装配式构件的深化设计中，将主体装配式结构和外立面的预制外挂板分成两部分分别进行深化设计，并且对预制外墙板、预制内墙板、预制叠合板、预制梯段、预制外挂板这 5 类预制化构件建立了定制化 BIM 族库，如图 5-43 所示。在预制构件拼装完成之后，将预制化拼装模型和单体土建模型进行链接，实现构件外尺寸的校验，避免出现构件拼接冲突问题。

图 5-42　BIM 施工图设计二维出图

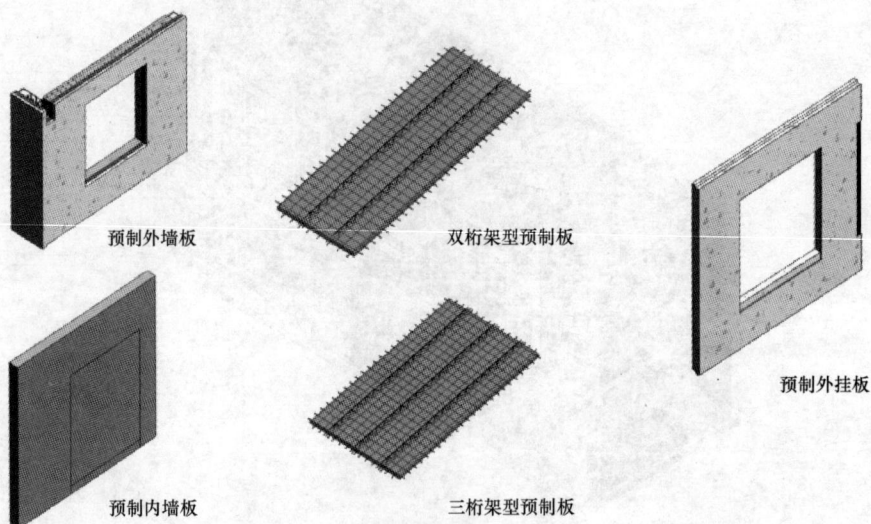

预制外墙板　　　双桁架型预制板　　　预制外挂板

预制内墙板　　　三桁架型预制板

图 5-43　装配式构件深化设计

（3）应用范围。基于 CBIM 协同平台，中设数字完成了该项目由方案设计至深化设计各设计阶段，在确定项目中各分项模型的协同方式和协同关系后，对装配式建筑的 BIM 设计流程进行梳理，率先总结出针对单体建筑的 BIM 设计流程，如图 5-44 所示。

128

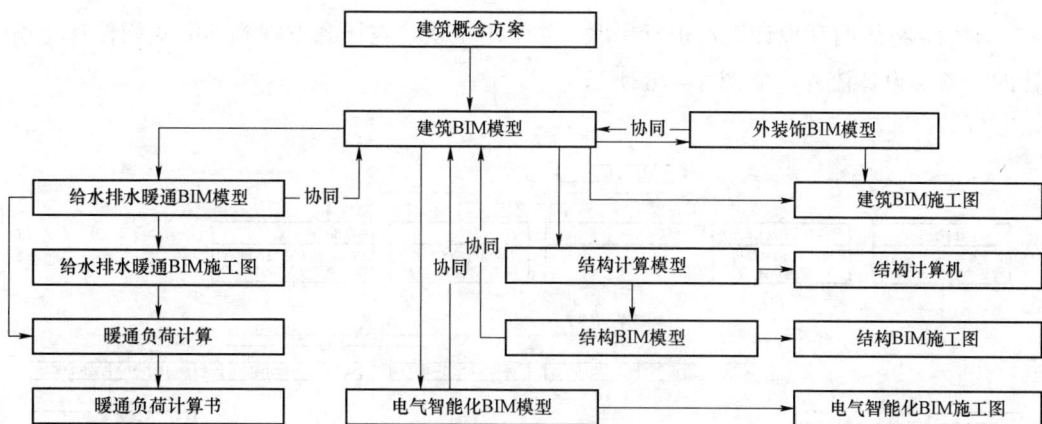

图 5-44  装配式建筑单体的 BIM 设计流程

单体建筑的各专业 BIM 设计是进行装配式构件 BIM 设计的基础，而其配套的装配式构件模型的设计与深化也是一个自成体系的独立分支，因此采用逐级深化的方法对装配式构件模型的制作流程进行总结梳理，如图 5-45 所示。

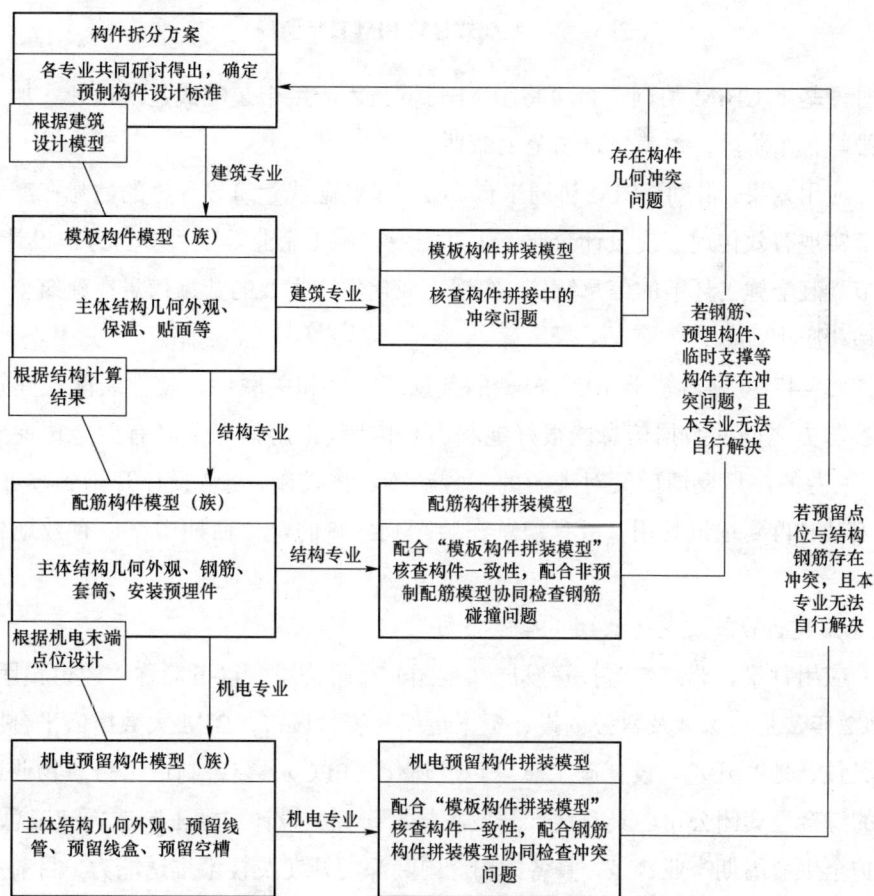

图 5-45  装配式构件模型制作流程

最后，将这两套设计流程进行串联，总结出了从建筑概念方案到装配式构件深化设计的一整套设计流程，如图 5-46 所示。

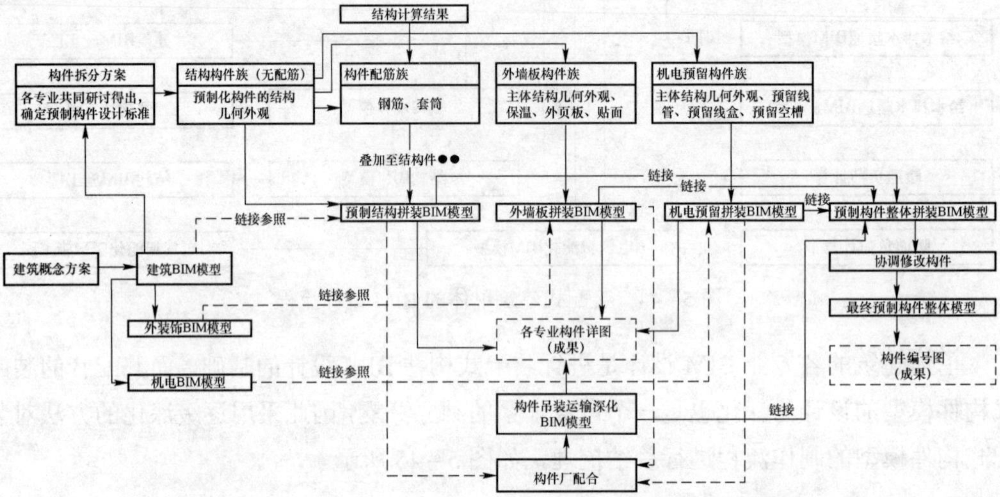

图 5-46 装配式建筑 BIM 设计流程

同时，基于 CBIM 协同平台可将 BIM 协同技术应用于装配式建筑设计、加工、装配、运维等各个阶段，覆盖建筑物全生命期。

（4）应用效果。借助 CBIM 协同平台，实现了装配式建筑设计中的信息在产业链的各个环节实现有效传递，使设计企业、生产企业、施工企业等项目参与方在设计环节、生产环节与装配施工环节的信息链接，实现工业化生产需要的数据信息在建筑全生命期有效传递和应用。

由图 5-47 可见，基于 BIM 模型的数据统一性和关联性，使得装配式建筑不同阶段各参与方之间的数据信息能很好地利用和传递。上游信息及时有效地传递到下游阶段，而下游的信息反馈后又对上游的工程活动做出控制，使从设计开始到零件制造、到施工安装、再到运维使用，所有信息在装配式建筑的全生命期中得以有效地传递和使用。

2. 北京建谊投资发展（集团）有限公司

（1）应用背景。北京建谊投资发展（集团）有限公司（以下简称"建谊集团"）创建于 1992 年，是一家涉及科技创投、资本运作、智慧城市、BIM 大数据云平台服务、互联网科技、地产开发、设计施工总承包一体化（EPC）、装备制造、智慧物业运维等多业态的综合型集团公司。具有地产开发、技术研究、设计、加工制造、施工总承包、运营维护全生命周期产业链条，具备国内、国际深度开发及技术推送能力，目前参与编制多本装配式住宅相关规范，并参与多项钢结构课题研发。

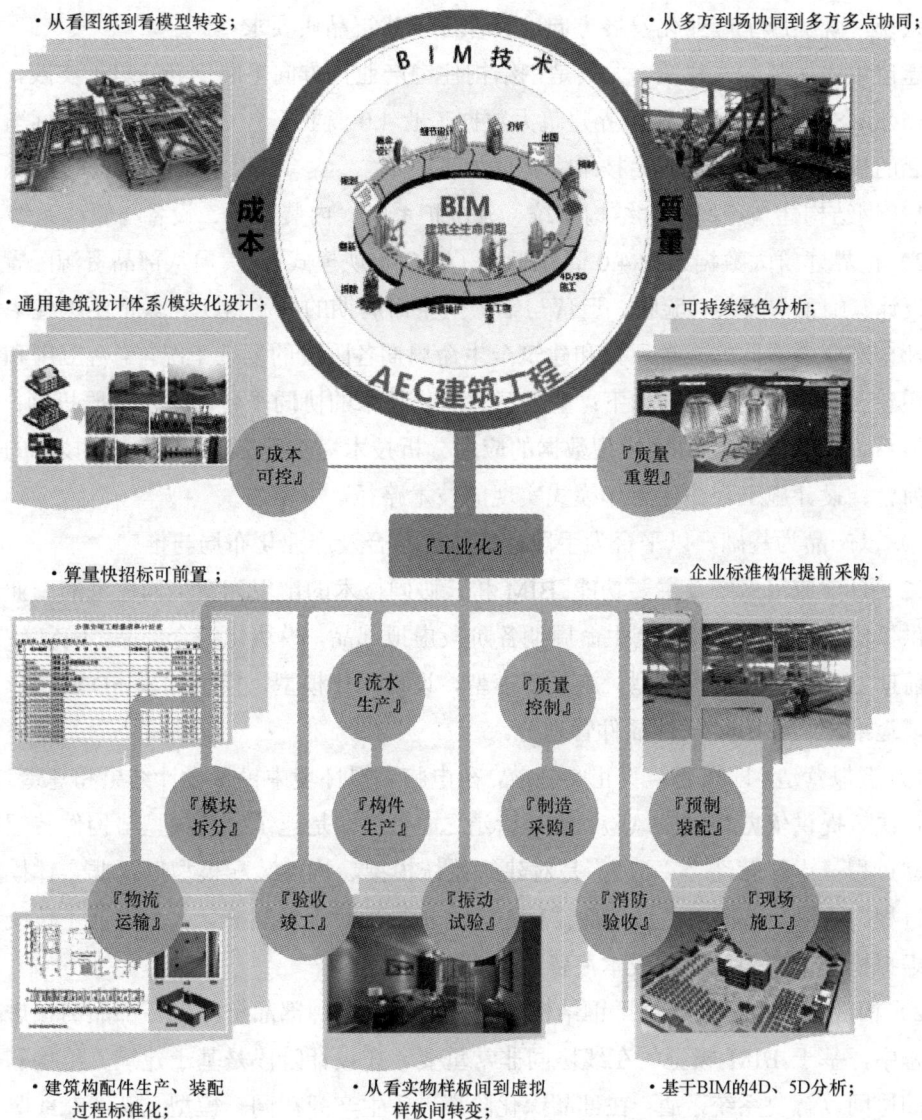

- 从看图纸到看模型转变；
- 从多方到场协同到多方多点协同；
- 通用建筑设计体系/模块化设计；
- 可持续绿色分析；
- 算量快招标可前置；
- 企业标准构件提前采购；
- 建筑构件生产、装配过程标准化；
- 从看实物样板间到虚拟样板间转变；
- 基于BIM的4D、5D分析；

图 5-47  装配式建筑 BIM 工程组织

　　建谊集团的钢结构+SI 体系+BIM 技术百年住宅系统解决方案，采用先进工业化集成技术和居住模式，以空间创新和技术创新赋予住宅全新概念。该产品体系主要包含三大核心内容：一是空间可变，打造全生命周期住宅。室内减少承重墙结构，实现大跨度空间，为将来户型的可变调整预留可能性和自由度，实现在不同家庭人口模式下，空间可以根据需要进行自由分割，从而满足不同人生阶段的家庭生活需要。二是干式技术，实现内装改修的便捷安全。改变了传统内装将各种管线埋设于结构墙体、楼板内的做法，通过采用 SI 分离工法，如墙体与管线分离、轻钢龙骨隔墙等干式技术，保证结构与设备管线维护和更换的便利性。三是工业化集成部品选用，通过采用整体厨卫等工业化的部品系统，既顺应了产业化发展方向，又保证了建筑品质要求。

建谊集团在装配式建筑，尤其是钢结构住宅产业化方向不断创新、勇于实践，打造 Sino Living Steel 品牌，依托世界建筑大数据工业 4.0 商业平台 ChinaBIM 网，逐渐形成了自己的核心技术和配套产品技术。具体如下：

1）钢结构建筑产品。含结构系统、外围护系统、内装系统、设备与管线系统。

2）世界建筑大数据工业 4.0 商业平台（EPC 实现模式）。实现从部品资源配置、策划、设计、施工与安装、验收、运营与维护全生命周期的同平台工作。钢结构住宅的生产涉及全产业链不同的资源厂家和建筑全生命周期各阶段的复杂工况，平台应用和信息化体系建立非常重要。关键如下：基于互联网云技术的协同平台建立及协同机制；BIM 模型体系、标准；基于 BIM 模型数据的应用分析技术；基于 BIM 和云协同技术的大后台小前台、设计施工一体化工作模式实现的技术路径。

3）以产品为基础，以平台为手段进行资源整合及产业化布局与推广。

（2）目前应用系统及主要功能。BIM 和云协同技术的出现为钢结构住宅的产业化生产提供了信息化工具。涉及全生命周期各阶段虚拟部品，模块化综合部品，BIM 软件模板，前期方案模型及投资模型，施工图模型，设计深化模型，模型 4D、5D 应用，竣工模型，运维模型，BIM 软件插件管理等。

1）虚拟营造。即在建筑真正实施前，在电脑虚拟环境中模拟设计结果和建造过程，为项目决策提供依据和降低风险。虚拟营造之"营"即是建筑系统模型与构件装配模型的建立过程；虚拟营造之"造"，是对建筑系统模型、构件装配模型以及非实体模型的应用过程。虚拟营造完成之后的数据信息，将指导项目现场实施，大大降低了传统模式不经虚拟模拟带来的风险和成本浪费。

2）构件级异地协同。由于钢结构装配住宅涉及多种部品资源，各部品商在虚拟营造过程中，基于 BIM 模型的在线协同非常重要。在设计阶段是基于建筑、结构和机电系统的协同以解决系统矛盾；在部品深化阶段，各生产商在同一模型上若能在线时时沟通进行部品深化、协调工艺和构造方式，将大大降低错误和风险；在虚拟建造阶段，需要建立各种施工工具、场地布置、安全模型等，也能模拟施工建造过程。因不同部品商处于异地，多方基于互联网和 BIM 技术实现多方同台工作的模式。在互联网环境下，各生产厂商虚拟部品可基于互联网实现共享，设计师、工程师可快速选择合适的建筑部品。

（3）应用范围。

1）设计阶段。各专业基于同一个 BIM 模型进行协同工作，并在线基于模型数据进行协同对话。同时通过部品部件的研究，将建筑产业化工作前置到设计端，直接输出工厂部品部件模型，对接生产。施工时，各方根据平台上模型进行工序安排、工艺规划等工作，做到先虚拟后施工。建筑师、结构工程师、生产厂家协同安装工程师从方案阶段直到实施的全过程密切配合和共同创作，实现设计生产施工的一体化，如图 5-48 所示。

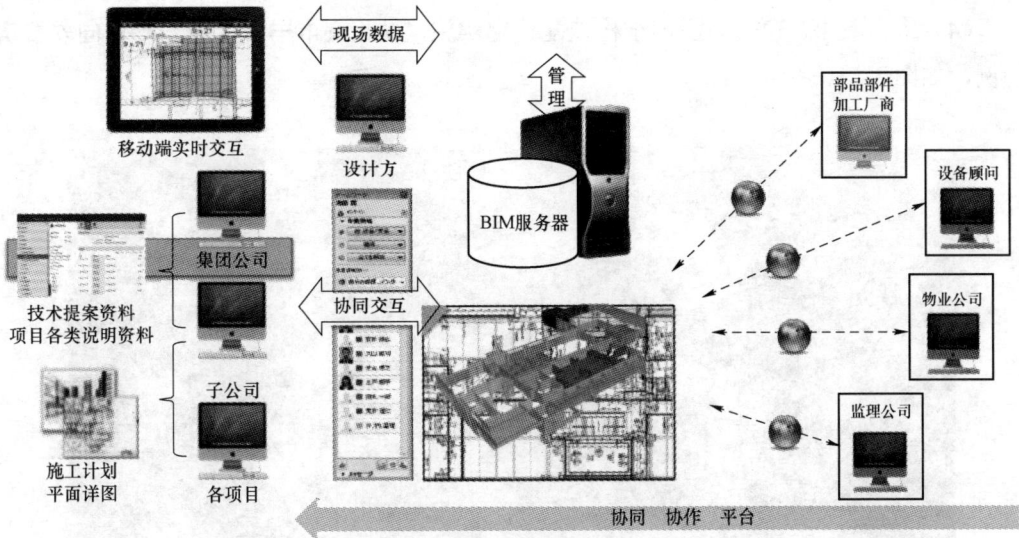

图 5-48　项目多方实时异地协同

2）生产阶段。依托 BIM 信息化技术，利用 BIMcloud 云平台，可视化的管理技术，协同构件厂共同制定生产工艺流程、品质管控流程，实现设计生产的无缝对接。

3）施工阶段。通过虚拟施工，完成施工模型搭建、安装工艺流程、品质管控流程、施工组织设计、技术交底、质量验收等，由产业化工人完成现场装配作业。通过 BIM 云平台，提升业主项目的管理能力，标准化部件、标准化流程形成了多部门协同工作的无缝对接，如图 5-49 所示。项目现场通过移动设备即时获取 BIM 模型信息，构件信息与现场实际施工进行比对，解决图纸疑难问题，降低各参建方的沟通成本。

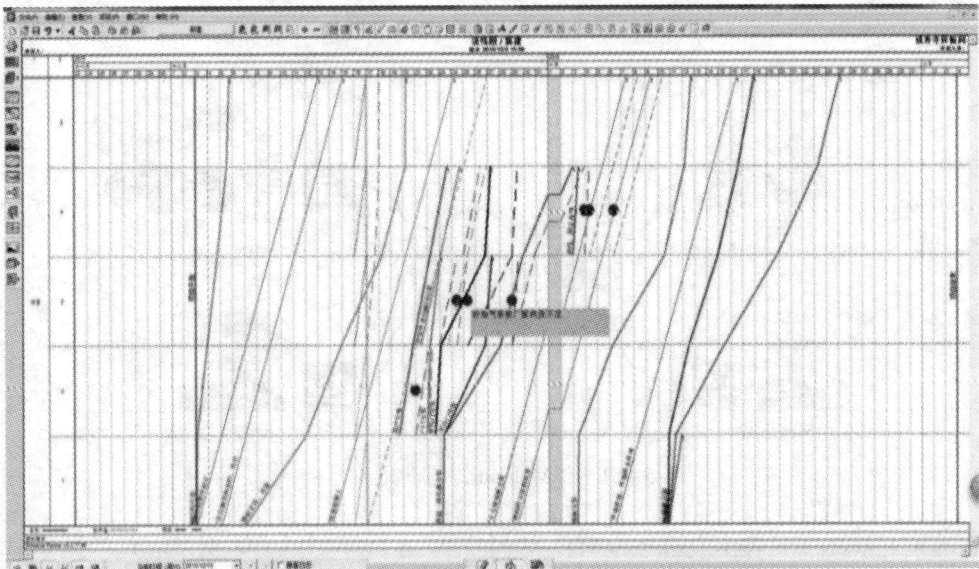

图 5-49　VICO 进度管理

（4）应用效果。建谊集团钢结构装配住宅实施，以北京市丰台区成寿寺定向安置房为例，如图5-50所示。

图5-50　成寿寺项目效果图

1）软件平台准备。根据钢结构装配式住宅内在特点，在BIM软件体系选择中，经过全球考察比选，选定内梅切克 Graphisoft ArchiCAD 作为主模型建立平台，采用其BIMcloud 平台作为基于构件级的异地协同平台。各阶段、各参与方均在 BIMcloud 上基于不同阶段模型开展工作。BIMcloud 协同机制如图5-51所示。

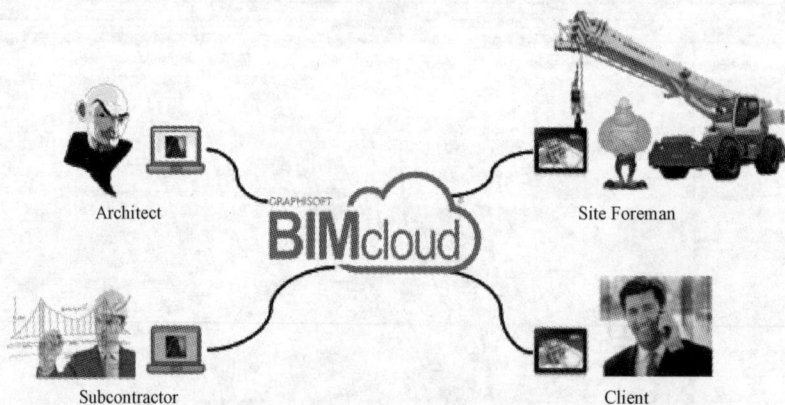

图5-51　BIMcloud 协同机制（一）

业主、建筑师、施工方等多方通过 BIMcloud 上的 ArchiCAD 模型进行数据和信息共享，无论他们身处何地，只要有网络。

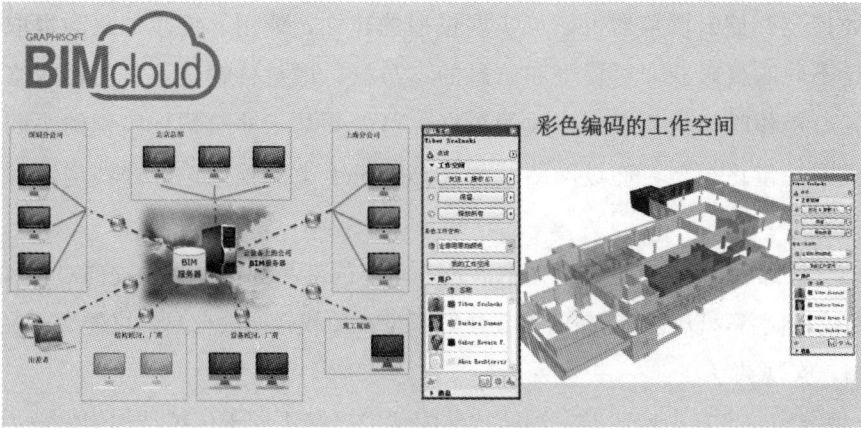

图 5-51　BIMcloud 协同机制（二）

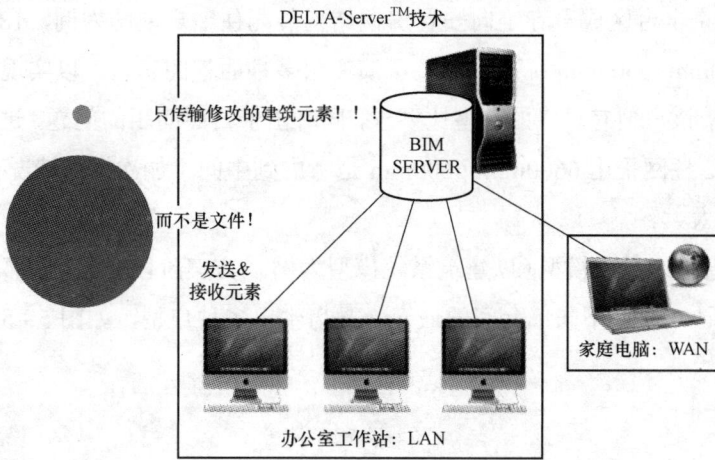

图 5-51　BIMcloud 协同机制（三）

图 5-51　BIMcloud 协同机制（四）

BIM 模型存储云服务器上，可实现模型的建立、调用、信息加载与提取，各参与方通过不同的权限获取对模型和信息的参与权。增量传输技术，使在网络上传输的只是某一操作时间内新增或修改的数据，可做到基于建筑构件级别的协同。移动端设备上的轻量化模型，通过网络能与 BIMcloud 上的模型进行在线沟通，可指导现场施工。

2）虚拟部品库储备。钢结构住宅涉及非常多的部品部件，必须提前对各种部品的性能、参数有储备，以虚拟部品的形式建好模型，加载必要的信息，以便在产品实施过程中调用，实现共享。

3）钢结构住宅户型库研发。钢结构装配住宅产品不同于传统结构例如剪力墙结构住宅，户型研究是一个系统工程，有其内在的特点，尤其是结构的建筑户型的约束很大。以建谊集团北京丰台区成寿寺定向安置房钢结构装配住宅户型图为例，18 层以下，柱网全部为 6600mm×6600mm 标准柱网，可演变出多种面积的套型，以实现套型多样化。特别说明的是，该户型有严格的套型比要求，同时由于日照间距的问题，进深不能做大，只能做成板楼。柱网采用 6600mm×6600mm 是考虑到中间不加次梁的情况下，叠合楼板要求板跨不能太大。

4）实体模型之系统模型（以建筑系统模型为例）。方案阶段开始，全部在 ArchiCAD 中完成方案设计，通过不同单元间的嵌套，又衍生出多种户型，如图 5-52 所示。

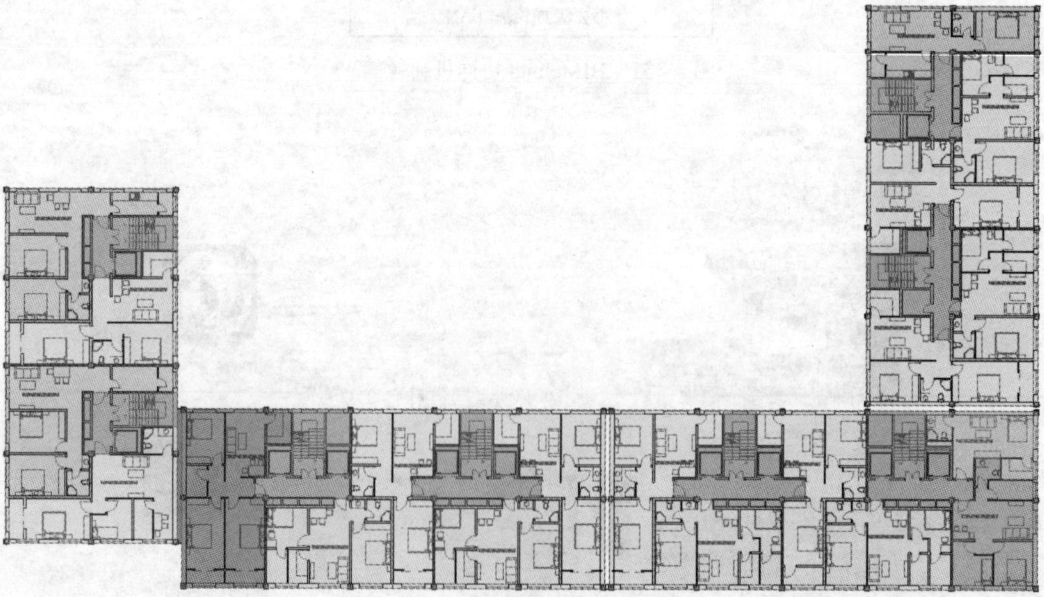

图 5-52　户型组合方案模型

施工图阶段，全部在 ArchiCAD 中完成建筑专业设计，并将 Tekla 钢结构模型通过 IFC 格式导入 ArchiCAD 进行精细化协调，如图 5-53 所示。

图 5-53　建筑系统模型（施工图出图模型）

5）实体模型之部品深化模型，以内墙、外墙和装配楼板为例，如图 5-54 所示。

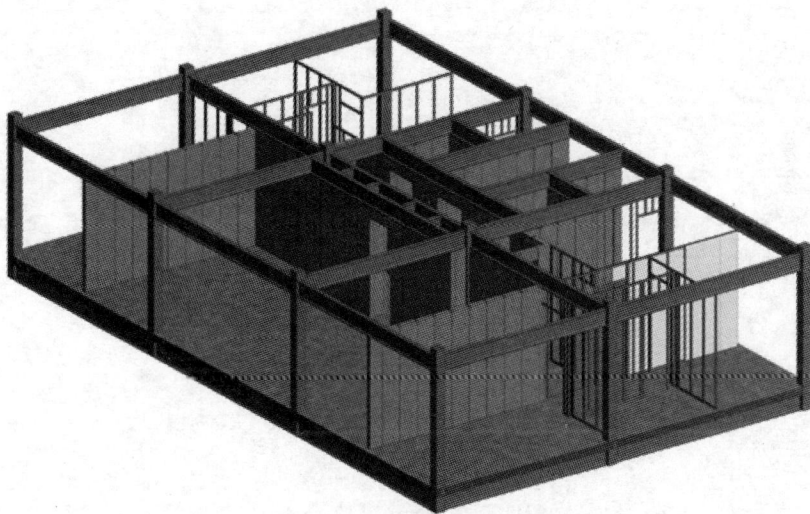

图 5-54　内墙砂加气条板深化模型

钢结构装配住宅是装配化率最高的住宅，涉及多种不同生产商的部品，如何协同各方共享信息模型，协同工作，处理好不同部品间的构造和工艺关系，是设计的关键。因采用 Graphisoft ArchiCAD 和 BIMcloud 模型协调平台，提出了虚拟营造的工作模式，虚拟营造完成后，将形成指导现场实施的精确数据，可实现基于增量传输技术的构件级异地协同,大大提高了信息共享和协同的效率,实现建筑产业化与建筑信息化的高度结合。这一协同设计的方法,完全改变了传统基于二维 CAD 图纸的外部引用的设计方法,各设计参与方可直接在云平台上基于建筑构件进行协同设计。

## 参 考 文 献

[1] 田东,李新伟,马涛. 基于 BIM 的装配式混凝土建筑构件系统设计分析与研究 [J]. 建筑结构,2016,46(17).

[2] 叶明主编,叶浩文主审. 装配式建筑概论 [M]. 北京:中国建筑工业出版社,2017.6.

# 第6章 装配式建筑部品生产与管理

## 6.1 引言

装配式建筑部品发展迄今有不同的分类方法。为了推进住宅产业化和提高住宅质量，20 世纪末我国提出发展"住宅部品"，2008 年 12 月 24 日颁布的国家标准《住宅部品术语》（GB/T 22633—2008）以住宅建筑为主体，将住宅部品分为墙体、门窗、楼板等十大类。2016 年，在国办发〔2016〕71 号文中指出"装配式建筑是用预制部品部件在工地装配而成的建筑"。根据部品部件在装配式建筑中的作用分为结构部品体系、围护部品体系、设备部品体系（机电工程部品体系）及内装部品体系（装饰装修部品体系）等四大类。国际组织 IAI（Industry Alliance for Interoperability，目前已改名为buildingSMART）机构提出了建筑数据整合标准 IFC（Industry Fundation Classes），并且专门为建筑工业化制定了 IFC4 标准。在其中，将建筑部品分为结构部品、外围护部品、内装部品、厨卫部品、设备部品、智能化部品、小区配套部品等七大类。

装配式建筑部品的生产与管理贯穿装配式建筑建造全过程，是装配式建筑的核心环节。虽然发展装配式建筑已上升为推进我国建筑业转型升级的国家战略，但是部品部件生产方式还很落后，各应用环节的信息化管理水平还很低。以我国推广最广泛的装配式混凝土结构为例，预制构件是必不可少的装配式建筑部品。预制构件生产企业在 20 世纪末几乎消亡殆尽，目前进入爆发式发展阶段，面临管理人才严重短缺、技术标准和管理标准不健全、生产工艺和管理手段极度落后、产品质量严重依赖劳务用工等诸多问题，迫切需要以信息化技术为核心实现企业管理的创新升级。

实现装配式建筑部品信息化管理，有利于促进建筑业与工业、信息产业、物流产业、现代服务业等的深度融合，有利于显著提高工程质量和安全水平，有利于提高劳动生产率和降低成本，有利于装配式建筑的规模化推广。以预制构件生产与管理为例，国外企业的信息化管理水平已经达到很高水平。欧洲针对双墙板结构体系开发的预制构件信息化管理系统，可实现 BIM、MES 及 ERP 的完美结合，真正践行装配式建筑标准化设计、工厂化生产、装配化施工、一体化装修、信息化管理、智能化应用的理念，对于提高质量和效率、减少人工、减少浪费效果明显。国内预制构件信息化系统研发处于起步探索阶段，从国外引进的信息化管理系统无法满足标准化设计程度低、配筋复杂的预制构件生产与管理需求。

目前，我国装配式建筑部品中使用量最大的是各种混凝土预制构件，同时装配式机电模块得到迅速发展，因此，本章重点介绍这两种部品生产与管理过程中信息化应用情况。钢结构部品和内装部品（装饰装修部品）生产与管理中的信息化技术在本书相关章节介绍。

## 6.2 混凝土预制构件生产与管理

### 6.2.1 概述

目前，在装配式建筑利好政策推动下，我国预制构件行业处于爆发式发展阶段。以京津冀地区为例，2013 年只有 5 家装配式建筑预制构件工厂，2017 年发展到 27 家，2018 年爆发式发展到 62 家。但是行业的管理现状不容乐观：一是产品标准化程度和自动化生产水平低。产品标准化程度低造成预制构件品种多，模具摊销成本高。大量异形构件不能采用流水线生产，劳动生产率低下，人工成本高，产品质量依赖劳务作业人员素质。京津冀地区 62 家企业配备各种流水线 111 条，其中自动化程度较高的进口流水线只有 3 条，大多数为半自动流水线，预制构件总产量一半以上依靠固定模台生产，全行业平均生产效率只有 0.5m³/人工，造成产品成本居高不下。二是管理经验缺乏，成熟人才短缺。大多数新建工厂管理经验缺乏，产品研发、深化设计、生产计划、物资采购、技术管理、质量控制、产品修补、储存发货等关键岗位管理人员以及有经验的劳务作业人员极度短缺，人才流动频繁。三是信息化管理水平低。我国预制构件企业大多数采用传统管理方法，物料传递和转移的记录还主要靠手工录入 Excel 表、Word 文档及纸质表格，少量使用 ERP 和 RFID 技术等信息化管理技术，研发或购买集成化信息管理系统的企业寥寥无几。

与其他行业相比，我国预制构件行业的信息化应用水平明显偏低。一方面与我国的装配式混凝土结构体系相对复杂有很大关系。以装配整体式剪力墙结构为例，国内主要借鉴日本"等同现浇"概念，节点和接缝多，连接构造和配筋复杂，标准化水平低导致构件品种多、型号多。另一方面与上下游企业缺乏装配式建筑经验有很大关系。设计单位主要采用传统的 CAD 设计方法，BIM 设计成果还很难与预制构件生产管理活动相结合。大多数设计人员缺乏装配式建筑经验，对预制构件生产和安装施工不了解，造成图纸版本多变，错误率高。施工总承包企业缺乏装配式经验，对施工阶段各种预留预埋提供信息滞后，施工进度计划控制偏差大，多数项目采用传统管理方式。工程项目边决策、边设计、边施工现象严重，而且产业链企业之间缺乏有效的沟通手段。

近年来，随着装配式建筑政策快速落地，全国各地的装配式建筑项目越来越多，单体项目规模越来越大，预制构件企业主动采用现代化信息化管理手段的趋势也越发明显，主要原因：一是预制构件生产和供应管理的难度越来越大。装配式建筑预制构件品种多、数量大，施工安装要求按楼栋、按层生产等特点，对模具加工计划、材料计划、生产计划、生产调度、质量管控、库存规划、物流配货、供需双方沟通等环节均提出了高要求，预制构件厂迫切需要能实现全流程集成管理的信息化管理平台。二是计划管理手段落后，供应矛盾突出。大多数工厂各种计划管理依靠管理人员经验和责任心，主要手段没有摆脱各种记录表格，面对预制构件品种多、数量大、图纸版本多变、施工安装计划多变的现状，产品差错率大，承接订单后无法保证产品及时供应，甚至毁约的现象也屡见不鲜。三是生产过程数据收集难度大，报表决策分析能力差，质量追溯困难。车间现场的原始数据无法准确反馈，对原始数据的收集难度大，无法完全为生产销售、原料采购过程订制分析报表。无法通过实时监控生产过程及时采集各个生产工序加工信息（作业顺序、工序时间、过程质量等）、构件库存信息、运输信息等来实现生产全过程数据实时采集。数据采集信息的不完善，无法进行信息汇总分析以供再优化及管理决策。原材料质量检验、生产过程隐检记录、产成品质量检验以及质量证明文件的可追溯性差，对生产质量提供缺乏指导作用。四是预制构件储存、装运等物流环节成为安装进度制约因素。构件标识错误率高，构件储存管理难度大，往往造成装车效率低下。多数企业要自备汽车吊，担负工地卸车任务，运输效率低下。多数企业将构件运输分包给民营运输企业，运输随意性大，基本不采取防磕碰、防污染等措施，影响外观质量。因标识不明显，总承包企业经常发生构件安装错误。构件厂、运输企业以及总承包企业之间矛盾突出。

近年来，RFID、BIM、互联网、物联网和云计算等先进技术得到快速发展，在预制构件生产阶段，与企业 ERP、MES 相结合，基于全产业链、全生命周期、多工厂、多项目等特点，打通设计、生产、物流、施工等相关环节，对于优化工厂管控流程、提高产品质量、提高工厂生产效率和应变能力、优化库存、降低构件成本意义重大。

基于 RIM 的信息化管理技术在未来装配式建筑部品生产与管理中应用潜力巨大。比如：预制构件的 BIM 模型信息可直接对接到工厂生产管理系统指导构件生产，并将构件精确信息传递给各类构件加工设备，驱动设备自动化生产。将 BIM 技术和装配式构件的生产相结合，也更利于创建基于 BIM 的标准化预制构件库，实现参数化建模和出图、预制构件的钢筋和混凝土的自动算量以及关键节点的碰撞检查。基于 BIM 的信息化管理技术内容包括：基于 BIM 信息化管理的预制构件生产管理流程、生产组织模式再造技术；基于物联网的混凝土预制构件身份识别技术，以 RFID 技术为核心，以二维码表面标识为辅助手段，研究 RFID 卡的选型、封装、耐久性技术，开发读取、打印设备和配套软件；基于 BIM 的预制构件编码规则技术建立信息分类方法、编码规则和实现方式的分析，形成适用于我国预制构件设计、生产、施工等全产业链的信息共享和传递机制、编码规则；BIM 与 ERP 融合技术，如物料计划与采购、劳动用工、成本管理；BIM 与 MES 融合技术，如设计信息与管理系统接口、管理系统与智能设备接口等；基于 BIM 和 RFID 的预制构件进度管理（2D、3D）、质量可追溯及全生命周期管理技术；信息化管理系统安全策略。

### 6.2.2 应用场景

1. 深化设计

预制构件深化设计是指在施工图基础上，结合建筑、结构、机电、装配式装修等专业设计资料，考虑预制构件堆放、脱模、运输、吊装和安装等工况，并考虑施工顺序及支架拆除顺序的影响，所进行的设计工作的进一步延续。深化设计的完成单位主要为预制构件厂，也可为原设计单位或其他具备设计能力的相关单位。深化设计内容包括：① 预制构件设计详图，包括平、立、剖面图，预埋吊件以及其他埋件的细部构造图等；② 预制构件装配详图，包括了构件的装配位置、相关节点详图及临时斜撑、临时支架的设计结果等；③ 施工方法，包括构件制作、装配的施工及检查验收方法，装配顺序的要求、临时斜撑及临时支架的拆除顺序的要求等。

目前深化设计使用的软件主要是传统的 CAD 软件，绘图工作量大，错误发生率高。近年来，基于 BIM 的深化设计技术发展很快，国内常用的 BIM 软件包括 Revit，内梅切克公司的预制构件设计软件 Planbar（原名：Allplan Precast），盈建科公司的装配式结构设计软件 YJK–AMCS 以及 Revit–YJK 结构设计软件 Revit–YJKS 等。但是，目前就装配整体式混凝土结构深化设计效率而言，多数 BIM 软件还达不到传统 CAD 水平。

下面重点介绍欧洲应用最广泛的 Planbar 软件在预制构件自动拆分和深化设计方面的主要功能。

（1）支持 2D/3D 同平台工作。在 Planbar 中同时含有 2D 和 3D 相关模块。用户可以在 Planbar 一款软件中，实现 2D 信息和 3D 模型的创建和修改，达到传统方式下几个软件一起才能完成的工作。它将 3D 与 2D 充分结合，真正实现了 BIM 的工作方式。

（2）一键出深化图纸。Planbar 内置出图布局库，用户可以根据需要自定义图纸的布局排列。依据构件几何和钢筋的 3D 模型，一键点击即可自动生成 2D 图纸。图纸上不仅提供预埋件、钢筋的标签和尺寸标注线，还提供了该预制构件所有物料信息。

（3）快速创建物料清单。Planbar 的列表发生器、报告、图例三项功能，只需一键点击，就能够分别以不同的格式为用户快速创建所需的物料清单，如构件清单、单个构件物料清单、工厂钢筋加工下料单等。对于物料清单的导出格式，用户可以在模板的基础上进行自定义设置。

（4）为自动化生产设备提供可靠的生产数据。目前 Planbar 所提供的生产数据，可以与全球范围内绝大多数自动化流水线进行无缝对接。例如，将生产数据以 Unitechnik 和 PXML 等格式导出后传递到中控系统，实现工厂流水线的高效运转。

（5）为钢筋加工设备提供所需的生产数据。Planbar 可以为钢筋加工设备提供需要的生产数据，包括钢筋弯折机需要的 BVBS 数据；钢筋网片焊接机需要的 MSA 数据（MSA 数据甚至支持弯折的钢筋网片的加工生产）。

（6）提供 ERP 系统需要数据。按照第三方软件接口协议，以不同的格式为用户快速创建所需的物料清单。通过数据解析，ERP 系统能够提取每个构件的混凝土、钢筋、预埋件等物料信息，如物料名称、编码、数量、单位等，减少统计工作量和差错。Planbar 软件信息共享能力非常强大，可支持 40 种以上的数据交换形式，可以快速并简单地将数据信息以用户需要的任意格式导出，如 DXF、DWG、PDF、IFC、SKP、C4D、DGN、3DS、3DM、UNI、PXML 等。

2. 进度计划

进度计划管理是预制构件企业的重要管理活动，在经营活动中起龙头作用。进度计划不仅与客户合同履约密切相关，更是协调企业内管理部门、分支机构、生产车间资源分配和使用效率的主要手段，直接影响设计产能、仓储能力和安装进度。

目前，国内绝大多数预制构件企业使用 Microsoft Excel/Project 等传统软件进行进度计划管理，北京燕通、北京榆构、沈阳亚泰、中建科技等少数大型预制构件企业通过开发装配式构件信息管理系统（PCIS 系统）、定制 ERP，专用 App 实现了进度计划的有效管理。PCIS 系统进度计划管理包括客户管理（包括合同、销售、库存、应收款）、构件需求计划管理、物料需求计划管理（包括材料、配件、采购计划、领用与盘点）、模板计划管理（包括模具加工、使用维护）及生产计划管理（包括订单情况、工期安排、人力资源安排、动态生产计划）等内容。

3. 质量控制

预制构件质量控制包括原材料质量检验、配件质量检验、钢筋加工质量控制、生产过程质量控制以及产品质量检验等环节。北京燕通、北京榆构、沈阳亚泰等大型企业通过 PCIS 系统、定制 ERP 系统及专用 App 软件进行预制构件质量管理。

北京榆构通过金蝶 ERP 与企业 MES 系统集成，利用二维码技术，进行预制构件质量控制，主要特点是一物一码、生产溯源和堆场管控。控制要点包括：① 钢筋质量控制：钢筋原材检验由试验室在材料入场时做抗拉和弯曲试验，在钢筋骨架成型后粘贴二维码标签，然后质检部门扫码进行外观检验留痕，填写检验结论（合格或不合格）。② 隐蔽工程质量控制：混凝土浇筑之前，班组自检人员扫码记录隐蔽验收情况，上传隐蔽验收照片。③ 产品质量检验：预制构件脱模后，专检人员扫码对构件进行验收（主要是外观平整度、强度等），上传照片留痕。④ 定期对数据综合分析，归纳某段时间或者某班组经常出现的质量问题，通过数据迭代促进生产工艺的改进。

4. 储存与运输

预制构件存储主要有两种模式：一是按种类分区储存。该模式与传统工业产品的先进先出模式类似，便于入库管理，出库管理难度大。由于构件标准化程度低，绝大多数构件通用性差，受产品质量不稳定和安装进度影响，先进先出实现不了，且构件到库频繁，导致经常发生装车时长时间找不到构件情况。二是按楼层需要构件混合存储，便于出库管理，但入库管理复杂。目前，传统构件生产企业采用纸质表格和 Excel 表进行储存管理，两种模式各自缺点都很难克服，储存场地利用率和装车效率很低。沈阳亚泰基于二维码的"发货管理 App"、北京燕通基于 RFID 的 PCIS 系统在预制构件储存、运输管理工作中取得了良好应用效果。

沈阳亚泰"发货管理 App"是一个微信公众号小程序，包括订单收集、库存管理、质量反馈、客户服务、合作意向等功能。

（1）订单收集。客户端，点击构件订货，查找相应的项目名称、楼号及构件类型，直接下单订货。服务端，后台收到订单后，进行统计与安排发货。

（2）库存管理。在线多人协同办公，生产计划管理人员、技术管理人员、发货管理人员可统一对库存管理表格进行更新。实现理论库存的准确性，以理论库存指导实际库存盘点。库存场地规划管理每种构件类型分区存放，产品构件根据厂区位置规划可精确定位。

（3）质量反馈。客户端，点击质量反馈，填写表单，上传质量照片。服务端，接收质量反馈表单，发至质量管理部门、生产部门、技术部门进行鉴定，分清责任，及时维修或返厂处理。

（4）客户服务。客户端，点击客户服务功能，在线提问题。服务端，后台根据客户的提问，及时进行反馈解答。客户如有构件采购需求，点击意向合作，平台可自动分配销售经理。

沈阳亚泰的"发货管理 App"解决了预制构件储存、运输过程中的一些老大难问题，包括：

（1）订单准确性提高。据考察，多数预制构件企业在客户提交进场计划时，都采用传统的电话、短信进行沟通，此种交流方式要求发货管理人员 24 小时待命处理订单。由于语言表达的局限性，经常不能正确理解客户诉求。同时因为发货人员负责项目较多，经常存在遗忘现象。另外，因电话沟通缺失凭证，经常出现各种沟通误会。

（2）库存管理更有序。企业内部，由于项目多，构件存放分散，库存数量统计不准确，经常造成生产数量与合同量不一致，成本增加，造成不必要的浪费，还可能供应不及时影响工期。企业外部，由于施工现场楼数较多，人员变动较大，经常出现订单不准确的情况，订单数量超出合同量，无法准确把握实际用量，需要人为盘点，工作量大。

（3）服务质量提升。以往的电话沟通往往无法判断质量问题原因。质量问题提交后需要质量管理、生产管理、技术管理、发货管理及劳务单位人员一起去施工现场鉴定，浪费大量的人力、物力，甚至无法满足鉴定条件，相互推诿、扯皮现象较多，给客户带来不良影响。

（4）堆场优化。传统情况下，存储效率不高，存放较为随意，无法在较短的时间内定位到构件。目前对厂区内堆场分区绘制布置图，有效地优化了堆场。

5. 集成化管理

预制构件集成化管理是指预制构件从订单、深化设计、生产计划、质量控制到储存与运输全流程的信息化管理过程。目前，市场上成熟的集成化管理软件和系统并不多，主要有北京燕通的 PCIS 系统、北京构力科技公司基于 BIM 的 PC 智慧工厂管理平台和德国 RIB 集团为欧洲双墙板结构体系研发的 iTWO Smart Production 系统。

（1）北京燕通的 PCIS 系统。2014 年，北京燕通基于 BIM、ERP、MES、移动互联网、云存储等信息化技术研发的"装配式构件生产信息管理系统（PCIS1.0 版）"在北京市的多个装配式公租房项目开始应用。该系统针对预制构件企业管理痛点，以提高生产效率、提高产品质量、降本增效为目的，以预制构件身份数字化技术（RFID+二维码）为核心，将预制构件深化设计（BIM 技术）、生产制造和运输安装管理（MES 系统）、企业资源管理（ERP 系统）等众多管理要素进行了流程再造和信息化集成，实现了产业链企业信息化管理和智能化生产的高度融合。目前，该管理系统已经升级到 PCIS3.0 版，在上海城建实业、中建厦门智新、成都建工等多个大型预制构件厂推广应用。

（2）德国 RIB 集团 iTWO Smart Production 系统。德国 RIB 集团是世界著名的建筑软件供应商，1961 年成立于德国斯图加特，并于 2011 年在德国法兰克福主板成功上市。RIB 将汽车行业的数字化转型经验转化到建筑行业中，研发了全球第一个基于云的 5D BIM 企业级平台 iTWO4.0，其中 iTWO Smart Production 系统提供了装配式建筑智能生产全流程解决方案（包含 iTWO PPS，iTWO MES，iTWO ICS，iTWO SCE），包括订单管理、设计管理、生产管理、产能规划、堆场管理、运输管理、装配管理等功能模块，可实现装配式建筑从接收订单到装配验收全流程数字化管理。iTWO PPS（建筑信息化管理云平台）把设计规划转化为生产数据，对接 iTWO MES（制造执行系统）去安排和优化生产流程，利用 iTWO ICS（智能控制系统）的机械自动化制造，使生产效率达到最大化，最后通过 iTWO SCE（供应链执行系统）顺利推进运输物流等过程。该系统在国内预制构件厂的应用处于起步阶段。

### 6.2.3 应用案例——北京燕通的装配式构件信息管理系统（PCIS）

1. 应用背景

北京市燕通建筑构件有限公司（以下简称"北京燕通"）是由北京市政路桥集团和北京市保障性住房建设投资中心两大国有企业，为加速推进北京市保障性住宅建设、践行住宅产业化理念，于 2013 年 8 月合资组建的，2017 年 4 月北京市住宅产业化集团公司收购其 100%股权。公司业务包括深化设计、新产品新技术研发、PC 构件制造、套筒灌浆服务、PC 工厂咨询培训和信息化管理服务等六个板块。2014 年建设了北京市第一条装配式建筑构件自动化生产线，近年来通过科技创新和管理服务输出持续扩大产能，实现了企业在京津冀地区产能合理布局。截至 2018 年底，公司 7 个生产基地拥有预制构件自动化流水线 10 条，年产能大于 40 万 $m^3$，北京地区市场占有率为 40%～50%，已完成 500 万 $m^2$ 装配式建筑。成立 5 年来，北京燕通以新产品研发和技术升级为手段，持续扩大产品线，提高生产效率，提升产品品质，取得了多项具有国际先进水平的科研成果，自主研发的"建筑构件建造管理信息系统"达到国际先进水平；研发的国际首创套筒灌浆饱满性检测技术已纳入多家地方标准和行业标准；研发的 $-5\sim10\text{℃}$ 低温灌浆料填补国内空白，每年可延长 3 个月装配施工工期、国内首创的瓷砖反打技术和产品已用于北京城市副中心 80 万 $m^2$ 职工周转房项目，为首都新地标打造出一道亮丽的风景线。

北京燕通成立之初，国内的预制构件生产管理系统处于探索阶段，缺乏成熟适用的商业化管理系统。系统研发较慢的主要原因是：预制构件标准化设计程度低、配筋复杂，造成生产工艺和流程复杂；个别单一功能的信息化管理系统不适合大规模生产实际需求；预制构件生产管理流程需要结合国内结构体系和现代信息化技术进行重构，行业人才短缺。但是，北京燕通意识到，信息化系统研究意义重大，有利于促进建筑业与工业制造产业、信息产业、物流产业、现代服务业等的深度融合，有利于显著提高工程质量和安全，有利于提高劳动生产率和降低成本，还利于装配式建筑的规模化推广。

为此，通过对国内外相关领域研究成果进行调研分析，归纳出装配式构件生产过程中的痛点问题，结合预制构件企业生产管理实际，基于 RFID、BIM、ERP、MES、移动互联和云存储等现代信息化管理技术，通过集成创新研发适用于全产业链的预制构件信息管理系统。

2. 目前应用系统及主要功能

北京燕通的预制构件生产与管理系统针对预制构件企业管理痛点，以提高生产效率、提高产品质量、降本增效为目的，以预制构件身份数字化（RFID）技术为核心，首创了预制构件生产待产池模型和物料编码系统，将预制构件深化设计（BIM 技术）、生产制造和运输安装管理（MES 系统）、企业资源管理（ERP 系统）等众多管理要素进行了流程再造和信息化集成，实现了信息化管理与智能化生产的高度融合，达到对预制构件从设计到交货乃至灌浆施工全过程的实时动态监控和管理，为装配式预制构件上下游产业链企业提供了一个信息共享管理平台。

3. 应用范围

（1）深化设计。北京燕通预制构件深化设计管理职责由设计部门承担。设计人员使用的深化设计软件从最初的 AutoCAD 单一软件，发展到现在 Revit、装配式结构设计软件 YJK－AMCS 和 Revit－YJK 结构设计软件 Revit－YJKS 等多种软件共用。

PCIS 系统按照主材与辅材分开的原则制定了科学合理的物料编码体系，针对建筑设计院施工图开发了针对 AutoCAD、Revit、YJK－AMCS 等主流设计软件的接口协议，通过 BOM 表进行构件信息、物料信息数据交换。通过多年积累，建立了基于参数化的标准化预制构件库，实现了预制构件及拼装的可视化、组成部件的参数化、钢筋算量的自动化及关键节点的碰撞检查管理。从应用效果看，各种物料信息管理有序，编码明确，有效保证了各项工序的进行，大大提高了工作效率，并降低了出错率。

（2）进度计划。北京燕通的进度计划管理职责由经营部、设备物资部、调度中心等部门分别承担。其中客户管理和构件需求计划管理职责由经营部承担，物料需求计划管理和模板计划管理由设备物资部承担，生产计划管理由调度中心承担。具体管理内容包括：

1）客户管理。客户管理包括合同、销售、库存、应收款等内容。不同工程、不同楼层、不同型号的构件信息从 BIM 深化设计文件或 CAD 深化设计图纸自动或手动导入企业的 ERP 或 PCIS 管理系统，其中客户名称、工程名称、楼号、层号、施工段、构件设计型号、构件数量以及相关物料清单等基础信息自动生成。项目进展过程中，与项目相关的招标文件、答疑文件、合同、工程洽商变更、工作联系单、工程交底、工程结算、会议纪要及产品销售、库存、应收款等信息可及时录入，与项目进行关联，便于实时查阅、统计分析及被各种报告自动采纳，如图 6－1 和图 6－2 所示。

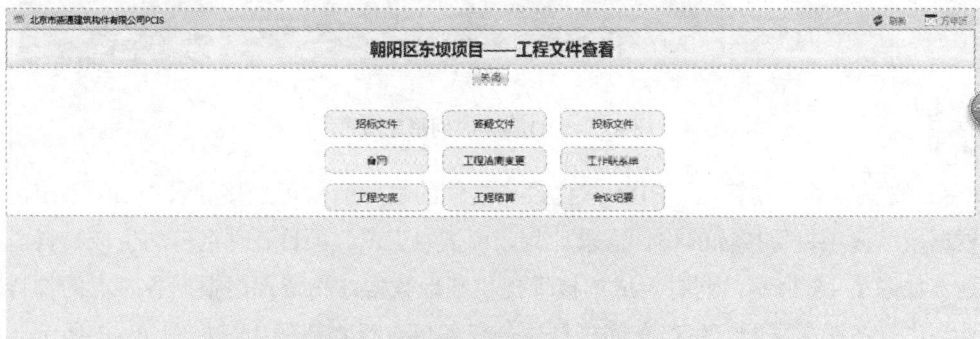

图 6－1　PCIS 系统客户管理界面

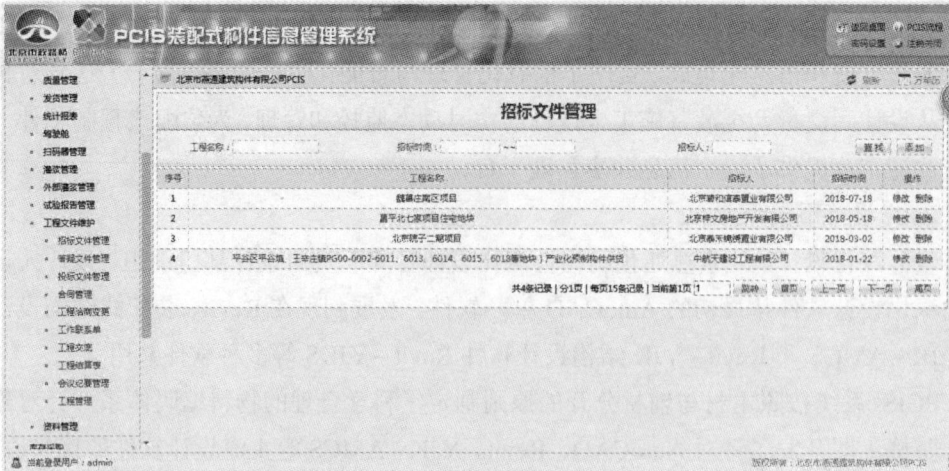

图 6-2 PCIS 系统招标文件管理界面

2）构件需求计划管理。为提高采购计划的准确性，企业经营人员要及时确认项目工地每栋楼首层预制构件需求时间和预制构件安装周期，借助 ERP 或 PCIS 管理系统自动生成形象进度图，如图 6-3 所示，或构件需求计划表，形成物料需求计划的基础数据。项目进行过程中驻工地服务人员，用"进度计划 App"扫描在施楼层最近安装构件的二维码，如图 6-4 所示，实时确认本栋楼的实际安装进度，为物料需求计划的动态调整提供关键数据。

图 6-3　2D 需求时间形象进度

3）物料需求计划管理。BIM 深化设计文件的物料清单可直接导入 PCIS 系统，系统根据所承接项目每楼栋的构件需求计划，可按照工厂、项目、时点自动生成物料需求计划，如图 6-5 所示，同时为成本核算提供基础数据。物资部门根据各时点的物料需求计划进行备货或采购，生产车间根据生产任务单进行物料领用，如图 6-6 所示，做到日清月结。

148

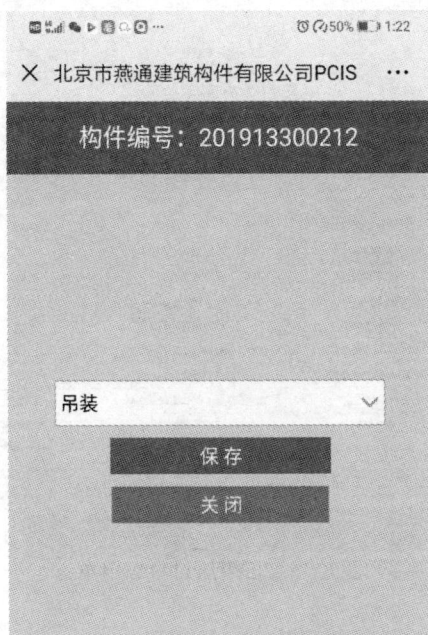

图 6-4 进度计划 App 确认页面

| 原料类型 | 系统原料名称 | 导入原料名称 | 原料规格 | 原料预计总量 | 单位 |
|---|---|---|---|---|---|
| B1钢筋 | 冷轧带肋Φ5.5 | φR5.5 | Φ5.5 | 99151.928 | 吨 |
| B1钢筋 | 螺纹钢12 | Φ12 | Φ12 | 468817.09 | 吨 |
| B1钢筋 | 螺纹钢14 | Φ14 | Φ14 | 256999.814 | 吨 |
| B1钢筋 | 螺纹钢16 | Φ16 | Φ16 | 77481.908 | 吨 |
| B1钢筋 | 螺纹钢18 | Φ18 | Φ18 | 30085.862 | 吨 |
| B1钢筋 | 螺纹钢20 | Φ20 | Φ20 | 89204.342 | 吨 |
| B1钢筋 | 螺纹钢22 | Φ22 | Φ22 | 6576.44 | 吨 |
| B1钢筋 | 螺纹钢25 | Φ25 | Φ25 | 63280.78 | 吨 |
| B1钢筋 | 螺纹钢8 | Φ8 | Φ8 | 38518.9 | 吨 |
| B1钢筋 | 螺纹钢Φ10 | Φ10 | Φ10 | 704431.125 | 吨 |
| B1钢筋 | 螺纹钢Φ8 | Φ8 | Φ8 | 802588.311 | 吨 |
| B1钢筋 | 线材6.5 | φ6.5 | Φ6.5 | 103397.558 | 吨 |

图 6-5 某项目原材料预计总量统计表

4）模板计划管理。无论外部采购还是企业自加工，模板供应不及时经常制约工期。某项目构件需求计划完成后，PCIS 系统可自动匹配模台和边模板，如图 6-7 所示；快速形成模台和边模板需求计划（图 6-8），包括型号、需求数量、需求进度等信息，模具管理部门据此制定模板供应计划。北京燕通通过研发玻璃钢轻型通用边模板体系（图 6-9），大大简化了边模板计划管理（图 6-10）。

149

## 原料生产所需总量

工程名称：　　　生产日期：2019-01-17 ～ 2019-01-17　　厂名：101车间　　查询　返回

| 厂名 | 原料类型 | 系统原料名称 | 导入原料名称 | 原料规格 | 原料生产所需总量 | 单位 |
| --- | --- | --- | --- | --- | --- | --- |
| 101车间 | E1吊构埋件 | 埋件CK2(Φ100) | CK（φ100） | Φ100 | 3.0 | 个 |
| 101车间 | E1吊构埋件 | 埋件CK1(Φ60) | D2（φ60） | 150*140*60 | 8.0 | 套 |
| 101车间 | 水暖 | PVC接头20 | DG1接头（φ20） | 20 | 20.0 | 个 |
| 101车间 | 甲供 | PVC线管4分 | DG1线管（φ20） | 20 | 16.5 | 米 |
| 101车间 | 水暖 | PVC接头25 | DG2接头（φ25） | 25 | 6.0 | 个 |
| 101车间 | 甲供 | PVC线管6分 | DG2线管（φ25） | 25 | 19.5 | 米 |
| 101车间 | 甲供 | DH1PVC四方线盒4分 | DH1墙板线盒（φ20） | 20 | 16.0 | 个 |
| 101车间 | 甲供 | DH1PVC四方线盒6分 | DH1墙板线盒（φ25） | 25 | 23.0 | 个 |
| 101车间 | E4信息卡及其他 | PVC八角线盒 | DH1线盒 | 75*100 | 15.0 | 个 |
| 101车间 | E1吊构埋件 | 埋件M1 | M1 | Φ20*100 | 136.0 | 个 |
| 101车间 | E1吊构埋件 | 埋件M3-30*100 | M3 | M30*100*20 | 4.0 | 套 |
| 101车间 | E1吊构埋件 | 埋件M4(50) | M4 | 50*80*120 | 4.0 | 个 |
| 101车间 | E1吊构埋件 | 埋件M5 | M5 | 50*100*5 | 4.0 | 个 |

版权所有：北京市燕通建筑构件有限公司PCIS

图6-6　日用原材料领用单

## 模台构件对应管理

导出　承包队：　　设计型号：　　模具编号：　　工程名称：　　查找　删除　Excel导入　Excel导入2

| 序号 | 设计型号 | 工程名称 | 模具编号 | 承包队 | 优先数字 |
| --- | --- | --- | --- | --- | --- |
| 1 | YKTB7-1&YKTB7-2&YKTB7-1F&YKTB7-2F&YKTB8-1&YKTB8-2 | 动感花园1标 | 001C | 崔超队 | 1 |
| 2 | YKTB8-1&YKTB8-2 | 动感花园1标 | 001C | 崔超队 | 1 |
| 3 | YT1 | 动感花园2标 / 动感花园1标 | 001C | 崔超队 | 1 |
| 4 | YT1F | 动感花园2标 / 动感花园1标 | 001C | 崔超队 | 1 |
| 5 | YT2 | 动感花园2标 / 动感花园1标 | 001C | 崔超队 | 1 |
| 6 | YT2F | 动感花园2标 / 动感花园1标 | 001C | 崔超队 | 1 |
| 7 | YB-10a（3#） | 医云新城回迁房6023地块 | 001C | 崔超队 | 1 |
| 8 | YB-40-2b | 副中心一标 | 001C | 崔超队 | 1 |
| 9 | YB-40-1c&YB-40-1c-1 | 副中心一标 | 001C | 崔超队 | 1 |

版权所有：北京市燕通建筑构件有限公司PCIS

图6-7　边模与模台匹配管理

| 构件名称 | 缺额 | 2016-06-08 | 2016-06-22 | 2016-07-06 | 2016-07-20 | 2016-08-03 | 2016-08-17 | 2016-08-31 | 2016-09-14 | 2016-09-28 | 2016-10-12 | 2016-10-26 | 2016-11-09 | 2016-11-23 | 2016- |
| --- | --- | --- | --- | --- | --- | --- | --- | --- | --- | --- | --- | --- | --- | --- | --- |
| YTB-1（2#、8#） | 1/7 | 0/7 | 0/7 | 0/7 | 0/7 | 0/7 | 0/7 | 0/7 | 0/7 | 0/7 | 0/7 | 0/7 | 0/7 | 0/7 | |
| YTB-3F（2#、8#） | 1/0 | 0/0 | 0/0 | 0/0 | 0/0 | 0/0 | 0/0 | 0/0 | 0/0 | 0/0 | 0/0 | 0/0 | 0/0 | 0/0 | |
| YTB-4（2#、8#）&YTB-4F（2#、8#） | 2/5 | 0/5 | 0/5 | 0/5 | 0/5 | 0/5 | 0/5 | 0/5 | 0/5 | 0/5 | 0/5 | 0/5 | 0/5 | 0/5 | |
| YTB-3（2#、8#） | 1/0 | 0/0 | 0/0 | 0/0 | 0/0 | 0/0 | 0/0 | 0/0 | 0/0 | 0/0 | 0/0 | 0/0 | 0/0 | 0/0 | |
| YTB-1F（2#、8#） | 1/0 | 0/0 | 0/0 | 0/0 | 0/0 | 0/0 | 0/0 | 0/0 | 0/0 | 0/0 | 0/0 | 0/0 | 0/0 | 0/0 | |
| YTB-2（2#、8#）&YTB-2F（2#、8#） | 1/0 | 0/0 | 0/0 | 0/0 | 0/0 | 0/0 | 0/0 | 0/0 | 0/0 | 0/0 | 0/0 | 0/0 | 0/0 | 0/0 | |

说明：需求数/现有数　绿色为需求数大于现有数

图6-8　边模板生产计划

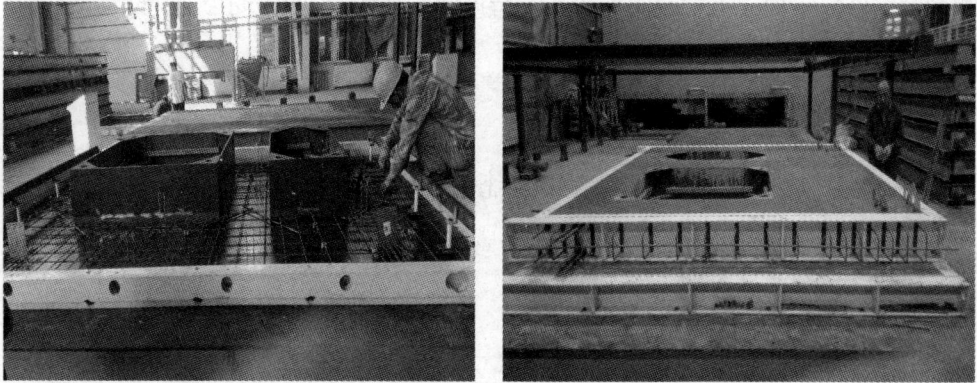

图 6-9　玻璃钢轻型通用边模板

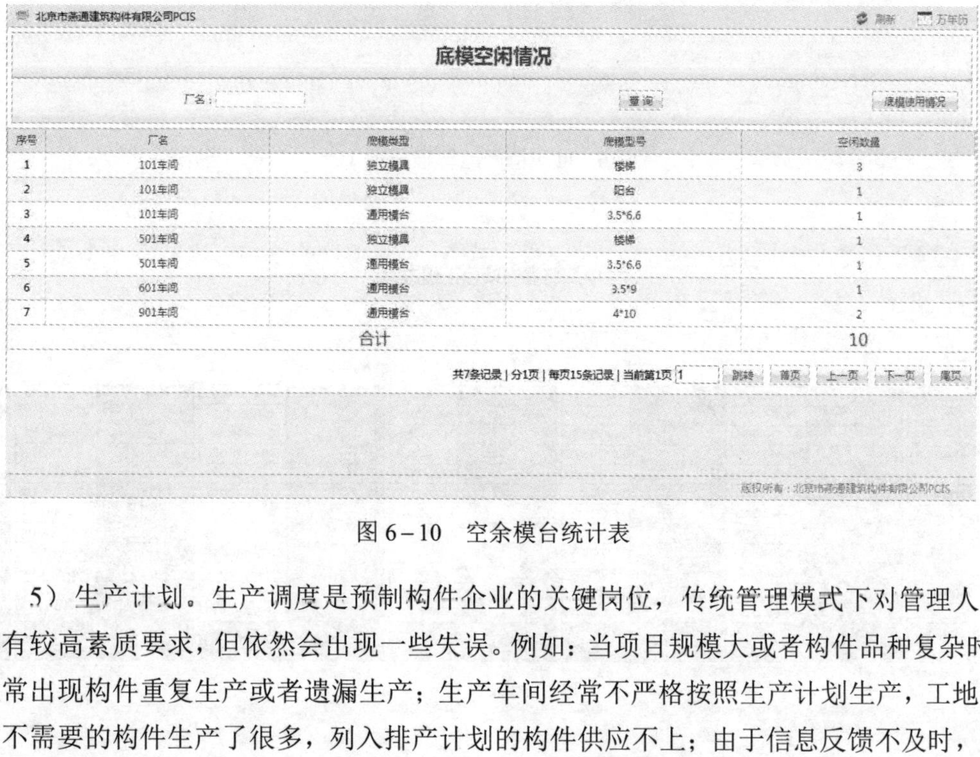

北京市燕通建筑构件有限公司PCIS　刷新　万年历

底模空闲情况

厂名：　查询　底模使用情况

| 序号 | 厂名 | 底模类型 | 底模型号 | 空闲数量 |
| --- | --- | --- | --- | --- |
| 1 | 101车间 | 独立模具 | 楼梯 | 3 |
| 2 | 101车间 | 独立模具 | 阳台 | 1 |
| 3 | 101车间 | 通用模台 | 3.5*6.6 | 1 |
| 4 | 501车间 | 独立模具 | 楼梯 | 1 |
| 5 | 501车间 | 通用模台 | 3.5*6.6 | 1 |
| 6 | 601车间 | 通用模台 | 3.5*9 | 1 |
| 7 | 901车间 | 通用模台 | 4*10 | 2 |
| | | 合计 | | 10 |

共7条记录 | 分1页 | 每页15条记录 | 当前第1页 1　跳转　首页　上一页　下一页　尾页

版权所有：北京市燕通建筑构件有限公司PCIS

图 6-10　空余模台统计表

5）生产计划。生产调度是预制构件企业的关键岗位，传统管理模式下对管理人员具有较高素质要求，但依然会出现一些失误。例如：当项目规模大或者构件品种复杂时，经常出现构件重复生产或者遗漏生产；生产车间经常不严格按照生产计划生产，工地暂时不需要的构件生产了很多，列入排产计划的构件供应不上；由于信息反馈不及时，占压了储存场地，造成了浪费，延误了工期。PCIS 系统提出的“待产池模型”有效解决了这一难题。“待产池”就是根据厂内库存、储存场地、安装进度、特殊需求等众多因素，按工程、按楼栋、按层进行科学排产，透明化管理已生产、未生产及待生产构件，动态调整模具和劳务作业人员计划。当工地提出供应计划变更，或质检员发现某构件存在质量问题时，可及时调整生产计划，减小对其他构件生产的影响，避免浪费，保证工期，提升生产效率。生产计划人员根据工地进度，一般提前 15 天将需要生产的构件加入待产池。可根据构件需求时间单块拖入待产池，如图 6-11 所示；也可用汇总表格整体添加到待产池，如图 6-12 所示。

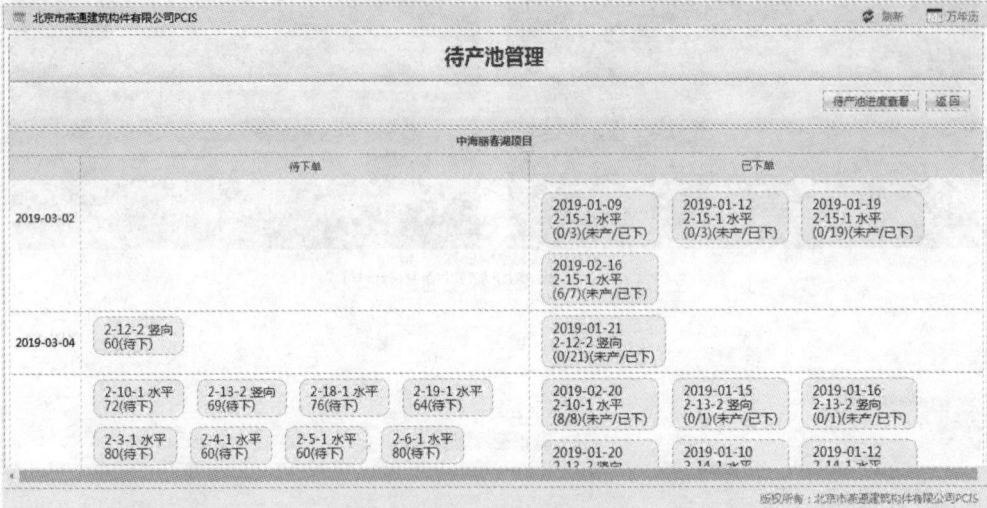

图 6-11 待产池管理模式 1

图 6-12 待产池管理模式 2

PCIS 具备一键排产功能，如图 6-13 所示。待产池根据预制构件需求优先顺序，自动生成生产任务单，如图 6-14 所示。批量制卡机按生产班组批量打印 RFID 卡表面二维码，如图 6-15 所示，同时将构件基础信息写入 RFID 卡，带基础信息的 RFID 卡下发每个生产线班组进行生产。

152

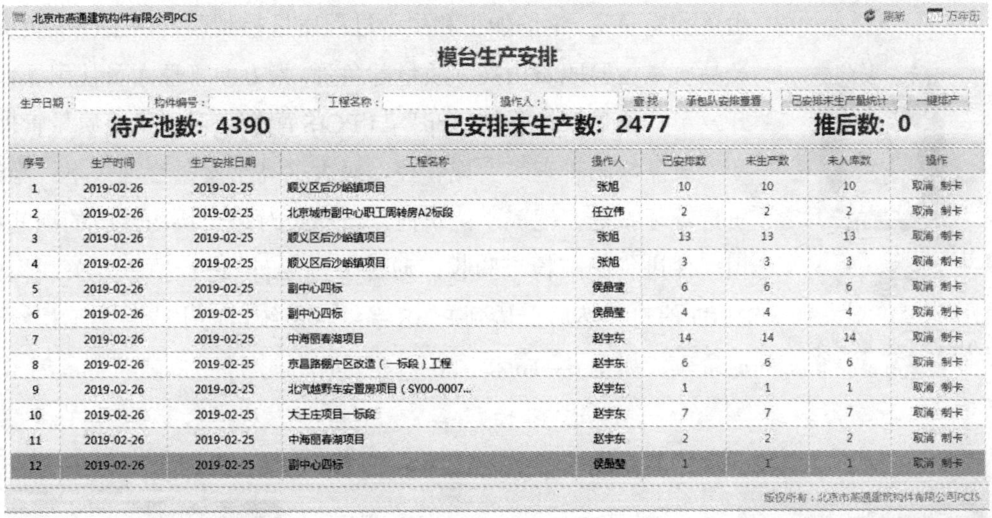
北京市燕通建筑构件有限公司PCIS　　刷新　万年历

模台生产安排

生产日期：　构件编号：　工程名称：　操作人：　查找　承包队安排查看　已安排未生产量统计　一键排产

待产池数：4390　　已安排未生产数：2477　　推后数：0

| 序号 | 生产时间 | 生产安排日期 | 工程名称 | 操作人 | 已安排数 | 未生产数 | 未入库数 | 操作 |
|---|---|---|---|---|---|---|---|---|
| 1 | 2019-02-26 | 2019-02-25 | 顺义区后沙峪镇项目 | 张旭 | 10 | 10 | 10 | 取消 制卡 |
| 2 | 2019-02-26 | 2019-02-25 | 北京城市副中心职工周转房A2标段 | 任立伟 | 2 | 2 | 2 | 取消 制卡 |
| 3 | 2019-02-26 | 2019-02-25 | 顺义区后沙峪镇项目 | 张旭 | 13 | 13 | 13 | 取消 制卡 |
| 4 | 2019-02-26 | 2019-02-25 | 顺义区后沙峪镇项目 | 张旭 | 3 | 3 | 3 | 取消 制卡 |
| 5 | 2019-02-26 | 2019-02-25 | 副中心四标 | 侯晶莹 | 6 | 6 | 6 | 取消 制卡 |
| 6 | 2019-02-26 | 2019-02-25 | 副中心四标 | 侯晶莹 | 4 | 4 | 4 | 取消 制卡 |
| 7 | 2019-02-26 | 2019-02-25 | 中海丽春湖项目 | 赵宇东 | 14 | 14 | 14 | 取消 制卡 |
| 8 | 2019-02-26 | 2019-02-25 | 京昌路棚户区改造（一标段）工程 | 赵宇东 | 6 | 6 | 6 | 取消 制卡 |
| 9 | 2019-02-26 | 2019-02-25 | 北汽越野车安置房项目（SY00-0007... | 赵宇东 | 1 | 1 | 1 | 取消 制卡 |
| 10 | 2019-02-26 | 2019-02-25 | 大王庄项目一标段 | 赵宇东 | 7 | 7 | 7 | 取消 制卡 |
| 11 | 2019-02-26 | 2019-02-25 | 中海丽春湖项目 | 赵宇东 | 2 | 2 | 2 | 取消 制卡 |
| 12 | 2019-02-26 | 2019-02-25 | 副中心四标 | 侯晶莹 | 1 | 1 | 1 | 取消 制卡 |

版权所有：北京市燕通建筑构件有限公司PCIS

图 6－13　一键排产

## 生产任务单

承包队：李海彬队（五）　任务单号：2019022693　生产日期：2019-02-26

| 工程名称 | 构件名称 | 楼号 | 楼层 | 施工段 | 构件编号 | 设计型号 | 方量 | 强度等级 | 模台编号 |
|---|---|---|---|---|---|---|---|---|---|
| 北京城市副中心职工周转房A2标段 | 夹心保温外墙板（一字型） | A-2-2 | 3 | 未分段 | 201913600929 | YWQ-3-45 | 2.49 | C45 | J126 |
| 北京城市副中心职工周转房A2标段 | 夹心保温外墙板（一字型） | A-2-2 | 4 | 未分段 | 201913600950 | YWQ-3-45 | 2.49 | C45 | J126 |
| 北京城市副中心职工周转房A2标段 | 夹心保温外墙板（一字型） | A-2-2 | 4 | 未分段 | 201913600951 | YWQ-3F-45 | 2.49 | C45 | J126 |
| 北京城市副中心职工周转房A2标段 | 夹心保温外墙板（一字型） | A-2-2 | 3 | 未分段 | 201913600930 | YWQ-3F-45 | 2.49 | C45 | J126 |
| 北京城市副中心职工周转房A2标段 | 夹心保温外墙板（一字型） | A-2-2 | 4 | 未分段 | 201913600952 | YWQ-5-45 | 0.919 | C45 | J002 |
| 北京城市副中心职工周转房A2标段 | 夹心保温外墙板（一字型） | A-2-2 | 3 | 未分段 | 201913600933 | YWQ-5-45 | 0.919 | C45 | J032 |
| 平谷6011地块项目 | 夹心保温外墙板（L型） | 7 | 10 | 12-23轴 | 201812604574 | C-YWQ12 | 1.76 | C30 | J065 |
| 平谷6011地块项目 | 夹心保温外墙板（L型） | 7 | 10 | 12-23轴 | 201812604575 | C-YWQ12AF | 1.76 | C30 | J065 |
| 平谷6011地块项目 | 夹心保温外墙板（飘窗） | 4 | 10 | 1-15轴 | 201912600494 | C-YWQ1（9-（RF-1）层） | 2.078 | C30 | J995 |
| 平谷6011地块项目 | 夹心保温外墙板（飘窗） | 7 | 9 | 1-12轴 | 201812605165 | C-YWQ3AF | 1.829 | C30 | J995 |
| 平谷6011地块项目 | 夹心保温外墙板（一字型） | 4 | 10 | 15-26轴 | 201812603117 | C-YWQ11 | 1.04 | C30 | J062 |
| 平谷6011地块项目 | 夹心保温外墙板（一字型） | 4 | 10 | 15-26轴 | 201812603118 | C-YWQ13A | 0.999 | C30 | J061 |
| 平谷6011地块项目 | 夹心保温外墙板（一字型） | 5 | 10 | 1-12轴 | 201812603232 | C-YWQ13AF | 0.999 | C30 | J054 |
| 平谷6011地块项目 | 夹心保温外墙板（一字型） | 7 | 10 | 12-23轴 | 201812603092 | C-YWQ13BF | 0.999 | C30 | J064 |

图 6－14　生产任务单

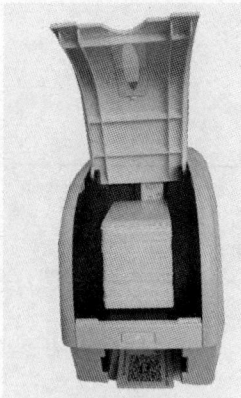

图 6-15 批量制卡机

（3）质量控制。北京燕通的质量控制管理职责由试验室、生产部、技术质量部等部门承担。其中原材料和配件质量检验职责由试验室负责，钢筋加工和生产过程质量控制职责由生产部负责，产品质量检验职责由技术质量部负责。为方便管理人员使用操作，开发了"质量管控系统 App"与 PCIS 配合，对"隐检质量管理"和"成品缺陷管理"实现管控，极大提高了质量管理效率。隐检质量管理就是在混凝土浇筑前，质检员对每一块构件中的钢筋和预埋件进行隐蔽检查验收，通过手机 App 进行拍照，关联构件 RFID 信息，然后上传到 PCIS 系统，系统自动生成隐蔽工程检查记录表，如图 6-16 和图 6-17 所示。

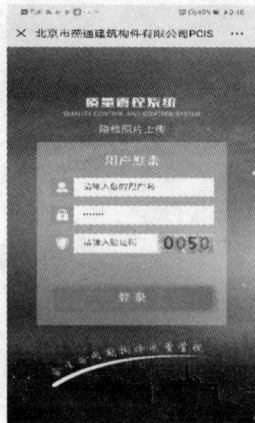

图 6-16 App 隐蔽验收

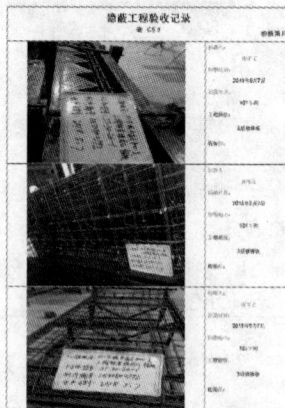

图 6-17 隐蔽工程检查记录表

北京燕通充分利用 PCIS 系统的大数据，以预制构件脱模后 1d、2d、3d 合格率指标为抓手，进行绩效考核与成品缺陷管理，取得良好效果。具体而言，预制构件脱模后，质检员在线进行产品质量检验，通过手持终端或者质量管控系统 App 将产品信息与 PCIS 系统关联，通过质量管控系统 App 勾选缺陷项目、拍照上传到 PCIS 系统形成构件缺陷记录。当产品缺陷不满足合格品要求时，产品进入修补流程，修补作业完成后再次进行检验，修补直至满足合格品要求或报废处理。PCIS 中记录的数据可按照生产车间、劳务队、预制构件种类导出 Excel 统计表或图，技术质量部据此进行年度、季度、月度合格率指标统计排名，并与生产主管、劳务队绩效奖励挂钩，还可分析主要缺陷种类，追踪分析缺陷产生原因，提出改进措施。图 6-18 为 2018 年 2 季度不同生产车间叠合板合格率统计表，图 6-19 为不同劳务队叠合板合格率统计表，典型预制构件合格率统计表（脱模后 24h、48h、72h）如图 6-20 所示。

154

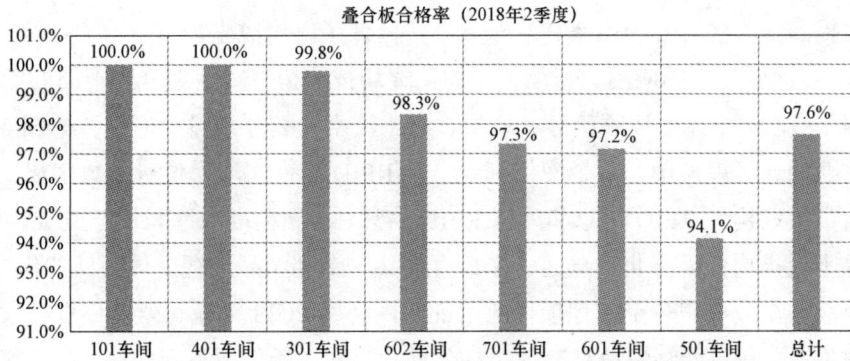
图6-18 不同生产车间叠合板合格率统计表（脱模后24h内）

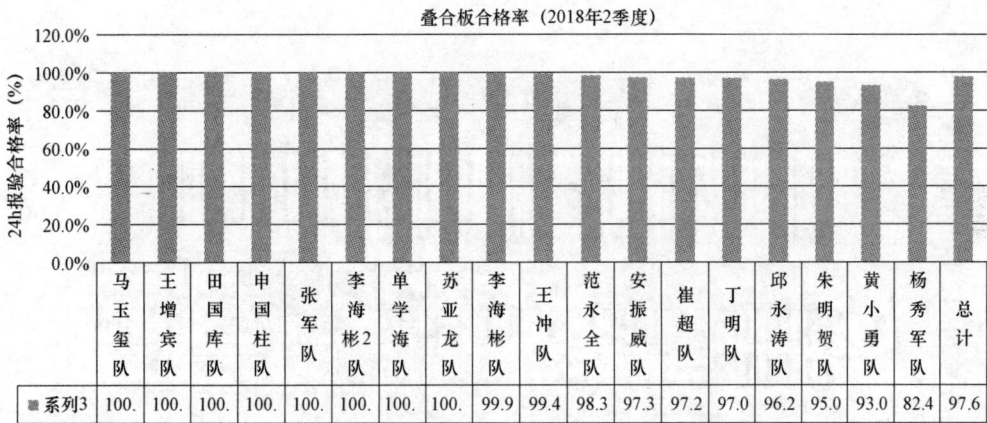
图6-19 不同劳务队叠合板合格率统计表（脱模后24h）

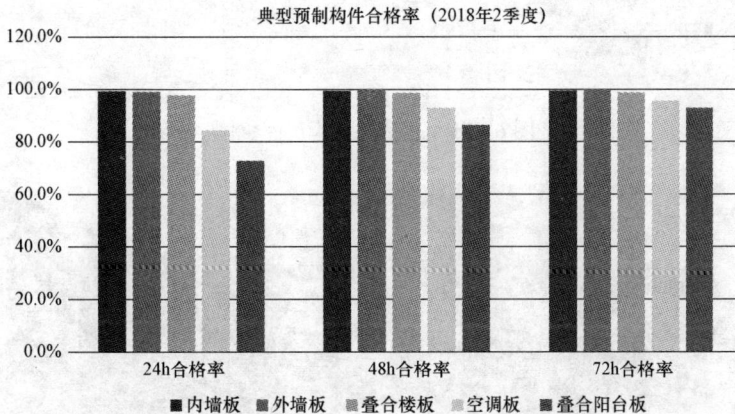
图6-20 典型预制构件合格率统计表（脱模后24h、48h、72h）

（4）储存与运输。北京燕通的储存与运输管理职责由生产部、经营部和调度中心共同承担。其中生产部负责与调度中心协调进行储存场地管理，并负责车间生产的预制构件转运到储存场地，经营部负责协调施工工地预制构件安装进度、装车、运输及结算工作。PCIS系统基于RFID技术进行预制构件储存和运输管理，结合水平构件立体存储技术，大大提高了库区综合利用率和装车效率，降低了倒运成本。

1）在库区管理中的应用。每个工厂的储存场按照构件类型划分为不同的库区（A、B、C、……），每个库区按照楼号、楼层、施工流水段划分为多个库位。如图6-21所示为北京燕通库区库位图，每个库位绑定一个RFID卡，实现库位身份数字化。预制构件转运人员关联构件RFID信息和库位RFID信息，实现精准入库和快速发货。叠合板、阳台板等平板类构件采用北京燕通"平板存储架"专利产品进行立体存储和集中发货，进一步提高装车效率。多个工程项目应用证明，利用PCIS系统可避免储存与发货管理的混乱现象，发货员能够快速精准锁定构件储存位置，避免找不到构件现象，极大缩短了吊运、装车时间，尤其是立体存储方式更增加了存储与发货管理的便利性，如图6-22所示。

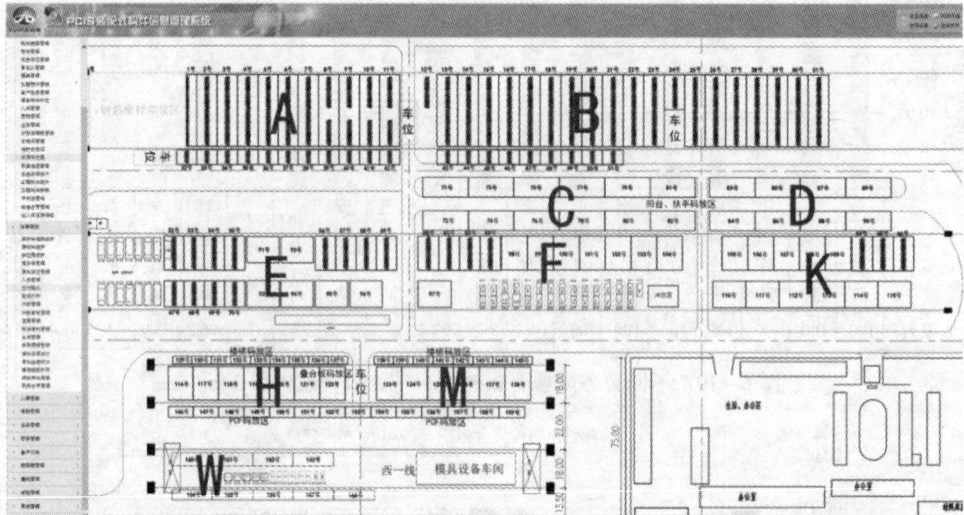

图6-21　北京燕通库房库位图

图6-22　立体存储架

2）在物流管理中的应用。预制构件物流管理包含厂外运输调度和厂内运输码放两部分。厂外运输调度管理就是配合项目工地安装进度，实现运输队、运输车、构件中转场的有效管理，北京燕通通过 PCIS 的订货系统实现。厂内运输和码放管理就是配合生产车间，将车间内生产的构件运输、存放到储存场内，实现厂内车辆运输调度的有效管理，北京燕通通过"构件达 App"实施。

① PCIS 订货系统。为项目工地管理人员开发的客户管理系统，可在工程项目下设置每个楼的安装进度计划，通过菜单勾选方式，快速形成构件需求计划，如图 6-23～图 6-25 所示。

图 6-23　客户管理系统　　　图 6-24　安装进度计划　　　图 6-25　订单勾选制定

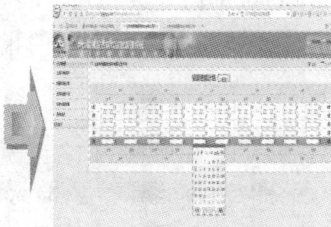

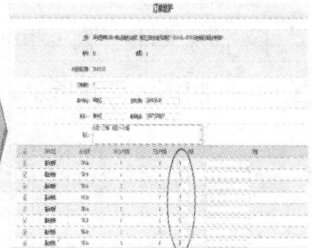

② "构件达 App"发货系统。PCIS 系统自动处理项目工地提交的需求计划订单，发货员查看 PCIS 形象进度平台构件状态，通过构件达（构件厂）App 下达装车任务单，运输司机通过构件达（司机）App 接单。司机接单后装车，根据约定运输路线发往目的地，项目工地通过构件（工地）App 完成卸车，司机可继续接单。已经完成的订单信息自动储存在构件达（车主）App 中，构件厂定期与车主进行结算。构件达（司机）App 用户由构件达（车主）App 进行维护并与司机进行运费结算，如图 6-26～图 6-28 所示。

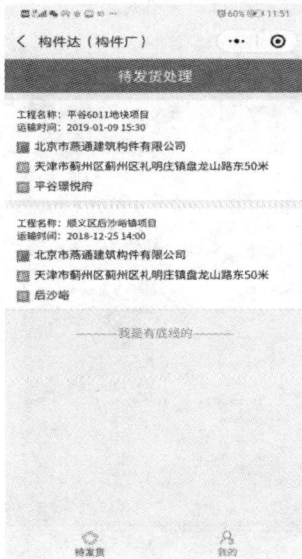

图 6-26　构件达（构件厂）App　　　图 6-27　构件达（车主端）App　　　图 6-28　构件达（司机端）App

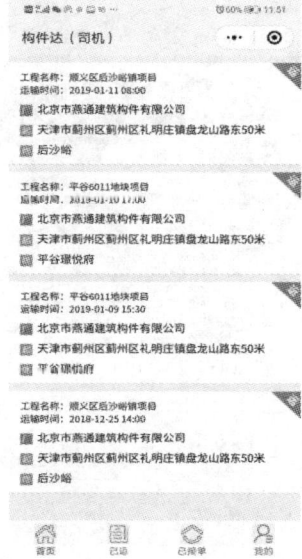

（5）成本管理。成本管理是指企业生产经营过程中各项成本核算、成本分析、成本决策和成本控制等一系列科学管理行为的总称。成本管理一般包括成本预测、成本决策、成本计划、成本核算、成本控制、成本分析、成本考核等职能。

成本管理是企业管理的一个重要组成部分，成本管理不仅仅是财务管理人员的事情，它要求系统而全面、科学且合理，做好成本管理对于促进增产节支、加强经济核算，改进企业管理，提高企业整体管理水平具有重大意义。

北京燕通借助 PCIS 系统，将成本管理职责与日常工作紧密结合在一起，实现成本分析数据自动采集，可按照工程项目、部门、责任人、日期自动归集生成统计报表，对于日常成本控制、投标组价报价、绩效考核均有很好的指导意义。典型成本统计表如图 6-29 和图 6-30 所示。

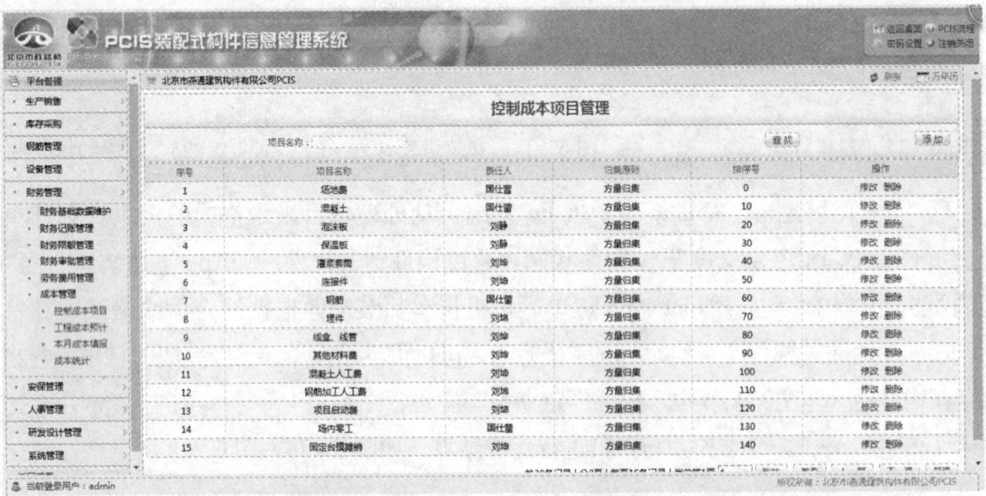

图 6-29　控制成本项目统计表

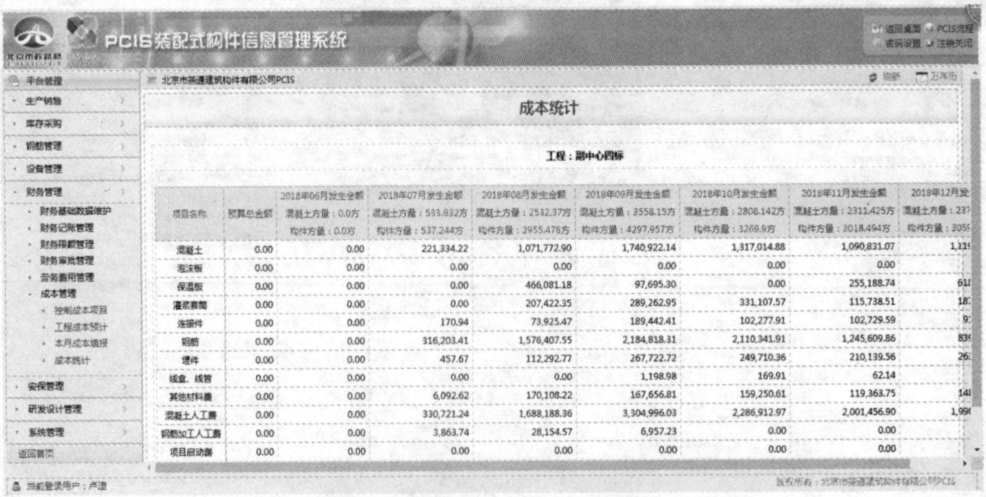

图 6-30　北京副中心四标月度成本统计表

158

4. 典型用户及应用效果

北京燕通研发的 PCIS 系统除自用外，已销售给国内多个预制构件工厂推广应用，典型用户包括中铁十四局房山桥梁公司、中建智欣建工科技公司、中建科技武汉公司、成都建工工业化建筑公司、上海城建建设实业（集团）公司、国闰建筑工业化（宜昌）公司、河南现代建构公司等企业。

北京燕通在北京地区推广应用 PCIS 的效果：

（1）PCIS 系统在北京市通州区马驹桥公租房、海淀区温泉 C03 公租房项目、郭公庄一期公租房、平乐园公租房、百子湾公租房、台湖公租房、焦化厂公租房、城市副中心周转房等总计 300 万 $m^2$ 装配式混凝土住宅工程中得到应用。北京燕通对项目建设单位、监理单位、总包单位开通了 PCIS 使用权限，实现了产业链企业对预制构件生产进度、质量状况、安装进度等信息的实时查看，在经营调度决策中发挥了重要作用，对装配式保障性住房在北京市的落地实施起到了保驾护航作用。

（2）PCIS 系统有效解决了因装配式预制构件型号众多和数量巨大造成差错率大的问题。北京燕通 2018 年生产装配式混凝土预制构件约 20 万 $m^3$，平均制造成本约 3000 元/$m^3$，预制构件报废率从传统管理模式下的 2%～3%降至 0.5%以下，以报废率平均降低 2%估算，可节约成本 1200 万元。

（3）北京燕通在京津冀地区有 7 个生产基地，应用 PCIS 系统实现了集团化管理，减员增效作用明显。预计减少生产计划、质量控制、内页资料、沟通协调等管理人员 40～50 人，以年平均用工成本 10 万～15 万元/人计算，每年可节约人工成本 500 万元以上。

（4）北京燕通应用 PCIS 系统，很好地解决了与上下游企业的信息沟通、工期不可控、多个基地统一排产、产品质量可追溯性、产品储存、运输和安装效率低下等突出问题，实现了信息化管理和智能化生产的高度融合，实现了全产业链企业对预制构件的实时动态管理。2018 年，北京燕通完成装配式建筑项目 20 多个，其中不乏重点工程、重大项目，不但自己没有发生工期违约和产品质量事故，而且为 3 个业主解决了同行企业工期违约的燃眉之急。

# 6.3 机电模块生产与管理

## 6.3.1 概述

近年来，随着建筑行业的高速发展，相应配套的机电安装工程也得到快速发展。机电安装是建筑行业中比较特殊的一种功能性工程项目，其特点是系统多、管路杂、标准化实施难。机电工程常规包含强电、弱电、给水排水、暖通、消防等多种系统，涉及的专业多，施工交叉作业面多，协调难度大。且由于不同建筑的功能不同、使用群体不同，标准化难度大。传统的机电工程安装均在现场二次加工，半成品甚至是原材料直接入驻现场，导致现场物料杂多混乱，增加管理成本及仓储压力。由于需要在工程现场对半成品或原材料做二次加工，需要增设多种技术工种及相关设备进行操作施工，不但增加人力成本及设备成本，而且加工带来的噪声、烟雾、火花等易造成环境污染及人体伤害，同时极大地增加了火灾、工伤等安全事故隐患，如图6-31和图6-32所示。此外，这种边施工边安装的方式，不但效率低下，而且多个系统交叉作业容易造成管道碰撞等问题，多次返工修改方案的现象屡见不鲜。

图6-31 传统机电工程现场二次加工

图6-32 传统机电工程现场二次加工

在国家政策推动和建筑产业化、智能化的推动之下，我国装配式建筑市场规模逐步扩大，而相应的机电安装工业化也逐步成为行业发展的趋势和方向。彻底改变传统施工中技术落后、施工质量差、劳动强度大、安全事故频发的局面，全面推行机电安装工业化，是建筑行业机电安装转型升级和可持续发展的必然选择。机电安装工业化的实现，只有通过工业化生产、信息化施工才能实现，也就必然走向预制装配式的模式。预制装配式，指的是机电安装项目中的主要构配件，包括钢结构、工艺管道、风管、桥架、组合式支吊架等，利用BIM技术通过深化设计确定预制构配件的图纸，在工厂进行标准工业化构配件生产加工，再把构配件运输到施工现场，通过信息化技术装配完成整个机电安装的现代化施工技术。

预制装配式机电安装的实施可分为五个阶段：① 建模优化：利用BIM技术，根据建筑图纸等基本资料，搭建建筑整体模型，并根据相关应用标准/规范等，深化/优化整体设计（管道、走线等），碰撞检查、受力分析等；② 核查分解：模型搭建及优化后，需根据建筑进度，实时核查现场情况并做相应调整，核对无误后对整体机电方案做具体的分解工作，输出生产需求；③ 生产：根据物料图纸清单，生产预制件，并明确各个预制件标识；④ 运输：装载设计及物流配送；⑤ 施工：现场安装、质量跟进、进度跟踪。

目前国内预制装配式机电安装模式高速发展，服务模式已经从早期的单独BIM咨询，发展到咨询、建模、生产、运输、施工成套服务方案，也就是从技术到产品再到施工的一站式服务模式。在 BIM 发展初期，工厂生产完预制件之后，先在工厂内部试安装测试，然后再交付运营方，此种模式对工厂的配合度、加工度等综合要求较高，需技术人员驻厂跟进。第二阶段，工厂生产预制件后直接供货，在施工现场预留设备接口活接的方式，缩短了交付周期。目前，已实现全预制现场装配模式，极大缩短了交付周期，精简了现场施工人员。

预制装配式机电安装模式的兴起，也暴露了跨界人员缺乏、相关标准不全等问题。预制装配式机电安装模式，需要整合 BIM 咨询服务、预制件产品生产供应和现场工程施工三方面，对人员综合要求较高。且由于新兴的产业模式，在整体的配套标准上还比较欠缺，不同的 BIM 咨询服务企业、加工制造中心和工程施工标准均没有统一标准或规范，兼容性较差。

预制件的生产信息化管理，不但需要集成 BIM 设计、预制构件加工、现场工程装配三个方面，并且需要把土建、机电和装修等信息一体化，以实现协调一致的管理目的。采用 BIM+ERP+MES+OA 的组合方式，可解决设计、加工、施工等阶段数据不协调问题，实现项目信息可视化、工程信息可追溯性。通过集成预制构件的加工供货能力，与现场装配进度相匹配，缩短工期。通过规模化的工厂预制加工，替换小作坊式的人工加工，实现分工细致、科学管理，降低现场对技术工种的依赖性。土建、机电、装修信息协调一体化，解决各专业信息不协调问题，并给各个相关管理人员、合作伙伴赋能，实现成本、质量、工程进度等的监控管理。

### 6.3.2　应用场景

1. 深化设计

传统机电安装施工与土建施工交叉进行，只有土建提供相应的工作面以后才能进行机电深化设计和安装。大部分工程土建施工时只能分步提供机电安装场地，造成机电设计人员只能量一段、做一段，分段深化、分段下料、分段加工、分次运输、分段安装，安装施工效率极低。采用 BIM 技术，机电设计人员只需要测量施工现场整体基本数据，不需要等待土建单位提供全部场地，即可建立高精度机电 BIM 模型和深化设计装配图，按照机械零件的标准，对构配件进行设计优化，精度提高到毫米级。在标准化预制构件库、标准化配件库基础上建立 BIM 模型，可实现模块化深化设计，最大限度地集成各类设备及管道，各个部分的排布更加合理，有利于设备后期的运输、拼装和检修维护。

机电模块深化设计使用的软件主要有 Autodesk Revit、Autodesk Fabrication CAMduct 和 SolidWorks。机电模块深化设计内容：

（1）BIM 建模。通过现场测量，将土建结构及设备尺寸及时反馈到模型中，利用 BIM 对管道布局、支吊架进行设计和碰撞处理。

（2）生产设计。加工顺序、裁切方案、成品要求、装车方案。

（3）施工设计：施工顺序、设备定位、装配图纸、调试方案。

（4）提供 ERP 系统所需数据：将构件需求清单导入 ERP，由 ERP 执行任务分解，自动分发到相应端口执行采购、生产任务。

（5）为自动化生产设备提供数据：生成 CNC 代码导入到数控机床进行自动加工。

2. 计划管理

目前针对机电模块计划管理使用的软件主要有 Microsoft Excel/Project、定制 ERP 和 MES。机电模块计划管理内容即实现生产、运输、安装进度实时监控和信息反馈，主要包括材料和配件采购计划管理、预制构件生产计划管理、预制构件运输计划管理、预制构件安装计划管理。

3. 生产管理

机房高精度 BIM 模型设计完成后，便可以导出构件精细加工图，预制加工厂根据加工图精准下料、精准加工。构件加工完成后，预制加工厂再将主要构件组装成模块。

采用传统加工方式时，预制构件无法做到精准下料，产生了大量的边角料，同时大量手工焊接、切割作业导致构件质量不稳定。采用数字化加工中心进行预制构件制造，则可实现标准化精准下料加工，构件质量更高，构件边角料大大减少，节省了材料成本，许多弯曲或异形的管道、构件还可以实现工厂定制，质量、外观更好。

机电模块生产管理使用的软件主要有 Microsoft Excel/Project、企业定制 ERP 和 MES。机电模块生产管理内容：

（1）订单管理：统一协调项目订单与日常订单，有效保障项目进度与生产产能，提高设备利用率。

（2）排产计划：根据项目进度安排生产计划及发货时间点，确保施工现场既不会因为缺料而停工，也不会因为物料过多占用面积，加强现场物料管控能力。

（3）生产进度管理：每道工序配置信息采集装置，自动记录构件生产进度，反馈到 MES 系统进行管理，及时处理异常信息，保障按计划进行生产。

（4）余料管理：ERP 对历史批次加工余料进行记录，收到新的订单后首先从余料库存中制定领料方案，再从原料库存中领料，提高材料利用率。

（5）出库管理：跟进成品构件仓储信息，及时提醒处理发货。

4. 运输管理

采用传统施工方法，机房各部分量一段、做一段，各种构件只能分次运输，运输成本很高，而利用预制装配式机电安装模式，预制构件在预制加工厂提前完成装配，一次运输到位，运输成本大大降低。机电模块生产管理使用的软件主要有企业定制 ERP 和物流 App。机电模块生产管理内容：

（1）构件装车方案：成品构件占用空间大，通过不同构件的有序组合，根据深化阶段制定的切实可行的装车方案，提高货车装载能力。

（2）送输路线规划：项目后期单次运输量减少，通过智能系统规划车辆运输路线，减少车辆放空。

（3）运输状态更新：车辆安装实时定位设备，现场通过移动设备查看货物运输状态，及时组织货物验收。

5. 质量管理

机电模块质量管理使用的软件主要有企业定制 MES 和 BIM 管理平台。机电模块质量管理内容：

（1）生产质量管理：对每个工序进行抽检，抽检结果实时录入 MES 系统，对不达标的构件进行退回或报废处理。

（2）施工质量管理：现场按模型施工，模型跟进现场状态，通过 BIM 管理平台记录项目进度，处理项目信息。

### 6.3.3 应用案例——广州镒辰集团机电装配式项目实施平台

1. 应用背景

广州镒辰集团始创于 2004 年，在全国 13 个地区设有子公司及办事处，拥有标准化生产厂房面积 80 000 余平方米，致力于打造设计标准化、生产工业化、施工装配化、管理信息化、服务定制化的建筑新模式，实现建筑机电行业高效、节能、环保的可持续性发展规划。

广州镒辰集团以 BIM 技术为载体提供一站式装配式解决方案，自有技术团队、BIM 咨询团队、制造生产基地、物流车队和工程队，提供从咨询、服务、生产、运输和施工的全套解决方案。

2. 应用系统及主要功能

广州镒辰集团研发了 BIM+OA+ERP+MES 的一体化信息平台系统：利用 BIM 进行图纸分析、问题梳理、模型搭建、碰撞检查、深化设计、方案组织、受力分析、工程模拟、施工详图、工程核算、安全模拟、现场规划；OA 平台进行项目管理、工程管控、人员调派、突发事件处理；ERP 平台进行生产订单、物料调拨、物流指令、财务监控；MES 平台进行排产计划、物料生产、进度控制。

3. 应用范围

采用 BIM 技术方案，通过图纸分析及碰撞检查等深化优化工作，有效避免各专业交叉作业的碰撞现象，基于深化模型设计，实现模型正确提量，减少物料数量，降低成本及能耗；

在 OA 协同平台的一体化信息集成处理，根据项目进度及实施情况，实时反馈及监控项目进度和工程动态，有效处理/跟进突发事件；

ERP 平台与 BIM 无缝对接，有效控制物料下单、物料调拨，全生命周期成本跟踪；

ERP 平台和 OA 协同平台无缝对接，根据项目进度及情况，及时发出对应指令，处理突发事件及物流时间点管控；

MES 平台与 BIM 无缝对接，基于 BIM 的预制加工模型排版优化，信息转化为数据包导入 MES 系统生产。

4. 典型用户及应用效果

佛山某酒店，由写字楼改造为商务酒店类型，原有 5～14F 建筑内墙及管井需重新设计及修改。业主从前期设计开始采用 BIM 项目咨询方案，服务于整体机电设计及现场机电装配，运用全新的 BIM 应用平台进行项目实施管控。整体方案采用了基于 BIM 的预制装配式机电安装方案，标准化工厂加工预制件，工业化现场装配，实现了现场零动火，提高现场安全性，有效降低现场消防安全隐患及减少现场工程技术工种需求。

为实现机电系统预制件标准化，搭建机电系统标准构件库如图 6-33 所示。在标准库基础上，将预制件拆分为标准化的零构件、部件，进行标准预制构件信息颗粒化转化及模型 BOM 清单转化，导出生产订单输出到生产基地制造加工，如图 6-34 和图 6-35 所示。

| 制冷机组 | 水泵 | 分集水器 | 板式换热器 | 物化处理器 |
| 蝶阀 | 软接 | 闸阀 | 止回阀 | Y形过滤器 |
| 90°弯头 | 45°弯头 | 三通 | 大小头 | 法兰盲板 |

图 6-33　机电工程标准构件库

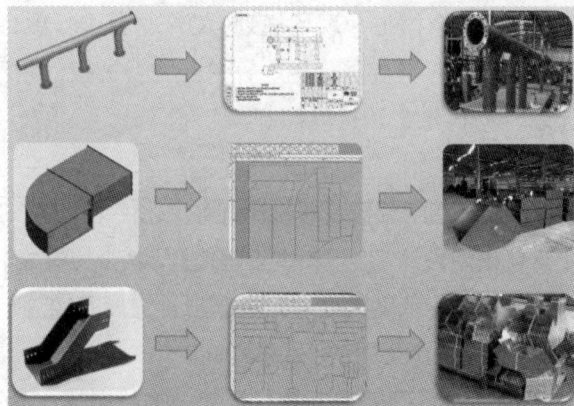

图 6-34　机电模块设计加工流程

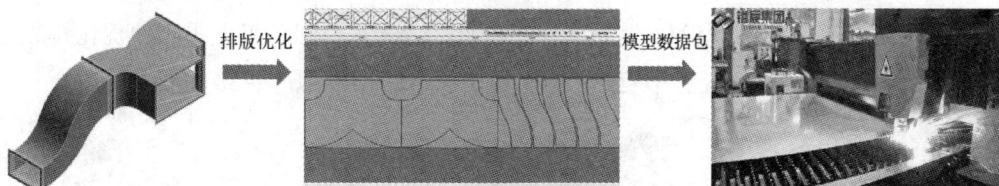

图6-35 机电模块设计加工流程

在标准化零构件、部件的基础上，通过整合路径，预制件进一步整合为模块化、单元化，提高装配效率，实现机房机电系统单元化、管路系统单元化打包供货，工程现场拼装，如图6-36和图6-37所示。

图6-36 机电模块

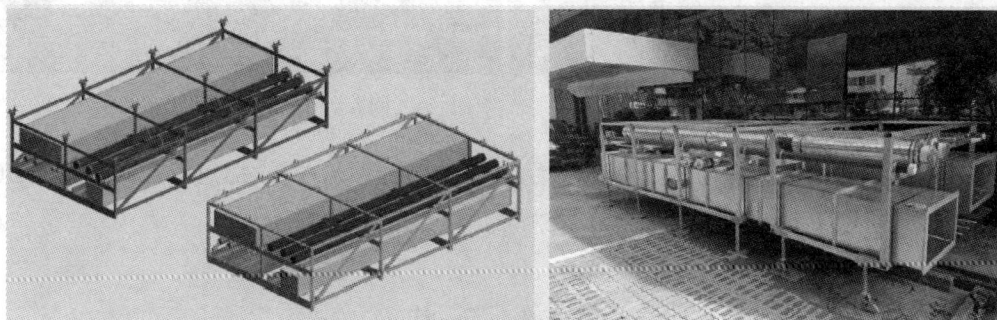

图6-37 机电模块设计加工流程

由于使用功能变更为商务型酒店，在保温、隐私及环境噪声方面要求较高，通风管道利用了BIM技术模拟产品特性，减少试错成本，采用了镒辰自主研发设计的保温消声风管，以确保客房温度调控及降噪，有效减少热量损失降低能耗。

酒店为人员聚集场所，在消防、排烟、防火需求方面要求较高，风管桥架等配套产品同样先利用BIM技术模拟产品特性，减少试错成本，采用了镒辰自主研发设计的防火风管及防火桥架，以满足消防需求。

采用 BIM 深化模型并优化设计方案，实现材料成本控制，工厂预制件优化排版信息及数控加工数据，材料废料率有效控制在 10%～15%，如图 6-38 所示。

选型不合理需法兰10个　　　　　　　　　　　　　　按装配式优化仅需法兰4个

图 6-38　机电模块优化

工程施工采用 BIM 方案进行可视化信息模型搭建，装配落地效果标准化，通过碰撞检测、受力分析等优化设计检验方案可行性，通过工程模拟、安装详图指引等，确保最终工程结果与设计一致，如图 6-39 和图 6-40 所示。

模型图　　　　　　　　　　　　　　　　　现场图

图 6-39　机电模块信息化模型　　　　　图 6-40　机电模块实施效果

材料供应能力匹配现场装配进度，减少窝工/停滞现场，有效缩短工期，工程 65BD工周期由原计划 8 个月缩短至 6 个月。

## 参 考 文 献

[1] 杨思忠等. 建筑构件建造管理信息系统开发与应用项目 [R]. 北京市燕通建筑构件有限公司. 2017 年 11 月.

[2] 马智亮. 基于 BIM 技术的预制构件生产管理系统框架研究 [C]. 第一届全国BIM 学术会议论文集，2015.

[3] 苏畅. 基于 RFID 的预制装配式住宅构件追踪管理研究 [M]. 哈尔滨工业大学硕士学位论文，2012 年 6 月.

[4] 李天华. 装配式建筑全寿命周期管理 BIM 与 RFID 的应用 [M]. 工程管理学

报，2012（6）.

［5］管樬瑜. 无线射频技术在混凝土预制构件企业生产管理中的应用研究［J］. 建材发展导向（下），2013（6）.

［6］曾涛. 基于供应链的预制构件数字化精益建造平台研究［J］. 土木建筑工程信息技术，2013（5）.

［7］胡珉. 基于 RFID 的预制混凝土构件生产智能管理系统设计与实现［J］. 土木建筑工程信息技术，2013（3）.

［8］熊诚. BIM 技术在 PC 住宅产业化中的应用［J］. 住宅产业，2012（6）：17－20.

［9］杨思忠，任成传，刘兴华，陈峰. 装配式建筑预制构件厂设计与管理技术探讨［J］. 混凝土世界，2017（9）.

［10］张迪，郭宁，李伟，彭雄，杨思忠. 预制建筑构件生产企业转型升级对策分析［J］. 混凝土世界，2016（12）.

# 第7章　装配式混凝土建筑、机电模块化的施工与管理

## 7.1　引言

我国社会、经济的不断发展，对建筑物本身的施工周期、经济效益、绿色环保提出了更加严格的要求，建筑企业不得不通过应用新型的施工材料、精密化的加工仪器、先进的施工机械、创新型的施工工艺来最大限度地满足这样的要求。为此，"装配式建筑"也因其高效率、规范化、环保等特点进入了人们的视野，而要实现装配式建筑的前提条件就是构配件的预制化。装配式建筑中构配件的预制化依旧可细分为预制楼板、预制条板墙等土建结构板块的预制及机电管线及模块化的预制构件。与传统建造方式相比，装配式建造方式对施工的计划性和各部门的协调性提出了更高的要求；而构配件深化设计中的碰撞检查和材料统计工作量巨大，亟须解决方法。BIM 技术、虚拟现实和云计算等信息化技术为上述问题的解决提供了新思路，本章将对信息化技术在装配式建筑施工中的应用进行介绍，并提供相关案例。

## 7.2　装配式混凝土结构施工与管理

### 7.2.1　概述

相比于现浇混凝土建筑，装配式混凝土建筑涉及更多的相关方，需要进行更多的信息交流。例如：在深化设计阶段，为将各专业的信息进行集成标注于加工图中和保证构件的生产和安装条件，总包方、设计方和构件厂需要就构件的尺寸和埋件进行大量沟通；在生产和运输阶段，总包方、构件厂和运输单位需进行相互协调，保证构件按时到达现场；在安装阶段，构件的存储、吊装和技术交底也需要进行大量信息沟通。传统的交流

方式存在信息沟通不及时，错误率高和耗费人工多等不足，有必要引入信息化技术为装配式建筑设计、生产、施工提供高效的技术和管理手段。

## 7.2.2  应用场景

1. 虚拟预拼装

虚拟预拼装是基于高精度的 BIM 构件模型，包括图纸信息、物理数据、钢筋信息、预埋件信息、预留孔洞信息等参数信息，借助 BIM 应用软件将各个构件的安装工艺在计算机中进行的预拼装。预拼装是作为检查设计的合理性、验证工艺的可靠性、检核加工构件的精确性、保证施工质量的一种有效措施。就传统预拼装而言，采取已加工完成后构件，在既选定场地进行预拼装，其拼装过程需要耗费大量的人力物力及其时间。有鉴于此，探索一种低成本、高效率的智能化预拼装技术势在必行。目前，虚拟预拼装技术的研发已取得了长足发展，市面上涌现出多种基于 BIM 技术可用于虚拟预拼装的软件，其中较为知名且应用较广的有：

（1）Autodesk 公司的 Revit 系列软件。该软件是我国目前建筑行业 BIM 体系中使用较广泛的软件之一。该软件的特点是族库资源丰富和参数化程度高。进行虚拟预拼装时，可调用系统默认族库或企业相关标准族库，通过参数化的方式创建出符合工程要求的预制构件模型，拼装为整体后进行检查和校核。

（2）Autodesk 公司的 NavisWorks 系列软件。该软件能够将各类工程设计软件创建的数据，与各种几何图形和信息相结合，将其作为整体的三维项目，通过多种文件格式进行实时审阅。该软件可以进行虚拟预拼装，审查硬碰撞（物理意义上的碰撞）和软碰撞（时间意义上的碰撞），可以定义复杂的碰撞规则，并通过 3D 模型和动画能力直观演示出建筑和施工的步骤。

（3）Robert McNeel 公司的 Rhino 系列软件。该软件可以创建、编辑、分析和转换曲线、曲面和实体，并且在复杂度、角度和尺寸方面没有任何限制。该软件建模功能强大，尤其适用于创建复杂的预制构件模型，并对各类型预制构件进行拼装和干涉检查。

与传统实体预拼装相比，基于 BIM 技术的虚拟预拼装可以极大地节约时间及成本，避免安全隐患，达到相同的应用效果。虚拟预拼装技术应用可针对工程具体精度要求及特点分为两种形式，一种是以设计图纸为精确建模基础，另一种是以实际生产构件为精确建模基础。前者适用于一般精度要求的工程，例如整体式装配剪力墙工程或一般钢结构工程。对于大型复杂钢结构工程等有较高的精度要求的工程，可先采用以设计图纸为精确建模基础，再采用以实际生产构件为建模基础。前者与后者相比，优势在于较大地节省时间成本，而后者较好地考虑了生产加工误差对于施工效果的影响。应用中应以合理工艺为指导，与设计图纸位置相匹配，进行模拟预拼装，当所有构件预拼装完成后，检验整个过程及结果是否满足拼装要求。在整个预拼装实施过程中，应将施工误差及构件加工误差考虑在内，原则上以现行相关规范要求为底限，实际生产、施工水平为依托。虚拟预拼装技术中温度变化、应力等因素使构件产生相应的形变较难考量与模拟，需采用相应的技术措施加以解决。

2. 技术交底

目前我国装配式建筑仍处于推广阶段，许多施工企业对装配式混凝土建筑的施工技术和管理缺乏经验，而装配式建筑施工技术环环相扣、牵一发而动全身，若对技术理解不到位，可能对工程的质量和效率造成很大影响。在这种情况下，技术交底成为承上启下的关键环节，详尽准确的技术交底有利于工程的顺利开展，促进"减费增效"。

除图纸解说外，装配式建筑施工方案交底通常包括安装流程、套筒灌浆工艺等不便于用语言描述的内容。为充分理解装配式建筑施工涉及的新型、复杂的工艺，通常需要作业人员拥有良好的空间想象能力和比较丰富的施工经验，而实际上施工作业人员文化水平参差不齐，技术交底需要同时对工程技术人员、一线工人、非专业工作人员进行，仅仅依靠传统的图纸表达搭配口头阐述的方式可能无法达到预期的效果，不利于工程的开展。为解决上述问题，采用信息化技术对施工方案进行模拟，以可视化形式对施工过程中的难点和要点进行说明，对施工管理人员和劳务班组理解方案具有极大的帮助作用。对于采用新技术和工序复杂的部位，运用三维软件进行工序与工艺的模拟，可以使操作人员更为直观地了解整个施工工序的安排，清晰把握施工过程，为合理组织施工和提高建筑质量创造前提。

以下信息化技术已被广泛认可能够有效提升技术交底的质量。

（1）AR（Augmented Reality 增强现实）：AR 技术不仅能够展现真实世界的信息，还能将虚拟的信息同时显示出来，两种信息相互补充、叠加。在视觉化的增强现实中，利用显示器把真实世界与图形多重合成在一起，便可以看到真实的世界围绕着它。该技术通过头戴式显示器与有摄像能力的运算设备如便携电话连接，使用专用软件在施工现场中将虚拟图像投在现实物体上，实现对各个部件和分项的检查，另外通过增强现实的技术交底可以更真实地反映出施工工序的全过程。

（2）VR（Virtual Reality 虚拟现实）：VR 技术是一种多源信息融合的、交互式的三维动态视景和实体行为的系统仿真，通过能够追踪眼部动作和头部运动的专用头戴式显示器访问提前建立的精细三维模型，使用户沉浸到该环境中去。利用 VR 技术结合 BIM 模型，使体验者在虚拟工程现场中任意漫游，便于发现模型中存在的隐形缺陷，减少由于事先规划不周造成的损失，从而提高施工质量。与传统展示方式相比，在虚拟现实系统中可以自由行走，与模型对象进行交互，使体验者获得身临其境的真实感受，增强体验效果，降低传统的实体施工样板方面的投入。

（3）MR（Mixed Reality 混合现实）：以 BIM 数据为核心，将建筑信息模型、协同管理与混合现实技术有机地结合在一起，建筑模型可以锚定和重新锚定在物理环境中。借助 MR 技术，通过头戴式显示器将预先搭建的三维模型与现实场景相结合，设计师、工程师及施工人员，可以在项目中任何有利于观察的位置检查模型。借助 BIM 和 MR 技术进行建筑综合管线排布，可以在项目实体中检验其排布合理性，并以此对施工班组进行技术交底，减少返工，有效提高工程质量，消除施工难点。

中建一局集团建设发展有限公司承建的北京五和万科长阳天地项目使用 BIM+VR 技术进行技术交底，取得了一定的效果。该工程建设地点为北京市房山区，共包括 6 栋 21 层住宅、6 栋 11 层住宅及若干配套设施，其中住宅均采用装配整体式剪力墙结构，预制率达到 40%，预制构件类型包括预制外剪力墙、预制内剪力墙、预制叠合楼板、预制阳台板、预制楼梯、预制女儿墙、预制 PCF 板、预制隔板等。由于该工程施工作业面较大、预制构件数量多且安装工艺较复杂、工期紧张，项目部引入 BIM+VR 技术进行工程信息集成管理与项目方案模拟，捕捉项目风险管理的关键节点。在工程实施前，项目部根据工程特点制定了完备的 BIM 实施方案，在依托 BIM 技术进行深化设计的基础上，利用完善的深化模型进行预拼装并模拟施工工艺，对一些关键节点如套筒灌浆，利用 VR 技术对操作工人进行技术交底（图 7-1），完全杜绝了施工现场预制构件发生干涉碰撞的情况，并促进了预制构件的安装工作高速高质的完成。

图 7-1 典型工程 BIM+VR 应用展示

结合 BIM+VR 技术，设计成果移交给施工单位的后将不再是传统的图纸加文档数据，而是虚拟建造出来的项目模型，完全真实地还原了设计意图，施工人员可迅速找出施工重难点部位，并且快速分析出更加有利于施工的施工方案，提高了设计工作的效率。在施工过程中，不同专业不同结构段的技术人员在传统施工中往往会存在施工先后顺序、施工配合协作、施工经验等方面的问题，给项目的安全质量带来严重的影响。通过在 BIM 模型转换的虚拟场景进行漫游、查看、测量等操作，可以提前与施工各方进行沟通，做好施工方案，为施工的安全做好准备。

3. 预制构件质量跟踪管理

与传统现浇建造方式相比，装配式建筑预制构件的生产、运输、安装是在不同的时间、地点由不同的项目参与者完成的，而最终的建筑则要将所有信息进行集成。采用传统方式进行信息传递，项目人员难以获得构件的实时状态，增加了沟通成本和决策错误率，不利于成本管理、工期管理和构件质量追溯。为解决这些问题，射频识别技术（Radio Frequency Identification，简称 RFID）已在大量工程中进行应用，取得了良好的效果。RFID 是一种非接触式识别特定目标并显示其包含信息的无线通信技术，可通过无线电信号识别特定目标并读写相关数据，而无须识别系统与特定目标之间建立机械或光学接触，可方便地记录和读取构件信息。融入 RFID 技术的数字化施工信息管理系统可以实现预制构件从生产、运输到安装、运维各阶段的数据信息传递、交换、共享和集成。

北京天竺万科项目由中建一局集团建设发展有限公司承建。该项目为框剪结构写字楼，总建筑面积为 63 227m²，其中地下 18 511m²，地上 44 716m²，共分为 A、B、C、D 四栋单体。该项目地下 2 层，地上最高 9 层，结构高度为 35.5m。A、C 楼部分东、西外立面采用预制混凝土外挂板作为围护体系，如图 7−2 所示。

| 女儿墙部位外挂板 | 夹芯保温外挂板 | 无保温外挂板 | 镂空构造外挂板 |

图 7−2　外立面外挂板类型

该项目外挂板的种类和构造多样，且场地狭小、工期紧张，外挂板的生产、运输和安装对项目的施工管理具有很大挑战。为此，项目引入了数字化施工信息管理系统，希望从管理到技术通过全方位的信息化监控提高预制外挂板的施工速率。

该系统包括基于 Android 系统的数据采集终端及远程服务器。数据采集终端由微控制器、条码扫描模块、GPS 定位模块、触摸显示屏、蓝牙模块及通信模块组成，其中条码扫描模块主要由摄像头及条码解码软件组成。通过蓝牙模块，可实现与蓝牙 RFID 读卡器的连接，实现 RFID 标签扫描。远程服务器包括数据库、报表模块、通信模块及账户管理模块，永久保存构件信息。预制构件的信息存放于远程服务器，基于移动互联网，在对应的权限下，可以随时对构件的质量信息进行溯源查询。该系统可依次对预制构件出厂、运输、进场、吊装所有环节进行跟踪管理。主要流程如下：

（1）出厂环节：通过 RFID 扫描识别，完成预制构件基本信息的录入，包括构件类型、安装位置、质检结果等。所有信息录入完成后，上传至远程服务器。

（2）运输环节：通过车辆芯片的识别添加运输汽车的信息，包括车牌号、司机等信息。确认车辆信息后，对准备出厂的预制构件进行扫描添加，自动完成预制构件与车辆的关联及出厂登记。GPS 定位模块实时对运输车辆位置进行跟踪，运输途中可随时对车辆位置、车辆信息及所载预制构件信息进行查询。

（3）进场环节：通过扫描识别车辆信息，由进场管理员进行核实，验证通过即可对车载的预制构件进行扫描，自动完成进场登记。进场扫描结束，系统自动对车载构件进行清点，确认全部进场登记。

（4）吊装环节：通过扫描获取构件信息，包括预制构件安装位置及要求等属性。吊装完成后由吊装管理员进行质量检查，并将结果上传服务器。

信息化系统的应用，实现了该项目中预制构件生产、质检、发货、运输、进场和安装等关键节点信息的实时更新，使项目参与方能够及时掌握预制构件的状态，提高了预制构件管理水平和施工效率，达到绿色、安全、文明施工的目的。

4. 套筒灌浆质量信息化管理

目前灌浆连接施工质量管理手段存在很多问题：

（1）套筒灌浆饱满度无法有效检查且劳动量大，施工完成后，检查人员只能通过肉眼逐个观察出浆口是否有灌浆料，并用小细棍抽检，不能有效检查出套筒内部是否饱满。一层的套筒数量少则几百，多则上千，一层检查下来，检查人员劳动负荷很大，检查力度及有效程度会下降。

（2）灌浆检查资料不能及时准确完成制作。施工层施工时，资料人员及监理人员只能先拍照，储存在相机里，必须等到施工完成后，才能回到办公室整理资料，此时资料照片繁多，不易整理，且易出错。

（3）灌浆施工不能准确追溯。施工完成之后各方人员拍照留存资料，资料不能有效对应墙板编号，不能准确查找到施工人员及监理人员。

北京燕通采用装配式构件信息管理系统（PCIS 系统）实现与灌浆饱满度检测仪的无缝对接，进行信息实时上传，不仅及时检验了灌浆饱满度，还能准确上传检测结果到信息化系统进行信息储存，可以根据上传资料随时检查灌浆施工的质量，如图 7-3 所示。

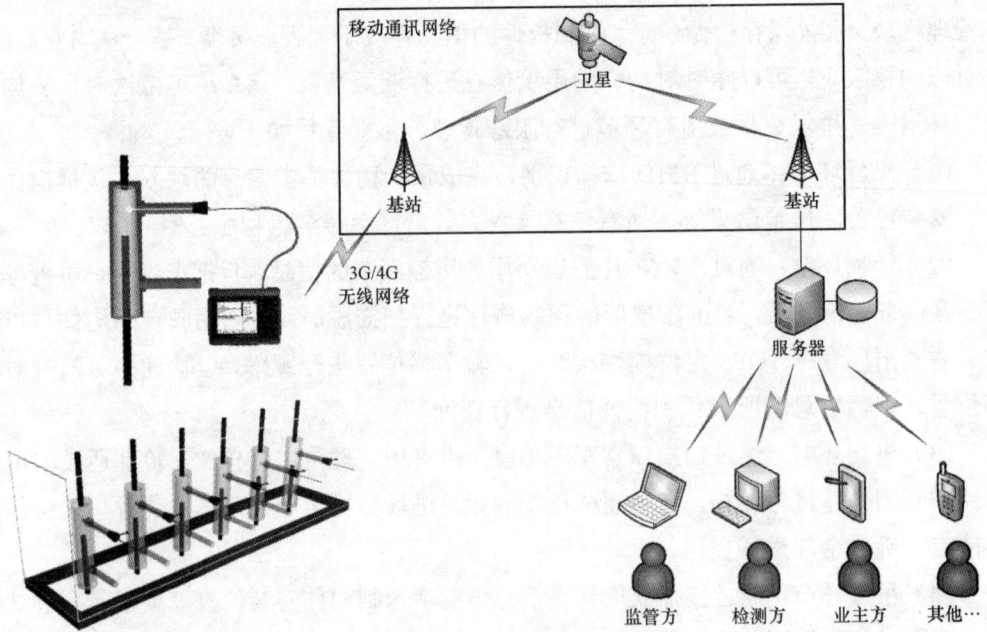

图7-3　上传原理

灌浆饱满度检测仪操作简单，原理易懂。灌浆之前将检测探头放入上排出浆口任意一处，灌浆完成后用灌浆饱满度检测仪的导线夹连接检测探头上的外露导线，如图7-4所示。若探头被浆料完全包裹，则不能向外发送波段，检测仪屏幕上则显示平滑直线，表明灌浆饱满；若探头未被浆料完全包裹，则向外发送波段，检测仪接受波段信息后屏幕上则显示波浪曲线，表明灌浆不饱满。检测结果在联网状态下可实时上传，形成检测资料，如图7-5所示。

检测探头　　　　　　　　　灌浆饱满度检测仪

图7-4　灌浆饱满度检测仪

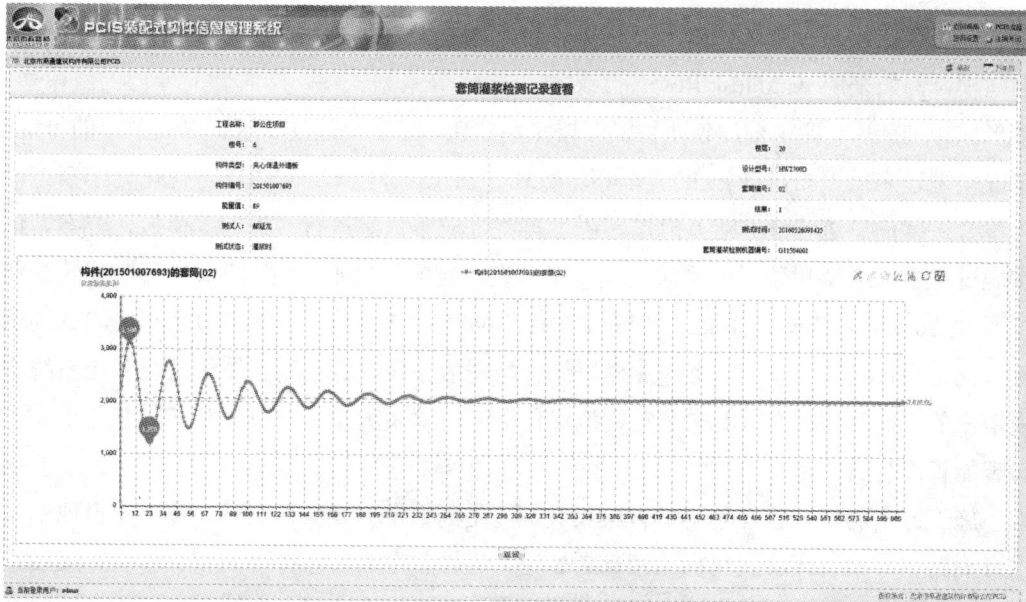

图 7-5 套筒灌浆检查记录

根据《京建法〔2018〕6号》中规定"工程总承包单位或施工单位应加强套筒灌浆连接质量控制。灌浆前,应在施工专职检验人员及监理人员的见证下,模拟施工条件制作相应数量的平行试件,进行抗拉强度检验,并经检验合格后方可进行灌浆施工。灌浆操作全过程应由施工专职检验人员及监理人员负责现场监督,留存灌浆施工检查记录(检查记录表格详见附件)及影像资料。灌浆施工检查记录应经灌浆作业人员、施工专职检验人员及监理人员共同签字确认。影像资料应包括灌浆作业人员、施工专职检验人员及监理人员同时在场记录。建设单位、工程总承包单位或施工单位应组织相关参建单位对灌浆施工工序进行抽查,并形成检查记录"要求,信息化系统针对性地进行配置优化。北京燕通 PCIS 系统下的微信子系统通过燕通微信公众号中的 App 小程序,用手机拍照后可以实时上传到信息化系统中,并生成表格资料,做到了灌浆照片资料实时上传、可随时下载打印形成纸质版资料进行存档,达到了准确锁定施工人员、监理人员、总包人员的要求,灌浆施工实现了精准追溯,能有效增强管理人员对灌浆施工质量检查的责任感。

5. 施工方案智能管理

传统施工方案制定采用文字描述结合平、立、剖面等二维形式展现,基于规范、施工经验、实际工程特点进行布置,缺少三维效果及方案可行性直观模拟,对于方案的技术可行性、拟用机械设备及施工方法的合理性缺少有效的验证。目前基于 BIM、Navisworks、3DMAX 等技术的施工方案智能管理可实现模拟施工方案的重要过程,通过三维动态的方式直观展现出来,实现对方案的可行性进行检验,优化施工方案,并对

175

方案实施全过程进行智能化管理。施工方案智能管理是充分利用相关 BIM 软件特性精准建模，例如采用 Autodesk Revit、Tekla、Rhino 等系列软件，同时建立专门的族模型，并形成标准族库，便于推广使用；族库按照参数化、标准化建立，达到提高效率的目的。精准模型建立后根据具体施工方案并结合 3DS MAX 等技术进行 3D 可视化施工模拟，可整合进度信息进行 4D 施工模拟，还可再整合成本信息进行 5D 施工模拟，方案具体实施过程中可结合相关管控系统实现方案从设计到实施的整体智能管理。目前建筑行业可通过 Autodesk Revit、Tekla、Rhino、Navisworks、3DMAX 等软件实现包括 3D 场地漫游优化临设场地布置，群塔作业模拟结合防碰撞系统、防倾倒系统等安全管控系统实现塔吊的智能管理，施工电梯布置模拟优化资源运输及人员通行交通组织，其他重大方案智能管理等目的。

施工方案的智能管理包括从方案设计、优化到整个方案实施管控，通过虚拟现实技术直观阐述方案设计阶段包括施工部署、施工流程、施工工艺在内的完整施工方案设计内容，为施工方案的选择和优化提供重要依据。后期实施过程中根据各方案的特性结合目前通行的管控系统，实现这个方案的智能管理，从而实现项目的进度、成本、安全目标，为企业创造价值。

### 7.2.3 应用案例

1. 北京北汽顺通保障房项目

（1）应用背景。中建一局集团建设发展有限公司（简称一局发展）成立于 1953 年，现有员工 6000 余人，注册资本 10 亿元，净资产 17 亿元，资信等级 AAA 级，银行授信总额达 64 亿元，具备资产负债率比行业平均水平低约 10 个百分点的优良经营质量。2012 年，一局发展成为全国首批获得房建新特一级资质的企业，并拥有房屋建筑工程施工总承包特级资质和建筑行业（建筑工程）甲级设计资质，实现了公司从"建造商"向"建筑产品综合服务商"的华丽转型。

北京市北汽顺通路保障房项目由一局发展承建，为国家重点研发计划绿色建筑和建筑工业化重点专项科技示范工程。地上建筑面积约 9.2 万 $m^2$，共包含 7 栋装配整体式剪力墙结构高层住宅及若干配套设施，各住宅单体预制率达到 40% 以上，装配率达到 60% 以上。主要预制构件类型包括预制夹心外墙、预制内墙、预制叠合板、预制空调板、预制楼梯、预制外墙角模、预制女儿墙等，预制构件总计 540 种 22 464 件。

由于各类构件总数较大，各专业条件较复杂，应用传统二维设计模式不能很好地适应深化设计的庞杂工作，也无法直观地判断碰撞、冲突情况；各类预制构件连接节点较为复杂，二维技术交底考验作业人员的想象力和工程经验，不利于工程的开展；工厂及施工现场堆放构件量大，人工很难合理地规划生产进度与运输、堆放进度，一旦出现问题也很难进行责任追溯。

（2）应用信息化系统及主要功能。该工程建设过程中主要应用了 Autodesk Revit、Autodesk Revit Live、Autodesk Navisworks、装配式混凝土建筑施工管理平台等系统，这些系统及其主要功能有：

1）Autodesk Revit 系统。一局发展自 2014 年开始依托该系统进行装配式建筑深化设计的研究，并形成了自主研发的三维参数化构件、钢筋、预埋件族库，建立了基于 BIM 进行预制构件深化设计的工作方法。在装配式混凝土建筑施工领域，该系统可用于预制构件的精细深化设计、构件碰撞检查、三维展示等，如图 7-6 所示。

2）Autodesk Revit Live 系统。一局发展公司自 2014 年开始将该系统用于远程同步 VR 展示等，如图 7-7 所示。

图 7-6 使用 Revit 软件进行
预制构件深化设计

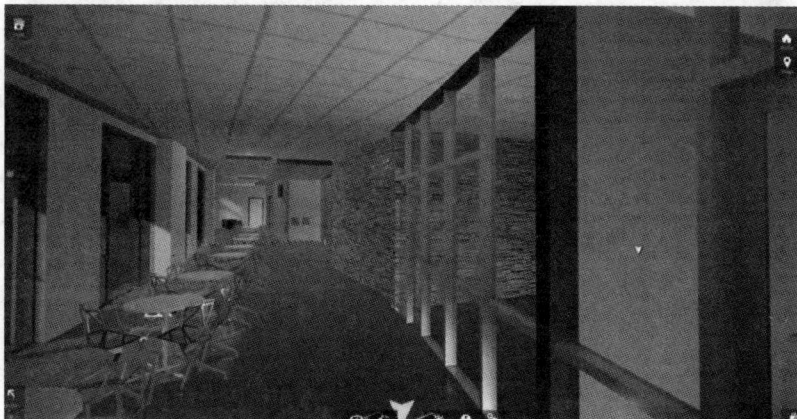

图 7-7 使用 Revit Live 软件漫游展示建筑内部构造

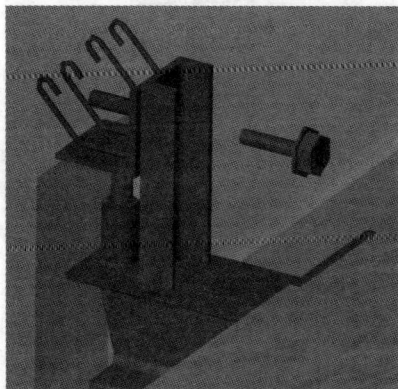

图 7-8 使用 Navisworks 软件模拟关键
连接节点施工工序

3）Autodesk Navisworks 系统。一局发展自 2014 年开始将该系统应用于装配式混凝土建筑施工领域，可用于预制构件校核、模拟施工、三维展示等，如图 7-8 所示。

4）装配式混凝土建筑施工管理平台。该平台为一局发展自行开发，自 2017 年起在公司各装配式项目推广应用。

该平台能够将采集到的数据进行整合，提取有用信息，并使各部门能够顺畅地进行信息交流，方便不同企业对工业化项目设计、深化、施工全过程

177

的进度、质量、安全和人员配置等进行实时监测和精准管理，实现不同企业不同过程不同阶段的协同工作，如图 7-9 所示。同时，通过管理平台大数据的整合分析，实现对施工质量、安全等各项工作的持续改进。

项目详情

| 项目名称：001 | | 项目经理： | | 效果图：无 | |
|---|---|---|---|---|---|
| 项目地址： | | 设计单位： | | | |

图纸列表

| 序号 | 构件ID | 构件名称 | 构件类型 | 流水段 | 创建时间 | 上传人 | 变更次数 | 构件模型图 | 图纸 | 操作 | |
|---|---|---|---|---|---|---|---|---|---|---|---|
| 1 | 50 | 构件8 | 预制外剪力墙 | 1段 | 2016-11-12 | 超级管理员 | 0+ | 查看 | 查看 | 编辑 | 删除 |
| 2 | 49 | 构件7 | 预制外剪力墙 | 1段 | 2016-11-12 | 超级管理员 | 0+ | 查看 | 查看 | 编辑 | 删除 |
| 3 | 48 | 构件6 | 预制外剪力墙 | 1段 | 2016-11-12 | 超级管理员 | 0+ | 查看 | 查看 | 编辑 | 删除 |
| 4 | 47 | 构件5 | 预制外剪力墙 | 1段 | 2016-11-12 | 超级管理员 | 0+ | 查看 | 查看 | 编辑 | 删除 |
| 5 | 46 | 构件4 | 预制外剪力墙 | 1段 | 2016-11-12 | 超级管理员 | 0+ | 查看 | 查看 | 编辑 | 删除 |
| 6 | 45 | 构件3 | 预制外剪力墙 | 1段 | 2016-11-12 | 超级管理员 | 0+ | 查看 | 查看 | 编辑 | 删除 |
| 7 | 44 | 构件2 | 预制外剪力墙 | 1段 | 2016-11-12 | 超级管理员 | 0+ | 查看 | 查看 | 编辑 | 删除 |
| 8 | 43 | 构件8 | 预制外剪力墙 | 1段 | 2016-11-12 | 超级管理员 | 0+ | 查看 | 查看 | 编辑 | 删除 |

图 7-9 使用"管理平台"实时精确管理预制构件

（3）应用范围。本工程施工全过程采用了信息化技术。在装配式建筑深化设计阶段：

1）深化设计。利用 Revit 平台高效、高质地完成预制构件的深化设计，在三维空间精确完成构件内的钢筋与埋件的布置和避让，如图 7-10 所示。

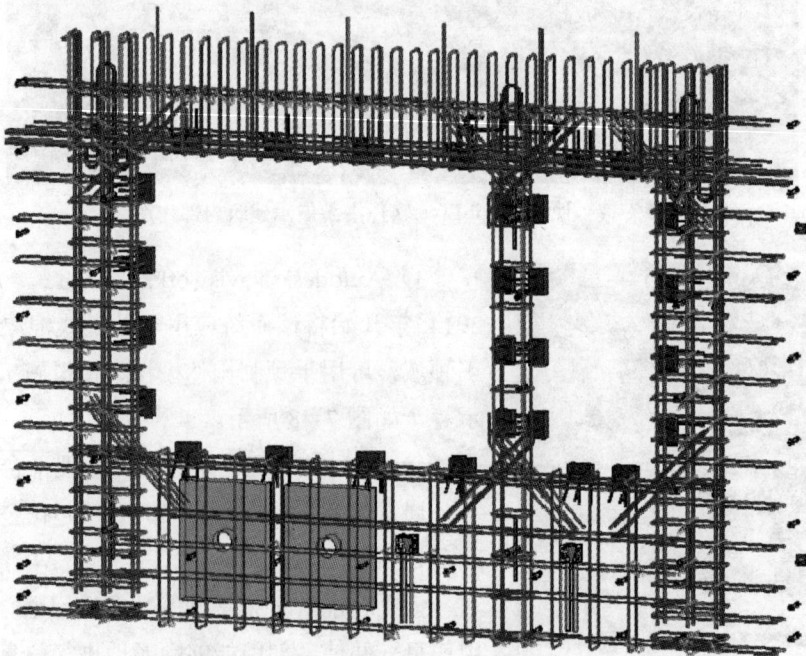

图 7-10 预制剪力墙构件钢筋及预埋件布置模型

2）预拼装和碰撞检查。将在 Revit 软件中制作的预制构件模型导入到 Navisworks 中拼装进行碰撞检查并生成报告，两种软件间可以一键互导，因此可以在发现问题后及时修改并进行复查，如图 7-11 所示。

图 7-11　标准层预制构件预拼装

3）构件纠错。在 Navisworks 中对预制构件进行校核，检查构件是否存在设计错漏或缺陷，如图 7-12 所示。

图 7-12　检查预制构件预埋件布置

在装配式建筑施工阶段：

① 可视化交底。利用 Navisworks 生成施工模拟动画对装配式建筑工程进行全方位展现，对施工细节进行可视化的交底和方案论证，发现施工中存在或可能出现的问题，如图 7-13 所示。

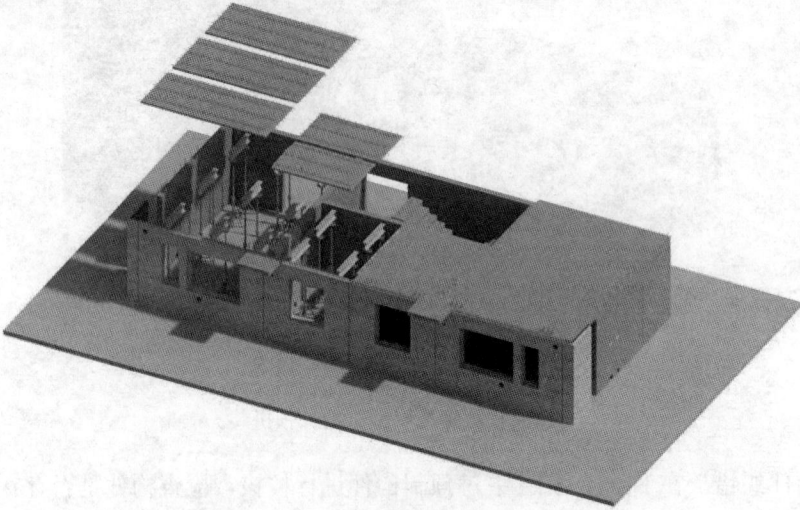

图 7-13 对样板间的搭设过程进行模拟

② 可视化辅助施工。利用 Revit Live 软件进行沉浸式 VR 展示，模拟装配式建筑关键施工工艺和整体流程，精准展示各类型预制构件安装部位和安装方式，更高效地帮助施工人员领会设计意图，如图 7-14 所示。

图 7-14 利用 VR 展示标准层施工流程

③ 同步交互。利用 Revit Live 软件展示功能和 Revit 软件设计功能进行交互，项目

部技术人员使用工作电脑或移动设备如平板电脑可以实时查看模型，一旦发现问题，可以通过标记位置并添加注释的方式实时反馈至总部技术人员负责维护的中心模型中，软件会以高亮和闪动方式提醒工作人员注意出现问题的位置和描述，总部技术人员提出解决方案后及时对 Revit 模型进行调整优化，项目部人员再次开启 Revit Live 即可查看更新后的模型，如图 7-15 所示。

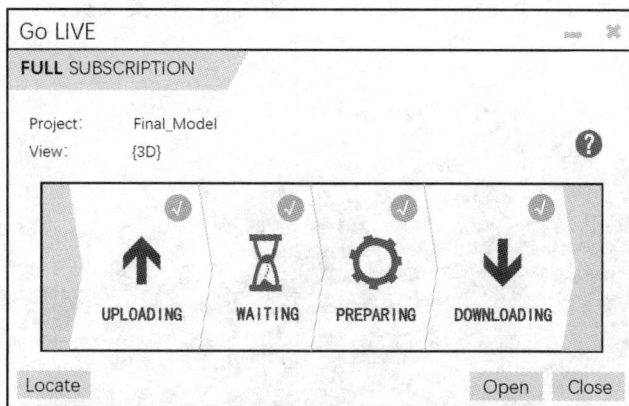

图 7-15　在总部 Revit 和项目部 Revit Live 间进行实时同步

④ 进度和质量管理。模型文件中包含的预制构件各项信息如材料用量、尺寸、重量等可按规定格式导出为 Excel 文件，并快速导入到装配式混凝土建筑施工管理平台中，并对预制构件的深化设计、生产、运输、安装等过程的进度和质量进行管控，所有信息均在平台上进行体现，进度实时调控，严守质量底线，如图 7-16 所示。

| 序号 | 构件ID | 构件名称 | 流水段 | 计划入场时间 | 实际入场时间 | 计划堆场位置 | 实际堆场位置 | 计划吊装完成时间 | 安装质检员 | 安装状态 | 安装质检补充说明 |
|---|---|---|---|---|---|---|---|---|---|---|---|
| 1 | 2 | PC2345(1) | 流水段2 | | 2018-11-29 09:14:02 | 场地1 | 场地1 | | 王志勇 | 合格 | |
| 2 | 5 | PC2345(4) | 流水段2 | 2018-09-16 | 2018-09-27 09:02:46 | 场地1 | 场地1 | 2018-09-16 | 超级管理员 | 合格 | 1的副本 4 |
| 3 | 6 | PC2345(5) | 流水段2 | 2018-09-16 | 2018-11-03 10:50:19 | 场地1 | 场地1 | 2018-09-16 | 王志勇 | 合格 | |
| 4 | 7 | PC2345(6) | 流水段2 | 2018-09-16 | 2018-09-24 21:48:40 | 场地1 | 场地1 | 2018-09-16 | 王志勇 | 合格 | |
| 5 | 8 | PC2345(7) | 流水段2 | 2018-09-16 | 2018-09-24 21:48:40 | 场地1 | 场地1 | 2018-09-16 | 超级管理员 | 合格 | 3的副本 |
| 6 | 9 | PC2345(8) | 流水段2 | 2018-09-16 | 2018-09-24 21:47:07 | 场地1 | 场地1 | 2018-09-16 | 王志勇 | 合格 | |
| 7 | 10 | PC2345(9) | 流水段2 | 2018-09-16 | 2018-09-24 21:46:15 | 场地1 | 场地1 | 2018-09-16 | 超级管理员 | 合格 | img-9b89f32420d3df40f8b9268358a32f89c |
| 8 | 11 | PC2345(10) | 流水段2 | 2018-09-16 | 2018-11-29 09:31:20 | 场地1 | 场地1 | 2018-09-16 | | | |
| 9 | 12 | PC2345(11) | 流水段2 | 2018-09-16 | 2018-11-28 17:28:10 | 场地1 | 场地02 | 2018-09-16 | 王志勇 | 不合格/修补 | |
| 10 | 15 | 123(1) | 流水 | 2018-09- | 2018-11-30 | 场地1 | 场地02 | 2018-09-15 | | | |

图 7-16　预制构件吊装管理界面

⑤ 预制构件智能化管理。利用 Revit 软件将典型预制构件组合在一起模拟施工现场中构件的可能堆放方式，如：按预制剪力墙总数量和平均尺寸规划堆放架的尺寸和容量，

以此计算出每个堆放架放满预制剪力墙的情况下所占用的场地宽度和面积，然后将此类信息通过 Excel 格式导入装配式混凝土建筑施工管理平台中，在平台中已存储有堆场数量和面积以及构件数量和运输进度等信息的情况下，自动规划出各个堆场的合理容量及每个构件堆放的合理位置，并自动引导货车司机在对应堆场位置卸车，如图 7-17 和图 7-18 所示。保证在安全的情况下使施工现场可以堆放足够的预制构件以满足快速施工的要求，当堆放构件不足或过量时及时通知构件厂改变发货量。

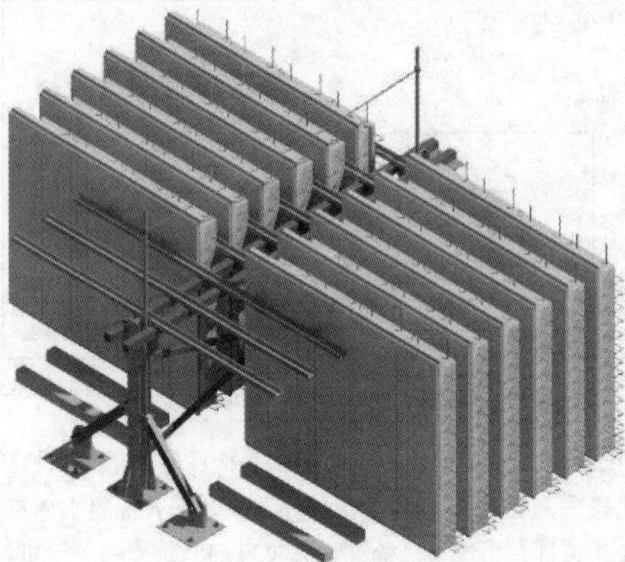

图 7-17  预制剪力墙构件堆放情况规划

图 7-18  预制构件堆放管理界面

（4）应用效果。信息化技术在本工程各环节的应用减少了错漏、返工现象，合理规划进度，节约了工程成本和周期，提升了工程质量。

在深化设计阶段，利用信息化技术进行深化设计，有效解决了传统设计方法中预制构件造型复杂、统计难、避让难、工作量大等问题，和过往同等体量工程经验中的传统设计方法相比，工作效率提高 55% 以上，占用人力减少 30% 以上，由于人工干预减少，图纸整体质量大幅提升。

利用信息化技术对预制构件进行预拼装，单层累计发现钢筋碰撞 80 余处，发现设计未留洞、留槽 30 余处，有效避免了施工现场返工和材料浪费，为项目节约工期约 15 天，为项目节约直接成本近 10 万元，间接成本数十万元。

利用信息化技术对预制构件错漏情况进行检查，确保所有预留预埋位置准确无误，最终施工现场未出现因预制构件预留预埋缺漏导致延误工期的情况。

在施工阶段，通过可视化交底，帮助项目工程技术人员和一线工人更好更快地掌握新工艺、新技术，促进了项目在诸如套筒灌浆等关键技术节点的规范施工，达到了质量与效率的双丰收。

可视化辅助施工。帮助工人快速识别构件位置和安装流程，只需扫描构件上的二维码，即可在三维模型中查看该预制构件的位置，避免了吊错构件、吊错位置，相比不使用信息化技术，提高了吊装效率约 15%，平均每周减少塔吊吊次 5%～10%，空出的吊次可用于吊装模板、钢筋等，进一步提高了施工效率。

同步交互。信息化技术帮助项目部和总部使用统一模型，避免了信息交互的延后性，更保证了信息的真实无损。本工程施工条件变更后，总部技术人员和项目部技术人员协同对模型进行修改，仅用很少时间就完成了所有调整，有力保障了本工程的实施。

进度和质量管理。预制构件可通过信息化平台全程追踪，运输者、验收者、操作者均可实时查询，保障质量追溯的可行性；工程图纸及时传递，所有信息详尽准确，平台对质量缺陷零容忍，保障了工程品质；生产、出厂、入场验收、吊装，每道工序均需扫码登记确认，哪一步出了问题、耽误了时间一目了然，帮助项目及时、合理地调整进度计划。

预制构件管理。计算机辅助人脑进行预制构件排布，让项目能够使用最小的面积放置足够多的预制构件；在预制构件吊装期间实时监控，及时通知构件厂调整生产计划或运输特定型号的预制构件至施工现场，保证项目堆场内至少存放有 1 层所需的全部预制构件，最终本工程未出现因缺少预制构件影响工期的情况。

2. 台湖工程二期工程

（1）应用背景。北京城建集团是以城建工程、城建地产、城建设计、城建园林、城建置业、城建资本为六大产业的大型综合性建筑企业集团，从前期投资规划至后期服务经营，拥有上下游联动的完整产业链。北京城建集团为"中国企业 500 强"之一，"ENR 全球及国际工程大承包商"之一。北京市台湖工程二期项目由北京城建集团承建。

通州台湖公租房项目二标段位于北京市通州区次渠路东，亦庄站前街南侧。装配式整体剪力墙结构，装配式装修，预制率达 68%，总建筑面积 21 7621.70m$^2$，总造价 8.655 亿元。共计 33 个单体建筑，其中住宅楼 16 栋，可提供 2328 套公租房。

该工程目前主要应用 Autodesk Revit、Tekla、Rhino 等系列软件建立构件模型，应用 Navisworks、3DMAX 等系列软件进行施工模拟，应用广联达开发的 5D 协作平台进行现场进度、安全、质量、成本管控。

（2）应用范围。

1）BIM 建模。方案设计期，统一各项协同设计标准、专业团队配置，实现全专业在三维环境下协同设计，如图 7-19 和图 7-20 所示；建立完整的工程项目的三维模型与信息数据库，仅标准层 PC 构件族库建模达 196 个，建筑、结构、装修、机电建模面积达 21 7621.7m²。结合可视化应用的不同需求，例如向业主汇报交流、技术协调、专项设计，实现较好的可视化展示和沟通协调效果，并根据反馈信息进行修正，为后续设

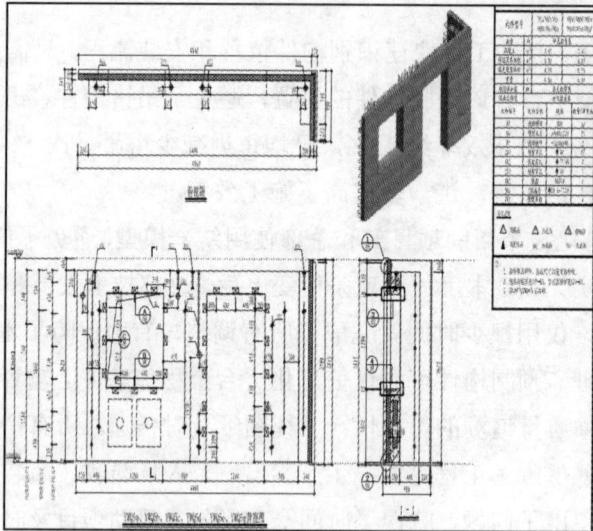

图 7-19　BIM 建模

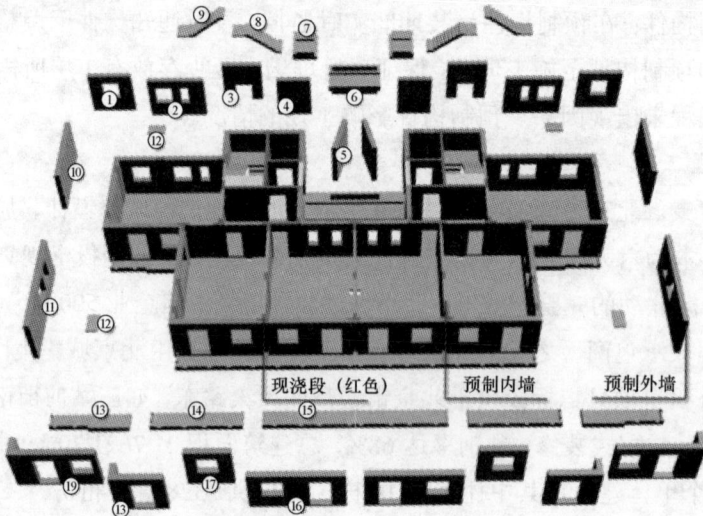

图 7-20　预制构件

184

计交付、协同管理、运维管理等夯实基础，保证了"全专业、全过程、全员"的三全BIM应用目标的实现。

以标准层为例，每一个构件都包括图纸信息、物理数据、钢筋信息、预埋件信息、预留孔洞信息等参数信息。

通过构件库的建立和维护，为今后类似项目提供了很好的素材支撑，提高了建模效率及 BIM 应用能力。BIM 模型精度要求见表 7-1。

表 7-1　　　　　　　　　　　　BIM 模 型 精 度 要 求

| 序号 | 专业工程 | 范围 | 模型精度 | 备注 |
|---|---|---|---|---|
| 1 | 总承包管理 | 全部 | LOD300-400 | 模型输出加工图纸 |
| 2 | 混凝土结构 | 全部 | LOD300 | 保证模型与图纸一致 |
| 3 | 预制构件 | 全部 | LOD400 | 模型输出加工图纸 |
| 4 | 机电 | 全部 | LOD300 | 保证模型与图纸一致 |
| 5 | 装饰装修 | 样板间 | LOD200-300 | 保证模型与图纸一致 |

2）深化设计。装配式建筑对前期设计要求很高，构造节点及连接方式繁杂，且为批量化生产加工，这就需要通过深化设计来确定节点、预留孔等这些细节问题，允许出错率很低，否则会为小的细节问题耽误施工进度，影响工期，进而增加费用。通过各专业模型信息整合，采用动画模拟、碰撞检查或预拼装等措施进行检查纠正，并对模型进行深化及优化，从而实现进度及成本目标，如图 7-21 所示。

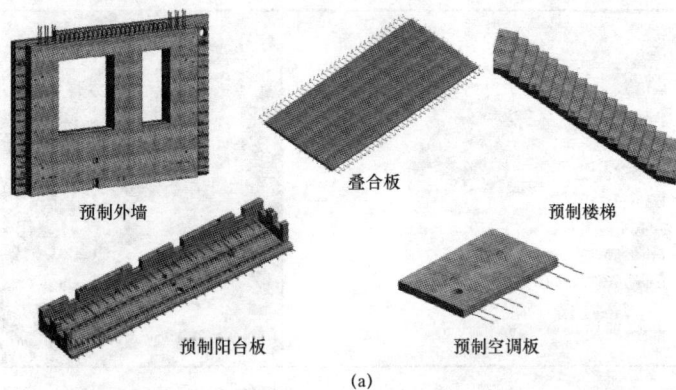

预制外墙　　　　叠合板　　　　预制楼梯

预制阳台板　　　　预制空调板

(a)

构件配筋图　　　　构件模型图

(b)

图 7-21　预制构件

185

3）构件管理。在已建立完整工程项目的三维模型与信息数据库的基础上，借助于北京燕通开发的 PCIS 系统及广联达开发的 BIM5D 系统，将 RFID 技术、BIM 模型与构件管理进行整合，从而实现构件从生产至安装的信息化、可视化管理模式，如图 7-22 所示。

| 1—埋设 | 2—脱模 | 3—检验 | 4—入库 |

| 5—装车 | 6—卸车 | 7—安装 |

图 7-22　构件管理流程

基于 BIM5D 系统可以实时掌握构件库存状态、吊装信息、安装情况、成品检验等情况（图 7-23），使项目管理人员对进度安排有了精确的数据支持，将构件的整个生命周期信息数据化，从而达到精细化管理的目的。

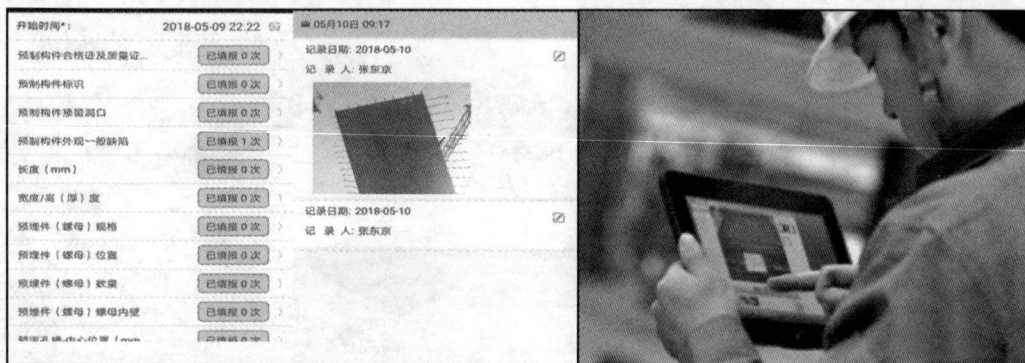

图 7-23　记录实测实量数据及查看

4）场地布置。装配式结构施工中构件材料的堆放是比较重要的环节，其中涉及车辆运输路线规划、塔吊旋转半径范围、堆放场地规划等问题，同时需要考虑与其他施工环节相联系。因场地环境复杂，堆场面积狭小，交叉作业频繁，同时为保障施工进度，确定施工现场 PC 构件堆放存量保持在 1~1.5 层，需要控制好构件进场的量。

在这样的要求下，通过 BIM 技术建立完整的场地模型，真实模拟现场施工时的构件堆放状态，最终确定构件堆场的摆放方案，确定了构件堆场的硬化面积。同时分析施工计划与实际现场施工信息，考虑用平板式运输车进行构件的运输，这就需要合理规划场地内的运输道路，利用 BIM 技术对构件运输进场进行真实模拟，针对模拟情况，调整规划路线，调整路宽、回转半径等信息，并最终确定了合理的堆放场地及其他施工用料场地，保证了各施工环节用料顺利进行，如图 7-24 所示。

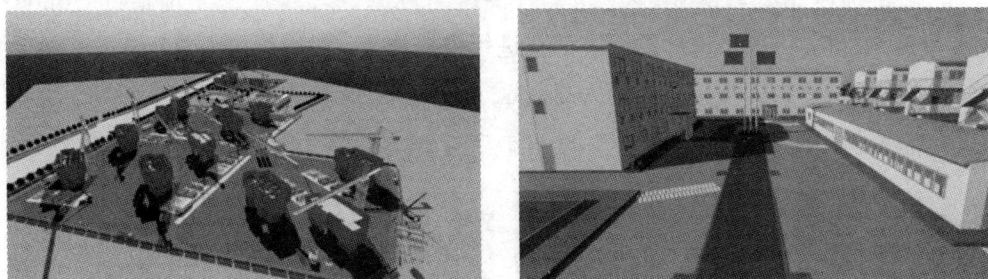

场地总体布置　　　　办公区、生活区布置

图 7-24　场地布置

5）碰撞检查。基于 Revit 软件建立高精度的 BIM 构件模型，以及各专业的 BIM 模型，将所有专业的模型链接导入 Revit 软件中。利用 Revit 自带的碰撞检查功能，可以很方便直观地查看构件之间的空间位置关系，是否有碰撞。主要针对构件里面的钢筋、预埋件、预留洞、斜支撑、机电管线、连接件等是否与自身及其他构件存在碰撞问题，如图 7-25 所示。

**台湖项目 BIM 机电 B2 问题报告**

| 地点 | | | 时间 | | | | |
|---|---|---|---|---|---|---|---|
| 问题 3 | 专业 | 图号及轴线 | 提问人 | 解决人 | 提问时间 | 回复时间 | 备注 |
| | 暖通 | C6-B2 通风 2.0；C6-6/C6-E | 季丽 | | 2017.2.23 | | |
| | 问题描述 | 排烟风管顶-7.200，穿梁 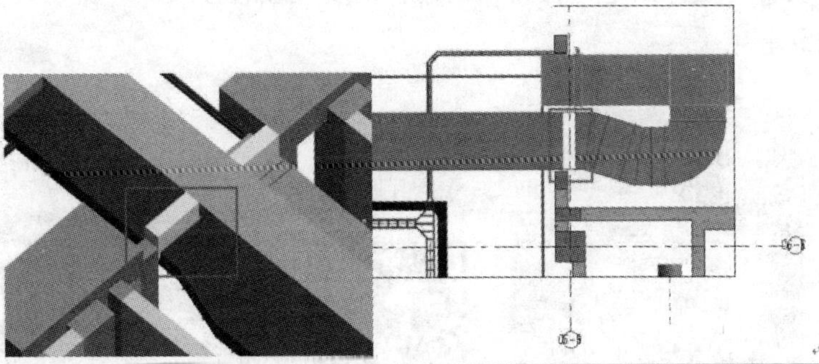 | | | | | |
| | 问题回复 | | | | | | |

图 7-25　碰撞报告

针对检查出的碰撞问题，进行汇总评审、协调设计，甲方、分包方召开 BIM 协调会，确认碰撞问题的解决方案，并形成深化设计的最终方案。

本工程共检查出碰撞点 200 多处，其中预制构件碰撞点 30 多处，调整构件图纸 10 张，达到了优化施工方案、减少后期图纸更改造成的返工的目的，确保了施工的有效进行。

6）施工模拟。由于本工程阳台挂板等装饰构件连接包含螺栓连接、焊接连接等，涉及连接件多达 30 余种，相较于传统工程，其工艺复杂，施工技术尚不成熟，经验不足，为质量控制带来较大困难。为了解决这一难题，项目在施工前借助 Autodesk Navisworks 软件，将各个构件的安装工艺进行模拟施工，对操作工人进行三维可视化的动态技术交底，让施工操作人员更为直观地了解施工工艺，提前掌握施工细节，保证了后续实际施工的顺利进行，如图 7-26 所示。

图 7-26　工艺模拟

7）RFID 技术应用。通过应用 BIM 技术结合 RFID 技术、北京燕通开发的 PCIS 系统及广联达开发的 BIM5D 系统，对于数量巨大的预制构件进行有序高效管理，减少在传统人工验收和物流模式下出现的验收数量偏差、构件堆放位置偏差、出库记录不准确等问题的发生，可显著节约时间和成本。

在预制构件的工业化生产中，采用 BIM 软件通过项目自定义编码，对单个构件实现唯一编码，在平台方便导出二维码，通过施工现场扫描可查看对应的构件信息、图纸、设计变更，同时对构件生产、验收、运输、安装过程进行跟踪，实现数字化施工管理，如图 7-27 所示。

图 7-27　二维码

8）BIM 5D 系统运用。基于 BIM 5D 的施工项目精细化管理工具，为项目的进度、成本、物料管控及时提供准确信息，便于项目管理人员基于数据进行有效决策，如图 7-28 所示。在施工过程中，采用 BIM 信息集成平台，实现以进度管理为主线，以质量管理、安全文明绿色施工管理、成本管理、总平面管理、文档管理为主要内容的施工过程综合管理。通过将项目管理信息与 BIM 信息集成，实现海量施工信息的集成和三维可视化查询，辅助施工过程管理，提高工程管理水平，保证工程的高效优质完成。

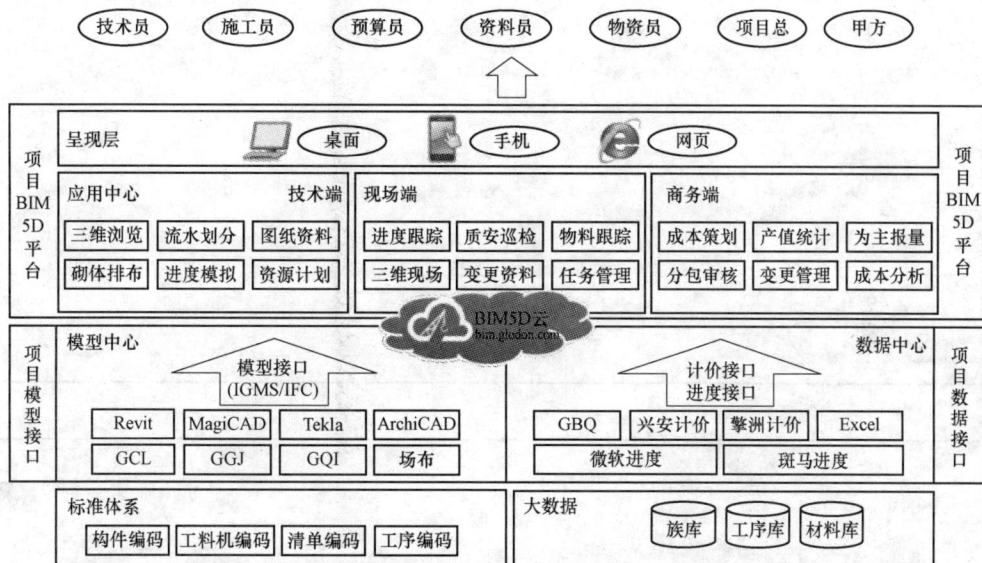

图 7-28　BIM5D 系统

应用广联达开发的 BIM5D 系统集成土建、机电、幕墙等多专业信息模型，承接 Revit、MagiCAD 等国际主流建模软件模型，无缝对接广联达 BIM 算量系列软件，如图 7-29 所示。

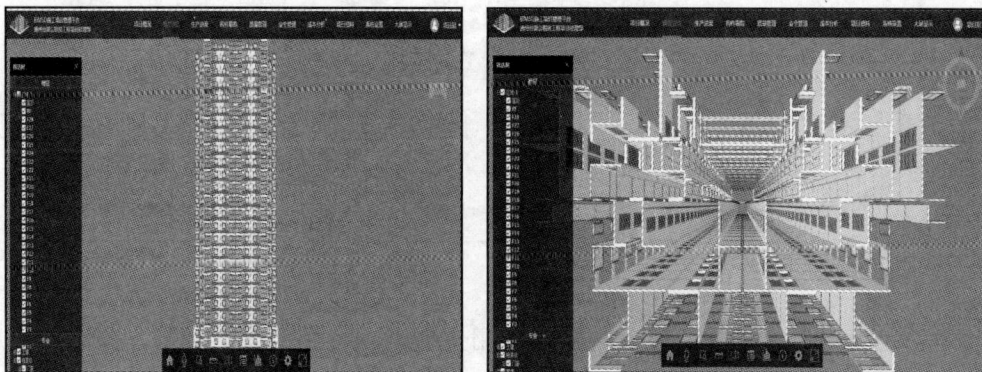

图 7-29　模型浏览

现场的质量、安全从发现问题到最终的问题解决，实现了整个流程的闭环。过程中，可以根据工艺工法库的检测标准进行质量控制，如图7-30所示。

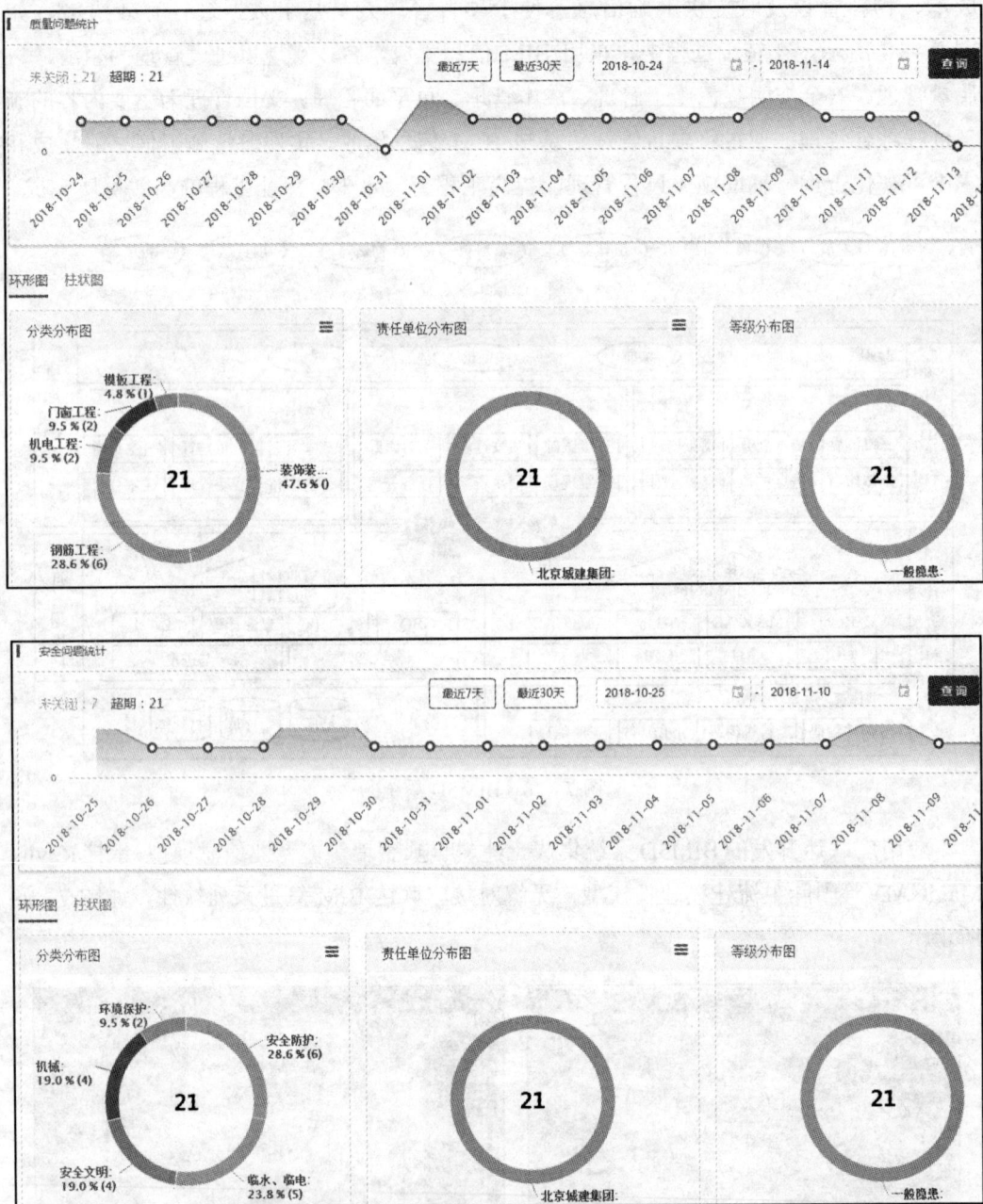

图7-30 质量安全管理

项目部通过工艺工法库及时查看与应用，实现项目施工统一标准，保证施工质量、减少返工。同时企业可根据积累的施工经验，形成企业内部的标准库，如图7-31所示。

190

图 7-31 标准库

9）变更模型维护管理。广联达开发的 BIM5D 系统，集成全专业模型，并以集成模型为载体，关联施工过程中的进度、合同、成本、质量、安全、图纸、物料等信息，可将施工图纸文档、BIM 模型统一纳入到 BIM5D 系统进行统一管理。将变更内容及时地反映到各类工程资料及 BIM 模型中，确保施工变更 BIM 模型与施工图纸文档的一致性。

（3）BIM 应用效果。

1）工期可控，提高效率。通过应用 BIM，实现设计阶段对施工阶段劳动力的综合分析，在对住宅产业化虚拟三维建造的过程中引入劳动力、物资和场地的概念，从而提高设计对施工的指导，减少劳务选择风险及因设计不合理而造成的施工进度滞后等问题，可有效控制并缩短工期。

2）信息化管理，提升效益。通过 BIM 技术的特性，采用合适的协同管理平台，实现了对现场施工的信息化管理，对预制装配结构施工起到了很好的促进作用，使得施工过程的管控更为精细化。利用 BIM 技术能有效提高装配式建筑的生产效率和工程质量，将生产过程各阶段参与人员和信息联系起来，真正实现以信息化促进产业化。

3）改善技术交底，培养专业人才。利用 BIM 可视化、参数化的特性，改善传统交底手段，使得技术交底更为精准高效，有利于提升现场工人的操作水平，方便了施工现场对分包工程质量的控制。本工程采用三维技术交底的方式，建立了产业化施工标准，拥有了产业化设计施工团队，培养了专业化人才，提高对工程质量的控制水平。

利用 BIM 技术能有效提高装配式建筑的生产效率和工程质量，将生产过程中的上下游企业联系起来，真正实现以信息化促进产业化。借助 BIM 技术三维模型的参数化设计，使得图纸生成修改的效率有了大幅度的提高，解决了传统拆分设计中的图纸量大、修改困难的难题；钢筋的参数化设计提高了钢筋设计精确性，提升了可施工性。加上时间进度的 5D 模拟，进行虚拟化施工，提高了施工现场管理水平，缩短了施工工期，减少了图纸变更和施工现场的返工，节约投资。

因此，BIM 技术的使用能够为预制装配式建筑的设计、施工、运维提供有效帮助，使得装配式工程精细化这一特点更容易实现，进而推动现代建筑产业化的发展，促进建筑业发展模式的转型。

## 7.3　机电模块化施工与管理

### 7.3.1　概述

2016 年 2 月印发的《中共中央　国务院关于进一步加强城市规划建设管理工作的若干意见》指出，加大政策支持力度，力争用 10 年左右时间，使装配式建筑占新建建筑的比例达到 30%。为此，机电行业提出了进行"机电模块化施工"的理念，即大型产品在设计阶段，就拆分为较小结构单元，或将复杂的产品，拆分为相对简单的单元，作为模块；通过模块的设计和生产，来优化产品工艺，提高效率。模块通常在工厂制造出来，通过运输、拼接、就位等一系列操作，最终在预定位置完成整体产品的再现，实现其设计的施工功能。

传统机电安装施工存在配件种类繁多、型号各异、施工空间狭小和难以进行标准件复制等问题，是制约工期和质量管理的重难点。采用机电模块化安装方式，可明显加快施工速度、降低材料损耗、提高工程质量，且模块化施工技术有利于保障生产安全。

### 7.3.2　应用场景

1. 模块化管井立管施工

立管模块化技术适用于堆放场地紧张、操作空间狭小、工期进度快等超高层项目。立管模块化的深化设计是整个立管模块化施工的关键核心，深化设计主要内容包括管井内的综合排布、管井内管组的受力和管道系统对结构的受力。

管井内的综合排布主要采用 Revit 软件进行建模、综合排布，过程中考虑管井内管道在设备、标准层与机组、板换和末端设备的接驳，调整管道的排布位置。根据现场楼层高度、运输路线、卷扬机选型等限制条件，计算单个立管模块的经济下限尺寸和最大允许上限尺寸；利用 Fabrication 软件对完成综合排布的管井内管道系统进行模块分组；运用 Midas 软件对设计的立管模块进行受力计算，确保立管模块构件尺寸、焊缝大小满足制作、运输、安装及系统运行过程中的受力要求。利用 Fabrication 软件将导出的单个立管模块加工图分解后输入车床中，利用等离子切割机、自动焊接机器人完成立管模块的加工。在车间完成加工制造后，利用 X 光对管道的接口进行探伤检测，有效防止未焊透、裂缝、气孔等问题产生。整个立管模块作为完整的模块在吊装、运输过程中要受到各种外力的影响，在模块出厂前对立管模块逐一进行转立试验。

立管模块运输到工地现场，利用塔吊的空闲时间将模块吊装到指定的楼层和位置。立管模块就位前，通过 iPad 中的综合模型，调整好立管模块的方向和位置，完成单个立管模块的吊装工作，如图 7-32 所示。

图 7-32　模块化立管安装

2. 模块化卫生间管架单元施工

卫生间内管线密集，水、电、暖、装饰等多个专业穿插作业，且界面复杂，施工难度很大。整体式卫生间管架模块可将卫生间洁具、给水、排水、电气系统集成到一个或若干个单元模块，并且为装饰装修专业预留各类装饰面板安装位置，如图 7-33 所示。

整体式卫生间管架模块的深化设计首先需要明确系统组成。系统包含给水管、中水管、排水管、通气管、电气配管、智能马桶盖、应急指示按钮等。利用 Navisworks 软件将机电模型与建筑装饰等其他专业模型进行碰撞分析，找出碰撞问题，同时通过施工模拟做好管架模块的施工交底工作。

整体式卫生间管架单元模块运输到现场后，与前期在地面预留的型钢导轨连接，做好管架模块在卫生间内位置与标高的微调；管架模块固定之后通过连接件做好管架模块之间及管架模块与卫生间预留管道的连接与接驳工作。上述工作完成后，做好管架单元模块的成品保护工作；装饰装修单位可以在管架单元模块之上通过预留的位置与装饰面板及洁具进行连接。

图 7-33　模块化卫生间管架单元

3. 机房整体管组、泵组单元模块式施工

机房内机电安装工程占很大工作比重。机房模块化方案可解决机房内的设备种类杂、数量多，综合管线排布复杂，安装条件差，焊接工作量大，材料设备堆放空间狭小等问题，将机房内的大量现场焊接吊装工作转换成机房内设备单元模块的拼装工作。

单元模块设计的主要内容是在现有机房内机电功能、建筑结构现有空间条件及运输路线的基础上，通过优化机房内设备与管道的综合排布、合理分割机房内功能单元模块，最大限度地减少机房内现场施工的工作量，保证施工质量。在进行机房内的模块化设计时，还应考虑动力设备的振动属性，通过方案的优化和调整减少设备模块的共振问题。

4. 预制组合泵组的制作及装配施工技术

（1）预制组合泵组的制作。泵组制作基于机房内 Revit 综合排布模型进行，加工厂不一定具备专业的暖通设备安装能力，项目要将设备、管道附件等材料的详细属性参数及施工质量验收规范交底给厂家，并委派 1～2 名专业技术人员进行驻场监工，在泵组制作过程中形成一系列的技术、质量跟踪文件。

（2）预制组合泵组的装配施工技术。预制组合泵组在工厂制作后，对机房内前置条件进行复核，通过平板电脑或手机端的综合排布模型指导现场机房管组和泵组的施工工作。预制组合泵组制作完后需要利用三维扫描机器人对制作的质量和安装的偏差进行扫描，应用 Navisworks 软件对现场制作的管组与模型进行误差分析，做到现场安装与模型的一致性。

### 7.3.3　应用案例——中国尊工程中的机电模块化施工与管理

1. 应用背景

北京市朝阳区 CBD 核心区中国尊项目总建筑面积为 43.7 万 m²，其中地下 7 层，8.7 万 m²；地上 108 层，35 万 m²。建筑高度为 528m，是集办公、会议多功能中心于一体

194

的综合性建筑，是北京市最高的地标性建筑。本项目立管体系、卫生间水系统和空调水系统均采用模块化安装工艺，取得了良好的效果。中国尊项目机电工程由中建一局建设发展有限公司承建。

2. 应用范围

立管模块化技术：从 6～102 层的空调系统主立管及消防栓系统的主立管采用预制立管形式施工。每 9m 长为一组预制立管管组，共计 222 组，总组数为国内之最，是国内首例可以配合钢结构整体顶升的预制立管体系。

整体式卫生间管架：从 B1～102 层所有楼层均采用预制卫生间模块体系施工。共计 172 个卫生间、1892 组预制卫生间模块。卫生间模块主要分为三类：洗手盆模块、小便器模块、坐便器模块。各类预制模块体系通过模块间的自由组合形成一个完整的功能模块。

此整体式卫生间管架工法为国内首例，并且已经被批准为专利产品。

预制机房整体管组：从 57～108 层的 102 个空调机房均采用空调水管道工厂预制化模块施工技术，共计 204 组空调水管预制模块，总组数为国内第一，如此大规模的预制空调水系统为国内首例。

3. 应用效果

（1）安装时间显著缩短，1.5h 可完成一节吊装，如图 7-34 所示。

（2）质量显著提高，工厂焊缝无损探伤 100%合格，从而提高工效 45%。

（3）安全性显著提高，减轻了工人的劳动强度。

（4）取得了显著经济效益。

Z15 中国尊项目管井立管模块化施工范围：7～102 层使用管井立管模块化施工，包括空调水、消防水、给水排水系统。管材包括无缝钢管、镀锌钢管；管道管径 DN65 至 DN600；管道数量总长约 13 365m；管井立管模块数量为 222 组。

工厂内加工组装

组装完成

图 7-34 管井立管模块化施工（一）

工厂内吊装实验

现场吊运

现场就位安装

现场安装完成

图 7-34 管井立管模块化施工（二）

管井立管模块施工代表了现在及未来现场模块化施工的方向，具有较好的社会效益。管井立管模块化施工在中国尊中高质量、快速度、高安全性的应用，为传统施工工艺带来重大变革。

整体式卫生间管架体系在实践过程中实现了每 3 人每天完成 4 个卫生间的超高效率；实现了机电安装工程与装饰装修工程交叉工作的完美搭接，降低了卫生间机电工程施工的降效损失，大幅提高了工人的作业效率与作业质量，如图 7-35 所示。

预制机房整体管组体系实现了每 2 人每天完成 8 个空调机房内管组的安装工作；实现了在空调机房内现场管道的"零焊接工作"，降低了现场产生火灾的风险，同时提高了现场工人的工作环境水平。该预制机房整体模块化极大地提高了现场机房内机电安装的效率与安全性，缩短了机房内作业时间和项目工期。

图 7-35　卫生间模块单元

# 第8章 钢结构构件生产与安装

## 8.1 引言

钢结构建筑以其强度高、自重轻、抗震性能好、工业化程度高、施工周期短、节能环保等特点，被广泛应用于基础设施、能源输送、交通运输、民用建筑等工程建设领域。

钢结构建筑的施工过程主要包括构件生产和构件安装两大阶段。目前，国内钢结构企业大多沿用传统的管理模式，主要依托会议、函件、检查等活动进行管理，存在信息未能有效共享、部分管理职责划分不清、交叉管理和重复统计时有发生、出现问题后相互推诿、工人劳动效率量化程度不高等诸多弊端，进而出现天天统计仍难免疏漏、辛苦工作仍效率不高、各司其职仍难免不必要的摩擦、频繁检查仍难以提高管控力度等尴尬局面。

迄今为止，许多企业深刻体会到传统管理模式已经不能适应新形势下的工程管理和决策需要，开始建立企业信息管理系统，用来加强信息资源的共享。随着信息技术的发展，以科技创新引领行业发展已经成为钢结构企业的共识，在钢结构施工管理中，BIM、物联网等技术已经得到应用，为钢结构企业提供了更有效的管理手段。

本章重点介绍钢结构构件在生产和安装管理过程中的信息化应用。

## 8.2 钢结构构件生产

### 8.2.1 概述

钢结构构件生产可划分为深化设计、材料管理、构件制造等阶段，各阶段又可以按照管理需要划分为若干个子阶段（如构件制造阶段又可以划分为零件加工、构件加工等子阶段），每个子阶段又可以划分为若干个工序（如拉杆件、做节点、图纸送审、材料采购、材料入库、材料出库、下料、组立、装配、焊接、外观处理、打砂、油漆等），如图8-1所示。

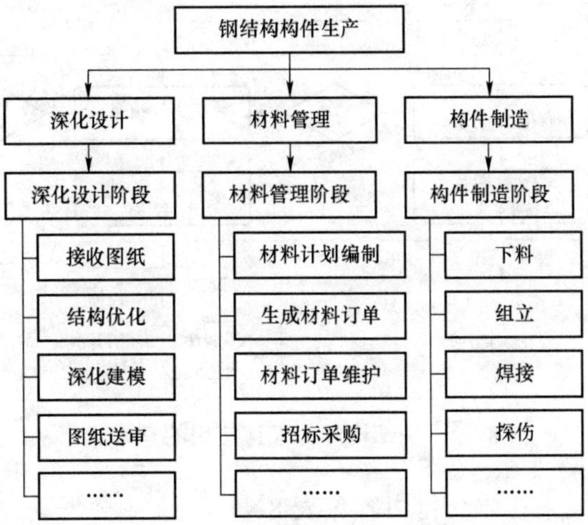

图8-1 构件生产阶段划分

钢结构构件生产过程中会涉及深化设计、生产管理、物资管理、技术管理、质量管理、物流管理、制造车间等多个专业和业务部门。信息化应用的核心价值就是要解决各阶段的协同作业和信息共享问题，使不同岗位的工程人员可以从信息系统中获取、更新与本岗位相关的信息，既能指导实际工作，又能将相应工作的成果更新到信息系统中，使工程人员对生产信息做出正确理解和高效共享，起到提升钢结构生产管理水平的作用。

### 8.2.2 应用场景

1. 深化设计

钢结构深化设计也叫钢结构二次设计，是以设计院的施工图、计算书及其他相关资料（包括招标文件、答疑补充文件、技术要求、制造厂制造条件、运输条件、现场拼装与安装方案、设计分区等）为依据，依托专业深化设计软件平台，建立三维实体模型，开展施工过程仿真分析，进行施工过程安全验算，计算节点坐标定位调整值，并生成结构安装布置图、零构件图、报表清单等的过程。

钢结构深化设计应用的基本流程是：编制深化设计方案并组织开展深化设计工作，进行深化设计模型的建立、深化设计施工详图的绘制及管理等工作，如图8-2所示。

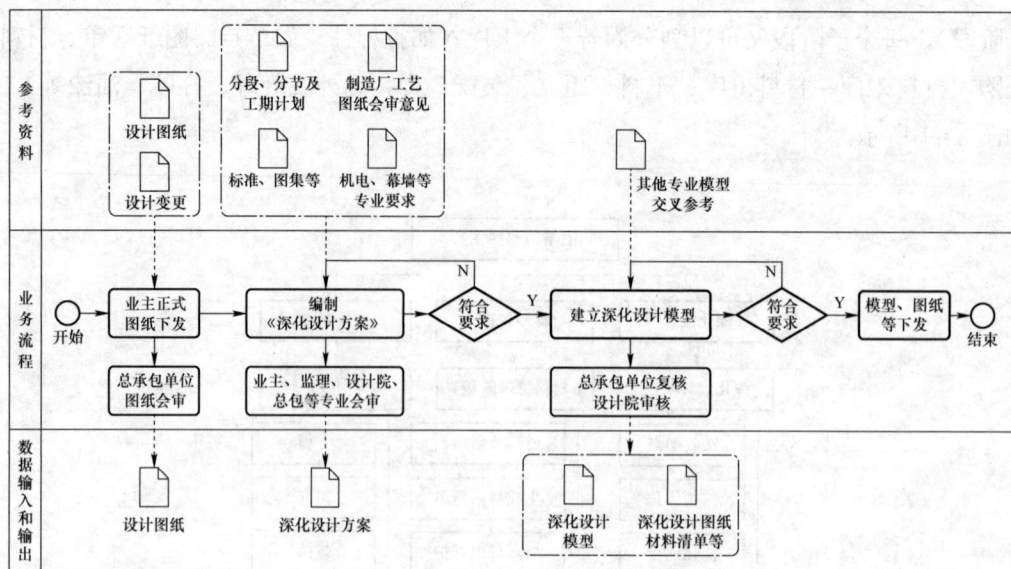

图 8-2　钢结构深化设计应用的基本流程

钢结构深化设计成果具体交付内容见表 8-1。

表 8-1　　　　　　　　　　　　　钢结构深化设计成果

| 交付内容 | 说　明 |
| --- | --- |
| 深化设计总说明 | 包括原结构施工图中的技术要求，设计依据，软件说明，材料说明，焊缝等级及焊接质量检查要求，高强螺栓摩擦面技术要求，制造、安装工艺技术要求及验收标准，涂装技术要求，构件编号说明，构件视图说明，图例和符号说明，其他需说明的要求 |
| 图纸封面和目录 | 按册编制，内容包含工程名称、本册图纸的主要内容、图纸的批次编号、设计单位和制图时间、图纸目录、版本编号等 |
| 深化设计模型 | 零构件三维模型 |
| 布置图 | 完整表达构件安装位置的详细信息 |
| 构件图 | 完整表达单根构件加工的详细信息 |
| 零件图 | 完整表达单个零件加工的详细信息 |
| 清单 | 根据已建立好的深化设计模型导出详细清单 |
| 其他 | 施工过程仿真分析与安全验算计算书；节点坐标预调值等 |

　　近年来，随着国内钢结构行业的不断发展、钢结构形体的日益复杂求新、工程质量要求的不断提高、制造安装手段的不断提高和完善，施工各环节对深化设计的要求和依赖也在不断提高。钢结构深化设计已由传统的"放样出图"延伸到施工全过程，主要体现在材料采购、制造、运输、安装等阶段。通过深化设计阶段，对工程结构、构件规格和材质、节点形式、制作工艺及安装工艺可行性等方面进行分析，提前考虑各方面因素，可以使整个项目在施工全过程的管理过程中具有预测性、全面性和技术合理性，具体见表 8-2。

表8-2　　　　　　　　　　　　　　面向施工全过程的深化设计要点

| 阶段 | 要点 | 内　　容 |
|---|---|---|
| 面向材料采购 | 钢材牌号选用合理 | 深化设计前期，以满足性能为前提，考虑钢材牌号、质量等级选用的合理性，对相应钢材进行替换、归并 |
| | 钢材附加指标合理 | 钢材热轧、冷拉、控轧等交货状态和正火、退火、淬火、回火等热处理工艺的选用应经济合理；钢材厚度方向性能、强度等指标应满足规范要求 |
| | 钢材采购经济合理 | 钢材采购尺寸（定宽、定长）应结合工艺排版要求，采购批次及时间周期应最具经济性 |
| 面向制造 | 防变形临时措施 | 选择合理的焊缝形状和尺寸、减少焊缝数量、合理安排焊缝位置 |
| | 焊缝设计 | 根据构件形式和工艺条件，考虑构件焊接连接形式、坡口方向，确定构件内部隔板的焊接方式的可操作性及焊接工艺，在图纸中清楚标示出每一个部位的焊缝形式、等级、探伤要求等相关信息 |
| | 涂装设计 | 考虑涂装体系及范围 |
| | 其他 | 考虑钢构件热镀锌工艺孔设置、防火材料选用、喷铝工艺措施等 |
| 面向运输 | 构件分段分节设计 | 根据制造、现场施工条件，考虑运输要求、吊装能力等，确定构件分段。分段单元从运输角度，在满足相应的运输方式尺寸限制情况下综合考虑现场施工成本和运输成本，确定构件分段分节尺寸 |
| | 构件运输措施设置 | 需要根据运输方案设置相应的临时措施，如设置绑扎用临时耳板等。针对一些工程构件易变形的特点，在深化设计时，在不影响原结构受力的前提下，可采取在柱内侧增加加劲板、桁架设置角钢加劲等措施 |
| 面向安装 | 螺栓现场施拧可操作性 | 在深化设计时必须考虑螺栓现场施拧的可操作性，主要有：钢梁与核心筒连接位置、钢梁与外框钢柱连接位置、钢梁与钢梁连接位置等 |
| | 构件安装方向合理性 | 在深化设计时必须考虑构件安装方向的合理性 |
| | 临时措施选用合理性 | （1）施工临时措施零件选用材料宜与母材保持一致；<br>（2）临时措施应考虑承载能力极限状态和正常使用极限状态；<br>（3）临时措施一般按埋件、竖向构件、水平构件三种类型设置，分焊接临时连接和螺栓临时连接两类；<br>（4）现场用焊接衬板的设计；施工用爬梯的设计；安全网挂钩的设计；搭设施工平台用钢筋环的设置与设计；安装用人孔和手孔的设计；钢柱灌浆孔和排气孔的设计；钢柱上端排水孔的设计；楼承板在外框柱位置的支撑措施设计等 |
| 面对土建、机电、幕墙等专业配合设计 | 综合考虑 | （1）深化设计过程中土建施工与钢构件之间的交叉部位繁杂，在深化设计中应充分考虑，避免交叉碰撞；<br>（2）机电系统是深化设计必须考虑的因素，如钢梁设备孔洞的开设，核心筒设备孔洞的预留；<br>（3）幕墙结构附着在钢结构之上，幕墙定位、连接件的连接、建筑边线的设计也是深化设计要考虑的因素 |

目前，钢结构深化设计软件主要有专业结构深化设计软件（如 Tekla Structures、BoCAD、StruCAD、SDS/2 等）和通用设计软件（如 AutoCAD 等）两大类。国内常用

的是 Tekla Structures 和 AutoCAD。

（1）以 Tekla Structures 软件为核心的应用。Tekla Structures 是一款三维钢结构模拟、深化设计软件，具有三维实体建模、三维钢结构节点细部设计、施工详图绘制、材料表单生成等功能。该软件具有多用户同步操作的功能，工程人员可以同时在同一个虚拟空间内搭建钢结构模型。厂房钢结构，框架钢结构，多、高层钢结构宜采用 Tekla Structures 软件进行深化设计。深化设计模型的建立是软件应用的核心，Tekla Structures 软件建模流程见表 8-3。

表 8-3                 Tekla Structures 软件建模流程

| 流程 | 内容 |
|---|---|
| 工程属性录入 | |
| 建立整体定位轴线 | |

202

| 流程 | 内　容 |
|---|---|
| 定义截面、材质库等 | 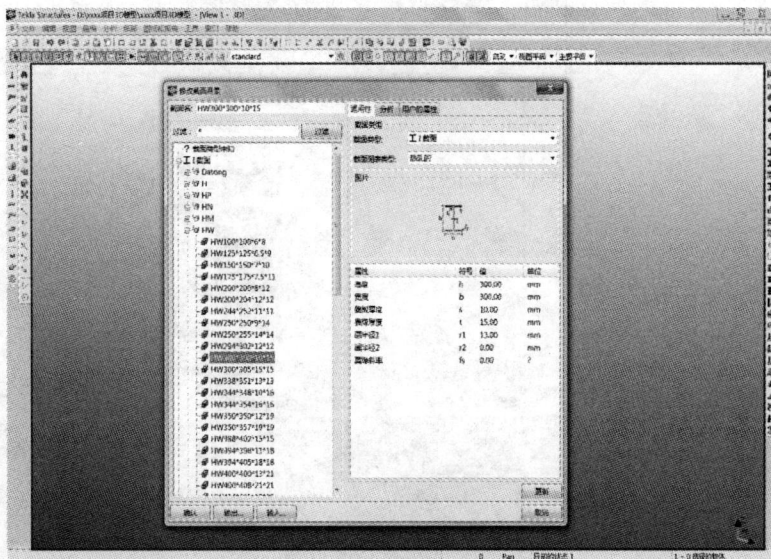 |
| 建立整体三维模型 |  |

| 流程 | 内　容 |
|------|--------|
| 模型审核 | |
| 碰撞检查 | |

| 流程 | 内 容 |
| --- | --- |
| 出图及送审 | |
| 出具清单报表 | |

（2）以 AutoCAD 软件为核心的应用。AutoCAD 软件具有完善的图形绘制功能、强大的图形编辑功能和较强的数据交换能力，可用于二维详图绘制和基本三维设计。该软

件具有开放的二次开发平台，工程人员可采用多种方式进行二次开发。目前，基于 AutoCAD 平台已经开发出了一系列钢结构详图设计辅助软件（如批量生成实体模型，导出材料表、坐标值，精确统计模型中各类材料的长度、重量，自动标注图纸尺寸、焊接与螺栓连接信息等），大大扩展了其三维模型的处理能力。弯扭钢结构、管桁架钢结构宜采用 AutoCAD 软件进行深化设计。深化设计模型的建立是软件应用的核心，AutoCAD 软件建模流程见表 8-4。

表 8-4 AutoCAD 软件建模流程

| 流程 | 内　　容 |
|---|---|
| 生成空间控制点模型，拟合空间网格曲线 | |
| 根据分段原则，合理划分构件单元 | |

| 流程 | 内　容 |
|---|---|
| 定义实体截面<br>并拉伸实体模型 | |
| 吊装单元划分、<br>制造单元划分 | |
| 绘制加工图等 | |

2. 材料管理

钢结构企业是典型的面向订单的工程型企业，生产由订单和项目驱动。钢构件的原材料——钢材，类别及材质多，按需订制的比例大。钢材在堆场均为开放式露天堆放，材料经风吹日晒雨淋，标识易锈蚀。受堆场库存能力等的限制，钢材的堆垛位置变动频繁，难于直观、实时、精确地掌握材料的位置信息。同时钢材出入库频繁，信息实时更新共享、动态管控的难度大，生产调度管理也因此缺乏数据信息的指导。钢材从入库、在库、出库、使用到形成钢构件产品的一系列操作都需要计入工程档案。以上实际业务需求在传统人工管理模式下难以实现，通过使用射频识别（RFID）、传感器、无线读写器等信息传感设备，以及配套使用的信息系统，可以化繁为简，实现材料的全生命期信息化管理。

在材料管理阶段，经深化设计处理的材料清单被编制成采购计划，采购计划进一步形成采购合同，按照合同组织材料采购。材料进厂后，通过库存管理系统（或模块）对材料进行验收入库，按照业务流程进行材料的在库、出库、退库、退货等管理工作，主要流程如图8-3所示。

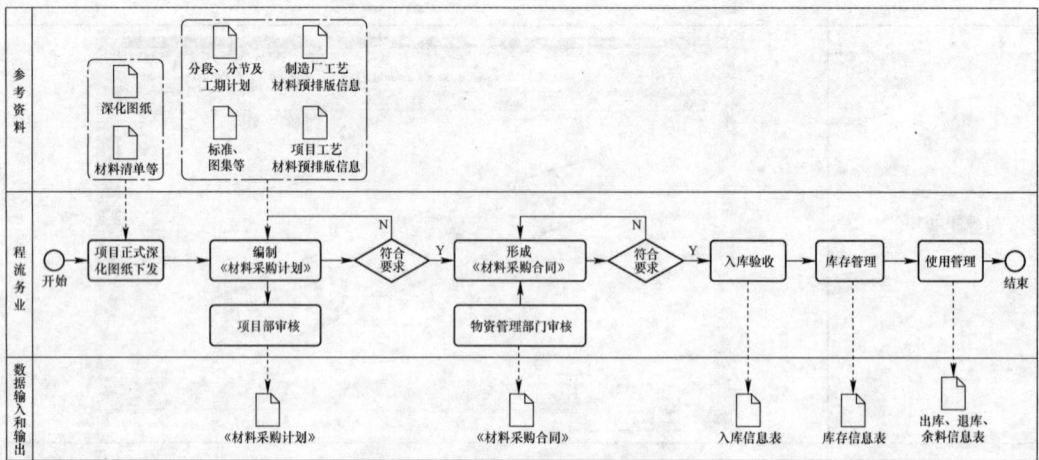

图8-3　钢结构材料管理应用流程

钢结构材料管理阶段成果交付的内容见表8-5。

表8-5　　　　　　　　　　　钢结构材料管理阶段成果交付内容

| 类型 | 信息 |
| --- | --- |
| 材料采购计划、合同 | 具体结构批次工期要求，包含采购量、送/到货日期等 |
| 材料清单 | 包括入库单、盘点表、退货单、出库单、退库单等 |
| 材料质量信息 | 材料质量追溯信息等 |
| 材料物流信息 | 材料物流追溯信息等 |

钢材的仓储管理与钢构件制造存在直接关系，其合理性、便捷性等不仅直接关系着制造任务的顺利进行，而且还影响着控制损耗的有效实施。材料存放可分环节实施控制：

（1）材料验收入库。依据合同确定所需钢材的项目名称、规格型号、数量等，质检人员进行验收并取样送检。若有探伤要求，须经现场探伤合格后方能验收。材料验收后，应建立物资验收记录台账、合格品入库手续等，不合格品根据合同规定进行退换处理。

（2）材料库存管理。钢材的存放，需根据其特性选择合适的存储场所，保持场地清洁干净，不得与酸、碱、盐等对钢材有侵蚀性的材料堆放在一起，做好防腐、防潮、防损坏等工作。根据库房布局合理堆放，尽量减少二次转运，尽量分类、分批次堆放，并明确标识。

（3）材料使用管理。材料领用和发放时，工艺人员应依照材料采购计划中的定制规格进行排版套料操作，开具材料领用单；材料发放人员应依照"材料领用单"发放材料；车间人员应依照"材料领用单"核对材料信息，核实无误后确认。

国内钢结构企业在材料管理信息化应用方面多为按企业实际流程和场景定制的库存管理系统，主要部署方式有两种：一种是自主开发的管理信息系统，如中建钢构有限公司（以下简称"中建钢构"）的钢材管理系统，另外一种是通过定制 ERP 软件的库存管理系统。其基本流程和业务核心均是以钢材的"收、发、存、领、用、退"为基础，在功能上具有相似性，其部署方式也相同。

在数据采集层，通过射频识别（RFID）、激光扫描器等信息传感设备，按约定协议，将钢材与互联网相连接，进行信息交换和通信，以实现智能化识别、定位、追踪、监控和管理。

在数据传输层，通过有线、无线、移动网络、局域网络等进行信息的传递，以实现信息的汇聚和远距离传输，并顺利到达系统中。

在数据应用层，通过信息系统将数据与人员联系在一起，并实现信息整合、处理、展现、使用等一系列业务操作，见表 8-6。

表 8-6　　　　　　　　　材　料　信　息　化　管　理

| 材料标签 | 材料信息绑定 | 信息读取 |

合同管理 → 进场验收 → 材料入库 → 在库定位 → 工艺排版 → 材料分配 → 材料申领 → 材料出库 → 余料退库 → 在库盘点 → 项目结算

"收、发、存、领、用、退"业务流程

引入物联网技术进行库存管理，简化了繁复的数据采集工作，将大量的重复性体力劳动从管理人员的职能中剥离出来，让管理人员有更多精力去从事管理工作，在大幅提高数据采集的及时性、准确性、可靠性的同时，也大幅提高了管控的效率和质量。

3. 构件制造

钢构件的制造过程具有明确划分加工工序的作业特点。随着社会生产力的发展，钢结构企业通过新设备的引进、对已有设备的改造以及管理方式的变革等措施，具备了与各自生产力相适应的加工条件和能力。在整个制造过程中，得益于施工数据的即时采集、传递、处理，并与BIM、物联网等信息技术进行集成、存储、分析、展现等，使整个制造过程能够更好地被管控。

钢结构构件制造应用流程如图8-4所示。

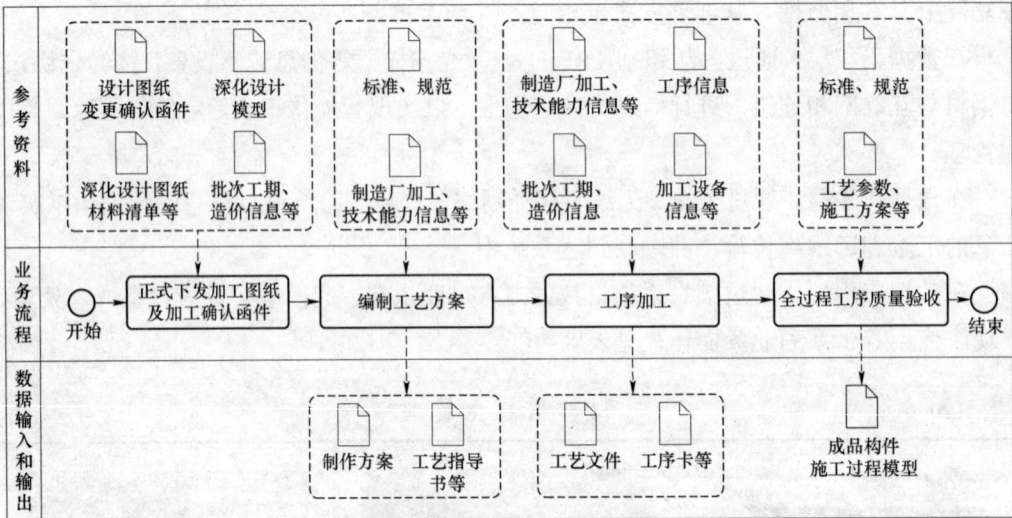

图8-4  钢结构构件制造应用流程

通过产品工序化管理，将以批次为单位的图纸信息、材料信息、进度信息转化为以工序为单位的制造信息，借助先进的数据采集手段，以信息系统为交流平台，提高数据处理的效率和质量。

钢构件制造管理阶段交付的内容见表8-7。

表8-7　　　　　　　　　　钢构件制造管理阶段成果交付内容

| 类型 | 信息 |
| --- | --- |
| 深化设计模型元素 | 项目结构基本信息，包含结构层数，结构高度等；结构分段、分节位置，标高信息等；项目结构批次信息，包含批次范围、工程量、构件数量等；具体结构批次的工期要求等 |

210

| 类型 | 信 息 |
|---|---|
| 施工过程模型元素<br>（材料管理阶段） | 材料采购计划、合同；材料清单；材料质量信息；材料物流信息等 |
| 生产批次清单 | 项目生产批次信息，包含批次范围、工程量、构件数量等 |
| 生产批次工期清单 | 具体生产批次的工期要求 |
| 生产批次分班清单 | 具体生产批次的分班信息，包含具体生产班组的工程量、材料、工期等 |
| 零构件加工工序清单 | 具体生产批次的零构件需要经历的工序信息 |
| 零构件模型 | 具体生产批次的所有零构件实体模型，包含零构件的属性信息，如材质、截面类型、重量等 |
| 零构件清单 | 具体生产批次的所有零构件详细清单，包含零件号、构件号、材质、数量、净重、毛重、图纸号、表面积等 |
| 零构件图纸 | 具体生产批次的所有零构件图纸，包含零件图、构件图、多构件图、布置图等 |
| 零构件材料物流清单 | 具体生产批次的所有零构件材料物流情况，包含材料计划编制、材料到场时间、堆场位置等 |
| 零构件工艺文件 | 具体生产批次的所有零构件工艺信息，包含打砂油漆要求、直发件要求、工艺排版图、数控文件等 |
| 生产批次造价清单 | 具体生产批次的造价信息，包含工程量、制造单价、人工费、设备费、劳务费等 |

4. 信息系统

通过信息化手段的应用，实现设计与制造的无缝对接，以自动化、智能化的手段达到生产效率的最大优化，这也是未来钢结构数字化加工的发展趋势。具体有以下几方面的应用点：

（1）按照深化设计标准、要求等统一产品编码，并按照企业自身管理规章等要求统一施工要素编码。

（2）应用三维计算机辅助设计（CAD）、计算机辅助工艺规划（CAPP）、计算机辅助制造（CAM）、工艺路线仿真等手段优化生产施工工艺。

（3）引进具有可编程逻辑控制器（PLC）的数控设备或对已有设备添加 PLC 模块，按照工艺优化生产线中设备的排布，进行联网管理。

（4）应用 RFID 和条码技术，配备相应的数据采集设备（如扫描枪），充分采集施工进度、操作记录、质量检验、设备状态等信息。

（5）应用工业以太网、企业局域网、企业 VPN 网、移动通信网等网络技术，针对不同生产、施工环境，建立数据传输体系。

（6）建立企业资源计划管理系统（ERP 系统）、制造执行系统（MES 系统）、排产计划系统（APS 系统）、供应链管理系统（SCM 系统）、客户管理系统（CRM 系统）、仓储管理系统（WMS 系统）等信息化平台或相应的功能模块，进行项目施工全过程集成化管理，包括排程、调度、库存、质量、工具、工装、采购、成本、看板等内容。

在上述过程中目前应用较为广泛的信息系统主要有两类，一类是工艺管理软件，另一类是生产管理软件。

（1）工艺管理软件。工艺管理软件可以将图纸、材料、设备、制造过程联系起来，具有重要的作用。目前，国内使用 SinoCAM 等软件较为广泛，国外使用 SigmaNEST 等软件较为广泛。

SinoCAM 适用于各种数控切割机（火焰、等离子、激光、水流等）的放样、套料和数控编程。原始加工数据信息可以直接从施工过程模型中提取，包含零件的结构信息，如长度、宽度等；零件的属性信息，如材质、零件号等；零件的可加工信息，如尺寸、开孔情况等。使用的材料信息可以直接从企业的物料数据库中提取，通过二次开发连接企业的物料数据库，调用物料库存信息进行排版套料，对排版后的余料进行退库管理。排版套料结束后，根据实际使用的数控设备选择不同的数控文件格式，对结果进行输出。数字化加工的结果可以反馈到施工过程模型中，对施工信息进行添加和更新操作，如图 8-5 所示。

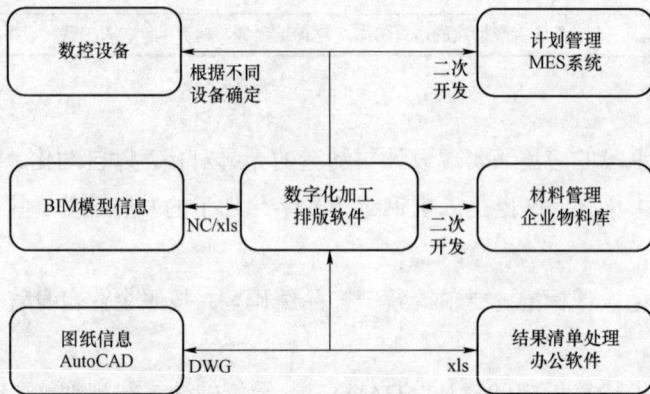

图 8-5　工艺排版软件数据转换

（2）生产管理软件。钢结构企业的产品有其特殊的行业特性，企业承接工程项目的非重复性决定了不同工程项目间产品（钢结构构件）的单一性，即产品物料清单（BOM）的不可重复性，见表 8-8。在车间管理阶段要涉及多个工序、大量人员、大量设备，管理的复杂性也大大增加了。

当前，钢结构企业逐步认识到工序管理在钢结构生产管理流程中的"桥梁"作用，通过信息化手段进行工序信息化管理。在工序信息化管理模式下，借助各种先进的电子设备对施工过程进行状态跟踪，最后通过信息系统进行数据处理，实现产品的信息交换、智能识别、定位、追踪和监控管理。项目管理各方都可以通过系统获知产品当前所处的工序或生产阶段，能及时了解项目的进度情况。其中，物联网技术是应用较为成熟的解决方案。

表 8-8　　　　　　　　　　　　　构件类型示例（部分类型示例）

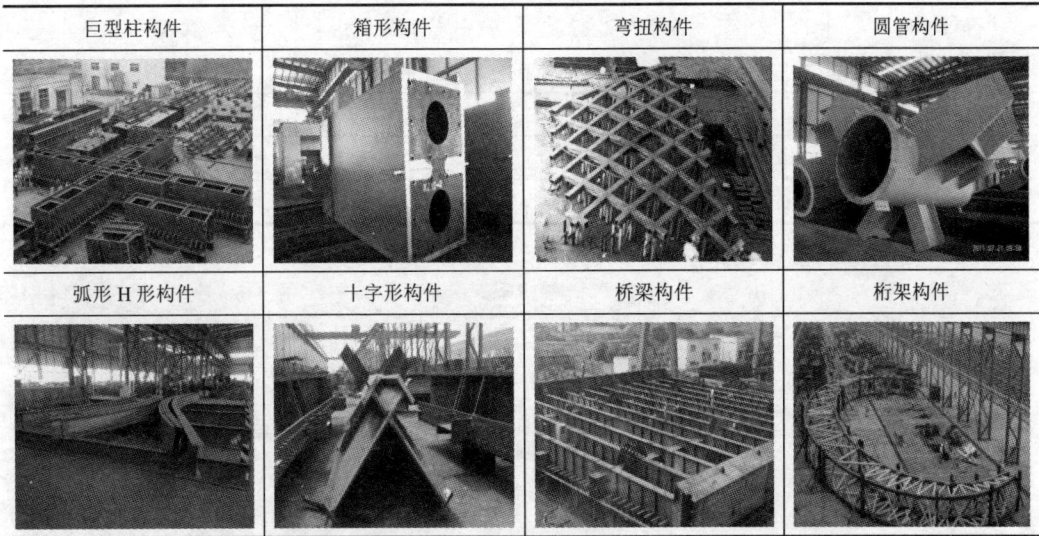

| 巨型柱构件 | 箱形构件 | 弯扭构件 | 圆管构件 |
| --- | --- | --- | --- |
|  |  |  |  |
| 弧形 H 形构件 | 十字形构件 | 桥梁构件 | 桁架构件 |
|  |  |  |  |

生产工序信息化管理的核心在于通过信息系统将以项目为单位的施工信息转化为以工序为单位的生产信息，把传统的生产管理转变为工序管理，做到管理重心的下沉和精细化。

在工序信息化管理模式下，借助各种先进的电子设备对施工过程进行状态跟踪，最后通过信息系统进行数据处理，实现产品的信息交换、智能识别、定位、追踪和监控管理。项目管理各方都可以通过系统获知产品当前所处的工序或生产阶段，能及时了解项目的进度情况。比如，在构件生产阶段，通过网络将下料、钻孔等工序所需的工艺数据传输至数控设备，并对加工情况进行实时反馈。组立、装配、焊接、栓钉、外观处理、打砂、油漆等工序可通过标签扫描等方式将施工状态信息录入信息系统，实现生产施工的信息化管理。

国内钢结构企业在生产管理信息化应用方面多为按企业实际流程和场景定制的 ERP 类生产管理系统。如中建钢构的钢结构全生命期信息化平台（图 8-6），通过建立一个完整高效的车间数据采集及其分析处理系统，将车间的各种离散数据完整实时的采集到数据库中（表 8-9），并进行分析处理，将车间生产的信息实时准确地反馈到车间的管理层，加强管理人员对车间生产现场的监控和管理，并为企业管理人员制定生产计划提供依据，其核心是通过基于 ERP 编码规则的报表获得。

表 8-9　　　　　　　　　　　　　车 间 数 据 类 型

| 信息类别 | 采集内容 | 所属类别 | 实时性要求 |
| --- | --- | --- | --- |
| 物料信息 | 包括物料名称、尺寸等 | 动态信息 | 按一定时间间隔采集 |
| 工人信息 | 包括工人工号、姓名、工种等 | 静态信息 | 一次性录入 |

| 信息类别 | 采集内容 | 所属类别 | 实时性要求 |
|---|---|---|---|
| 设备信息 | 包括设备编号、名称、性能等 | 静态信息 | 一次性录入 |
| 产品加工信息 | 产品在车间的加工完成状况 | 动态信息 | 按一定时间间隔采集 |
| 产品质量信息 | 产品的质量状态等 | 动态信息 | 针对生产结果进行连续采集 |
| …… | …… | …… | …… |

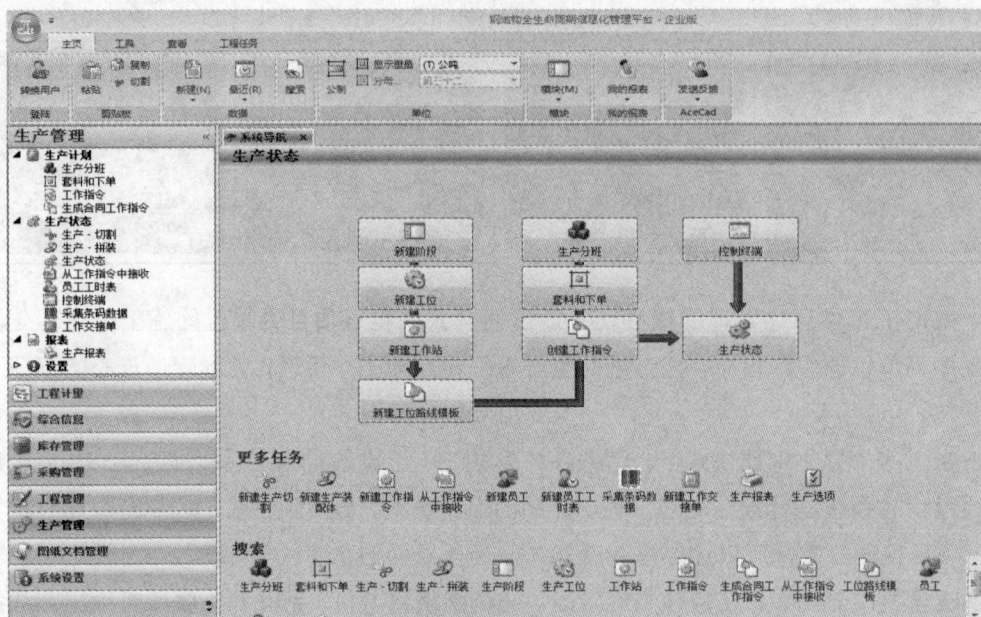

图 8-6　中建钢构的钢结构全生命期信息化平台

在选择数据采集的方式上，需要考虑的因素有很多：针对生产车间的关键节点，可以对加工设备的效率等进行实时监控，组织传感器网络向上层传递数据信息，反馈控制整个生产过程；在产品流水线上，可利用条码技术和 RFID 读取流水线的产品信息，配合电子看板等在车间实时显示加工状况，见表 8-10。现实中受限于生产环节的复杂性与环境的苛刻，除了 RFID、条码和传感器的采集模式之外，还可以利用人机交互的形式直接读取数据、利用现场设备如 PLC 和仪器仪表直接采集数据。

表 8-10　　　　　　　　　　　　不同模式下的数据采集

| 特点 | RFID | 条码技术 | 传感器 |
|---|---|---|---|
| 主要应用 | 非接触自动识别 | 扫码读取 | 温度、压强等物理参数 |
| 数据类型 | 数字量 | 数字量 | 模拟量 |
| 传递效率 | 高 | 高 | 高 |
| 成本 | 较高 | 低 | 高 |

在数据采集的实施过程上，需要以企业自身为对象，将生产过程中的"人、机、料、法、环"环节进行综合分析，先将生产的基本进度信息、物料信息和质量信息做到采集准确，然后再根据产品生产的需求逐步深化，层层递进。针对当前钢结构行业普遍自动化程度不高的现状，可以普遍采用以条码技术为主导的产品管理方式，见表 8-11。

表 8-11　　　　　　　　　　　工序管理中条码应用

215

| 工艺文件 | 内　容 |
|---|---|
| 工序任务清单 | 13/8/2014 5:20<br>中建钢构有限公司　　　　　　　**工序任务清单**　　　　中建鋼构<br>钢结构全生命周期信息化管理平台 |

阶段　　　　构件加工　　　　　　　　　　大区　　　　　华中大区
工位　　　　<全部>　　　　　　　　　　工程任务　　　HZCS-1
工作站　　　<全部>　　　　　　　　　　构件/零件板　构件

| 构件 | 截面尺寸 | 数量 | 长度 | 重量(T) | 下一工位 | 下个工作站 |
|---|---|---|---|---|---|---|
| 15CL-7 | 1600×50 | 1 | 2600mm | 23.439 | 运输 | N/A |
| | 合计： | 1 | | **23.439** | | |
| 15CE-7 | 1600×50 | 1 | 2600mm | 23.439 | 打砂油漆/油漆车间 | N/A |
| 15CE-8 | 1600×50 | 1 | 2600mm | 23.439 | 打砂油漆/油漆车间 | N/A |
| 23CE-9 | 2300X35 | 1 | 12490mm | 31.839 | 打砂油漆/油漆车间 | N/A |
| 23CF-5 | 2300X35 | 1 | 12490mm | 31.839 | 打砂油漆/油漆车间 | N/A |

　　传统钢结构生产过程中，管理信息的不及时、不形象、不准确，往往会导致施工过程难以追溯，进而造成责任不清、关键数据不易积累等问题。通过物联网技术的应用，建立了从项目原材料使用到生产各阶段的全过程质量验收体系，实现人工、设备、材料、工艺数据等质量信息全过程追溯管理。通过标签解决方案进行质量验收，只有合格品才能继续流向下一个工序，确保出厂钢构件产品合格率为100%，如图8-7所示。

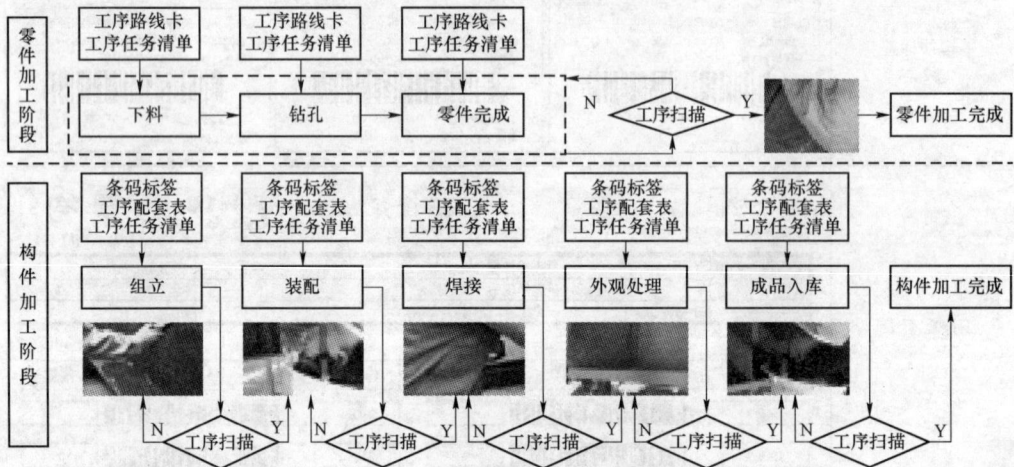

图8-7　制造阶段工序质量验收

　　在传统钢构件制造过程中，对于零件、半成品和成品构件的尺寸检验通常采用人工测量的方式进行，即质检人员根据加工图纸中描述的零构件尺寸信息，采用卷尺或钢尺等测量工具，对零构件进行尺寸检验或尺寸定位检验等。对于一些特别复杂的构件，如空间弯扭类型构件等，难以依靠平面的尺寸检测方法来检验构件的定位尺寸，测量过程容易出错，不易保证精确度，构件质量也不易保证。

　　3D激光扫描技术的出现，为上述难题的解决提供了新的思路和途径。3D激光扫描技术最大的优点就是能够将被检测对象的表面形状转换成离散的几何坐标数据，在此基础上实现被检测零构件的数字化定位解析，获得构件表面特征信息。通过将得到的数据与原设计模型（CAD 模型、Tekla 模型等）进行比较，可以直观、迅速地进行判断与检测，这将为构件检测带来极大的方便与快捷。国内目前 3D 激光扫描技术在钢结构行业中的应用尚处于研发阶段，但发展前景非常广阔，这将是钢结构构件检测模式的发展新趋势。其基本流程如图 8-8 所示。

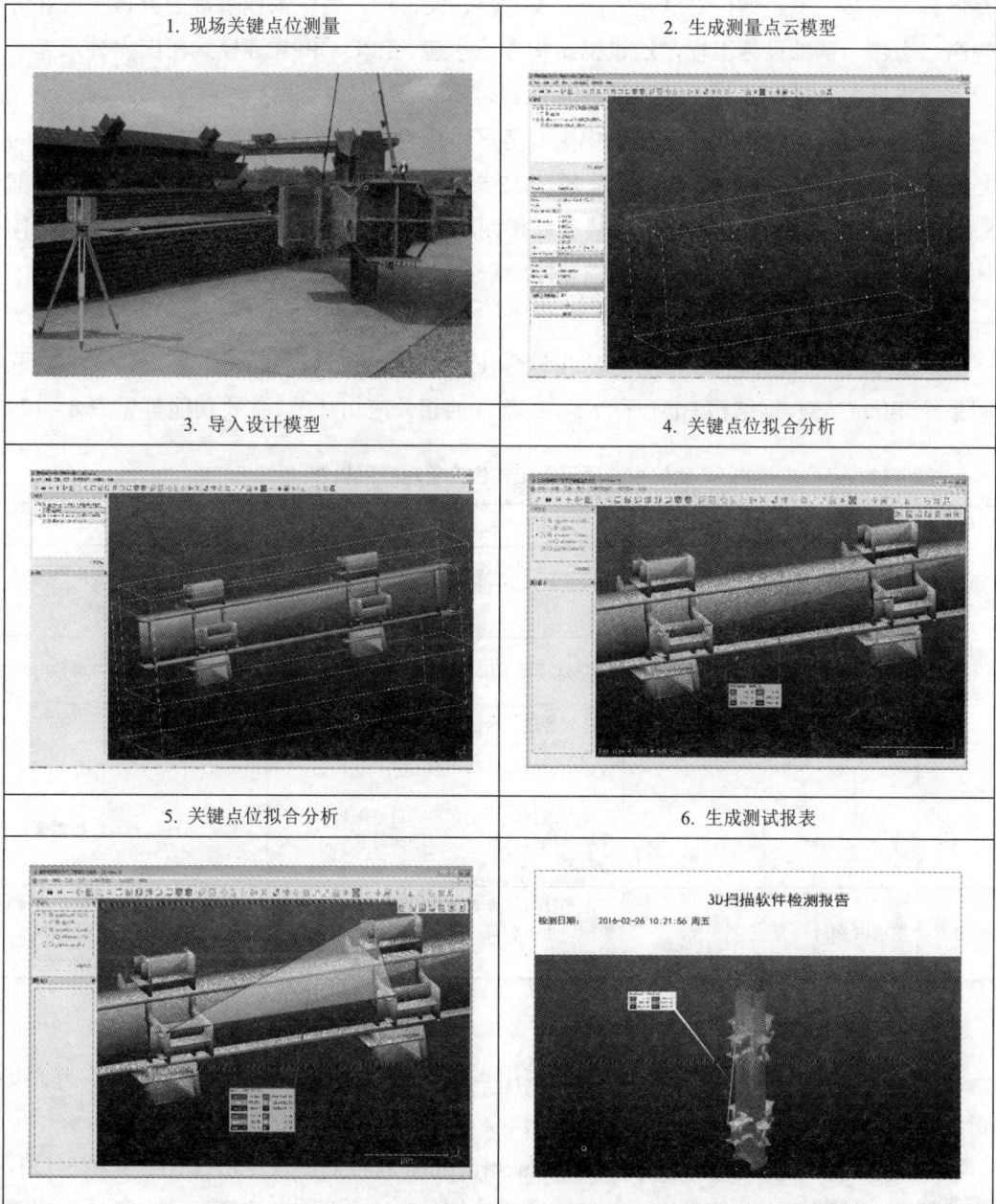

| 1. 现场关键点位测量 | 2. 生成测量点云模型 |
|---|---|
|  |  |
| 3. 导入设计模型 | 4. 关键点位拟合分析 |
|  |  |
| 5. 关键点位拟合分析 | 6. 生成测试报表 |
|  |  |

图 8-8　钢结构构件 3D 激光扫描技术检测基本流程

### 8.2.3 应用案例

**1. 应用背景**

中建钢构是我国最大的钢结构企业、国家高新技术企业，隶属于中国建筑股份有限公司。中建钢构聚焦以钢结构为主体结构的工程业务，为客户提供"投资+建造+运营"整体解决方案。中建钢构以承建"高、大、新、尖、特、重"工程著称于世，主营业务为高端房建、基础设施工程，通过钢结构专业承包、EPC、PPP 等模式在国内外承建了一大批体量大、难度高、工期紧的标志性建筑。

武汉中心项目位于武汉王家墩中央商务区，项目占地约 2.81 公顷，总建筑面积为359 270.94m$^2$，其中地上建筑面积为 272 652.53m$^2$；建筑高度为 438m，地下 4 层（局部5 层），地上 88 层。项目主体由裙楼和塔楼两部分组成，裙楼主体为框架 – 剪力墙结构体系。塔楼主体为巨柱框架 – 核心筒 – 伸臂桁架结构体系。

**2. 目前应用系统及主要功能**

武汉中心项目钢结构生产管理应用软件主要包括 Tekla Structures、AutoCAD、物联网系统、SinoCAM、钢结构 BIM 平台等，各软件的相关应用环节、主要功能等见表 8 – 12。

表 8 – 12　　　　　　　　武汉中心项目钢结构生产管理应用软件

| 序号 | 软件名称 | 应用环节 | 主要功能 | 原始文件 |
|---|---|---|---|---|
| 1 | Tekla Structures | 深化设计 | 3D 实体模型建立、3D 钢结构细部设计、钢结构深化设计详图设计、清单报表生成等 | 数控文件（.nc）、清单（.xsr）、深化设计模型（.bswx） |
| 2 | AutoCAD | 深化设计现场协调 | CAD 图纸编辑与查看等 | 图纸文件（.dwg、.dxf） |
| 3 | 物联网系统 | 材料管理 | 计划管理、合同管理、材料入库、材料退货、材料排版、材料出库、材料调拨、材料退库等 | 清单（.xls） |
| 4 | SinoCAM | 制造工艺 | 零件放样、手动套料、自动编程、代码反显、项目统计、全自动统筹套料、自动接料等 | 数控文件（.txt）、图纸文件（.dwg、.dxf） |
| 5 | 钢结构 BIM 平台 | 构件制造构件安装 | 工程计量、库存管理、采购管理、工程管理、生产管理、图纸管理、综合管理、系统设置 | 数控文件（.nc）、清单（.xsr、.xls）、深化设计模型（.bswx） |

**3. 应用范围**

武汉中心项目钢结构构件生产阶段应用点包括模型自动化处理、钢构数字化建造、资源集约化管理、施工过程信息智能管理等。

（1）模型自动化处理。通过使用 Tekla Structures 软件对武汉中心深化设计模型进行碰撞校核，检测结构节点碰撞、预留管洞碰撞等信息，如图 8 – 9 所示。在检测出碰撞后，经过二次优化及与结构设计进行沟通，加以合理改正。

218

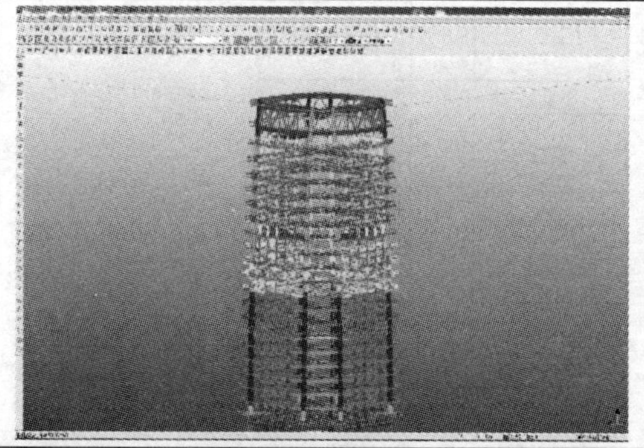

| | |
|---|---|
| 武汉中心模型校核 | 模型校核结果 |
| 梁梁节点碰撞检查 | 圆管柱与梁连接校核 |

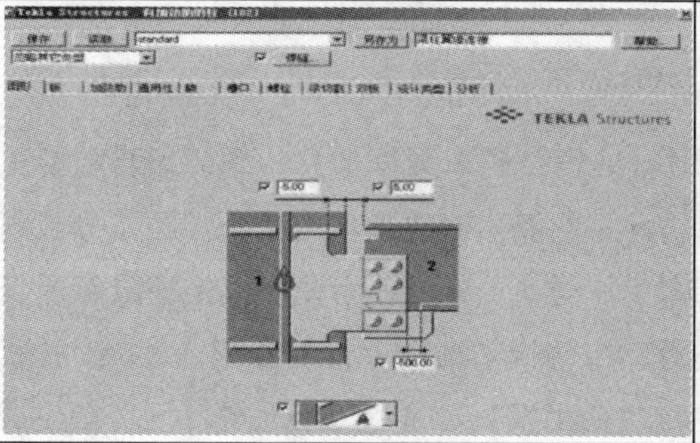

图 8-9　模型碰撞校核

深化设计模型最终确定后，通过数据接口与钢结构 BIM 平台实现模型数据（包含零构件编号、材质、重量、状态等）、清单、详图及 NC 数控文件的无损导入，为后续施工管理提供精细化的模型支持。

（2）钢构数字化建造。钢结构 BIM 平台，将以项目为单位的模型及结构信息转换为以工序为单位的加工准备、采购、制造和其他跟踪信息，并进行过程管控。钢构数字化建造主要体现在深化设计、材料采购、构件制造等阶段的数据转换、数据共享、数据采集、数据跟踪等方面。将上述工作阶段划分为若干工作流程予以统一编码，建立标准化管理体系。

应用 BIM 技术，将模型信息转化为数字化工位信息；并采用现代物联网数据采集手段，将进度等管理信息更新至钢结构 BIM 模型，再进行可视化的展现，实现信息共享。通过数控设备与工位的绑定和联网集成，将施工过程的数据采集、工艺巡查和施工管理重心下移到以工位为单位的操作层，实现施工过程信息化管理。如图 8-10 所示，桁架节点 2SBHS-15 在施工过程中制定了工位路线，使施工过程更加详细、明确，在提高数字化建造能力的同时大大降低了管理失误率。项目开工以来，工艺失误率约为 0.5 次/千 t，远低于传统管理模式下的水平。

（3）资源集约化管理。应用材料电子标签解决方案，大大减少了人工统计工作量，实现快速、准确、高效的材料快速盘点，缩减80%的项目材料盘点耗时。在未使用钢结

219

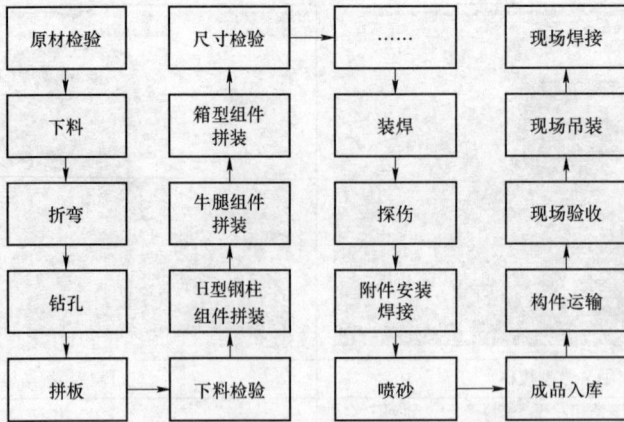

图 8-10　桁架节点 2SBHS-15 工位路线

构 BIM 平台时，采用传统的局域网络共享材料堆场及码单数据信息，同一项目材料信息只能一人使用，其他人员只能以只读模式访问，不能实时更新材料信息，经常导致材料重复使用，影响材料管理及工艺套料人员的工作效率。材料使用情况只能通过纸质报表层层上报，往往不能体现出材料使用的实时动态情况，时效性差。在引入 BIM 技术后，采用现代数据采集手段，实时更新项目材料使用情况，通过 BIM 平台可自动生成各类材料报表，大大提高了材料使用的准确性及时效性。

套料是钢结构建造过程中连接深化设计、材料采购和构件制造的重要桥梁，是合理化利用材料、提高生产效率必不可少的环节。钢结构 BIM 平台可自动完成截面拆分，可直接用于排版软件进行板材套料。在提高材料周转率的同时，实现自动化混合排料，使材料损耗控制在 4%左右，提高项目 1%的材料综合利用率，如图 8-11 所示。

图 8-11　用排版软件进行套料

（4）工程可视化管理。如图 8-12 所示，通过对人、机、料等施工过程信息进行绑定，结合项目工期计划，形成全方位数据库，为过程管理提供数据支撑。用扫描枪进行数据采集，实现建造全过程跟踪管理。同时，还可利用 BIM 平台的拓展功能，进行制造和安装阶段的工序拆分，细化编码，实现全生命期的工序管理。

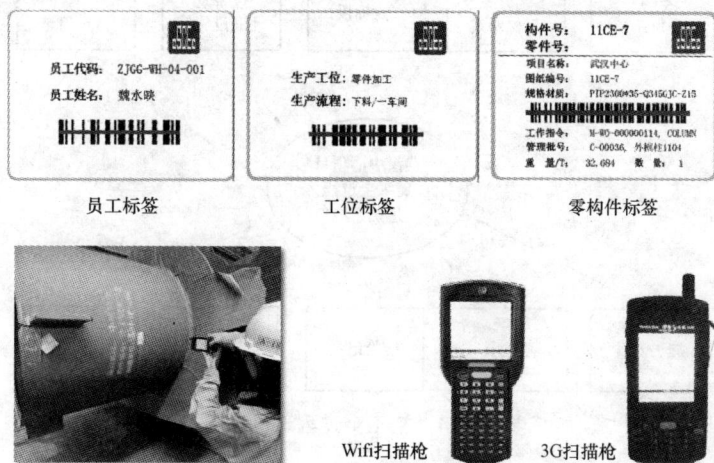

图 8-12　标签及扫描枪

（5）施工过程信息智能管理。通过施工过程信息智能管理，建立工程信息档案，将施工过程中各个环节的信息数据与模型关联集成，实现信息共享和对施工各阶段信息的存档管理。

1）施工全过程质量验收管理。钢结构 BIM 平台建立了从项目原材料使用到施工各阶段的全过程质量验收体系，实现人工、设备、材料、工艺数据等全过程可追溯管理。通过电子标签解决方案进行工序质量验收，只有合格品才能继续流向下一个工序，如图 8-13 所示。

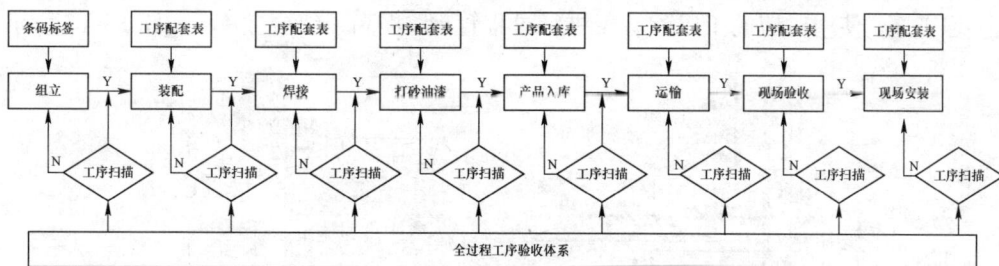

图 8-13　全过程工序质量验收体系

2）施工全过程状态追溯。传统钢结构施工过程中管理信息的不及时、不形象、不准确，往往会导致施工过程难以追溯的情况，进而造成责任不清、成本数据不易积累等问题。通过从零构件标识、工艺方案和工位路线、所在车间（安装标段）和班组、设备和上移辅助设施、零构件材料、施工人员、质检员、检验记录、不合格项整改和复检信息、以及物流信息等多个方面，建立武汉中心项目施工全过程追溯体系，实现施工过程管理，如图 8－14 所示。

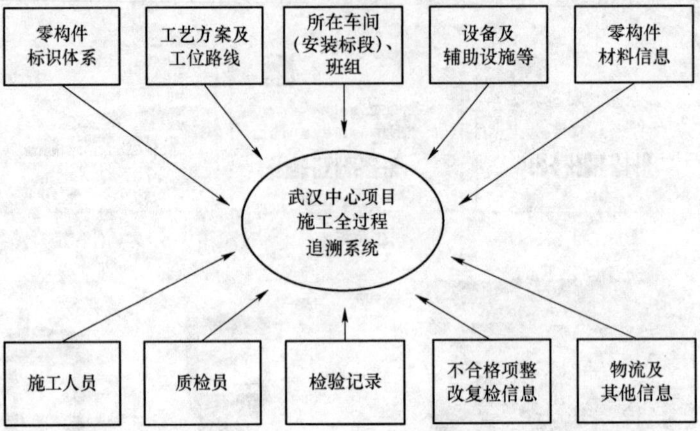


图 8－14　施工全过程追溯系统

4. 应用效果

以制造精细、信息完整、数据翔实的信息模型为基础，以贯穿深化设计、材料采购、加工制造的信息化管理系统为平台，为专业配合提供串联协同，为组织管理提供分析优化，以达到管理升级、降本增效的目的。同时解决了“构件形式复杂，生产工序较多，精度要求高，建造过程控制难度大”“材料类型繁多，管理混乱”“构件供应较为集中”等项目施工难点。

例如，在建模时发现伸臂桁架节点按照设计采用全焊接形式，工艺难度极大，且焊接变形质量不可控，通过节点优化，经与设计沟通，将节点优化为锻钢节点，降低了工艺难度，且保证了重要节点的质量。在建造过程中，通过工序管理，将建造流程细分为几十道工序，使用对应的工序配套表进行过程管理，提高了综合效率，如图 8－15 所示。

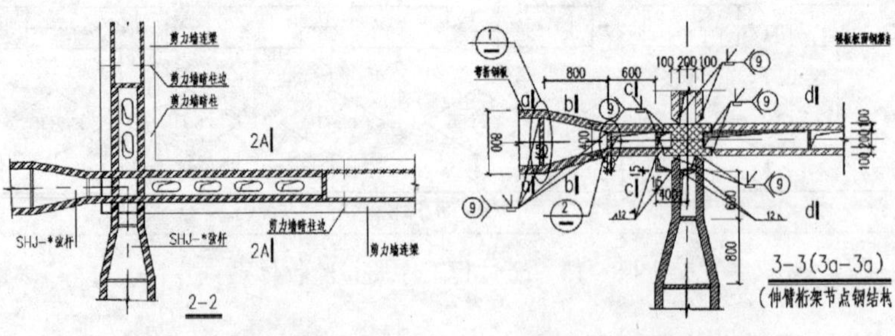


全焊接桁架节点　　　　优化后的锻钢节点

图 8－15　桁架节点优化（一）

桁架节点                 桁架节点

图 8-15 桁架节点优化（二）

## 8.3 钢结构构件安装

### 8.3.1 概述

合格的钢构件产品运输到项目现场后，按照工期计划进行施工。此时，构件制造及安装状态的实时动态跟踪，对项目施工来说尤为重要。构件制造过程中，项目部需对构件的生产及物流进行跟踪，了解制造状态，以便及时调整项目安装进度；在钢构件产品送达后，需组织构件验收，临时存储，吊装与焊接，将构件制造与项目安装纳入同一管理体系。本节对钢结构安装过程进行叙述，详细介绍安装过程各阶段的工作，对存在的问题进行分析，提出信息化技术在这一阶段的可行性。

### 8.3.2 应用场景

1. 构件进场管理

在现场堆场管理环节，延用生产环节材料管理思路，应用条码、RFID 等技术绑定产品信息和产品库位信息，采用扫描枪、手机等移动设备实现现场条码信息的采集如图 8-16 所示。

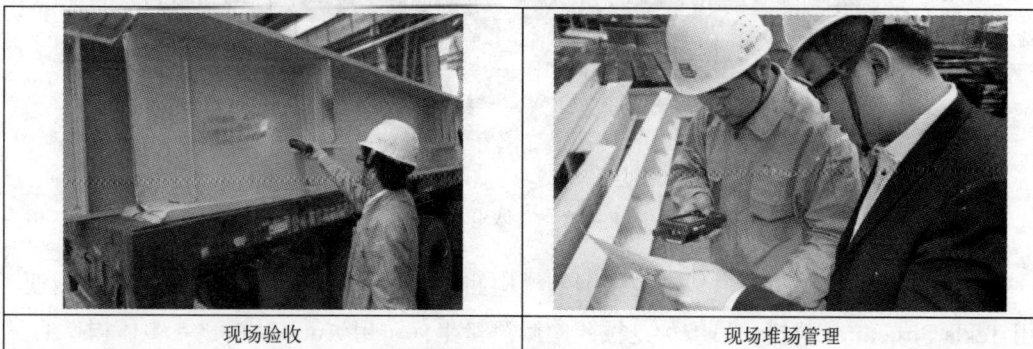

现场验收                 现场堆场管理

图 8-16 现场构件管理

依据产品仓库仿真地图实现产品堆垛可视化管理，合理组织利用现场堆场空间，如图8-17所示。

| | | | | | E4 | | | | E3 | | | | | E2 | | | | | E1 | | | | | |
|---|---|---|---|---|---|---|---|---|---|---|---|---|---|---|---|---|---|---|---|---|---|---|---|---|
| | | A29 | A28 | A27 | A26 | A25数量:1 | A24 | A23 | A22 | A21 | A20数量:1 | A19 | A18数量:1 | A17 | A16 | A15数量:1 | A14数量:8 | A13数量:7 | A12数量:1 | A11数量:4 | A10 | A9数量:1 | A7 |

| | A6 | A5数量:1 | A4数量:1 | A3数量:7 | A2数量:4 | A1数量:1 |
|---|---|---|---|---|---|---|

过道

| B34 | B33 | B32 | B31 | B30 | B29 | B28 | B27数量:1 | B26数量:1 | B25 | B24数量:1 | B23 | B22 | B21 | B20 | B19 | B18数量:1 | B17 | B16 | B15 | B14 | B13 | B12数量:4 | B11数量:1 | B10 |
|---|---|---|---|---|---|---|---|---|---|---|---|---|---|---|---|---|---|---|---|---|---|---|---|---|
| F4 | | | | | | | F3 | | | | | | | | | F2 | | | | | | F1 | | |

| B8数量:1 | B7数量:1 | B6数量:1 | B5数量:1 | B4数量:1 | B3数量:1 | B2数量:1 | B1数量:1 |
|---|---|---|---|---|---|---|---|

图8-17　现场构件库位管理

**2. 虚拟预拼装**

对于复杂的钢构件，为了保障现场安装能准确顺利进行，往往需要对实体构件进行预拼装作业，以便当构件出现偏差时可进行及时整改及减小累积误差。实体构件预拼装不仅耗费大量人力、物力、运输、场地等资源，对工程进度管理也提出了更高要求。预拼装作业不但拼装需要大片的预拼装场地、检测过程烦琐、测量时间长、检测费用高，而且检测精度却比较低，作业过程中也存在一定的安全隐患。

其主要流程包括：

（1）单元件检测。对预拼装各单元构件进行检查验收，确保其满足设计和规范要求。

（2）立体坐标测量。利用全站仪对实体构件进行坐标测量，在构件附件设置观测点，观测点设置采用就近原则，用全站仪对每个分段的控制点进行测量并记录相关坐标值数据，从测量开始到结束整个过程中观测点保持固定，以确保数据测量的准确。

选取的控制点应能体现出构件分段的外观特征点，如对接端口的轮廓点、构件的顶点、轮廓线上的点、牛腿顶点，翼腹板中点等。对选取的点进行编号，测量并记录个点的三维坐标。将所测的各点坐标按表如实记录，如图8-18所示。

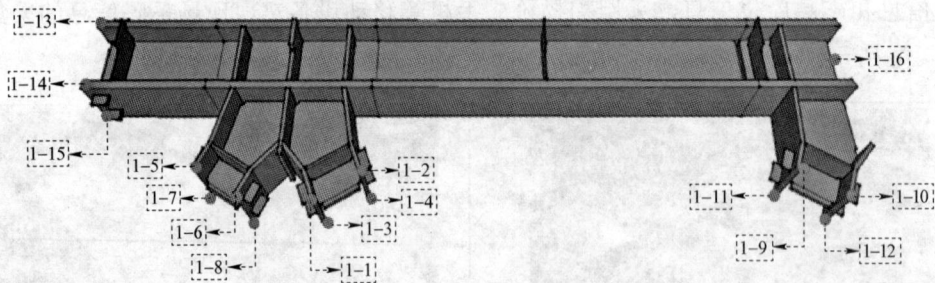

图8-18　立体坐标测量

（3）构建钢结构构件模型。构建钢结构构件模型分为两种：一种是按照设计图纸，用 Tekla Structures 建模；另一种是按照实际测量坐标，用 AutoCAD 建立实体构件的三维模型。两种软件在相同的坐标环境下可以互相转换，且无精度损失。

（4）计算机模拟预拼装。计算机模拟预拼装分为两步，先将实体构件的三维模型与设计图纸建立的模型进行比对，检验构件外观尺寸；再将实体构件的三维模型与其相关的构件的关键接口的控制点进行比对，检查构件之间的安装尺寸、对接错边、连接板等关系。

（5）计算机合模分析。将测量过程中记录每个分段控制点坐标值导入到计算机CAD绘图软件中，并将各控制点按照构图要求用线首尾相连形成线模，再将设计提供的实际线框模型通过拟合中心点最大限度进行拟合。

在施工预拼装管理环节采用 BIM 技术对需要预拼装的产品进行虚拟预拼装分析，通过模型或者输出报表等方式查看拼装误差，在地面完成偏差调整，降低预拼装成本，提高装配效率。

3. 基于 BIM 的集成管理

钢结构项目安装阶段 BIM 应用主要流程如图 8−19 所示。

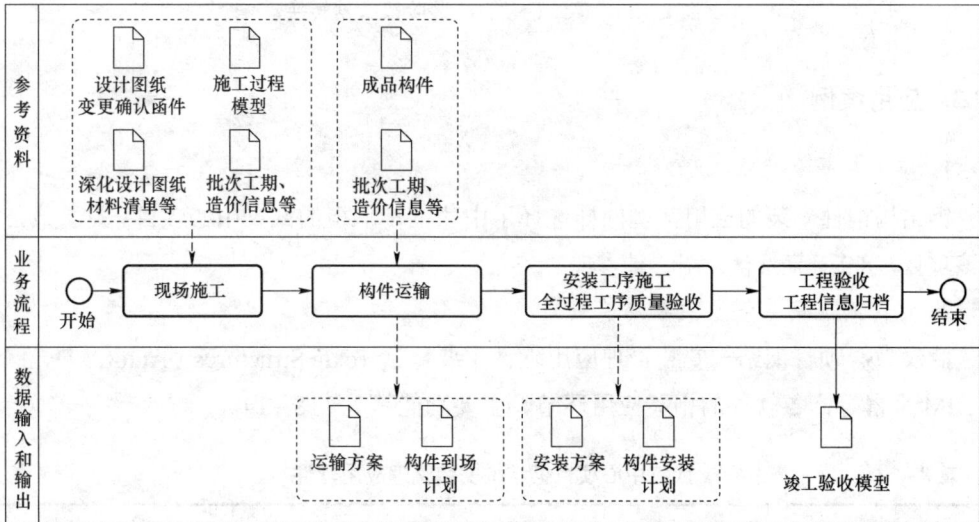

图 8−19　钢结构项目安装阶段 BIM 应用主要流程

钢结构项目安装阶段交付的模型内容见表 8−13。

表 8−13　　　　　　　　　　项目安装阶段交付的模型内容

| 不同阶段模型元素 | 信　息 |
| --- | --- |
| 深化设计模型元素 | 项目结构基本信息，包含结构层数、结构高度等；结构分段、分节位置，标高信息等；项目结构批次信息，包含批次范围、工程量、构件数量等；具体结构批次的工期要求等 |
| 施工过程模型元素（材料管理阶段） | 材料采购计划、合同；材料清单；材料质量信息；材料物流信息等 |
| 施工过程模型元素（构件制造阶段） | 项目生产批次信息；工期要求；分班信息；工序信息；模型、清单、图纸；工艺文件；造价清单等 |
| 项目安装阶段工序实施情况 | 具体结构批次的构件到场时间、重量、构件号；实际完成时间等 |

经过深化设计、材料管理、构件制造阶段各部门、各系统的协同作业与信息共享，得到了合格的钢构件，通过发运管理运输至安装现场，进入项目安装阶段的施工。此过程对应的项目结构信息、材料信息、生产信息以及施工进度和过程造价信息被同步地添加和更新到了施工过程模型中。项目安装阶段 BIM 应用主要是使用施工过程模型对施工过程进行控制，保证深化设计、材料管理、构件制造阶段的如期履约；同时，将项目安装阶段的施工信息（包括进度和过程造价等信息）添加和更新到模型，形成最终的竣工验收模型。项目安装阶段 BIM 软件应用方案如图 8-20 所示。

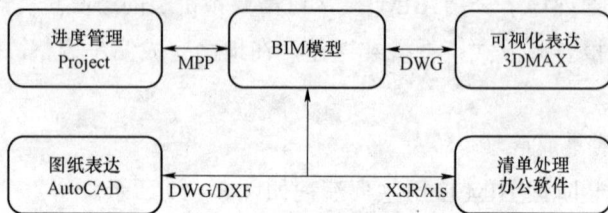

图 8-20　钢结构项目安装阶段数据转换

### 8.3.3　应用案例

1. 应用背景

钢结构构件安装的应用案例同样选择了中建钢构承担的武汉中心项目。关于该公司和该项目，8.2.3 节已有介绍，请参照。

2. 目前的应用系统及主要功能

武汉中心项目钢结构安装管理应用软件主要包括 Tekla Structures、AutoCAD、钢结构 BIM 平台等，各软件的相关应用环节、主要功能等见表 8-14。

表 8-14　　　　　　　　　武汉中心项目钢结构安装管理应用软件

| 序号 | 软件名称 | 应用环节 | 主要功能 | 原始文件 |
|---|---|---|---|---|
| 1 | Tekla Structures | 深化设计 | 3D 实体模型建立、3D 钢结构细部设计、钢结构深化设计详图设计、清单报表生成等 | 数控文件（.nc）、清单（.xsr）、深化设计模型（.bswx） |
| 2 | AutoCAD | 深化设计现场协调 | CAD 图纸编辑与查看等 | 图纸文件（.dwg、.dxf） |
| 3 | 钢结构 BIM 平台 | 构件制造构件安装 | 工程计量、库存管理、采购管理、工程管理、生产管理、图纸管理、综合管理、系统设置 | 数控文件（.nc）、清单（.xsr、.xls）深化设计模型（.bswx） |

3. 应用范围

武汉中心项目钢结构构件安装阶段应用点包括可视化管理、可追溯管理、可分析管理等。

226

（1）可视化管理。以三维深化设计模型和NC模型为信息载体，实现了工程可视化。各类数据是相互关联的，可以在施工各个阶段关联地查看模型数据，通过选中模型构件，可方便地查询构件的施工过程信息。各类数据的有机结合，突破了传统信息交流模式中信息沟通的障碍，以更为直观的方式向管理人员展示了工程进度、成本等施工信息，为全生命期管理建立了模型基础，如图8-21所示。

| 施工模型 | 对应钢构BIM模型 |

| 施工数据关联 | 施工数据查看 |

图8-21 模型信息查看

施工过程中通过数据采集将实际施工进度信息及时地更新至BIM模型，以不同的颜色在模型中显示，与计划信息进行对比，实现可视化的进度管理。在造价管理方面，通过以工序为单位进行成本的层层归集，对具体的批次进行工程量计算和造价估算，进行施工过程的成本管控，如图8-22所示。

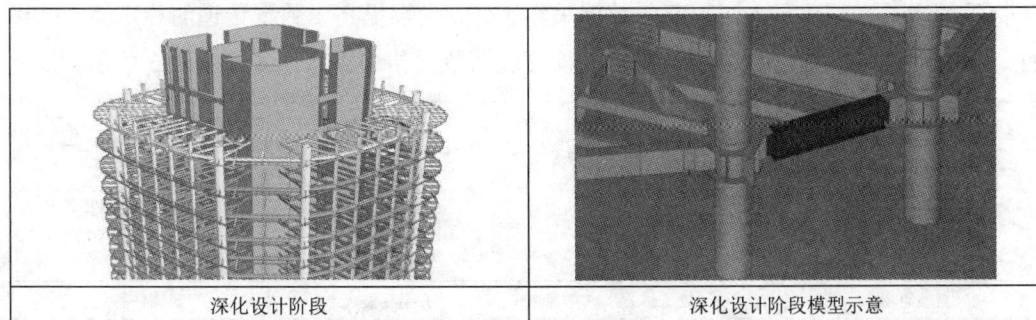

| 深化设计阶段 | 深化设计阶段模型示意 |

图8-22 进度可视化管理（一）

| | |
|---|---|
| 材料管理阶段 | 材料管理模型示意 |
| 构件制造阶段 | 构件制造阶段模型示意图 |
| 项目安装阶段 | 项目安装阶段模型示意图 |

图 8-22　进度可视化管理（二）

（2）可追溯管理。通过对"人、机、料"等信息进行绑定，使用扫描枪终端进行数据采集，通过多种网络传输途径进行数据传送，最终由管理平台完成信息集成处理。电子标签解决方案简化了人工繁复的数据采集工作，大幅提高了数据传递的稳定性、可靠性、及时性、准确性，形成了信息化工程管理的数据传递体系，如图 8-23 所示。

| 材料标签 | 员工标签 | 工序标签 | 零构件标签 |
|---|---|---|---|

图 8-23　信息采集（一）

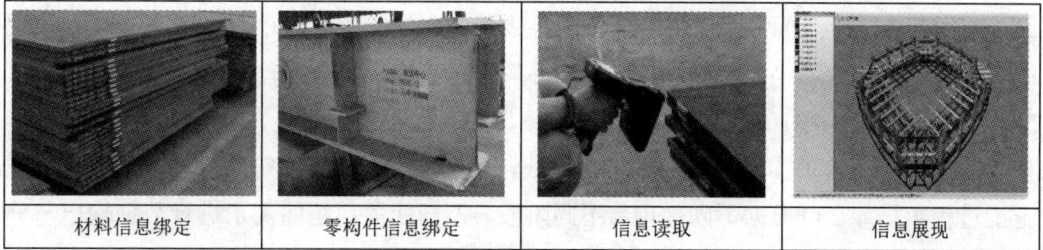

| 材料信息绑定 | 零构件信息绑定 | 信息读取 | 信息展现 |

图 8-23　信息采集（二）

　　通过从零构件标识、工艺方案和工位路线、所在车间和班组、所在项目现场工段、设备和辅助设施、零构件材料、施工人员、质检员、检验记录、不合格项整改和复检信息以及物流信息等多个方面，建立施工全过程追溯体系，实现全方位追溯管理。

　　通过全方位追溯管理，实时获取施工过程信息，与对应的计划体系相互对照，通过颜色变化等可视化手段提醒管理人员进行及时纠偏，建立工期预警和过程纠偏机制，转变传统的结果管控为过程管控。施工数据可以从平台中以管理报表的方式生成，直接用于指导过程管理（如可自动生成生产任务书等），起到了提升钢结构施工管理水平的作用如图 8-24 所示。

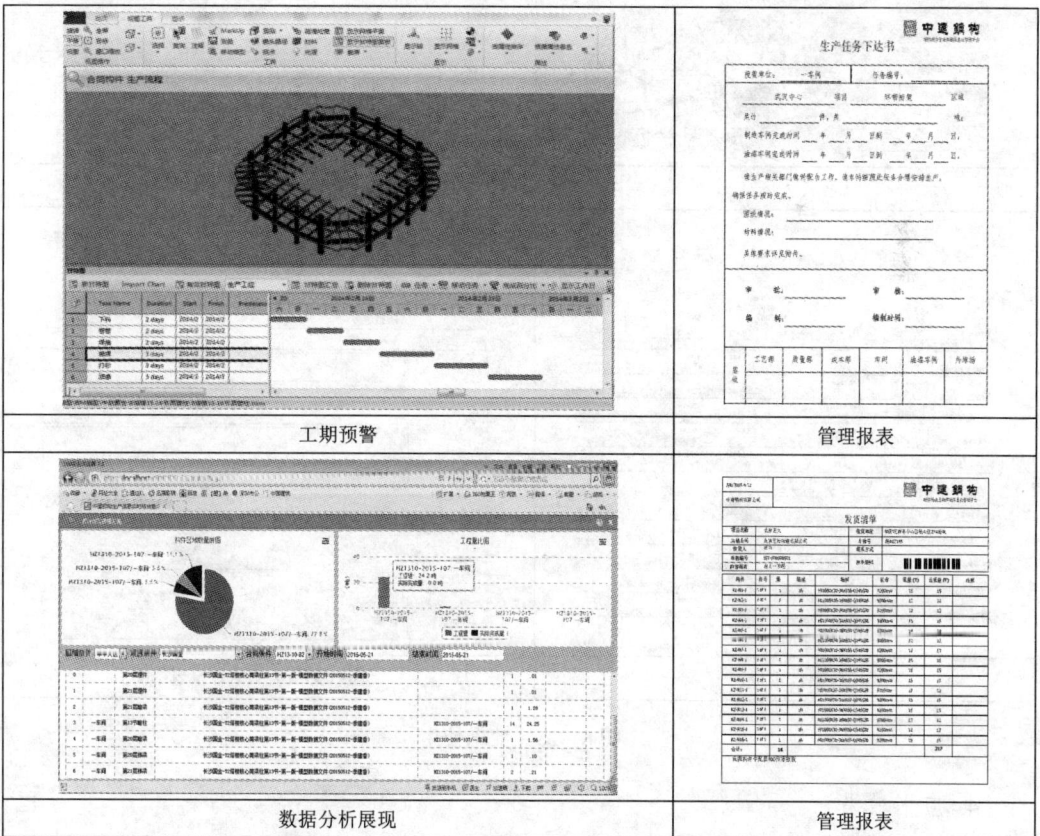

| 工期预警 | 管理报表 |
| 数据分析展现 | 管理报表 |

图 8-24　信息反馈和预警机制与过程管理报表

229

通过所有工序 100%信息化质量检验等措施的实施，避免因信息交流不及时而导致的产品质量问题，从"人、机、法、料、环"等方面确保不合格产品不得流入下一道工序，将生产管理工作真正落实在"质量第一"的基础之上。

（3）可分析管理。将采购、材料、图纸、生产、成本、施工等信息进行集成，形成施工过程数据库。可根据不同部门、不同阶段、不同业务系统的需求进行数据输出与分析，避免了传统统计报表的层层汇总和层层传达，减少了至少 70%的人工统计工作量。并且通过指定不同的业务角色，赋予不同的权限，查看相应信息，提高数据使用的安全性如图 8－25 所示。

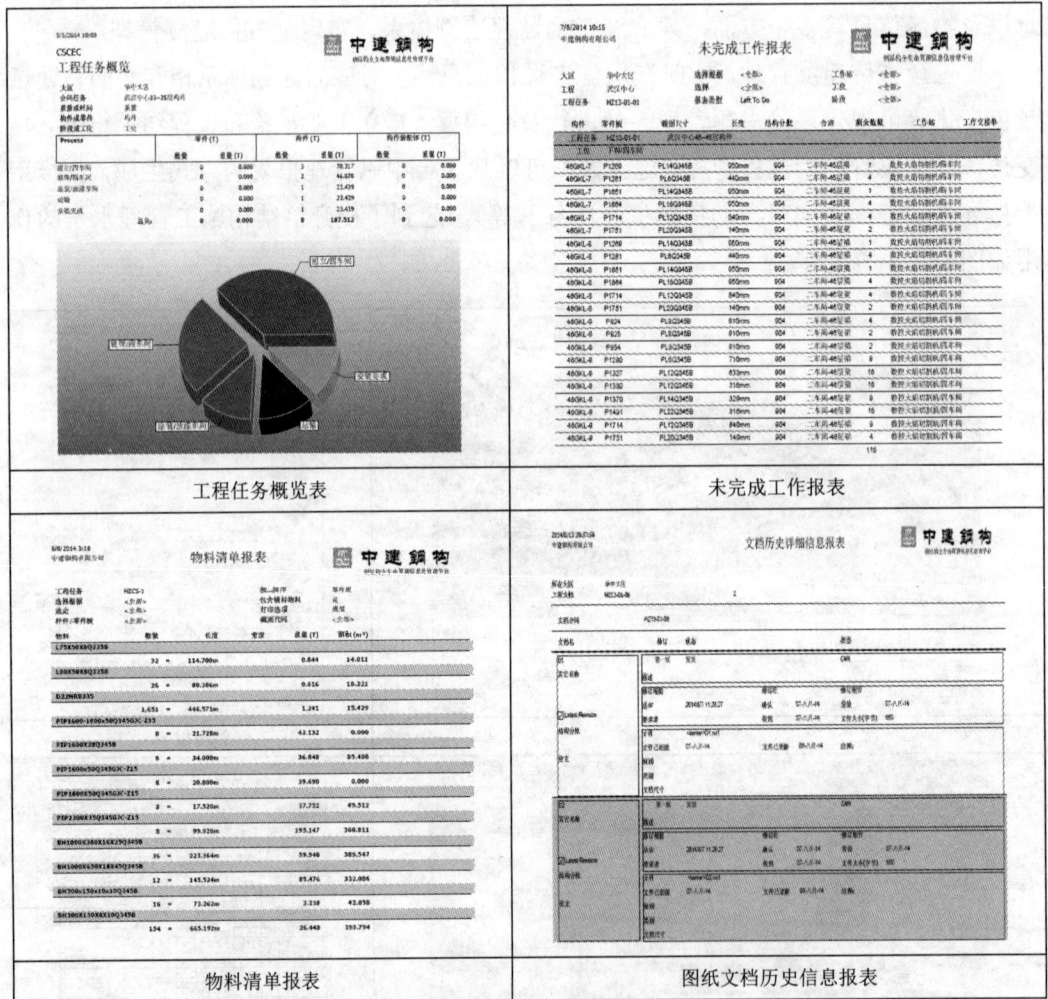

| 工程任务概览表 | 未完成工作报表 |
| 物料清单报表 | 图纸文档历史信息报表 |

图 8－25　数据使用

4. 应用效果

通过在武汉中心项目钢结构安装管理中应用信息化技术，实现了工序精细化管理，建立了施工全过程追溯体系，打通了传统钢结构建造过程的信息壁垒，解决了施工过程信息共享和协同工作的问题，提高了项目的生产效率和管理水平。

## 参 考 文 献

［1］中建《建筑工程施工 BIM 应用指南》编委会编写. 建筑工程施工 BIM 应用指南［M］. 北京：中国建筑工业出版社，2014.

［2］中建《建筑工程施工 BIM 应用指南》编委会编写. 建筑工程施工 BIM 应用指南（第二版）［M］. 北京：中国建筑工业出版社，2017.

［3］沈祖炎，李元齐. 促进我国建筑钢结构产业发展的几点思考［J］. 建筑钢结构进展，2009，11（4）：15－21.

［4］肖亚明. 我国钢结构建筑的发展现状及前景［J］. 合肥工业大学学报（自然科学版），2003，26（1）：111－116.

［5］邱奎宁，李洁，李云贵. 我国 BIM 应用情况综述［J］. 建筑技术开发，2015，42（4）：11－15.

［6］王朝阳，刘星，张臣友. BIM 技术在武汉中心项目钢结构施工管理中的应用［J］. 施工技术，2015（6）：40－45.

# 第9章 装配式建筑装修

## 9.1 引言

装配式建筑装修是将工厂生产的部品部件在工程现场进行组合安装的装修方式。具体来说，就是对装修的各个部分进行拆解，所有的部品部件都能够利用工厂工艺进行批量预制生产，然后再将其运送至工程所在地，采用安全可靠的方式组装，并与建筑主体进行有效、安全、稳定的连接。主要包括干式工法楼地面、装配式隔墙及墙面、装配式吊顶、集成厨房、集成卫生间、设备管线等。

装配式建筑装修具有四大特征：① 标准化设计：建筑设计与装修设计一体化模数，BIM 模型协同设计；验证建筑、设备、管线与装修零冲突。② 工业化生产：产品统一部品化，部品统一型号规格、设计标准。③ 装配化施工：由产业工人现场装配，通过工厂化管理规范装配动作和程序。④ 信息化协同：部品标准化、模块化、模数化，在装配式装修全流程的信息贯通协同操作。

装配式建筑装修作为装配式建筑的重要组成部分是建筑行业升级的要求与趋势。住建部发布的《"十三五"装配式建筑行动方案》中提到全装修概念，明确指出推进建筑全装修及菜单式装修，提倡干法施工，减少现场湿作业，推广装修部品部件工厂预制生产，推进装配式建筑装修作为推广装配式建筑发展的重要内容提出。北京市关于装配式装修的地方标准中明确指出：室内装配式装修设计宜采用 BIM 技术，与结构系统、外围护系统、设备与管线系统进行一体化设计。

建筑是为了满足人类日常工作生活，装修部分是最直接贴近人类日常工作生活的建筑部分，装配式建筑装修可以缩短交房周期、提供舒适健康的室内空间、满足设备功能迭代，快速完成改造升级。建筑信息化是推动装配式建筑装修迭代升级的重要手段。

随着我国建筑产业的工业化、现代化发展需求，建筑装修开始学习制造业的工厂生产模式，传统装修方式已经发生了巨大改变。在建筑业信息化建设过程中，可以将自动化技术、信息化技术以及现代化的管理技术和装配式建筑装修结合在一起，提高生产效率，确保产品质量，同时促进建工人才创新力的提升，有效降低在建筑建设中所带来的环境污染、能源消耗，还可以根据具体的建筑要求进行设计方法、施工工艺的改进更新，完善企业管理制度、提升管理水平。例如，将 BIM 技术应用于建筑设计、施工、运行直至建筑全寿命周期，各种信息始终整合于一个三维模型信息数据库中，设计团队、施工单位、设施运营部门和业主等各方人员可以基于 BIM 技术进行协同工作，有效提高工作效率、节省资源、降低成本。又如，针对目前 50 年的建筑寿命甚至未来发展的百年建筑，在建筑寿命期内由于功能空间的改变会需要改造，使用需求会由两口之家向三口甚至五口之家演变，因此必然要面对建筑全生命期内出现二次甚至多次装修问题，信息化的装配式建筑装修能解决建筑、装修 SI 体系改造维护等问题。

信息化在装配式建筑装修部分的应用从现场尺寸的实测实量、装修设计的标准模数化、信息化管理部品部件的工业生产到基于 BIM 协同的施工、管理和运营维护等，可以实现制造技术和企业之间的合作关系，还可以实现建筑成品设计制造和企业关系的信息化、建造过程的智能化、建造设备的自动化，进而全面提高建筑企业的核心竞争力，同时通过装配式建筑装修的信息化应用能为全产业生态的快速发展和进步提供基础。

## 9.2 装配式建筑装修标准化设计

### 9.2.1 概述

我国设计师以前都是采用手工制图、手工打样、手工模型的方式完成建筑或装修设计。20 世纪 90 年代 CAD 技术的引入，为传统设计方式方法带来了一次革命性改变，从底图简单复制、图纸反复修改，到效果表现或电脑比例模型制作，设计效率得到了成倍的提高。整个建筑行业发生了巨大变化，从维持了千年的传统手工绘制建筑图纸的生产模式，跃升为通过计算机辅助软件进行标准化、批量化出图的新兴模式。传统装修设计的工作流程第一步工作就是现场勘查和尺寸复核，确保装修设计已有建筑信息的准确，从而保证装修设计施工图纸的准确性，减少实际施工时的变更和损失。但是建筑信息量过大、前期投入时间有限，因此不可避免地会出现图纸错误进而导致的变更和损失。因此如何寻找一条快速、准确的前期勘查道路，在装配式建筑装修的设计应用中至关重要。

BIM 技术的出现，为装修设计带来了一场变革，这不仅仅是理念上、思维上的变化，也是设计上、流程上、标准上、生产关系和生产方式上的全面变化。BIM 体现了三维设计的理念，其核心就是以数据为主，建立包含几何信息和物理信息的全生命期的建筑信息模型，并在各阶段顺利的传递，从而减少传统工序中无法解决的重复、变更、浪费等问题，提高设计、施工、交付效率及项目管理水准，为各参与方留存宝贵的项目信息，为国家建筑行业标准化的建设提供基础数据。

当前，在设计阶段，设计院的交付成果是二维图纸，它必须符合国家二维制图规范和标准。虽然已经利用 BIM 技术进行设计，但并没有相应的三维制图标准和规范，如果非要生搬硬套二维出图的标准，那么就会出现两个结果：第一，有能力的设计院会采取能套进去的就套，套不进去的就不套的做法，这就是为什么有些大院会说建筑专业实现了 90%的 BIM 出图，电气专业实现了 60%的出图情形；第二，没有能力的设计院要么仍以二维设计为主，要么为了项目需求去做伪 BIM 设计。只有改变现有的二维出图标准，建立以三维模型为核心的出图标准和规范，让二维图纸直接从模型中"切出来"，实现"三维模型"和"二维图纸"的一致性关联，才有可能从根本上普及 BIM 设计。虽然当前各 BIM 软件间可以形成一定的交互性操作，但还没有形成实用的数据交换标准。例如，以 IFC 格式作为各软件之间的通用文件格式，但常常出现信息丢失的现象。

参数化对于 BIM 设计至关重要，因为该技术产生的"协调、内部一致并且可运算的"建筑信息，体现了 BIM 技术的核心优势。如果使用 CAD 解决方案，信息的平面表达（图示或渲染图）虽然看起来和参数化建筑模型软件的输出形式差不多，但实质却大不相同。相比较而言，参数化的建筑建模软件可以轻松协调所有图形和非图形数据——全部视图、图纸、表格等，因为它们都是数据库下的视图。参数化的设计方法是具有开创性的计算机辅助设计新方法，但是在装配式建筑装修的标准化、模数化部品部件集成设计的需求下，若无统一标准及平台，那么各制造企业的部品部件模型信息无法快速有效地传递到设计师手中，依旧会产生大量的、繁重的重复工作。因此 BIM 出图标准、相关图集的建立及基于 BIM 的设计管理平台的建立是至关重要的工作。

装配式建筑装修的标准化设计，强调的是建筑设计与装修设计同步进行，BIM 模型协同设计，模数体系一不冲突，通过提高装修部品部件的通用化率，将装修所需的材料、部品、构配件等全部工业化生产，整体式安装。

在实现装配式建筑标准化设计中，装修空间能够实现模块化组合和个性化风格的结合，结合户型可提供多种标准化装修方案，从而实现菜单式设计和定制式装修，为业主提供更优质的居住体验。

### 9.2.2 应用场景

1. 基于 BIM 的现场实测实量

在进行装配式建筑装修标准化设计时，非常重要的一步就是搭建 BIM 模型。应用 BIM 模型，可以实现 360°全景视图并进行动画漫游；可以直观显示优化方案设计，如空间利用、气流、采光、温度分布等，一些常见的管线碰撞和排布都可以提前优化；可以利用 BIM 模型中的参数化设计定制部品部件并编号；可以就施工工艺、进度等进行模拟，以确保工期。可以说，BIM 模型让整个流程变得直观、透明且可控。最为重要的是，为各方保留了宝贵的项目信息，在以后的项目中有据可依，有数可查。

但是 BIM 模型的精度必须符合施工现场，如果这一点得不到保证，那么一切基于 BIM 的工作就与实际产生脱节，相当于做了无用功。那么如何使 BIM 模型的精度与施工现场相符？这就需要将施工现场的空间几何信息正确地反馈到 BIM 模型中，以改善 BIM 模型的精度，为此可以运用三维激光扫描技术。

三维激光扫描技术是一种先进的全自动高精度点云立体扫描技术，是继 GPS 之后的又一项测绘新技术，已成为空间数据获取的重要手段。它是用三维激光扫描仪获取目标物表面各点的空间坐标，形成三维点云数据，然后构造出目标物的三维模型。由于其具有快速性，不接触性，实时、动态、主动性，高密度、高精度，数字化、自动化、智能化等特性，其应用推广很有可能会像 GPS 一样引起测量技术的又一次变革。

利用三维激光扫描技术，可以实测实量现场空间，形成点云模型，然后通过软件处理后，导入到主流 BIM 设计软件中与原 BIM 模型对比分析，从而切实提高 BIM 模型的精度。对于一般的装配式建筑装修设计，如住宅设计，由于其精度要求并没有那么高，因此建立的 BIM 模型基本能符合要求；但对于一些复杂的装配式建筑装修设计，如曲面较多的结构、古建筑结构，就必须利用三维激光扫描技术结合 BIM 模型来协同设计。

目前市场上比较常见的天拓集团开发的 Trimble TX8 智能型三维激光扫描仪（图 9-1）和 Trimble TX6 智能型三维激光扫描仪（图 9-2）。其中，TX-8 适用距离为 120m 以内的扫描，100 万点/s；TX-6 适用距离为 80m 以内的扫描，50 万点/s。实操中，首先通过三维激光扫描仪扫描空间得出点云数据，然后通过天宝 Realworks 软件、Scan Explorer 软件等第三方软件进行处理得到点云模型，最后导入到 BIM 设计软件中，完成基于 BIM 的实测实量。

图 9-1　Trimble TX8 智能型三维激光扫描仪　　图 9-2　Trimble TX6 智能型三维激光扫描仪

基于 BIM 的实测实量，其核心在于有效利用三维激光扫描技术。将点云模型导入到 BIM 模型后，可以进行管线综合、碰撞检查、虚拟施工工艺、进度仿真模拟等。同时，针对一些已有建筑，三维激光扫描技术可快速准确地形成电子化记录，以及数字化存档信息，方便后续的改造等工作。此外，对于现场难以修改的施工现状，可通过三维激光扫描技术得到现场真实信息，为其量身定做装饰构件等材料。

2. 基于 BIM 的装修设计

BIM 技术在装配式建筑装修设计的应用在整个信息化流程中不可缺失，BIM 模型是后续应用的基础。

装配式建筑装修的部品部件制造企业需要将装修需求从工业设计的角度转化成可工业化生产的部品部件，完善三维标准及图集、模型库等资料的各个部品部件制造企业通过信息化平台展示及推送给设计师在 Autodesk 公司的 Revit 等相关设计软件内选择应用，保证设计信息的可靠性和可实施性。设计师通过现场实测实量得到的信息化模型，利用 BIM 设计软件进行标准化、模数化、参数化的集成设计和碰撞检查应用。基于 BIM 的装修设计以标准化为标志，具有减少环境污染、缩短工期、提高施工质量等优点。

（1）基于 BIM 的建筑装修设计方法，包括下列步骤：

1）参数化设计。参数化设计是指通过改动图形某一部分或某几部分的尺寸，自动完成对图形中相关部分的改动，从而实现尺寸对图形的驱动，其中进行驱动所需的几何信息和拓扑信息由计算机自动提取。在装修设计中使用参数化设计手段，当在某一视图改动某一模块的尺寸、位置或形状时，其余视图中同一模块的尺寸、位置或形状同步自动相应地改动，同时，在部品部件明细表中，相关数据也会做出相应变化。使用 Revit 软件一类的软件进行装修模块化设计，使得装修设计与建筑设计、外装设计成为完整的参数化设计体系，构建功能强大的 BIM 共享平台。

2）装修模块的划分、归类和编码。在装修模块划分的过程中，模块归类和编码是模块划分的必要条件，影响装修模块划分的因素包括模块的功能、结构、模块生产、模块装配、成本控制；装修模块归类和编码的依据是模块识别。在装修模块划分的实际操作中，采用定性分析与定量分析结合的方法，即根据定性分析的结果，结合模块的关联因子，进行模糊聚类，实现装配式建筑装修模块的划分、归类和编码。

3）装修模块族库的构建。部品部件常用的族归在装修模块族的范畴，但是由于装修模块的多样性以及系统数据库的不完善，在实际的装修模块化设计时，需要创建大量的装修模块自定义族以满足设计需求。自定义的装修模块族所构成的族库有两种构建方式：其一是在软件中新建族，并按照族类型的不同把同类装修模块族聚类到不同文件夹中，该族库的文件夹按照层级进行设置和命名；其二是把自定义族载入到装修项目中后，在项目浏览器中以分层级的树状结构存在，构建完善的设计应用族库。

4）建立装修模块族信息模型。装修模块族信息模型的组成包括族的分层结构图、族的类型属性和实例属性中相关参数，以及装修模块明细表。在部品部件模块的分解和编码中，采用分层的模块划分方法，形成一种部品或部件；装修模块的分解和编码参考上述方法，形成与部品部件类似的分层结构图。按照这种分层和编码方法，装修部品部件逐层分解，直至形成不可分、具有独立性的分部件和连接件，而与分部件和连接件对应的装修模块族处于族的分层结构图的末端。

5）建立设计深化模型的精装修设计手册、构造图集，完善信息化模型的应用标准和规范，提供给设计师的集成设计应用。

（2）基于 BIM 的装修设计流程如下：

1）资料输入：接收建筑、钢结构、幕墙、机电等专业 BIM 模型等数据。

2）形成初步方案：可视化的概念模型。

3）模型分析方案优化。

4）数据输出：视图表达、文件输出、数据提取。

可采用的主要软件如 Sketchup、Revit、Navisworks 等。软件对比见表 9-1。

表 9-1　　　　　　　　　　　　软 件 功 能 对 比

| 软件 | Sketchup | Revit | Navisworks |
|---|---|---|---|
| 优势 | 简单易学，建模速度快，线条样式清晰 | 主流的 BIM 软件，协同功能强，可添加参数，族的概念引入对建筑领域针对性强。可出图性，模型及图纸 | 需要消耗的电脑内存较小，可用于大模型的整合和碰撞检查 |
| 劣势 | 曲面造型功能不足，信息参数功能不够 | 曲面功能造型不足，建模方式比较死板 | 属于管理软件，不能建模 |

（3）BIM 在设计阶段的应用价值。

BIM 模型可以贯穿于建筑全生命期中，具有可视化、协调性、模拟性、优化性和可出图等特点，使设计数据、建造信息、维护信息等大量信息保存在 BIM 模型中，在建筑全生命期中得以重复、便捷的使用，在设计阶段的应用价值包括：

1）三维渲染，主宣传展示。三维渲染动画，给人以真实感和直接的视觉冲击。建好的 BIM 模型可以作为二次渲染开发的模型基础，大大提高了三维渲染效果的精度与效果。

2）碰撞检查，减少返工。利用 BIM 技术在前期可以进行碰撞检查，优化工程设计，减少建筑施工阶段可能存在的错误和返工可能性，而且优化净空，优化管线排布方案。

3）冲突调用，决策支持。BIM 模型中的项目基础数据可以在各管理部门进行协同和共享，工程量信息可以根据时空维度、构件类型等进行汇总、拆分、对比分析等，保证工程基础数据及时、准确地提供。

3. 基于 BIM 的设计协同平台

BIM 技术使设计方式和设计流程发生了巨大的变化。传统设计方法和设计流程已经无法满足 BIM 设计的要求，甚至在很大程度上阻碍了 BIM 设计的顺利进行，就如"马拉汽车"。BIM 设计强调的是多专业、多学科协同作业，对数据、信息传递及标准化有非常高的要求，这就诞生了基于 BIM 的设计协同平台。

基于 BIM 的设计协同平台应具有以下特点：集成所有文件并按设计院存放标准保

存；能够协同设计和实时共享；能够按权限实现分层管理，保密传输协议能够切实保证安全；可以从电脑客户端、手机移动端等多端进行工作；可与其他平台进行数据交换，确保设计院选择的多样性。

当前，基于 BIM 的设计协同平台大多基于 Revit 软件进行开发。Revit 的协同设计是一种点与中心的协同方式；首先在服务器上建立中心文件，然后每个参与的设计师打开中心文件就可以在本地创建副本，每间隔一段时间就将成果同步至服务器；同步之后每个设计师都可以看到整个项目的最新进展，并可以通过工作集的方式来隐藏一些与本专业无关的信息；而中心文件可以根据项目大小按单体、楼层、区域建立，中心文件与中心文件之间以链接的方式互相关联，如图 9-3 和图 9-4 所示。

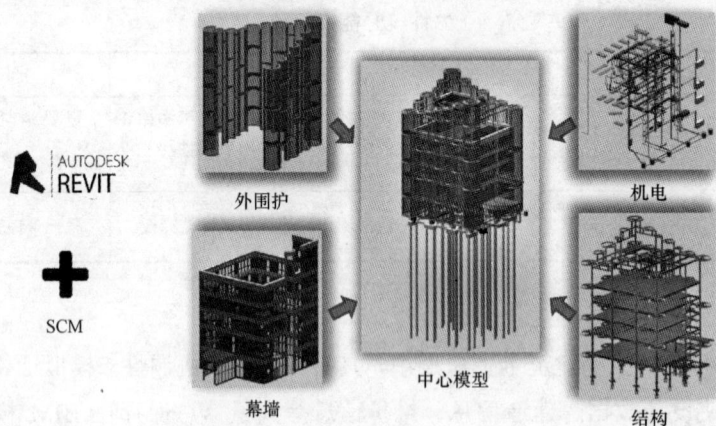

图 9-3 Revit 与设计协同平台的结合

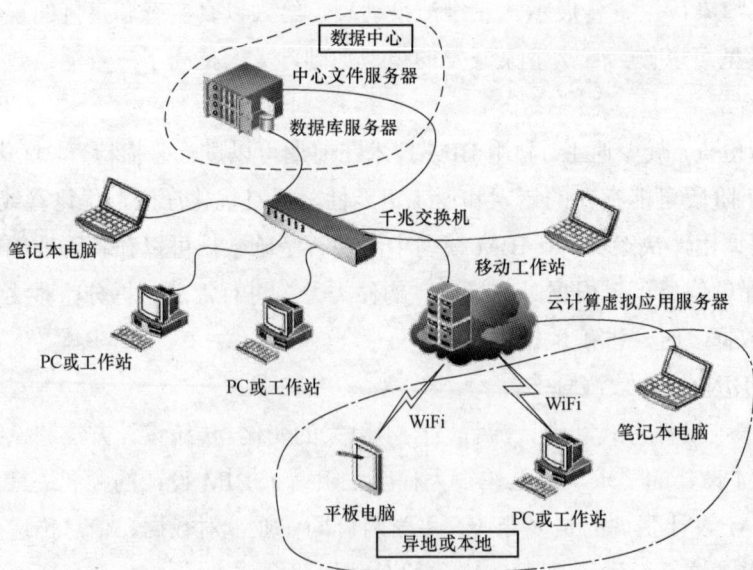

图 9-4 设备之间的连接

以汉尔姆设计协同平台为例进行基于 BIM 的设计协同平台介绍。该设计协同平台与 Revit 软件结合如图 9–5 所示，能形成企业级项目管理设计协同管理平台。其具有以下特点：

（1）集成。所有文件（文档、图片、模型、图纸）以项目为类别集中存放。

（2）标准。所有文件以一种标准的模式管理。

（3）实时。无论身处何地，只要联上网络，就可获取最新的项目信息。

（4）协同。BIM 或者 CAD，一个人或者上百人，都可以在这个平台上协同设计，资料共享。

（5）安全。权限管理，保密传输协议。

（6）智能。界面简洁，操作易上手，对图纸和文档自动归档。

（7）访问方式多样性。客户端、网页端、移动端都可以查看最新的成果。

（8）即时通信。各专业提资方便快捷，只需@给相关人员，一键存取，实时沟通，聊天记录自动归档，也可以对外分享成果。

（9）工作任务管理。设计任务分解落实到人，时间节点、任务排队、进行、完成，成果文件，一目了然。

（10）数据接口丰富。通过二次开发，可以与其他平台进行数据交换。

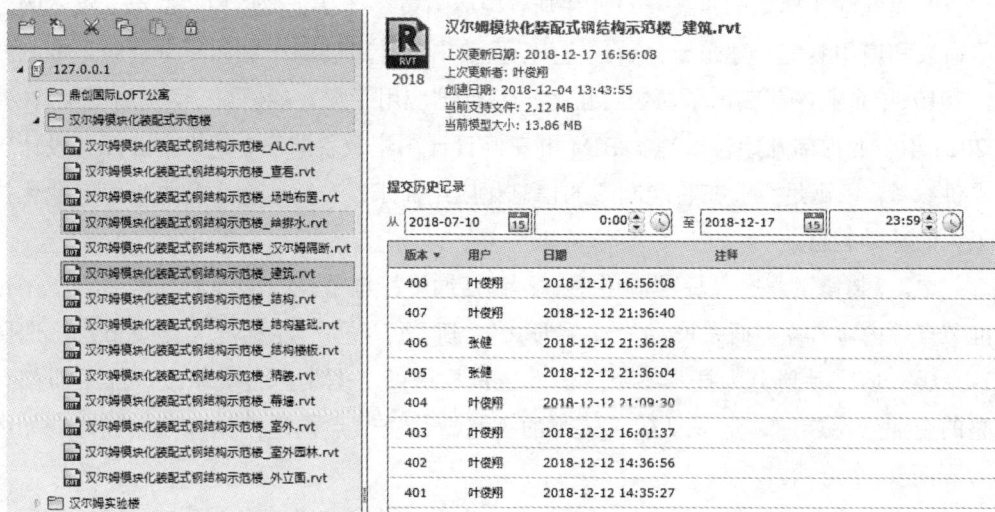

图 9–5　Revit 工作集界面

完善的设计协同平台可以成为设计师不可或缺的日常工作平台，它的主要效果有：统一了企业设计标准，为企业的发展奠定良好基础；统一集中 BIM 模型存储环境，改善了项目过程模型文档信息杂乱的局面，同时更好地实现模型信息共享；企业异地协同效率大大提高，基本可以实现实时同步，解决了以往远程协同需要通过信息部手工完成、同步速度慢、周期长的问题；项目质量及项目进度显著提升，提高了设计效率、减少了沟通成本；减少了硬件投入，减少了系统运行中的磁盘空间占有量，节约存储空间可达70%。

### 9.2.3 汉尔姆企业信息化装修应用案例

1. 应用背景

2017年住房和城乡建设部在发布的《建筑业发展"十三五"规划》中指出，按照住房和城乡建设事业"十三五"规划纲要的目标要求，到2020年新开工全装修成品住宅面积达到30%，并明确指出企业要充分利用BIM技术带来的生产方式的变化，提升企业精神精细化管理，建立企业的管理标准体系以及业务标准体系，培养产业化工人等，才能让企业在强大的市场竞争中稳步发展。

针对行业及政策需求，汉尔姆建筑科技有限公司（以下简称"汉尔姆"）对装修信息化应用提出了自己的需求：依据企业的标准图集做法，结合企业整理的标准施工工艺，从工业设计的角度转化成可工业化生产的部品部件，编制适合企业自己的信息化应用流程。通过设计平台的开发应用和企业原有完善的制造业信息化平台相结合，实现设计信息模型与制造的底层信息数据流通，完善形成行业共享机制，提升行业整体水平。

2. 应用范围

（1）设计深化模型的精装修设计手册、构造图集及产品企业族库。多年来汉尔姆致力于研发和应用装配式建筑整体解决方案，企业内部针对装饰产品研发有百余项专利技术，2010年企业内部输出了《装修工程产品标准应用手册》《装修工程应用图集》，并在2016年企业内部开始输出基于BIM的三维设计图集及手册：一是为企业深化设计应用提供参考，以满足企业在智能制造的信息化应用需求；二是作为企业内培养产业化技术工人的基础教材。

其中，《装修工程产品标准应用手册》包括通用标准节点、楼地面标准节点、吊顶标准节点等内容；各类研发产品设计手册共11册，每册的产品标准大样及节点构造图示百余类。应用手册分为技术参数手册及三维构造做法图集；各类研发产品手册都有完整的企业应用族库，形成了建筑装饰的完整做法及节点构造图集和应用族库，如图9-6和图9-7所示。

（2）模型信息及编码。图9-8和图9-9为企业编码标准列表。

《装修工程产品标准应用手册》及相关企业参数化族有完善的编码体系与该企业构件及分类分项工作相对应，同时所有部品及部件都有完善的编码规则，使三维设计模型的设计信息和后续的智能制造应用系统实现信息交互与流通，能让三维设计模型实现真正意义上的所见即所得。

目前，汉尔姆有完整及完善的企业族及录入设计协同应用系统的编码及部品部件信息百余件，项目工程族及录入设计协同应用系统的编码及部品部件信息千余件，且经过工程项目不断的积累和完善会持续增长。

（3）设计协同成果。结合完善的信息化应用标准及成熟的应用体系和流程，完成企业装修设计项目的研发、工艺、深化的全信息化应用，最终形成企业完善的信息化体系，目前已经实现装修项目应用 12 000 多个，精装修项目应用覆盖率达到了 100%。设计协同系统界面如图 9-10 所示。

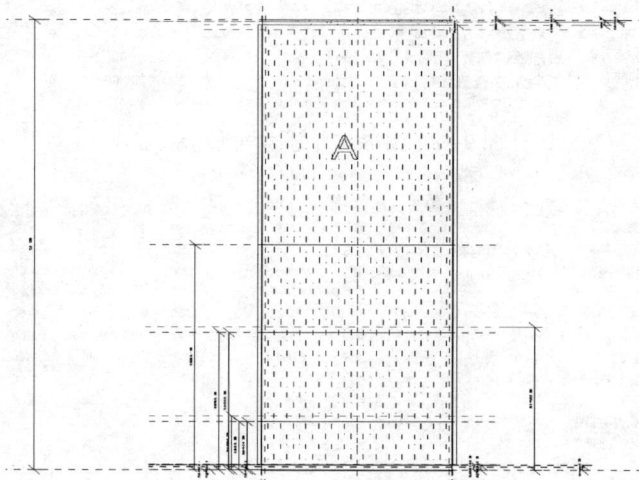

图 9-6　企业参数化族示例

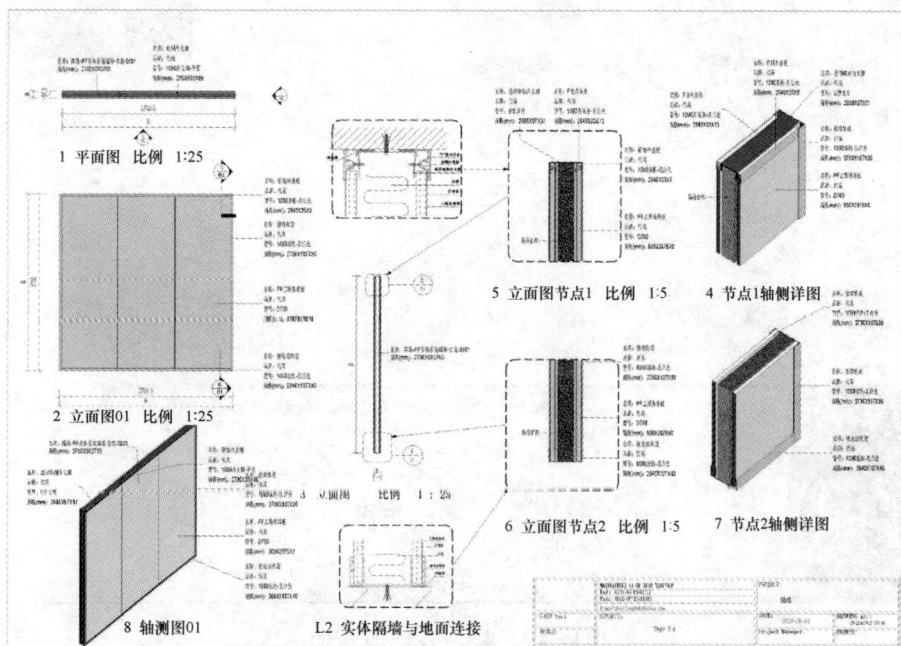

图 9-7　三维构造做法图集内容示例

241

图 9-8 BIM 构件分类与编码示例

图 9-9 BIM 分类分项关系示例

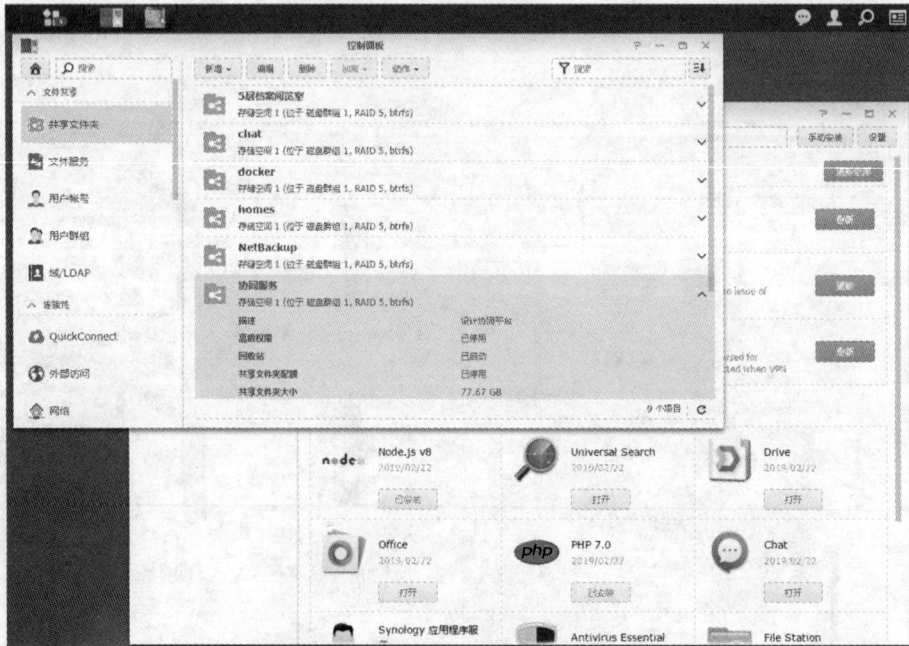

图 9-10 设计协同系统界面

3. 应用效果

（1）从装修设计方案到深化施工图完成效率较传统的二维制图提高 50%左右，且通过信息化测量及检验工具进行作业，设计工作错误率降低 20%～25%，施工识图不详细导致的施工变更错误率降低 10%左右。

（2）传统方式材料清单的统计与编制，需要项目团队在熟悉和详细解读施工图之后进行人工统计并编制材料清单，但材料统计及制单能力需要一定的经验及责任心，对人员要求较高、依赖性较大。应用设计模型信息化可自动实现模型及材料清单同步完成，效率得到大大提升。

（3）系统的信息化设计应用及管理提升了由传统装修部品部件工业化研发及应用的效率，提升了行业装修工业化及信息化应用的整体水平。

# 9.3  装配式建筑装修生产与管理

## 9.3.1  概述

装配式建筑装修工业化是指将工厂流水生产引入到室内装修领域，如此一来，装修就完全脱离了传统的现场组织方式，而代之以工厂的流水作业线，形成以产品、订货、配送到装配的新形式，从而大大减少现场施工问题，解决成本高、工期长、污染和噪声大等传统痼疾。虽然装配式装修产业现代化、工业化与发展得到国内同行的普遍关注，但由于我国装配式装修工业化基本品质与技术的系统化理念还没有确立，目前装配式装修整体质量低下，建造技术集成化程度低，缺乏完善的质量控制体系，尚未形成部品部件化供应产业，生产建设能效及人工成本低下等问题突出。从建筑全生命期使用维护、质量问题与资源环境来看，目前我国建筑业中普遍存在着建筑寿命短、耐久性差、不易维修与更换、维护成本高等问题，同时建成后期的既有改造及如何实现可持续发展也是当前面临的问题。据报道，近年来，全国消协受理装修问题主要为装修建材质量不合格、装修质量难保证、保修义务难履行、室内空气难达标等，装修问题始终是广大消费者投诉的热点和难点。

以新型工业化建筑体系通过推动装配式装修技术实现高质量的装修产品供给，进而提升装配式装修建设技术集成创新能力，全面提高装配式建筑与装配式装修工程质量品质、效率和效益水平，实现最终建筑产品的建设转变，将整体促进国家社会经济和环境的可持续发展建设。对工业化产品质量来说，反映用户使用需求的质量特性归纳起来一般有 6 个方面，即基本性能、寿命即耐用性能、维修性能、安全性能、适应性能、经济性能。新型工业化建筑体系的装配式建筑装修相比传统方式，其装修体系的集成化部品在工厂加工制造、现场采用干式工法作业方法施工装配，在提升作业效率的同时最大限度地提升了产品质量与性能，从而全面提升住宅可持续居住的长久品质。同时，降低人工成本、减少材料浪费和资源消耗，尤其是后期运营维护难度也会大幅度降低。装配式装修发展应以绿色可持续建设为目标，通过装配式装修的建设产业化，实现建筑长寿化、品质优良化、绿色低碳化的建筑产品的高质量供给。

从横向比较，制造业的生产效率和质量在近半个世纪得到突飞猛进的发展，生产成本大大降低，其中一个非常重要的因素就是以三维设计为核心的 PDM/PLM 技术普及应用。建设项目本质上都可以是工业化制造和现场施工安装结合的产物，提高工业化制造在建设项目中的比重，是建筑行业工业化的发展方向和目标。工业化制造至少要经过设计制图、工厂制造、运输存储、现场装配等主要环节，其中任何一个环节出现问题都会导致工期延误和成本上升，例如图纸不准确导致现场无法装配等。BIM 技术不仅为建筑行业工业化解决了信息创建、管理、传递的问题，BIM 模型、装配模拟、采购制造运输存放安装的全程跟踪等手段还为工业化建造的普及提供了技术保障。建筑工业化还为自动化生产加工奠定了基础，能够提高产品质量和效率，例如对于复杂钢结构，可以利用BIM 模型数据和数控机床的自动集成，完成传统"二维图纸—深化图纸—加工制造"流程费时费工、容易出错的下料工作。BIM 技术的产业化应用将大大推动和加快建筑行业工业化进程。

发展装配式装修工业化和产业化从建筑全生命期来看信息量非常庞大，如何将已经发展到一定程度的设计 BIM 模型信息流传到工业制造企业，与自动化生产设备的信息交互是亟须解决的问题，因此装配式建筑装修的信息化管理与应用是整个装配式建筑装修过程中的重要一环。

## 9.3.2 应用场景

### 1. 基于信息化的部品部件设计

装配式建筑装修的生产环节从某种意义上来说属于制造业，其部品部件的设计、生产与制造业产品的生产逻辑大致相同。但是，建筑装修部品部件越来越复杂，往往涉及建材、家具等多个领域，其设计、生产工艺与制造业又有非常大的不同，因此强大的建筑装修部品部件研发能力在生产环节中非常重要，这将逐渐成为区分优势企业和劣势企业的战略因素。

在实际的部品部件研发过程中，由于其数据的复杂性以及多专业、学科交叉协作性，不可避免地会出现大量信息需要确认、沟通、评审、试验、整合等。BIM 技术纵然在部品部件设计上能够产生巨大的推动力，但是如何管理部品部件在研发过程中的各种信息，才是关键所在。因此，基于信息化的部品部件设计关键之一在于"信息化"，倘若设计脱离了信息化，那么大量数据就会失控、流失，会对企业后期部品部件研发以及进一步发展产生巨大的负面影响。

这里以产品生命周期管理系统（以下简称"PLM系统"）为例介绍基于信息化的部品部件设计。PLM系统从对装修部品部件的需求开始直至部品部件淘汰报废的全部生命历程进行管理，可以将企业及其合作伙伴范围内的人员、过程、业务系统和信息系统，加以整合和集成，完成异地分布式协同、合作、创新、生产制造、实施服务、环境保护以及部品部件推广等活动，使企业能够自如地应对瞬息变化的建筑装修市场需求。

PLM系统形成适合部品部件制造企业发展要求的产品开发过程管理解决方案，集中控制了质量体系要求的关键节点和产品数据的完整性、正确性、一致性，同时充分考虑了企业部品部件研发流程的自主性、可变性和可扩展性，帮助企业提高部品部件研发过程高效率、可控性。主要包含以下几个功能模块。

（1）部品部件数据管理。部品部件数据管理是PLM系统的核心内容。该功能模块可以完成对装配式建筑装修企业部品部件数据，如部品部件、部品部件文件、部品部件BOM、部品部件图纸、部品部件工艺、部品部件技术文件等全面的相互关联的管理工作。主要由两大解决方案组成：① 设计管理解决方案，完成部品部件设计数据的产生、归档和分享；② 工艺管理解决方案，完成部品部件工艺设计的数据产生、归档和分享。产品数据管理如图9-11所示。

（2）部品部件设计管理。该功能模块以设计BOM为核心，全面组织设计数据的管理，解决了部品部件设计的成果有序管理问题。其解决方案包括设计图纸集成、设计BOM、图文档管理、设计标准化，如图9-12所示。

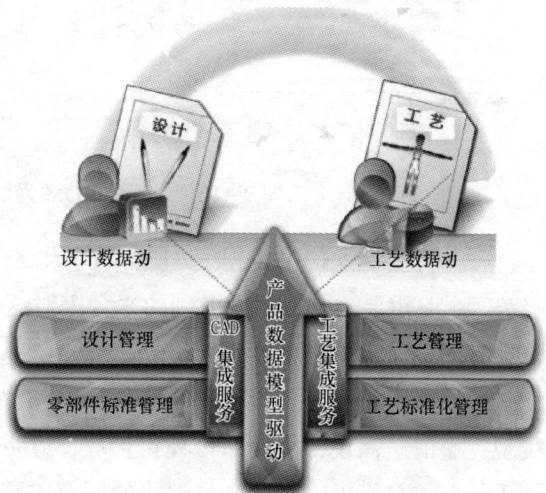

图9-11 产品数据管理

（3）部品部件信息管理。装配式建筑装修的项目应用过程所产生的经验、资料、方法、工具、规则等均可形成信息文档进入PLM知识库，供企业及行业借鉴、参考，方便产品更新迭代。其中包含的内容有国家标准管理、国际标准管理、行业标准管理、专利管理、业务知识管理、规章制度管理、常见问题及解决方法管理等。

应用PLM系统具有三大效果：

（1）提高效率。实现三维数据的可视化协同浏览，异地团队成员无须第三方工具即可访问、评审同一个三维模型设计，及时有效地反馈设计问题，有效减少部品部件的评审成本，简化设计评审流程，大幅度提高企业评审效率。

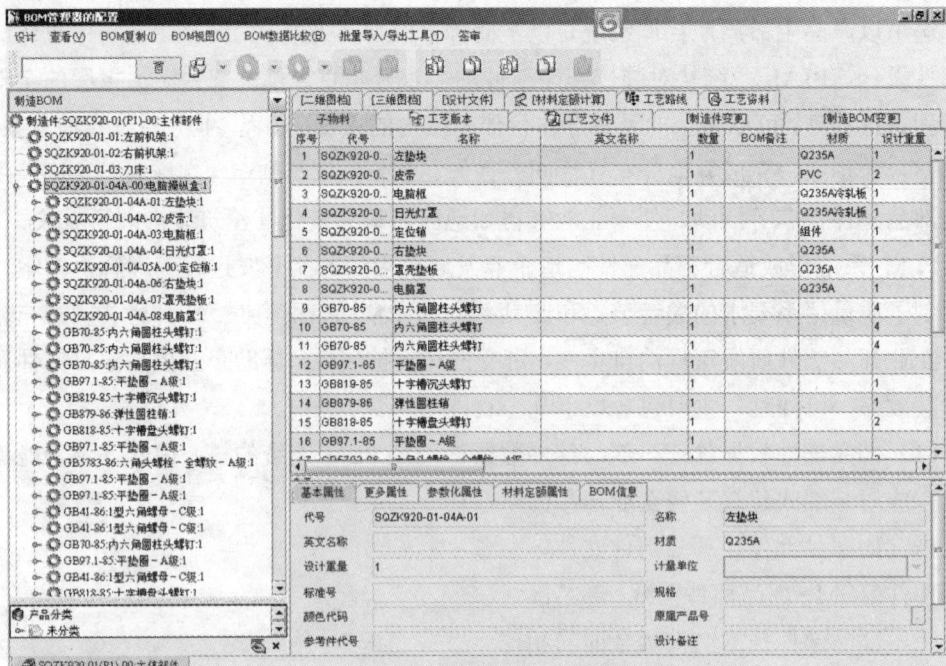

图 9-12  以制造 BOM 为核心管理工艺数据示例

（2）提高企业信息化程度。使用数字化的三维设计取代传统纸质设计已经成为必然趋势，企业需要一个通用无差别的平台来对这些三维数据进行整合管理，并在此基础上对产品的生命周期进行管理。

（3）确保部品部件设计质量。从部品部件规划到设计制造都可以通过 PLM 系统，实现完整的产品设计周期的可视化管理，帮助客户高效掌控产品生命周期，追溯产品设计质量监控与管理，确保产品演化的所有步骤都有据可依，有源可溯。

2. 基于信息化的资源管理

企业资源管理系统（ERP 系统）某种程度上可以作为建筑业企业的中枢系统，统领着一切其他辅助子系统（包括 MES、WMS、CRM、SCM、QMS 等），子系统在总系统的分配调度下协调工作，共同为建筑企业整体的运转提供保证。

ERP 系统作为信息化交互的核心管理系统存在，设计模型或图纸和相对应的工程部品部件 BOM 表通过产品生命周期管理系统 PLM 的分解、转换，将部品部件构成材料信息传递给 ERP 系统，通过 ERP 系统再将材料部件拆解到各个车间和仓库做资源规划，再由生产制造执行系统（MES 系统）部品部件相关计划信息执行，实现管理各个生产车间仓库领料生产，最终各个车间完成的成品部品部件运送至成品仓库，完成从设计到部品部件生产的整个信息化生产管理过程。信息化资源管理系统框架包括：

销售管理：项目公告、项目日志、项目分析、项目方案、项目施工单位、合同评审、合同签批等。

246

资产管理：合同归档、合同管理、设备管理等。

计划管理：项目跟踪、物料套料、发货申请、计划备货。

设计管理：设计任务单、图纸料单管理、设计模块化、设计 BOM 管理、样品 BOM 管理等，如图 9-13 所示。

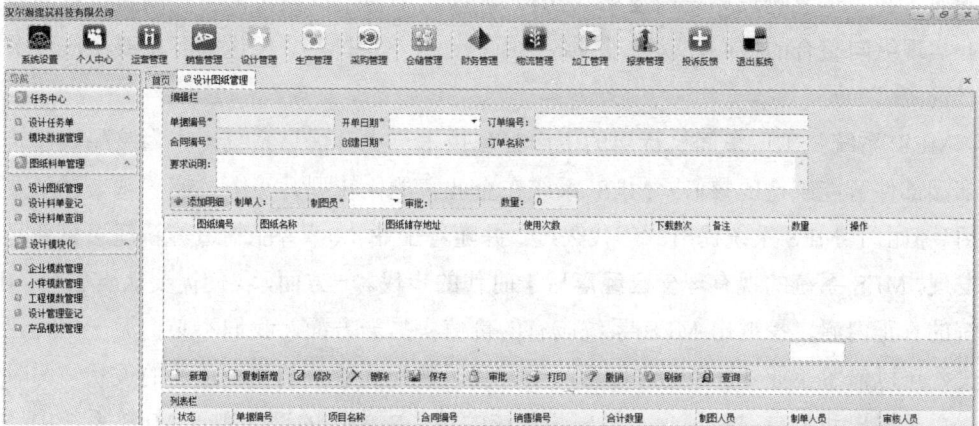

图 9-13　设计管理界面

采购管理：采购申请、采购订单、采购超采、采购退货。

生产管理：加工申请、生产领料、生产超领、生产交货、成品管理等。

加工管理：加工 BOM 管理、委外计划、委内计划、加工领料、加工超领、加工入库、加工出库等。

财务管理：财务结算、应付管理、应收管理、报表管理。

信息化资源管理把企业原有的管理体系和信息系统的"事后数据"变成"事前数据"，实现了生产技术系统和经营管理系统的融合，实现企业内部大数据管理，为公司运营与决策提供数据支持。

信息化资源管理整个系统按照企业需求内部搭建数据中心，利用中央系统进行大数据处理分析。信息化资源管理提供多种接入方式，操作人员可以通过移动端、PC、一体机、PDA、生产设备，实现实时数据共享和操作。

根据现阶段实施情况，智能制造协同平台产生如下效益：降低库存，减少资金占用，提高资金利用率和控制经营风险；替代手工操作，有效节约人工成本；控制产品生产成本，缩短产品生产周期；减少停工待料、提高生产效率；准时向客户供货，提高客户满意度；提高产品质量和合格率；可以为装配式建筑装修提供技术支持和精准数据服务；在装配式建筑装修过程实现可视化管理和实时监控，及时控制所有节点；实现装配式建筑装修部品部件材料编码和身份识别，实现可循环重复利用；精简、规范业务流程，提高反应速度；减少业务过程中的"跑冒滴漏"问题；准确计算数据、统计查询及报表分析更及时准确。

### 3. 基于信息化的计划管理

国务院颁布的《关于深化制造业与互联网融合发展的指导意见（国发〔2016〕28号）》中重点指出"加快计算机辅助设计仿真、制造执行系统、产品全生命周期管理等工业软件产业化，强化软件支撑和定义制造业的基础性作用"。工信部信软司副司长安筱鹏博士在《信息物理系统白皮书（2017）》序言中也明确指出"生产制造执行系统是企业实现纵向整合的核心，联通了设备、原料、订单、排产、配送等各主要生产环节和生产资源。"

MES 系统是工厂车间执行层的生产管理技术与实时信息系统，作为装配式建筑装饰部品部件智能制造的核心，MES 系统在企业智能化转型升级中发挥着越来越重要的作用。但由于 MES 系统提出的年代久远，并随着工业 4.0、智能制造等新理念日新月异的发展，MES 系统的现有理念已经落后于时代的步伐。一方面，我们需要认真领会 MES 系统的真正内涵，挖掘出 MES 系统应有的价值；另一方面，我们不必拘泥于国外已有定义，可以借鉴工业 4.0 等先进理念，结合我国装配式建筑装修制造业的现状，与时俱进，勇于提出我们自己的理念，将一些传统的精华、先进的理念融于 MES 系统中，使MES 系统真正成为装配式建筑装修企业智能制造的核心智能系统，满足我国建筑业制造智能化转型升级的需求。

装配式建筑装修生产基地在进行构件生产时，可以通过 BIM 模型建立构件的生产信息，在工程管理目标要求下，MES 系统结合 BIM 模型，生成构件排产计划。MES 系统主要功能包括：

（1）工厂建模。指明确各个生产单元（加工中心）的层级关系，用以后续生产指令下达时的工作划分，如图 9-14 所示。

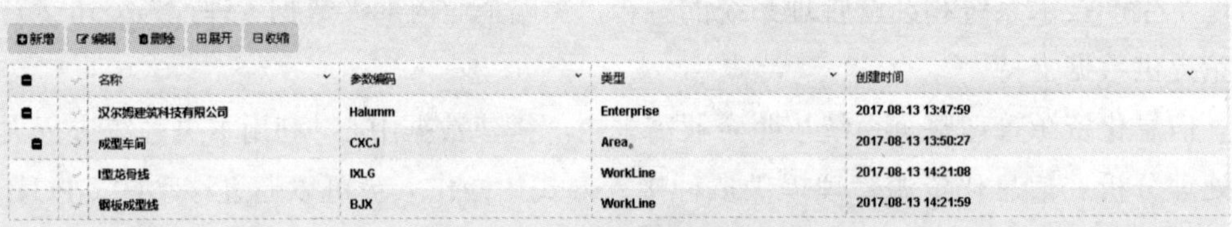

| 名称 | 参数编码 | 类型 | 创建时间 |
|---|---|---|---|
| 汉尔鹏建筑科技有限公司 | Halumm | Enterprise | 2017-08-13 13:47:59 |
| 成型车间 | CXCJ | Area | 2017-08-13 13:50:27 |
| I型龙骨线 | IXLG | WorkLine | 2017-08-13 14:21:08 |
| 钢板成型线 | BJX | WorkLine | 2017-08-13 14:21:59 |

图 9-14　生产线加工单元示例

（2）订单管理。主要是从 ERP 系统的资源管理中导入生产订单至 MES 系统，系统间进行数据对接，如图 9-15 所示。

如果 ERP 系统的资源管理订单变更，MES 系统会发邮件给相关人员（在消息推送中配置），MES 系统中的订单也会同步做变更，变更内容包括：

1）变更记录中详细描述了每次变更的差异信息，根据变更时间选择可以查看。

2）变更方式为增加：前无，后为增加信息。

3）变更方式为减少：前为减少信息，后无。

图 9-15　数据对接信息示例

4）变更方式为修改：前后为修改前后信息，其中有差异的红色标识。

5）如果是整个订单删除，订单编号保留，当前内容为空，通过历史也可以查看到删除前内容。

6）ERP 系统订单对于更改需要存有源单 ID，以便 MES 系统进行差异比较。

（3）料单管理。主要是从 ERP 系统导入生产订单至 MES 系统，系统间进行数据对接，如图 9-16 所示。

图 9-16　料单管理数据信息示例

如果 ERP 系统的资源管理料单变更，MES 系统会发邮件给相关人员（在消息推送中配置），MES 系统中的料单也会同步做变更，包括：

1）变更记录中详细描述了每次变更的差异信息，根据变更时间选择可以查看。

2）变更方式为增加：前无，后为增加信息。

3）变更方式为减少：前为减少信息，后无。

4）变更方式为修改：前后位修改前后信息，其中有差异的红色标识。

5）如果是整个订单删除，订单编号保留，当前内容为空，通过历史也可以查看到删除前内容。

6）ERP 系统料单对于更改需要存有源单 ID，以便 MES 系统进行差异比较

（4）作业计划指令单。计划的作用在于：对作业指令单进行拆解，分配到不同车间；进行生产进度安排；安排设计订单的生产进度领导层、计划层知晓订单的车间安排情况；车间计划生产派工用于对二级计划进行指令下达作为车间进行生产的实际指令。作业计划指令单示例如图 9-17 所示。

图 9-17　作业计划指令单示例

（5）包装清单。用于车间根据订单安排包装关系。系统在打印之前会对导入数据进行核对，只有核对无误的包装清单才能打印。核对信息包括对应物品规格是否属于该任务对应包装号，是否有遗漏、重复，如图 9-18 所示。

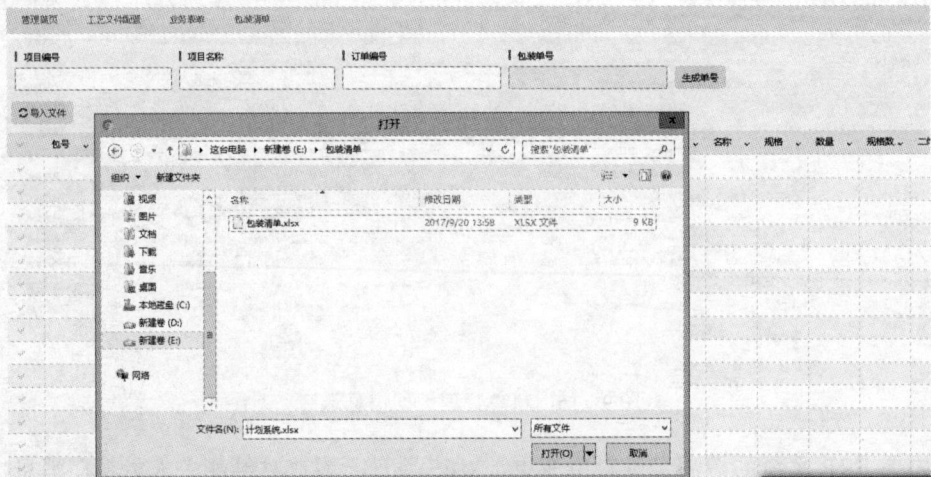

图 9-18　包装信息清单示例

250

所有系统中打印的标签都包含二维码，在 MES 系统中可以扫描标签追溯到订单的所有信息，施工现场可以扫描标签内容得到相应的内容数据，如图 9-19 所示。

图 9-19 二维码信息表示例

（6）生产管理。对车间赋码机进行二维码集成，赋码设备直接读取 MES 系统信息生成二维码进行赋码，如图 9-20 所示。

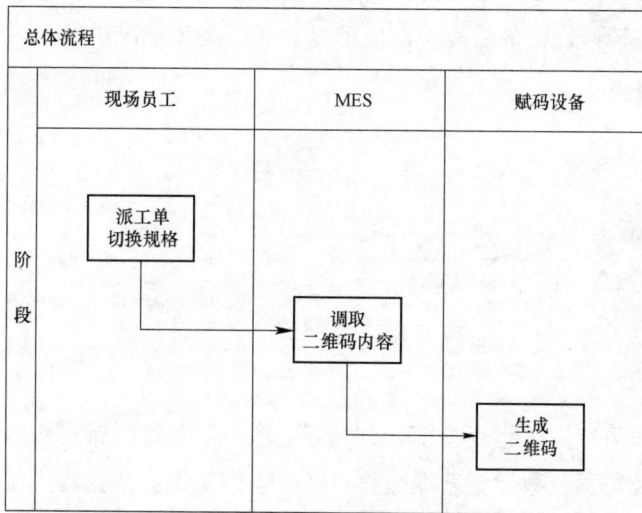

图 9-20 二维码赋码流程

（7）工序操作。主要是车间的一些操作，包括开始、暂停、赋码以及补料申请，如图 9-21 所示。

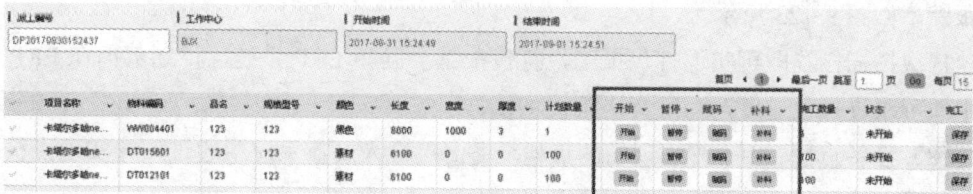

图 9-21 工序操作选择界面

开始操作用于派工单开始时，单击"开始"，系统会验证当前设备设置的产量信息，如果不一致，则会报警并且发送邮件到相关领导。生产过程中也会实时监控设置产量，只要与当前派工/补料信息不一致就报警并发邮件。

"暂停"用于生产应故需要暂停时，暂停状态会监控设备状态，如果仍在加工，系统报警（需要验证是否可采信号）。

"赋码"用于需要向赋码机发送指令时，因为上料处于赋码设备处存在位置差异，因此需要分别执行。

"补料申请"用于生产刚开始按照计划量设置设备参数，但是存在报废后的产量重新设定。重新设定后会发邮件给相关领导，单击"补料申请"后系统进入暂停状态，同意后再单击"开始"进行生产。

"工序报工"用以解决当前日报形式的进度反馈不够实时的情况。目前 MES 系统已实现，在以下情况时都可以及时进行工序进度反馈，领导层或者计划层不需要下班后才知道当天生产进度。一张派工单可能有多个规格物品：可以在一个或几个物品完工时报工；一天可能有多个派工单，在每张派工单完成时都可报工；如果生产过程中出现一些意外情况，如员工请假，设备故障等，也可以对当前完工情况进行及时报工。排单控制界面如图 9-22 所示。

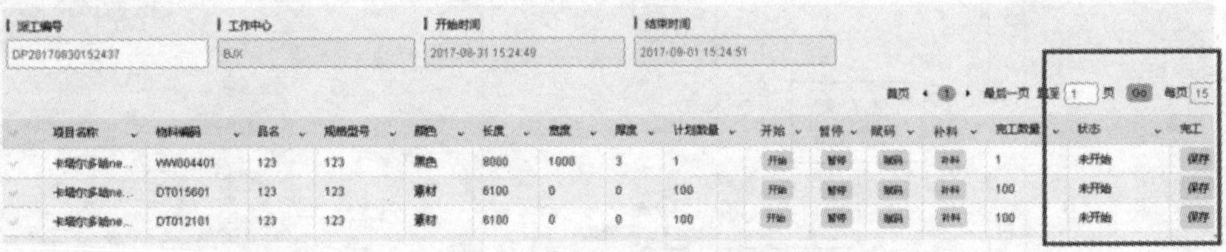

图 9-22　排单控制界面

扫描指令单即可获取该指令全部计划信息。派工单二维码带有页码信息，即扫描该码会根据页码以及每页行数设置获取数据，确保操作工纸面数据与报工界面相同。完工数量默认等于计划数量，点击完成即可实现该行的报工。如果是部分报工，则修改数量，如果派工单发生变更现场会接到消息并且不允许报工；重新派工单据送到现场后，现场扫描新单据，原有报工记录会全部转换到新派工单中，生产可以继续。

打包完成是可以发货的一个关键节点，因此对打包进行报工可以更加有效地进行进度跟踪，如图 9-23 所示。

依次扫描标签即可实现打包报工，打包报工会回填 ERP 系统，计划部门在 ERP 系统中即可跟进打包进度，为发货决策提供依据。

（8）设备点检。用于管理现场的点检业务。点检人员在系统中通过勾选实现点检业务，如果存在点检不合格，系统发送邮件到相关领导的邮箱中，如图 9-24 所示。

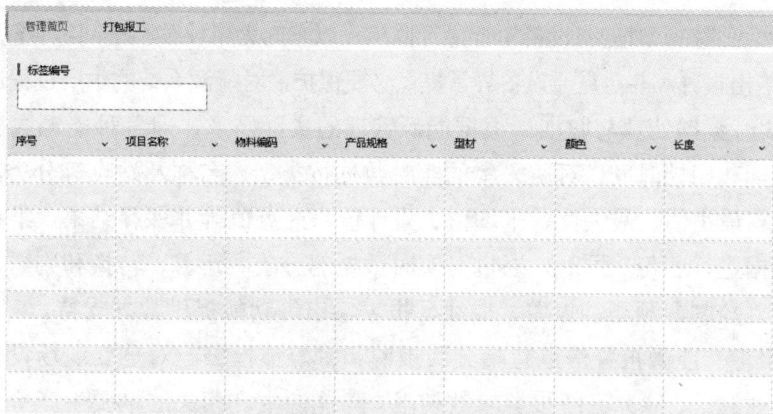

图 9-23　打包报工信息界面

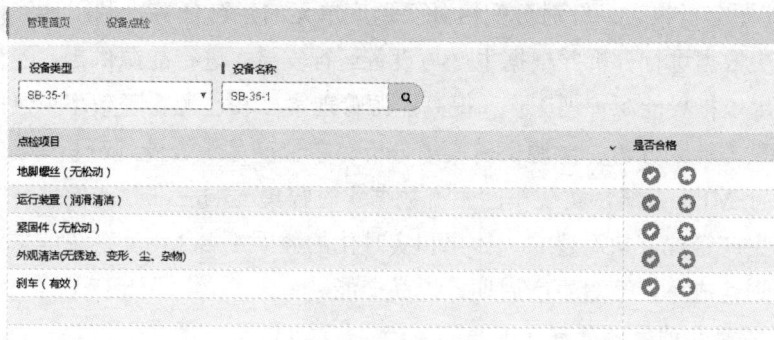

图 9-24　设备点检界面

（9）能源管理。使能源消耗与生产过程中的其他数据之间发生关联关系，通过光纤网络加采集器方式采集各个变电站的电表数据、水表及气表，数据集中采集到服务器，通过系统自动统计分析，如图 9-25 所示。

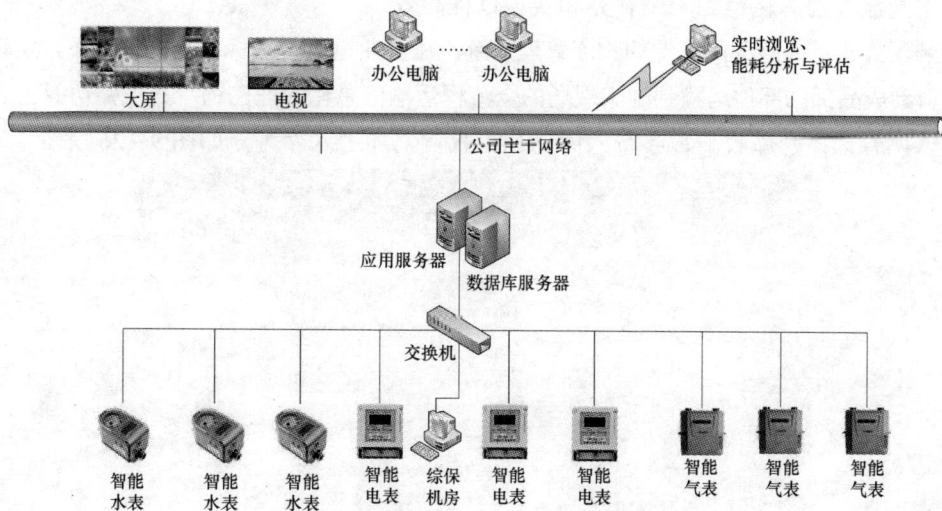

图 9-25　能源管理系统原理

（10）过程监控。对能源设备运行进行监控，以车间为单位编制车间综合能源监控图。对设备异常给出报警，并对重要设备异常提供必要保护，对能源系统的生产过程进行监控。

（11）实时数据处理与归档。根据能源管理的实际需求，对各种能源数据，采取不同的采集周期和归档时间，对所采集的实时数据按类型、名称及站点等分类，按时序依次存档，计算最小值、最大值、平均值、累计值、准点值等并保存结果，维护人员可及时对硬盘数据进行备份。同时，通过对实时数据的分类、运算、转换和判断，为实现能源潮流监视、控制、预测、报警、曲线、报表输出等功能提供数据支持。

（12）报警。能源报警信息包括分级报警和多媒体报警。对重要现场设备的故障信号、三废监测数据、能介系统报警参数超限、与能源生产相关的重要生产单元运行状态等进行报警，系统支持短信、邮件等报警方式。

（13）能源分析报表。针对分配给各级调度单元的生产任务，利用计算机数据分析技术，对历史数据进行分析并根据生产与设备运行安排，进行能源供需、能耗实绩与计划的比较，用以指导能源管理工作，提高能源管理水平和能源管理效率。包括能源指标分析、能源供需计划分析、能源供需实绩分析、单位产品综合能耗分析等。

通过运行 MES 系统，实现车间生产数据实时收集与响应，并能使生产制造过程实现完整闭环生产管理，从而建立一体化和实时化的协同平台 MES 系统信息体系，大幅提升生产计划达成率，缩短生产周期、提高产能。

4. 基于信息化的物流管理

仓储管理系统（WMS 系统）是仓储管理信息化的具体形式，在目前装配式建筑装修中的应用还处于起步阶段。完善的仓储管理系统将会给企业带来丰厚的经济效益和社会效益，因此仓储管理系统在装配式建筑装修中的应用尤其重要。物资的储存和运输是整个物流过程中的两个关键环节，实现这两个环节的系统化、信息化管控可以让装配式装修的全流程信息化得到一个补充和实现过程高效。

装配式建筑装修部品部件的物流管理系统，在企业运输管理标准文件配合下，实现从原材料到成品部品部件运输到施工现场的全流程运输信息化管理控制，其主要功能包括：

入库管理：仓库收货、收货入库、加工收货、加工入库等，如图 9-26 所示。

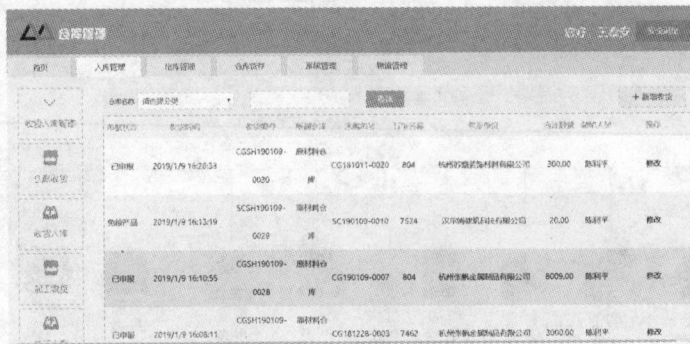

图 9-26　入库管理主界面

出库管理：仓库出库、加工出库等，如图 9-27 所示。

图 9-27　出库管理主界面

仓库货存：库存列表、盘点列表等，如图 9-28 所示。

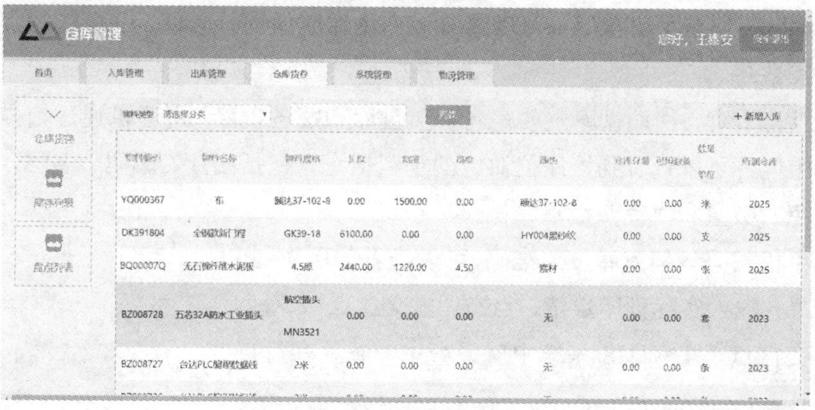

图 9-28　仓库货存主界面

系统管理：账户管理、物料管理、区域管理、货位管理、库位管理等，如图 9-29 所示。

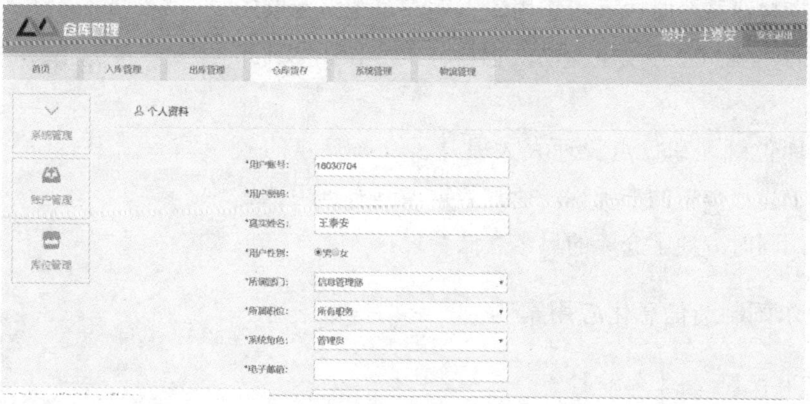

图 9-29　系统管理主界面

物流管理包含两部分的核心内容，即库位管理和盘点管理。

库位管理主要针对线下实物仓库。根据仓储物料类型和存放区域的不同将实物仓库分为 A1～F4 共计 20 个仓库。其中 A 代表钢板区域，B 代表玻璃区域，C 代表钢卷区域，D 代表原材料板，E 代表型材区，F 代表五金区。依据具体库区不同，每个区域又划分成 A1、A2、A3、A4 等，每一个区域生成一个二维码，在"移动应用"部分，通过手机扫码，可以查看该区域代表物料信息。

货位是区域的下属一级，即货架管理，货架的编码形式是"D3－10"，其中 D3 代表货区、10 代表货架号。每一个货架生成一个二维码，在"移动应用"部分，通过手机扫码，可以查看该货架存放的物料信息。

库位是货架的下属一级，编码形式是"D3－10－A"和"D3－10－A－01"，其中 D3 代表货区，10 代表货架号。"D3－10－A"适用于除五金外的其他物料，"D3－10－A－01"适用于五金，其中 01 代表货斗。每一个库位生成一个二维码，在"移动应用"部分，通过手机扫码，可以查看该库位存放的物料信息，并可依据实际盘点输入实际盘点数量。

关于盘点管理，移动盘库主要是仓管员盘库和财务盘库，用手机通过扫描库位或货架上的二维码，可以查看到该库位对应的物料信息，包括图片、编码、名称、规格、长宽高、颜色、数量和"提交盘点"操作。

通过手机扫码货架或库位二维码，可以查看如图 9－30 的物料信息；输入实际盘库数量，点击"提交盘点"。每点击一条提交盘点，在 WMS 系统中就会产生一条库存盘点数据。

在实施智能仓储系统之前，每次年中或年终盘库，财务和仓储两个部门全员参与，需要 1～2 周时间对仓库进行一次全面盘点。实施库位管理和盘点管理，通过系统可以查询哪些物料在某个时段有无领用、入库，系统将未发生入库领料的物料和库存发生变动的物料分类，如图 9－30 所示。

通过库位管理和盘点管理大大提升了仓库盘点的效率，提升了盘点数据的准确性，所有数据做到有据可依、有据可查，同时方便了仓库的日常仓储管理。

### 9.3.3 汉尔姆制造信息化应用案例

1. 应用背景

当前国家及行业大力推进建筑产业现代化进程，实现

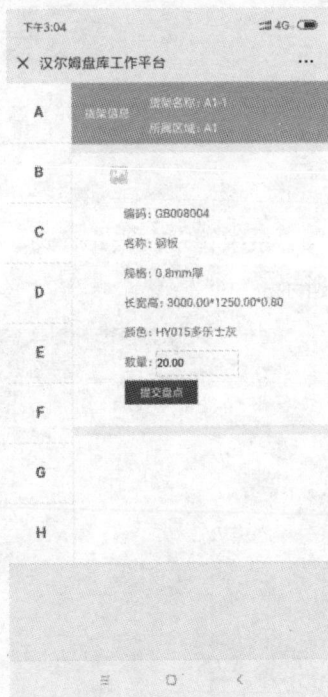

图 9－30 移动盘点系统界面

装配式装修工业化与信息化是一个重要过程，同时实现装配式装修工业化是信息化发展的必要基石。汉尔姆以"工业设计+精密制造"为依托，着重发展装配式建筑及内装部品部件的工厂化预制生产及 BIM、ERP、MES 等信息化管理平台。

近些年随着企业的快速发展，在原有信息化系统建设的基础上发展总结出以核心数据库为中心，各个需求模块植入及应用的战略思路，涵盖了装配式建筑及装修智能制造的全流程、全要素的集成化管理体系，汉尔姆根据制造业的特点结合建筑装饰行业的需求自主研发的管理系统，更适应企业自身的需求及发展。

2. 应用内容

建立全新的信息化管理思路，以核心数据库为中心实现信息收集、管理、计算输出等功能，围绕核心数据库的中控管理整合生产制造、财务、物流等服务模块，通过各个服务模块与核心数据库的信息交互、云计算等方式实现制造信息化管理的目标，系统模块主要包括：

（1）ERP 系统。汉尔姆 ERP 系统包括以下主要功能：财务管理、制造管理、库存管理、工厂与设备维护、人力资源、报表和企业信息系统等。此外，还包括金融投资管理、法规与标准和过程控制等补充功能，如图 9-31 所示。

图 9-31　汉尔姆 ERP 系统

（2）MES 系统。汉尔姆 MES 系统包括以下主要功能：工艺工序作业计划、生产调度、车间文档管理、数据采集、人力资源管理、工艺过程管理、设备维修管理、产品跟踪、业绩分析等，可监控从原材料进厂到产品的入库的全部生产过程，记录生产过程产品所使用的材料、设备，产品检测的数据和结果以及产品在每个工序上生产的时间、人员等信息。这些信息的收集经过 MES 系统加以分析，就能通过系统报表实时呈现生产现场的生产进度、目标达成状况、产品品质状况，以及生产的人、机、料的利用状况，这样让整个生产现场完全透明化，如图9-32～图9-34所示。

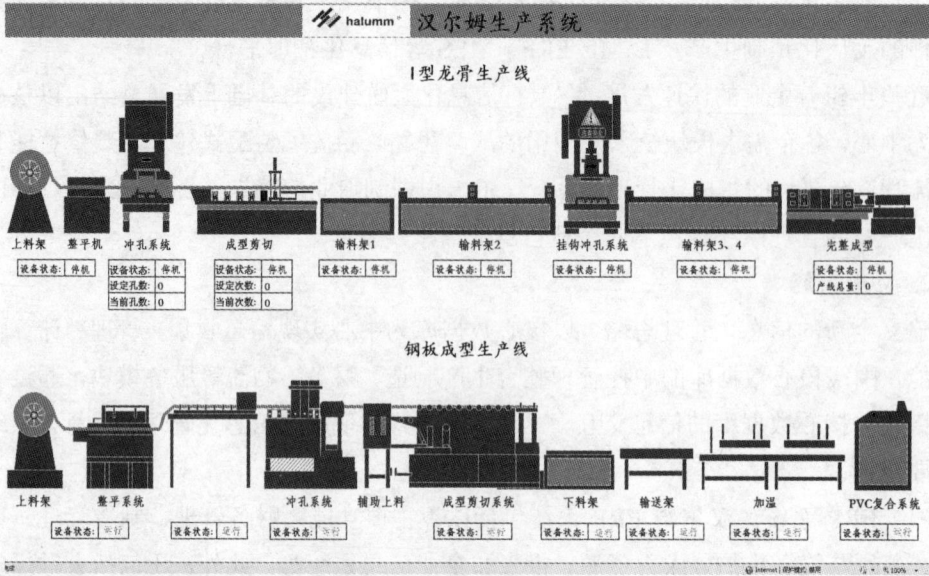

图9-32　设备生产监控

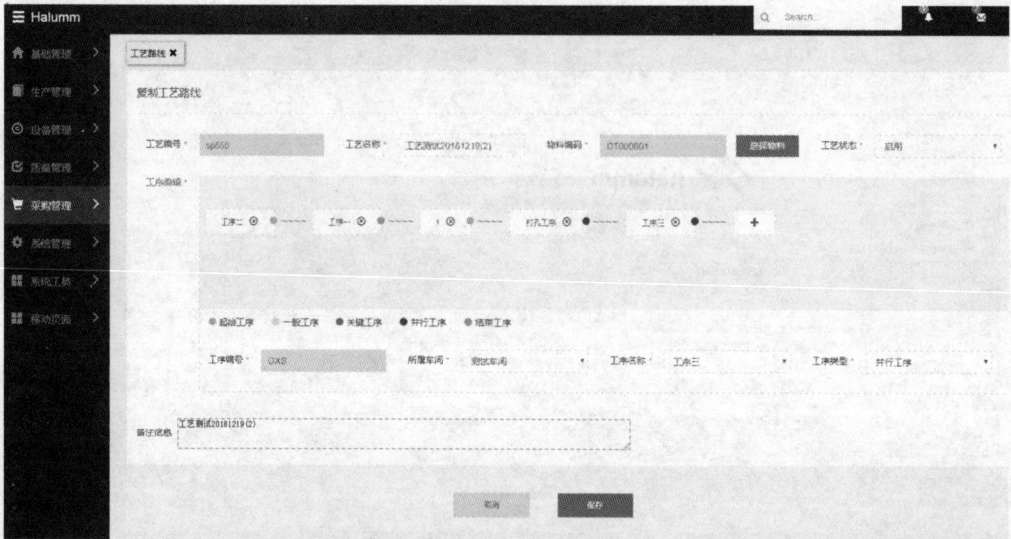

图9-33　MES系统

（3）客户关系管理系统（CRM系统）。汉尔姆CRM系统包括以下主要功能：日程管理、潜在客户管理、产品管理、报价单、订单管理、发票管理、知识库管理、故障单管理、系统管理员权限管理等，是以客户数据的管理为核心，利用信息化技术，实现市场营销、销售、服务等活动自动化，并建立一个客户信息的收集、管理、分析、利用的系统，帮助企业实现以客户为中心的管理模式，如图9-35所示。

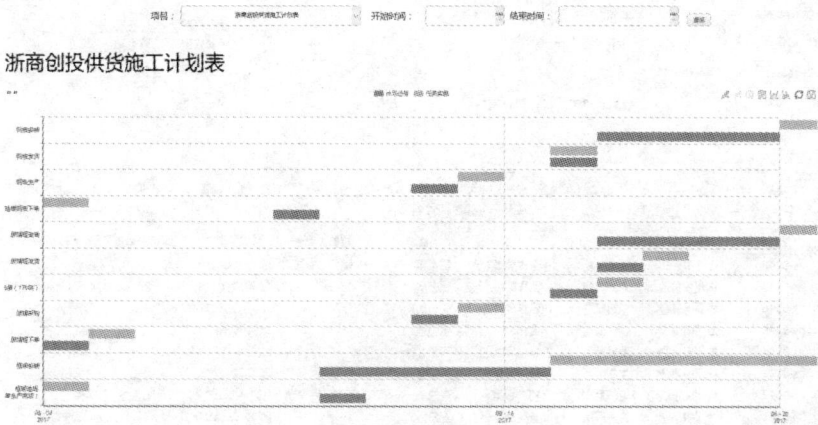

图 9-34　生产计划表报示例

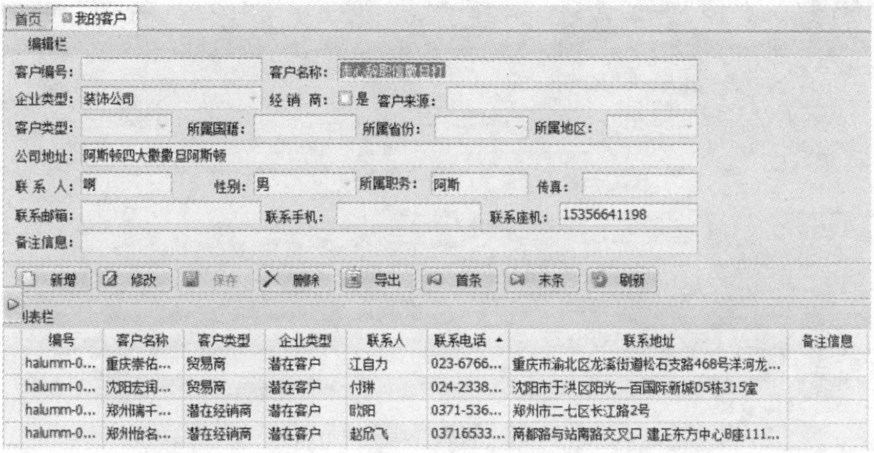

图 9-35　客户关系管理系统示例

（4）供应链管理系统（SCM 系统）。汉尔姆 SCM 系统包括以下主要功能：计划、采购、制造、配送、退货等，建立合格供应商档案，并建立供应商供应物品的明细清单建立优选机制。它执行供应链中从供应商到最终用户的物流的计划和控制等职能。通过改善上下游供应链关系，整合和优化供应链中的信息流、物流、资金流，以获得企业的竞争优势，如图 9-36 所示。

（5）WMS 系统。汉尔姆 WMS 系统包括以下主要功能：入库管理、出库管理、仓库货存、系统管理、物流管理，可有效控制并跟踪仓库业务的物流和成本管理全过程，实现或完善企业仓储信息管理。该系统可以独立执行库存操作，也可与其他系统的单据和凭证等结合使用，可为企业提供更为完整的企业物流管理流程和财务管理信息，如图 9-37 所示。

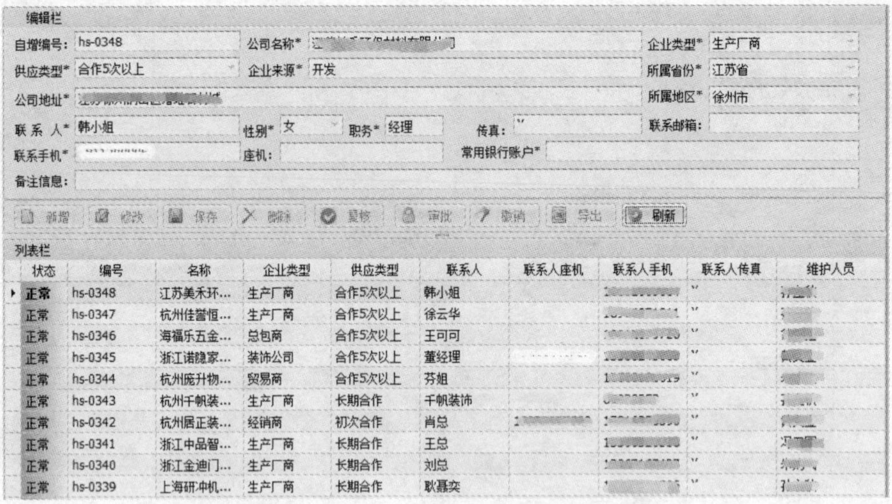

图 9-36　供应链管理系统示例

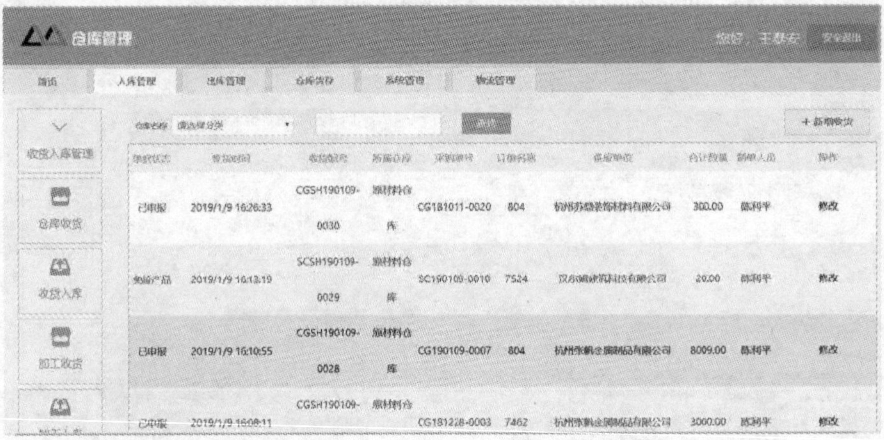

图 9-37　物流管理系统示例

（6）质量管理系统（QMS 系统）。汉尔姆质量管理作为一个枢纽部门，通过来料质检、过程质检、客诉管理同公司的生产、采购、施工、设计、运营各部门业务串联起来，以数字化质量管理过程为抓手，可以快速、精准地知晓各相关业务部门乃至整个公司的状况，快速诊断问题；将各业务管理过程和生产过程的数据集中化，通过数据建模分析，做到决策自动化、分散化。汉尔姆 QMS 系统包括以下主要功能：生产过程中质量管理、来料质量检验、质量数据分析通过对基础数据加工处理、挖掘和应用，在质检管理数据可视化的基础上，能够实现 50% 的数据辅助决策自动化。其中详细功能有：

1）质检模板。质检方案用于明确每次检验时需要的检验项目以及合格标准，如图 9-38 所示。

检验模板可以应用于首检、巡检以及终检，检验项目可以是数值的（如尺寸），也可是字符的（如外观）。对于数值型的检验项目可以给出合格区间，对于字符型的可以

260

给出合格描述，如果是字符型的并且录入了检验数值，系统可以根据合格标准进行自动判定。

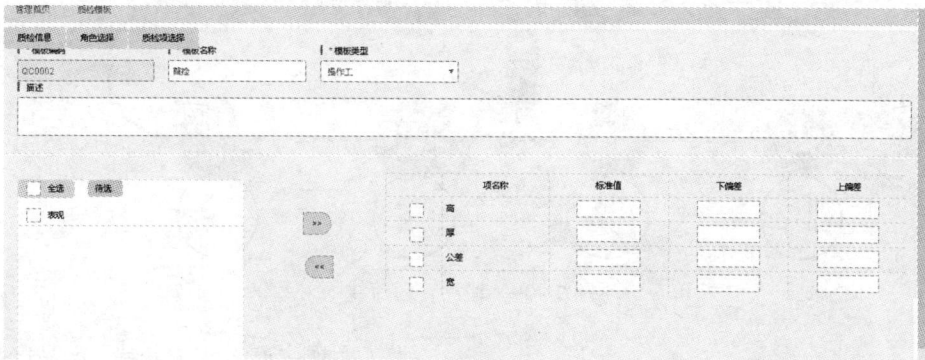

图9-38 检验合格信息平台界面

2）质检控制。将对以下三个场景进行质检控制。

① 首检：系统扫描派工单后，如果该设备当天未检验或者该批未检验，系统自动发送检验通知给检验人员，且检验人员必须检验后生产人员才能报工。

② 巡检：如果一个订单没有巡检记录，不允许结束。

③ 终检：MES系统会与ERP系统做终检对接，只有MES系统中有终检信息，ERP系统才允许入库。

3）质检记录。检验人员在系统中进行检验结果的录入，检验项目由检验方案带出，如果无内容需要录入，点击勾选即可完成检验内容的记录。

4）质量管理预警。其中系统功能包括检测方案、检验计划编制、质量标准体系、质量数据采集、质量数据分析、质量文档管理、采购质检单、出库质检单、缺陷分析等。

实时收集所有现场的质量资料，根据设定的条件对采集的数据做统计分析，生成不同形式的报表或图表，并立即反映给相关部门，达到质量预警和问题追溯的功能。

5）异常预警。通过采集的数据与设置的工艺参数对比，当异常出现时会预警并将信息以微信、邮件等形式推送到相关人员。

（7）追溯管理。汉尔姆追溯系统基于Web平台，利用二维码技术对装配式建筑装修部品部件身份信息进行编码，对部品部件实物个体进行身份识别，每个组件实体都有唯一的二维码，构建全程追溯体系，实现从生产、加工、存储、运输、安装、运维、回收，整个产业链每个环节的记录。二维码追溯系统可以对产品进行全生命周期监控，可做到精准查找、快速召回和循环使用。汉尔姆SCM系统包括以下主要功能：生成追溯的构件清单、发行追溯标签、采集追溯标签、追溯信息查询，如图9-39和图9-40所示。

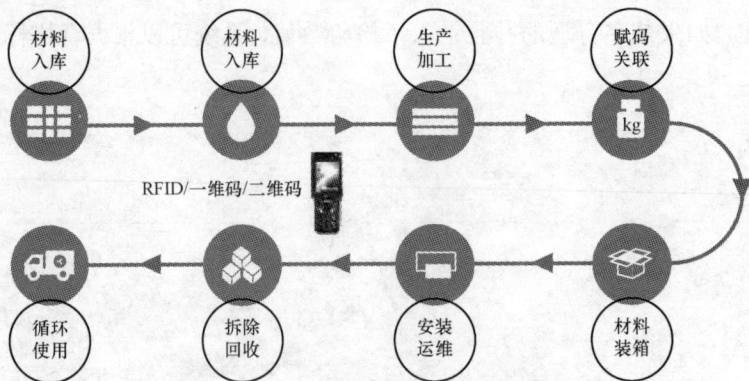

图 9-39　追溯管理流线

图 9-40　二维码打印生产

为了实现生产过程无差错，产品产出时所有细节均记录在电子生产报告中，并且在需要时也可以记录其他相关信息。批次追溯主要记录生产过程中如下信息：材料的批次与批量属性，加工设备属性，加工工艺数据，参与生产过程的人员，设备与工具的维修保养数据。

3. 应用价值

（1）交期准时性提高 30%。通过优化排产和计划下发流程，以并行工序的工艺路线下发，提高了排产的准确性。加工规格明细按需下发，减少非关键工序的工作量，提升整体生产效率。生产过程数据的精准、透明，提高排产、生产、仓储及运营的整体效率，为制定缩短交期方案提供可靠的基础支持。

（2）生产成本降低 10%。通过二维码管控生产过程，减少生产出错率，同时降低生产报工的错误率，减少核对和返工时间，从而提升生产效率。通过对生产现场产能和品质的改善，可以在成本不变的情况下，获得更多的产品产出。

（3）产品品质提升 5%。通过对来料和过程的质量控制，减少因来料品质或生产残次造成的产品品质问题。通过对现场不良实时监控和深度分析，使得重点问题得到优先处理、快速解决，使产品品质不断改善。通过历史数据的分析，帮助提升改善指标的有效性，提升直通率，降低不良率。

（4）设备故障率降低 40%。通过监控产线动态图，实时了解各产线的异常，及时进行设备维保。通过预设的道具、模具、设备生命周期，提前更换设备配件，减少故障，提供稳定的生产环境。通过设备数据与能耗数据的综合分析，提前预测可能发生的故障，减少设备故障率。

262

（5）服务水平提高15%。客户可以查询订单生产进度，加强对工厂管理能力的认可。数据化的质量管理，全面的质量数据，便于快速、高效地处理客户投诉问题。企业级数据互联互通，通过数据集中化，对各业务模块进行实时预警，做到决策自动化、分散化，依照市场和客户需求灵活快速地调整运营。

## 9.4 装配式建筑装修施工与管理

### 9.4.1 概述

传统建筑装修施工一直饱受诟病，如屋顶渗漏、门窗密封效果差、保温墙体开裂、防水失效，甚至有些装修施工为了达到装修后的效果和功能，对管线、设备、建筑构造、防水、结构等进行大拆大改，造成承重结构墙体、梁、柱、管线被严重破坏，给居住者和上下楼层都造成了极大的安全隐患，同时还产生了大量的建筑垃圾。尽管业主在施工过程中会进行监督，但由于业主不懂主料、辅料、人工、材料标准、切割方式等专业知识，不可避免地被新增加了很多项目，最终造成业主莫名其妙地多花钱，这也给装修行业造成了非常不好的影响。施工中的噪声，施工后的甲醛、异味等，对家人和周边带来一定的不良影响。

为解决这些问题，我国大力推广装配式建筑及其装修方式。装配式装修不同于传统建筑装饰施工，大量减少了现场手工作业，并且立足于部品部件的工业化标准生产，提高现场装配化程度，只要施工工人按照标准化的工艺安装便可完成装修全过程。北京成寿寺装配式项目，一户装修用时仅7天。由于现场作业少，标准化程度高，各种不可控成本便可节省，环境污染低，速度快，省工期、工费、工料，节水、节能，装修精度提升，同时也提高了居住品质。如集成楼（地）面系统中，可大幅减轻楼板荷载，通过架空层布置水暖电管，减少对楼（地）面的破坏；集成墙面系统中可设置灵活度高的隔墙系统改变户型空间，也可利用集成壁纸、材料等对墙面进行快速补贴，环保无污染、施工速度快、对墙体破坏少；集成吊顶系统中，可免吊筋、免扎孔，通过龙骨与部品之间的高契合搭接，完成施工，无噪声、效率高；集成排水系统中，可以利用架空实现快速施工，且便于维修；集成卫浴中可定制化生产防水材料，通过整体设计（管线、与其他卫浴设备协同）铺贴于地面、墙面，搭配坐便器、淋浴间、浴室柜等设备以及排水系统，既减轻了重量、防水效果好，又便于维修；集成厨房系统可定制化橱柜、排烟系统等，实现全部干法作业，效率高且环保。

对于装饰施工项目管理来说，传统管理大多停留在各种纸质文件层面，不仅沟通困难，而且进度也很难把控，如今在计算机技术的推动下装饰项目施工管理效率大大提升。尤其是BIM技术的应用，其参数化标准设计、物理信息与几何信息的协调匹配、3D可视化、可模拟性等优势，为装配式建筑装修设计质量管理系统的自动化检查和分析提供了可行性，也为装配式建筑装修的信息化施工管理提供了新的方向。合理应用 BIM 技术，可将施工项目中的进度、复杂工艺模拟、成本核算等通过数据连接在一起建立相应的装饰施工信息化管理平台，通过平台，统一管理装饰项目的各个阶段、流程等。

### 9.4.2 应用场景

1. 基于 BIM 的施工放样

施工放样是指把设计图纸上工程建筑物的平面位置和高程，用一定的测量仪器和方法测设到实地上去的测量工作。传统施工放样过程中，CAD 图纸使用卷尺等工具纯人工现场放样的方式，放样误差大、施工精度无法保证，且工效低。利用 BIM 放样机器人，可发挥其快速、精准、智能、操作简便且节省人力的优势，将 BIM 模型中的数据直接转化为现场的精准点位，大大提高放样的质量及工作效率。

以天宝 BIM 放样机器人为例进行介绍。天宝 BIM 放样机器人主要硬件包括：全站仪主机，用于指示、测量放样点位；外业平板电脑，即手持终端，导入 BIM 模型后，用于控制、选择测量或放样点，可直观连接和设置全站仪，如图 9-41 所示；三脚架，支撑及固定全站仪主机，可根据需要调整高度及角度；全反射棱镜及棱镜杆，用于点位在地面上测量及放样，与主机智能连接后准确定位，实时动态跟踪。

图 9-41 天宝 BIM 放样机器人

天宝 BIM 放样机器人放线步骤如下：

（1）通过 BIM 软件（Revit、Sketchup 等）创建装饰设计 BIM 模型，此时 BIM 模型应该包括放线过程中所需要的各种放样点位。

（2）通过三维激光扫描仪得到点云模型，经过软件处理导入到 BIM 软件中，将设计模型与现场数据进行对比分析，提前解决管线综合以及碰撞等问题，如图 9-42 所示。

（3）将 BIM 模型中的放样点导入 BIM 放样机器人的 Trimble Field Link 软件中，通过手持终端现场控制 BIM 放样机器人对现场放样控制点进行数据采集，即刻定位 BIM 放样机器人的现场坐标。

（4）通过手持终端选取 BIM 模型中所需放样点，指挥机器人发射红外激光自动照准现实点位，实现"所见即所得"，从而将 BIM 模型精确地反映到施工现场中，如图 9-43 所示。

图 9-42  模型对比、调整

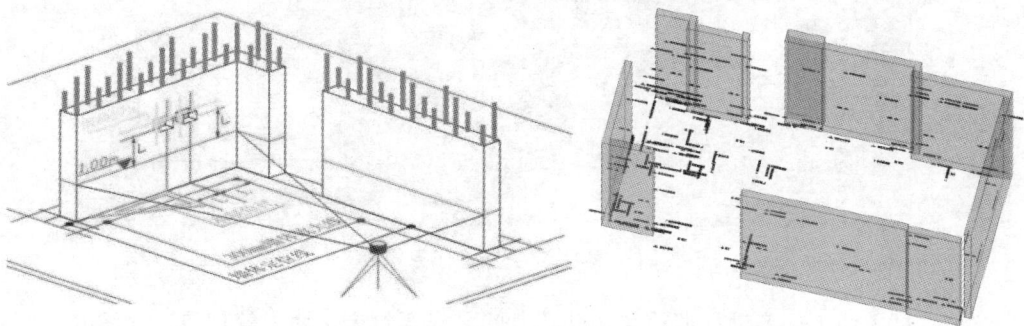

图 9-43  BIM 放样机器人放样

基于 BIM 的施工放样充分地将 BIM 技术与放样机器人进行有机结合，放线工作效率高、精度高且减少了大量人力，是施工放线发展的必然趋势。

2. 施工工艺/工序可视化模拟

施工工艺/工序是项目建设和指导工程施工的重要技术经济文件。目前施工工艺/工序表达的传统方法大多采用横道图和网络计划图，通过 Project 软件实现绘制。但 Project 的表达仅在数据层面，无法与工程项目形象地结合起来。而工程项目中的施工工艺/工序问题往往是在施工过程中发现，如果仅仅看横道图或网络计划图很难发现，施工中可能会造成大量变更，致使项目施工方陷入被动。借助 BIM 技术，对项目施工的关键节点（土方开挖、基础完成、整体出±0、砌体穿插、主体结构封顶、装饰装修、景观布置等）进行方案模拟，重点关注总平布置、交通组织、流水穿插等，能更直观、更精确地发现并提前解决施工过程中可能遇到的工艺、工序等问题。

可用于施工方案模拟的软件有 Navisworks、Fuzor、Synchro、3Dmax 以及国内厂商品茗、广联达的相应软件等，功能大同小异，目前用得比较普遍的是 Navisworks，且 Navisworks 能与 Revit 进行良好的相互操作，这里以 Navisworks 进行介绍。

Navisworks 可以导入不同格式的模型和数据，用于协调工作、施工模拟和进行综合性的项目审阅。其中主要功能之一便是施工过程的模拟。Navisworks 提供了 TimeLiner 模块用于在场景中定义施工时间节点周期信息，并根据所定义的施工任务生成施工过程模拟动画。由于三维场景中添加了时间信息，使得场景由 3D 信息升级为 4D 信息，因此施工过程模拟动画又称为 4D 模拟动画。其基本步骤如下：

（1）定义施工任务。可通过软件中 TimeLiner 对话框中的"添加任务"按钮添加各种新施工任务，并可对计划开始时间、结束时间、任务类型等进行修改，如图 9-44 所示。

图 9-44　定义施工任务界面

（2）对各施工任务进行调整，如开始时间、显示程度、成本管理等，如图 9-45～图 9-47 所示。

图 9-45　对任务升/降级示例

266

图9-46 缩放动画示例

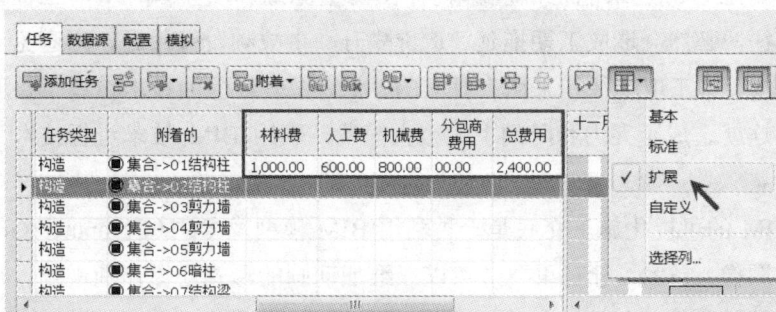

图9-47 成本管理示例

（3）切换至"模拟"选项卡，单击"播放"按钮开始对施工工序/工艺进行模拟，如图9-48所示。

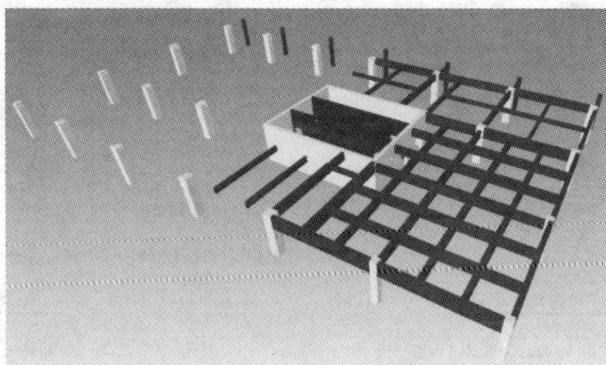

图9-48 模拟施工示例

利用 Navisworks 进行施工工艺/工序模拟，提前发现施工中存在的重大问题，从而达到节省成本、预防重大事故发生的目的。

3. 基于 BIM 的技术交底

装修施工企业中的技术交底，是在某个单位工程开工前，或某个分项工程施工前，由相关专业技术人员向参与施工的人员进行的技术性交代，其目的是使施工人员对工程特点、技术质量要求、施工方法与措施和安全等方面有一个较详细的了解，以便于科学的组织施工，避免技术质量等事故的发生。技术交底记录是工程技术档案资料中不可缺少的部分。

目前，施工单位的技术交底是以设计单位的二维图纸和文字交底资料为基础，结合工程管理人员的经验，以口头描述的方式来表达工程特点、技术要求、操作方法、质量指标、施工措施等工程信息。由于二维图纸的表现有其固有的局限性，文字表述也不可能面面俱到，再加上不同工程管理人员对设计意图和工序的理解不同，口头表述方式也各种各样，工人在理解上存在一定困难，尤其是涉及生僻抽象的专有名词更是头疼。工人一旦未能正确理解就存在质量隐患和安全风险，对工程管理极为不利。长此以往，必然会造成工期拖延、造价攀升、事故频发等问题，为避免工人出现二次误解等情况，施工现场往往采用人盯人的办法，由有经验的技术员或工长现场盯着工人施工，但这就造成了人力和时间上的极大浪费，利用 BIM 技术进行技术交底可解决这些问题。

基于 BIM 的可视化施工交底是一种利用 BIM 模型及 CG（Computer Graphics，即计算机图形图像）技术，针对重要节点以三维加动画的形式还原作业现场，并辅以文字说明技术参数等数据进行施工技术交底的一种形式，如图 9-49 和图 9-50 所示。

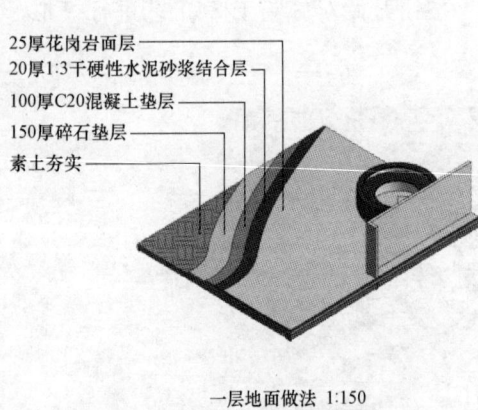

图 9-49　三维地面做法交底大样示例　　　图 9-50　三维装饰构造交底大样示例

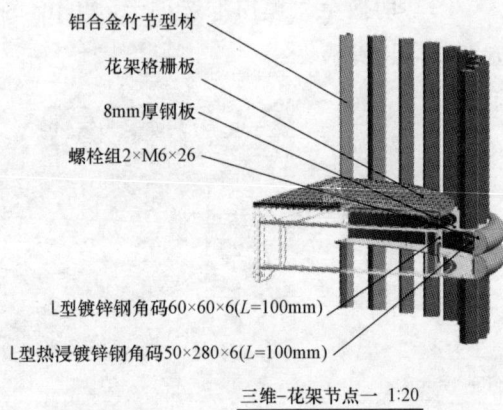

目前，基于 BIM 的装配式装修施工交底技术应用流程包括以下内容：根据已有设计模型深化，在深化模型上制作需要交底的节点模型，并在节点模型中标注相关的技术参数、制作施工方案交底书面卡，将 BIM 施工模型通过可视化设备放置在交流屏幕上。工程管理人员通过交流屏幕分解 BIM 施工模型，通过讲解各项技术参数对施工人员进行技术交底。其中可视化设备有 AR 互动台、VR 虚拟现实头戴式显示设备，目前 Fuzor 等三维模拟软件可支持模型、视频渲染和设备对接，如图 9-51 和图 9-52 所示。

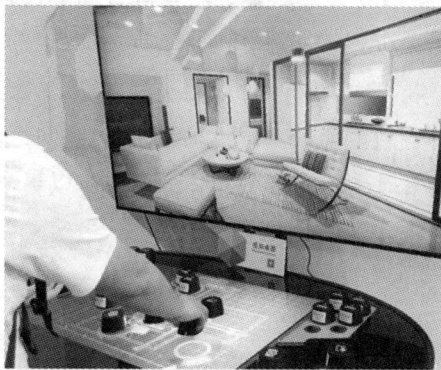

图9-51 AR互动台

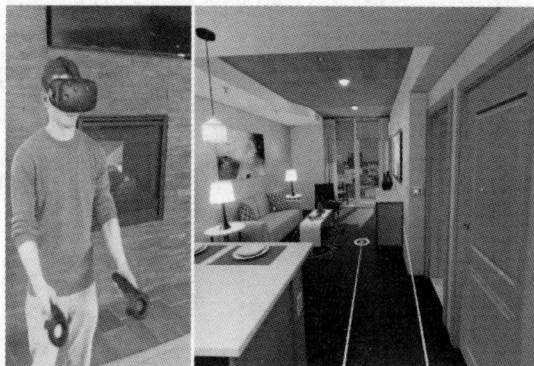

图9-52 VR虚拟现实头戴式显示设备

BIM施工交底技术管理的方法包括以下内容：

（1）编制施工交底计划：梳理施工交底工作内容的范围，采用工程建筑软件编制施工总交底计划，在BIM协同管理平台中报审并共享，其中总交底计划包括计划交底开始时间、完成时间、工期、资源、交底责任人、交底对象及交底资料等。

（2）交底资料整合：交底开始时间前，从BIM协同管理平台中推送消息到交底责任人手机端，提醒其准备交底资料。交底负责人编制交底材料，并通过BIM模型将交底材料转换为三维模型，其中关键交底项配以动画模拟。

（3）三维可视化交底：借助BIM技术可视化直观展示交底要点，并形成交底内容记录，交底资料和交底内容在BIM协同管理平台中与模型关联并共享，实施人员随时查看学习。其中交底要点包括交底内容中的关键点、技术措施、安全隐患、质量隐患及风险等。

（4）交底内容复核：对交底过的工作内容及时进行复核，用BIM协同管理平台对实施情况及时拍照、备注信息、上传备案，复核时对不理解或实施有偏差的，及时查询交底资料、二次学习。

（5）交底总结：定期总结施工交底管理方式方法，不断优化迭代。

基于BIM的技术交底，交底内容更彻底、直观，便于工人理解，从现场实际实施情况来看，效果非常好，既保证了工程质量，又避免了施工过程中容易出现的问题而导致的返工和窝工等情况的发生。

4. 项目施工管理协同

国内建筑业DIM应用起步相对较晚，但在政府大力支持、市场引导下发展较快。国家"十五"科技攻关和"十一五"科技支持计划中都有BIM应用相关研究课题。针对建筑工程施工资源和成本管理的复杂性及工程建造成本超过预算的现象，为了实现在施工中对人、材、机等资源的动态管理与施工成本的实时控制，4D施工资源信息模型为施工成本控制提供新方法。广联达、鲁班等软件厂商提出3D模型+进度+成本的5D

信息模型概念，可以有效解决管理过程的信息问题，在进度、成本、质量等方面等控制取得有效成果，为项目工程的精细化管理提供了一条可行道路。

装配式装修施工管理信息化应用主要有 Web 端和移动端两种应用类型（图 9-53 和图 9-54）。利用施工管理平台可对工程项目进行有效的监控，记录项目进度，实时了解现场施工情况。通过施工管理平台综合视窗的应用提高了管理效率，平台中可以更全面、直观地掌握现场生产动态，有助于项目动态管理。

图 9-53　基于 Web 端的项目集成平台

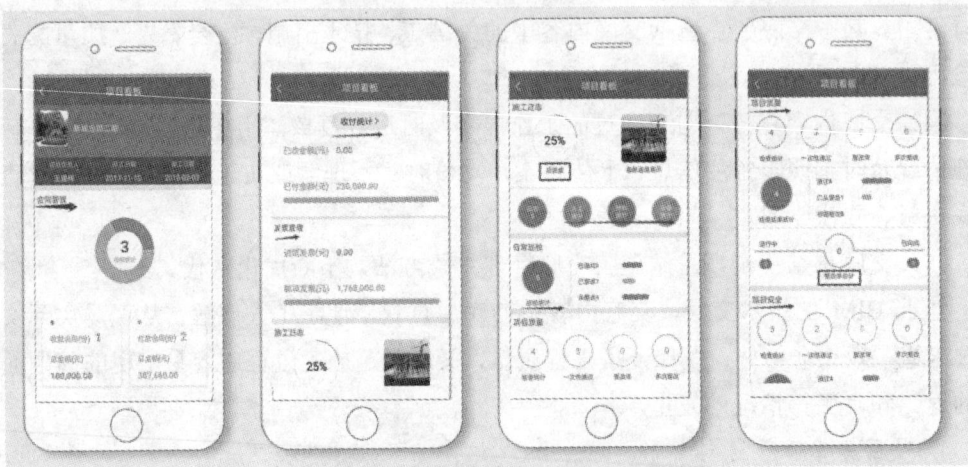

图 9-54　基于移动端的项目集成平台

通过建立基于 BIM 的工程项目管理信息系统，可以使计算机表达项目的所有信息，信息化的建筑设计才能得以真正实现。系统可以实现项目基本信息管理、进度管理、质量管理、资金管理的整合，通过管理和利用项目统计数据，挖掘数据潜力，发挥其决策支持功能；系统可以为行业规划与决策提供多维的信息支持，突破项目信息管理的传统方式，利用施工协同管理平台进行施工管理和进度计划协同，可以缩短 BIM 信息获取与反馈时间，提高工作效率，让信息交互更及时、准确，也提高物资精细化管理能力。

随着 BIM 技术的发展，不仅仅是现有技术的进步和更新换代，也将促使生产组织模式和管理方式的转型，并长远的影响项目施工的思维模式。

### 9.4.3　汉尔姆施工管理信息化应用案例

1. 应用背景

为实现信息化全流程贯通，实现产业信息化，落实制造端信息数据交互，提高工程项目的现场生产、安全、质量等管理效率，汉尔姆针对装配式装修需求开发了施工管理信息化平台。

2. 应用范围

汉尔姆工程管理系统根据工程管理提出的需求和对同类竞品的分析，对施工管理系统的整体架构和功能需求做初步描述、分析，主要包含行政模块、项目模块、财务模块和物资模块四大功能模块。

其中，行政模块包括企业公告、考勤、工作汇报、审批、任务等功能，项目模块包括项目看板、施工日志、质量安全、日常巡检等功能，财务模块包括合同管理和发票管理，物资模块包括采购管理、项目库存和智能报表，分别如图 9-55～图 9-58 所示。

图 9-55　行政模块项目审批移动端界面

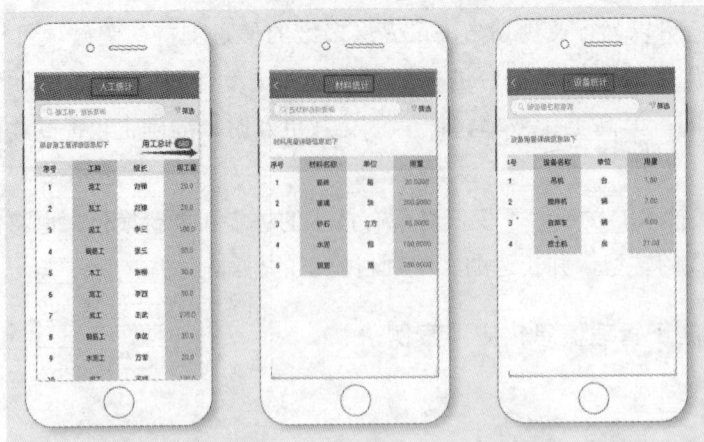

图 9-56　项目模块施工日志界面

图 9-57　财务模块合同管理界面

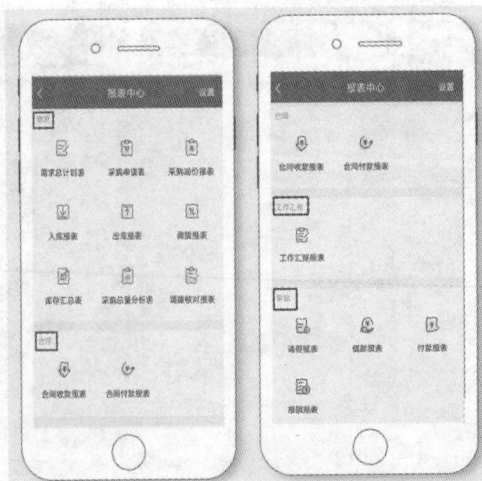

图 9-58　物资模块智能报表示例

3. 应用效果

通过工程管理系统的应用和企业内已有的设计协同平台、智能制造协同平台所有数据的交互,实现装配式装修信息化全流程应用,管理者通过智能监控设备、分析数据,真实地了解项目生产、经营和管理过程,提升工作效率和成本管控,详见表 9-2。

表 9-2　　　　　　　　　工程管理系统平均执行效率及运营成本情况

| 审批效率提升 100% | 纸张耗材成本降低 50% |
| 沟通频度和准确度提升 30% | 事务处理滞留成本降低 10% |
| 事务处理效率提升 10% | 差旅、通信成本降低 30% |
| 共享文档数及使用数提升 30% | 人力扩张成本降低 30% |
| 汇报及时性和反馈率提升 20% | 流程监控成本降低 50% |
| 会议效率 20% | 沟通协作成本降低 100% |
| 平均执行效率提升 45% | 平均运营成本降低 45% |

## 9.5　装配式建筑装修运维

### 9.5.1　概述

近年来,BIM 技术在国内装配式建筑及装修行业得到了广泛的应用,特别是在设计、施工阶段,BIM 技术的应用得到了包括业主、设计院、施工总承包方在内的项目各参与方的一致肯定,产生了巨大的社会和经济效益。BIM 技术的价值并不仅仅局限于设计与施工阶段,在建筑运营维护阶段,BIM 技术同样能产生巨大价值。BIM 模型中包含的丰富信息可以为运营维护决策和实施提供有力的信息支撑。

据国外研究机构对办公建筑全生命期的成本费用分析,设计和建造成本只占到了整个建筑生命周期费用的 20% 左右,而运营维护的费用占到了全生命期费用的 67% 以上。在运营维护阶段,充分发挥利用 BIM 技术的价值,不但可以提高运营维护的效率和质量,而且可以降低运营维护费用。基于 BIM 的空间管理、资产管理、设施故障的定位排除、能源管理、安全管理等功能,在可视化、智能化、数据精确性和一致性方面都大大优于传统方式。传统运维的挑战是快速扩张和人才瓶颈,运营团队作为传统物业的核心竞争力,在快速扩张中,必然遭遇人才培养与流失问题,特别是高层管理人员的选择与提拔。传统物业对人员数量以及能力都有很高的要求,短时间内无法满足要求。此外国内劳动力成本的逐年增加,人力成本也是运维阶段需要考虑的重要因素。如何在不增加人员的情况下,提高传统物业的运营维护水平和现有员工的工作效率,其关键在于加强总体管控能力。物业运营效率依赖于先进的信息化管理系统,而不取决于个人能力,这才符合建筑运维未来发展的趋势。

被动式运维管理所存在的隐患在每个建筑项目都涉及照明系统、通风系统、监控系统、电梯系统、通信系统等，这其中包含了大量的设备和管线。对于这些设备和管线是等出现了故障再处理，还是等到了维护时间或者使用期限后及时保养或者更换，任何故障都有可能影响到正常运转，甚至是引发安全事故。这些隐患如果能及时发现和避免，可以减少大量的损失。突发事件的快速应变和处理，遇到重要来宾访问、临时活动和表演、人员冲突甚至火灾等情况，在人员疏导、安保人员的调配、车辆进出的引导、关闭就近的设备、启动相关区域的消防系统等突发事件的处置不当，造成的不但是经济方面的损失，更严重的是对品牌的不良影响。

BIM 技术与物联网技术对运维来说缺一不可。如果没有物联网技术，运维还停留在目前靠人为简单操控的阶段，没有办法形成一个统一高效的管理平台；如果没有 BIM 技术，运维无法与建筑物相关联，无法在三维空间中定位，无法对周边环境和状况进行系统考虑。基于 BIM 的物联网技术应用，不但能为建筑物实现三维可视化的信息模型管理，而且赋予建筑物所有组件和设备感知能力和生命力，从而将建筑物的运行维护提升到智慧建筑的全新高度。其中运维主要包含直观的空间定位（建筑中包含给水排水系统、照明系统、消防系统、空调系统等，相关设备设施在 BIM 模型中以三维模型形式表现，从中可以直观地查看其分布位置，方便建筑使用者或业主对这些设施设备定位管理），设备维护管理（BIM 模型的非几何信息在施工过程中不断得到补充，竣工后可导入运维系统的数据库中，相关设备的信息如生产日期、生产厂商、可使用年限、维修保养手册等可直接查询到，不需要花额外的时间翻阅查找纸质文件或电子文档，依据 BIM 模型可自动生成设备维护方案，遇到故障时可快速定位或更换），能耗管理与分析（将建筑中各类传感器、探测器、仪表等测量信息与 BIM 模型构件相关联，可直观展示获取到的能耗数据——水、电、燃气等及监控信息，依靠 BIM 模型可按照区域进行统计分析，更直观地发现能耗数据异常区域，管理人员有针对性地对异常区域进行检查，发现可能的事故隐患或者调整能源设备的运行参数，以达到排除故障、降低能耗维持建筑的业务正常运行的目的）。

### 9.5.2 应用场景

1. 基于 BIM 的空间定位管理

装配式建筑装修中包含给水排水系统、照明系统、消防系统、空调系统等，其中包含了大量的设备和管线。这些设备出现任何故障都有可能影响到正常活动，甚至引发安全事故。如果能及时发现或避免这些隐患，就可以减少大量的损失。

基于 BIM 的空间定位管理，即根据设备安全管理的需求，将设施管理、智能化系统安防及设备监控管理的相关信息、数据、存储、备份、查询以及传统建筑内独立运行并操作的各类设施与设备汇集到一个基于 BIM 的运维管理平台上。该运维管理平台如同可视化的智能图书馆，保存了丰富的信息资料，可搜索、查阅、定位、调用和管理，把原来独立运行并操作的设备，通过远程传感等技术汇总到统一的平台上进行管理和控制。一方面了解设备的运行状况，另一方面进行远程控制，给予各系统各设备空间位置信息，把原来编号或者文字表示变成三维图形位置，这样不仅便于查找，而且查看也更为直观形象。在运营管理中，智能中控系统向数据库提供采集的动态数据，BIM 技术完成设备与数据的定位等任务。智能中控系统的监控和管理工作不但能够更加准确地进行，而且可视化程度也得到了提高，用户能够形象地看到智能中控系统监控和管理的全部过程，从而及时发现问题、解决问题。

在装修领域，基于 BIM 的空间定位管理主要为业主以及物业提供服务，一方面方便物业管理建筑，另一方面业主通过物业授予权限可以了解建筑或者室内情况。

（1）安防报警系统。传统的安防管理在查看局部信息或连接视频监控设备时往往需要点击下拉列表进行选择，使用三维可视化管理的安防系统，可以直接点击三维模型查询选中位置的相关信息，或者连接相应的视频监控设备，这样提升了选择速度，尤其是突发事件发生时，三维可视化监控管理的应用更加及时、准确。平台的开放性保证可同时集成视频监控、一卡通门禁、周界报警、楼宇对讲等安保子系统，实时显示并可控制包括摄像机、门禁控制器、报警主机与报警探测器、网络对讲主机等设备，实现所有设备的联动。

在三维图像中，操作人员的视野可以向任何方向运动，看到建筑物背后或拐角的情况，或从房顶落到地面这种效果在录像上也可以实现，这对于现有的二维安防系统来说是一个巨大的超越，如图 9-59 所示。

图 9-59　安防报警系统界面

（2）门禁管理系统。

1）访客通行。平台通过与现有闸机系统对接，使用户通过手机获取闸机系统根据用户属性自动生成的二维码，用户本人或访客可通过二维码扫描进出闸机，如图 9-60 所示。

图 9-60 访客移动控制

2）门禁控制。可基于 BIM 模型查看门禁系统开关门状态信息，通过刷卡机或其他具备识别功能的硬件产品，统计访客量，可查看历史访客流量数据。针对重点门控，可基于 BIM 的软件进行开关门控制。

（3）环境监测系统。

1）设备运行和控制。通过 BIM 模型可以直观显示所有设备的运行状态，例如绿色表示正常运行，红色表示出现故障。对于每个设备，可以查询其历史运行数据；另外可以对设备进行控制，例如某一区域照明系统的打开、关闭等。

2）运行状态监测。基于可视化 BIM 模型，显示各子系统的设备当前运行状态、运行参数曲线，可查询、下载。例如，3D 电梯模型能够正确反映所对应的实际电梯的空间位置以及相关属性等信息。电梯的空间相对位置信息包括门口电梯、中心区域电梯、电梯所能到达楼层信息等；电梯的相关属性信息包括直梯、扶梯、电梯型号、大小、承载量等。3D 电梯模型中采用直梯实体形状图形表示直梯，并采用扶梯实体形状图形表示扶梯，如图 9-61 所示。

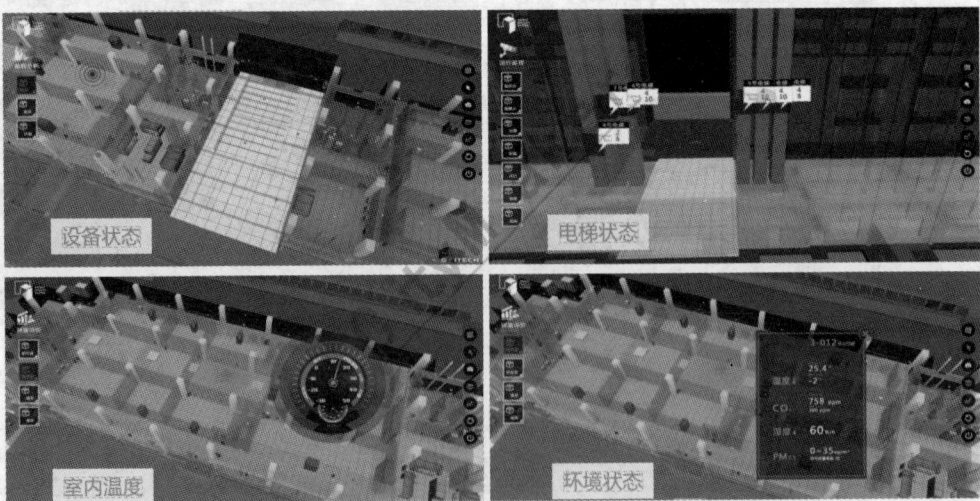

图 9-61 三维环境检测示例

BIM 运维平台对电梯的实际使用情况进行了渲染，物业管理人员可以清楚直观的看到电梯的能耗及使用状况，通过对人行动线、人流量的分析，可以帮助管理者更好的对电梯系统的策略进行调整。

与视频监控系统的对接可以清楚地显示出每个摄像头的位置，单击摄像头图标即可显示视频信息。同时也可以和安防系统一样，在同一个屏幕上同时显示多个视频信息，并不断进行切换。

与传统系统相比，其位置信息更为清晰，视频信息连续调用的程度更高，可以大大提升原有系统的功能。

3）运行控制。对重点设备实现远程控制，避免人工浪费。可通过后台对实时监测数据进行分析，设定设备的开关、调节；还可通过时间设定，实现参数的自动转换，使设备通过更好的管理实现节能减排；也可对参数值进行预设，快速切换不同模式参数设置，从而提高管理人员工作效率，有效降低运维人员成本和能源成本。

例如，风系统通过与 BIM 技术相融合，可以在 3D 基础上更为清晰直观地反映每台设备、每条管路、每个阀门的情况。根据应用系统的特点分级、分层次，可以使用其整体空间信息，或是聚焦在某个楼层或平面局部，也可以利用某些设备信息，进行有针对性的分析。

（4）消防智能系统。

1）消防安全监督子系统。该系统内容全面，系统汇总所有该单位的消防安全基本信息和消防安全管理信息，涵盖消防安全基本情况和管理情况等各项信息。通过该子系统可以规范单位对各项信息的填写，如有不足，可提醒单位自查，使得所有重点单位的信息进行规范化输入和管理，促进单位在消防工作上按时投入足够的人力物力。

消防安全监督子系统实用性强，含有大量的消防管理信息，包括法规规定的防火巡查、防火检查的内容、消防安全制度的内容等，接地装置测量检查记录、接闪器及引下线检查记录也有具体检查项目，有利于单位开展消防管理，对实际工作具有指导和参考意义。

2）消防实时报警子系统。消防控制室的值班人员能够从系统上通过二维与三维结合的模式将单位所在具体位置明确显示在监控终端上［图 9-62（一）］，同时将单位的内部结构以及场所内部的楼层分布、消防通道、消防设备、消防水池、消防电梯、消防取水处、消防水泵结合器、紧急出入口、疏散通道、疏散出口的分布以及消防控制中心位置和室内外消防设施的具体分布都通过三维模式显现出来［图 9-62（二）］。系统能够动态地掌握建筑物中消防传感器、阀门、风机、报警主机的状态与报警信息，同时在三维地图上实时显示。接到报警后，立即弹出着火区域的三维仿真模型地图，接入该区域监控系统，同时显示该区域的所有消防相关信息，突出显示消防通道、可进出区域，建筑物的布局，水泵结合器，消防水源，室外和周边的水源，煤气电阀门等信息。消防控制中心能在最短的时间内了解现场情况，实时调用灭火预案。

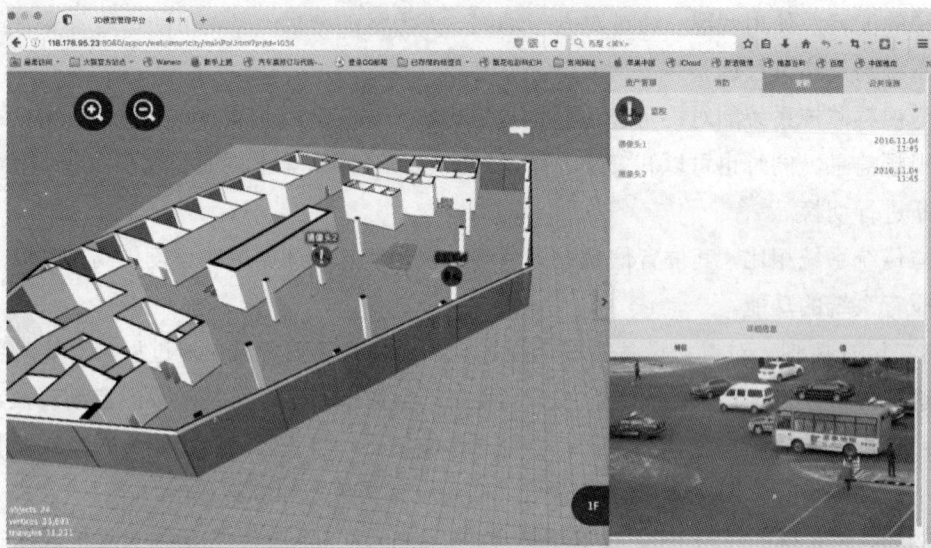

图 9-62　消防实时检测示例（一）

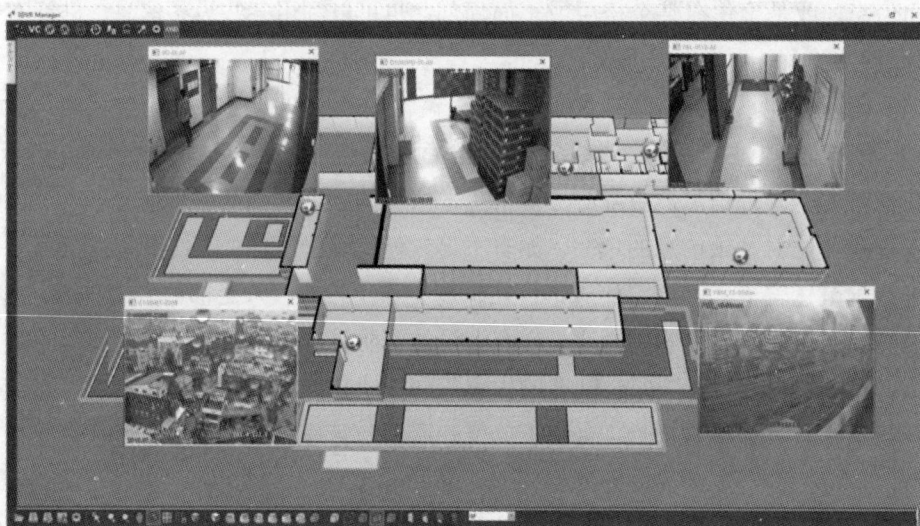

图 9-62　消防实时检测示例（二）

2. 基于 BIM 的设备维护管理

在基于 BIM 的运维管理平台上，BIM 模型的非几何信息在施工过程中不断得到补充，竣工后可导入系统数据库中，相关设备的信息如生产日期、生产厂商、可使用年限、维修保养手册等可直接查询到，不需费时翻阅查找纸质文件或电子文档。依据 BIM 模型可自动生成设备维护方案，遇到故障时可快速定位或更换。

设备维护分为及时性故障派修和计划性保养维护。在 BIM 维护模型建立时，就会对设备进行标准化分类和编码，并把各类设备的保养维护周期和程序，以及与设备维护承包商的维护合约及设备保险等内置到系统中。

对于计划性维护，系统会根据内置规则自动生成运维计划表。检修人员可按计划对设施或设备进行日常维护，并更新维护状态。在发现故障时，可通过手持设备扫描设备标签上的二维码，进行设备定位，登记故障，并可生产派工单。检修过程中可查看故障构件的相关图纸、历史维修信息、维修知识资料等，辅助解决问题，完成后可记录维护日志，更新状态。

维修人员在巡检过程中，发现设备故障时，可直接通过手持设备扫描二维码进行故障登记，并可在系统中查询设备的厂家、型号、维修等设备属性信息和库存备件情况，如图9-63所示。

图9-63 设备管理界面

通过查看BIM设备信息中的"关联资料"，可以查看关联到设备信息中的图纸、使用手册、维护规程等信息，也可以查询到该设备的上下游构件情况，这些资料可以帮助维护人员快速完成设备的维护工作。

（1）设备分类档案管理。根据实际管理情况，按照设备编码、设备/系统之间的相互关系以及专业类别，建立设备/系统的层次结构，形成设备/位置树。通过设备树，可以方便查找不同专业设备及各类信息。通过设备分类信息，不同专业设备可自动关联相关专业工程维保人员。分类档案管理示例如图9-64所示。

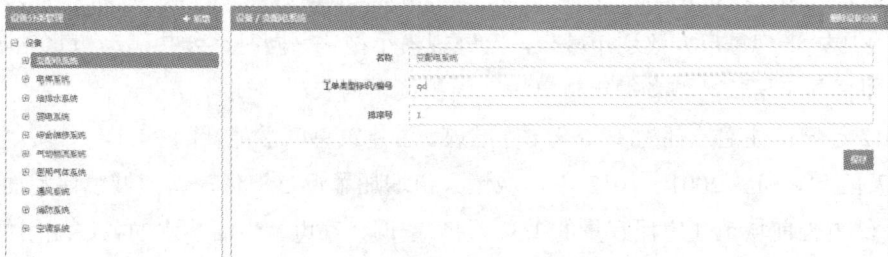

图9-64 分类档案管理示例

（2）设备信息管理。将各类设施、设备资产进行统一管理，建立完整的设备台账信息，包括设备基本信息、所属位置等。针对设备类型定义不同的设备分类，并建立资产目录；根据不同的设备分类建立相应的技术参数模板，实现对不同类型设备属性的管理。

建立设备所属备件关联，备件所需数量，设备备件从物资库中进行选取。通过建立上述设备备件包，可以了解备件需求，分析哪些备件使用较多，从而有针对性地安排库存和采购。

可以定义设施设备相关文档，如采购合同、操作手册等。系统支持多种文档格式，包括 Word、Excel、PDF、jpg 等，方便统一管理和查看文档数据，如图 9-65 所示。

**设备档案**

| | 专业 | 系统 | 子系统 | 设备 | 设备编号 | 所在位置 | 管理人 | 状态 | |
|---|---|---|---|---|---|---|---|---|---|
| | 空调 | 空调水系统 | 冷却水系统 | 循环泵 | LDB-0001 | 门诊楼-地下2层-冷冻机房 | 赵XX | 运行 | 查看 修改 删除 |
| | 空调 | 空调水系统 | 冷却水系统 | 循环泵 | LDB-0002 | 门诊楼-地下2层-冷冻机房 | 钱XX | 运行 | 查看 修改 删除 |
| | 空调 | 空调水系统 | 冷却水系统 | 循环泵 | LDB-0003 | 门诊楼-地下2层-冷冻机房 | 孙XX | 运行 | 查看 修改 删除 |
| | 空调 | 空调水系统 | 冷却水系统 | 循环泵 | LDB-0004 | 门诊楼-地下2层-冷冻机房 | 李XX | 运行 | 查看 修改 删除 |

图 9-65　设备台账列表示例

直观的虚拟场景，辅助设备运行维护。可视化运维管理，通过制定规范的作业计划，建立标准的设备维护保养指导日常检维修工作，利用三维虚拟场景强大的空间分析能力，直观展示设备当前运行状态，帮助检修人员正确执行操作，提高维修效率，保证维修质量，减少设备故障发生率，间接节省维保费用。

简化操作流程，实行单一集中管理模式。目前，建筑房产、资产是由多部门共同负责管理的，操作流程复杂，有时还会出现部门之间互相推诿、互相扯皮的现象。利用信息化管理平台进行管理不仅可以避免此类情况的发生，而且还可以将松散式的管理模式转变为单一集中管理模式，简化了操作流程，达到房产、资产资源的协调统一。

3. 基于 BIM 的能耗管理与分析

近年来，我国城镇化高速发展，城乡建筑面大幅增加。2001～2012 年，大量人口从农村进入城市，城镇化率从 37.7%增长到 52.6%。城镇居民户数从 1.55 亿增长到 2.49 亿，城乡居民平均每户人数逐年减少，家庭规模小型化。同时，公共建筑和北方城镇建筑采暖面积逐年增长，城乡每年建筑竣工面积逐年增长。

2012 年城镇住宅能耗为 1.66 亿 t 标准煤，占建筑总商品能耗的 24.0%，其中电力消耗 3787 亿 kW·h。2001～2012 年，城镇人口增加了近 2.3 亿，新建城镇住宅面积 58 亿 m²，约占当前城镇住宅保有量的 1/3，同时空调、家电、生活热水的各终端用能需求增长，户均能耗增长近 50%，而该类建筑能耗总量增长近 1.4 倍，由此看出建筑业的能耗节能形式相当严峻。装配式装修是建筑建设阶段的最后一环，通过包含建筑、机电、装修的全专业 BIM 模型对能源的管理，降低建筑能源消耗，提高能源利用效率势在必行。

基于 BIM 的运维管理平台通过将建筑中的传感器、探测器、仪表等测量信息与 BIM 模型构件相关联，可直观展示获取到的能耗数据（水、电、燃气等）及监控信息，依靠 BIM 模型可按照区域进行统计分析，更直观地发现能耗数据异常区域，管理人员有针对性地对异常区域进行检查，发现可能的事故隐患或者调整能源设备的运行参数，以达到排除故障、降低能耗维持建筑的业务正常运行的目的。

通过能耗分析软件与实时采集数据相结合，可以协助技术人员拟定节能计划和节能方案。智能化运维平台提供了历史数据浏览的功能，通过平台用户可以看到历史能耗数据。通过调用数据库里的能耗信息，我们可以方便地查询能耗数据的历史记录，从而进行进一步分析，提高运维效率。以物联网系统采集的云端大数据为基础，通过开发大数据分析应用程序，在海量数据中寻找数据规律、提取目标信息、拟合数学模型、研究楼宇在运维阶段的能耗指标的特性和规律，分析存在的问题和隐患，也可以通过数据制定有针对性的管理方案来优化和完善现行能源管理策略，从而降低维护成本，如图 9-66 和图 9-67 所示。

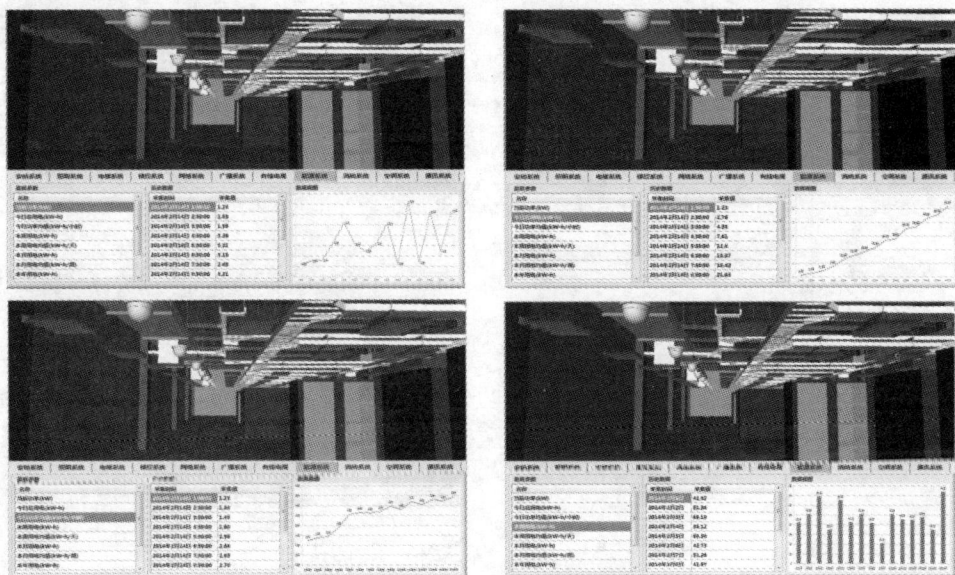

图 9-66 照明能耗历史数据示例

通过各子系统提供的相关采集数据，可以对整个建筑的各个用电系统进行节能诊断。分析各子系统占总能耗的比例，分析各能耗系统中不同设备的用能比例，分析照明系统工作日和周末的用电比率，工作日白天和晚上的用电比率，分析电开水器等办公设备的白天和晚上的用电比率等。

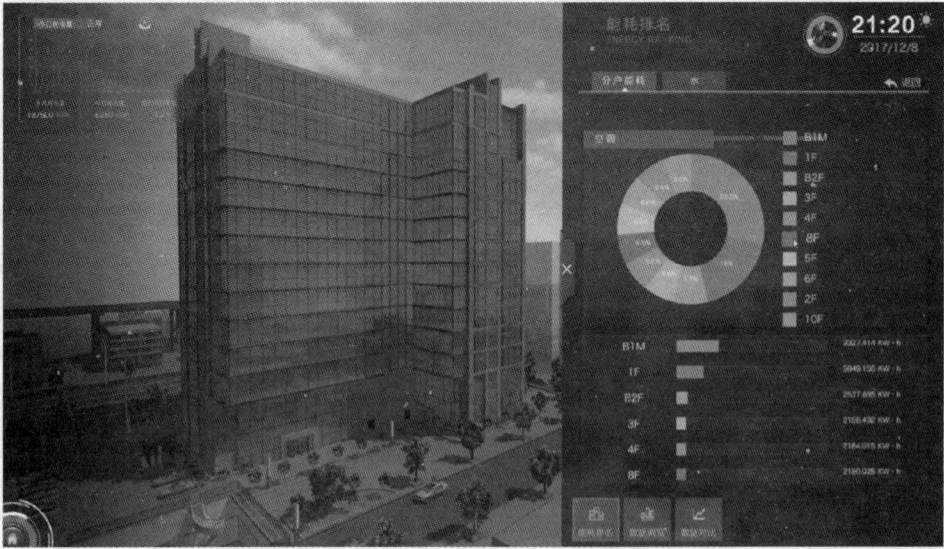

图 9-67　能耗管理系统界面

可以将建筑的各种能耗指标进行横向比较，通过以上方法发现整个建筑的节能潜力。通过建筑、系统、设备之间的能耗对比分析，理解建筑不同系统的性能，找出节能改造的方向，如图 9-68 所示。

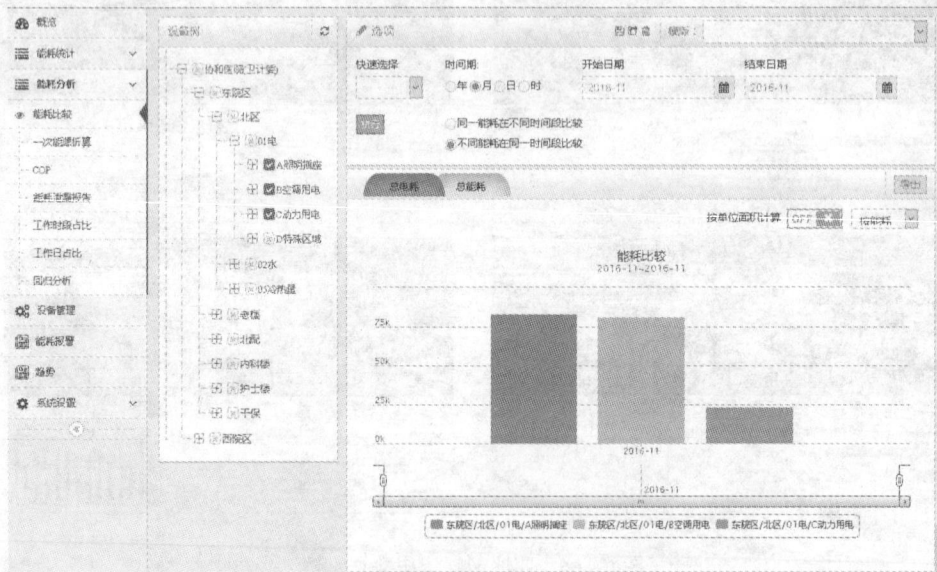

图 9-68　能耗分析对比表示例

借助物联网，以往需要借助大量人工来完成的服务项目，逐渐可以由智能设备来完成。例如可以通过传感器监控社区内耗能设备（比如中央空调、换气扇、电梯、大型电机、供配电设备等）的运行，一方面通过智能能源管理降低其能源消耗，提高运行效率；

另一方面，设备运行出现异常时可以及时检修维护，而不用等到设备出现故障之后再维修或更换，延长其使用寿命。

### 9.5.3 杭州迅维智能科技有限公司 SoonManager 三维综合信息管理平台应用案例

1. 应用背景

杭州迅维智能科技有限公司从 2003 年开始研发 BIM 核心软件，目前拥有国内第一款自主研发的 BIM 建模工具，BIM 轻量化引擎，GIS+BIM 轻量化引擎，作为国家战略和空间信息安全保护的需求，迅维可提供从数据生产、数据处理、数据加工、数据展示、数据应用、数据分析的全方位国产化核心工具，性能达到国际领先水平。

SoonManager 是一个贯穿整个项目生命周期的三维可视化的信息管理平台，它始于项目的规划论证阶段，在设计、建设、运营期间对建筑物及其相关设备信息进行数据管理，从而在业界率先提出了"三维面向对象的建筑物数据管理"概念。SoonManager 系列三维综合信息管理平台是一个完全三维表现的可视化管理平台，该平台借鉴并融合了 GIS 和 BIM 两种系统，采用了独特的数据结构和表现方式，可用点、线框、实体三种模式表达建筑物内外部结构并进行分拆与组合，方便与管理信息系统集成，弥补了传统三维仿真技术在对象管理、属性管理以及信息查询方面的不足，具有实施快速、成本低廉、功能丰富、仿真度高、应用广泛等特点。平台能与后台大型关系数据库和管理信息系统对接，具有极为强大的信息管理、数据查询和三维表现能力。平台采用 B/S 架构，真正实现了云端化、轻量化、可扩展等灵活应用，摆脱本地浏览需要安装等烦恼。

2. 应用内容

SoonManager 系列三维综合信息管理平台通过 BIM 图形平台整合 BIM 建筑模型、BIM 机电模型、施工资料、运维资料、设备信息、监控信息、规范信息等图形及信息数据。在三维图形平台基础上，基于 SOA 体系进行设计开发，实现基于 BIM 的三维可视化运维管理（FM）系统。SoonManager 系列三维综合信息管理平台应用内容包括以下几部分：

（1）规范化标准体系。建筑、资产信息标准化，确保信息系统完整、组织明确、易更新扩展。对原有土地、房产信息的一次集中升级与改造，主要包括原数据组织的扩展、零散信息的汇总、纸质数据的信息化、建筑 CAD 图形的整合等，系统基础数据要求符合 BIM 数据标准，为后期的数据积累、扩充和完善提供必要的信息化建设基础。

（2）可视化技术应用。在平台中采用 BIM 技术，集成组织机构管理与楼层空间布置信息，实现在地图中动态查询各建筑地理位置，进而查询建筑楼层各区域划分，便于使用者快速定位查找相关单位。同时，集成建筑、周边设施相关的图片和相关说明信息，便于使用者直观真实了解建筑概况。

无缝连接实现二三维切换，将 BIM 模型中房间空间面积以及家具设备等信息传递到房屋资产运维管理平台，可以查看从 BIM 模型发布出来的各个楼层的空间布置图，以及各个房间功能和精确尺寸面积信息，并用不同色彩填充表示，通过这些直观方式显示当前房产资产平面空间布置等信息。

可浏览漫游 BIM 设计模型，并查询模型中设备对象的信息数据，以三维视角更直观认识当前房产、资产。

（3）建筑房产管理。以房间为基本单位，通过 BIM 模型、平面图、信息相结合的方式，可以管理以下几个维度的信息：

按空间位置：功能区—建筑—楼层—房间；

按房间类型：房间类别—房间类型；

按房间规格：房间标准；

按所属单位：单位类型；

按使用人员：人员—职权；

按相关资产：设备—家具。

（4）资产全生命周期管理。将各类设施、设备资产进行统一管理，建立基础台账信息：包括设备的名称、编码、型号/规格/材质、单价、供应商、制造厂、对应备件号、采购信息，如采购日期、采购单价、保修信息、专业、类型/类别等。

通过从采购、入库、维修、借调、领用、分配、定位到折旧、报废、盘点，实现设备资产全生命周期管理，简化、规范日常操作，对管理范围内的设备进行评级管理、可靠性管理和统计分析，提高管理的效率和质量。

基于 BIM 模型，跟踪设备、设施资产位置及其相关属性数据，提高资产管理的透明度。

（5）后勤运维管理。提供全面的维修计划管理。编制设施设备巡检、维修维护计划，设定任务执行人或者组织，及设定任务执行所需工具及物料、任务执行参考步骤等，准确地预测未来的维修工作需要的资源和费用，有效地跟踪巡检工作，降低维修费用，减少停机次数。

支持新建应急性维修任务。能够根据潜在风险和资源情况制定安全维护计划，支持接收智能硬件或自控系统报警信息，并将问题设备在 BIM 模型中快速定位并模型高亮，使管理人员快速了解当前设备总体运行状况，辅助制定应急计划。同时，预警信息可自动发送至移动端生成应急任务。

（6）移动端应用。物业工程人员在巡检时携带平板电脑或智能手机进行巡检，读取设备对应电子标签或扫描设备对应的条码之后，平板电脑或智能手机会自动记录下电子标签的编码和读取的准确日期和时间，并自动提示该设备需做的维保工作内容。工程人员按维保工作内容进行工作并记录巡查、检测结果。如果发现设备故障，工程人员就可以使用平板电脑或智能手机记录问题并拍照，然后上传至管理平台，系统自动生成内部派工单进行维修处理。

3. 应用效果

系统通过对 BIM 模型和运维中产生和采集的数据，可以提供各类信息的查询统计报告，为资源盘查、配件采购、财务预算等提供数据参考，包括故障分析处理统计表、设备资产统计表、设备损毁分析表、备件情况表、统计分析报表。

通过巡逻情况监控仪表板，实时掌握当日巡逻任务执行情况，包括巡逻任务数、已完成任务数、超时未完成任务数、异常事件数、已处理异常事件数等。可对各月度巡逻事件统计，生成月份事件数曲线图如图 9-69 所示。可交互大数据展示中心系统如图 9-70 所示。

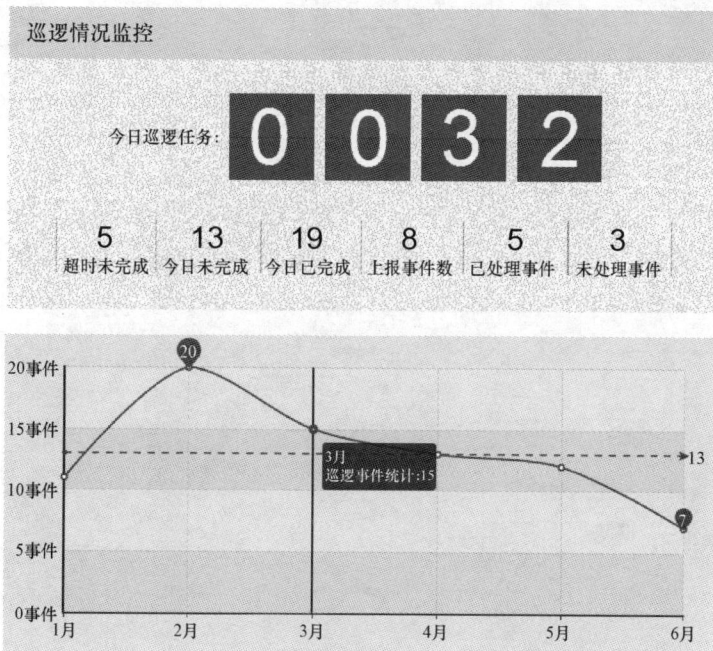

图 9-69　巡逻情况监控及事件曲线图示例

图 9-70　可交互大数据展示中心系统

# 参 考 文 献

［1］李云贵. 中美英 BIM 标准与技术政策［M］. 北京：中国建筑工业出版社，2019.

［2］刘东卫. 新型建筑工业化的装修产业发展与装配式内装建设提供展望［N］. 中国建设报，2018－10－25.

［3］装配式建筑交流平台. 装配式建筑与内装工业化的发展趋势［OL］. http://baijiahao.baidu.com/s?id=1596332614284680112&wfr=spider&for=pc.2019.3.

# 第10章 装配式建筑建造全过程信息化管理

## 10.1 引言

近年来，随着建筑业可持续发展理念的深入，装配式建筑由于其低碳环保经济的特点成为建筑工业化的重要表现形式之一，也是建筑行业未来的主要发展方向。

装配式建筑建造具有设计标准化、协同化，构件部品生产工业化，施工装配机械化等典型特点，其设计阶段需实现建筑、结构、装饰、机电等多专业协同、接口统一及预留预埋统筹；生产阶段需实现流水化生产，减少施工过程的相互依赖制约；施工阶段则需大幅提升机械化作业水平，各阶段之间需高度协同。

然而，装配式建筑各类预制构件部品部件在设计、施工、运维全过程管理中产生的信息量巨大、格式各异，设计单位、部件生产单位及施工单位之间信息传递效率低，各阶段频繁出现设计错误、碰撞冲突、安装精度等问题，既不利于质量又影响工程进度，使工程项目质量下降、造价增加、工期延长，不仅不能体现装配式建筑的优势，反而因信息不能及时共享阻碍装配式建筑的发展。

有关研究表明，建设成本约30%~40%是由低效率造成的，而信息传递不畅将带来6%左右的效率降低。由于装配式建筑全过程包括的信息量巨大，所以提高工程数据与信息管理效率是影响装配式建筑发展的重要影响因素。如何保证各个环节信息的有效传递和共享是装配式建筑信息化管理的重要内容，是装配式建筑得以顺利发展的前提。

在上述背景下，装配式建筑对全过程信息化管理提出了新的需求：在装配式建筑各阶段信息分类汇总的基础上，通过信息化技术的自身价值特性，建立基于装配式建筑全过程的信息共享管理模型，搭建全过程数据信息管理平台，以信息数据协调统一为导向解决装配式建筑信息共享困难的问题，为装配式建筑全寿命周期信息共享提供解决方案，更好地实现数据信息在工程有关参与者之间的共享与传递。

建设工程领域常见的项目交付模式主要是传统的设计—招标—施工（DBB）与工程

总承包（EPC）两种模式，两种项目交付模式对应不同的信息化管理方式。

1. 设计—招标—施工（DBB）模式

传统的 DBB 模式下，业主把勘察、设计、施工等工作分别发包给不同的企业，形成设计承包、施工总承包及专业承包的合同结构，勘察、设计、施工单位之间是一种平行的、彼此分离的关系，他们各自与业主形成发包和承包的关系，为一个业主（发包方）下的多个承包单位（承包方），因此设计、招标、施工形成三个相对独立的阶段，这种特点决定了各阶段产生的信息数据相互独立，信息沟通方式多采用上级逐级指令下级，下级逐级向上级报批的传统的组织结构模式。层级式组织结构使信息传递只能逐级传达，难以实现项目参建方之间信息的高效传递与沟通，尤其是装配式建筑全过程信息量庞大，在 DBB 模式下信息不能及时更新传达，很容易产生信息孤岛，引发信息管理问题。在 DBB 模式下，项目必须在业主的主持或参与下完成，项目信息管理基本都是针对某一个阶段，没有涉及项目全寿命周期的信息管理，且各参建方以及各阶段的数据标准也不同，难以将各方的信息整合集成，所以在项目全寿命周期内实现及时有效的信息共享是装配式建筑全过程信息管理的关键难点。

装配式建筑 DBB 模式下的全过程信息化管理，关键是通过协同工作平台搭建信息实时传递载体，建立工程信息的集成中心，将设计、招标与施工等不同阶段产生的零散信息整合到数据中心，建立项目实施全过程完整的信息通道，形成标准统一的数据接口，保证信息有效及时地交换传递，减少信息数据的重复输入，提高信息传递的效率和精确度，降低沟通成本，真正实现装配式建筑全寿命周期的信息共享管理。

2. 工程总承包（EPC）模式

EPC 模式是国际上广泛应用的工程模式，近年来国内部分大型项目逐渐推行。EPC 模式由总承包单位进行项目主导，相对 DBB 模式，更有利于项目的信息化管理，项目的设计、施工、招标采购等通过工程总承包商有机地整合在一起，为不同阶段、不同参建方信息数据协同管理提供了有利条件。但国内引入 EPC 工程总承包模式的时间较短，管理经验积累不足，主要体现在信息交流受阻、集成不彻底等方面，从而造成 EPC 总承包商不能对工程生命周期内的设计、采购等流程进行全面整合，无法实现工程信息管理的最优化。EPC 模式下的信息化管理需要根据 EPC 模式下的设计、采购等基本流程实现各类信息数据的协同管理与实时传递，保证信息传递过程的及时性与有效性，以EPC 工程总承包期间的信息采集集成、信息传输框架、数据处理算法等内容作为重点，形成一套科学有效的信息管理机制，完成对项目全过程的信息控制，将这一模式下的信息管理过程与项目管理架构紧密联系在一起，将信息管理确定为项目管理的核心内容之一，才能将 EPC 模式的优势最大限度的发挥出来。科学技术和社会经济的高速发展，使建设领域工程项目管理得到前所未有的发展，现代大型工程项目信息管理往往有着复杂性、不确定性以及动态性等特点，EPC 模式是一个较新工程领域，在信息化管理方面有着广阔的发展空间，装配式建筑的 EPC 模式对全过程信息化管理的需求更为明显。

在 EPC 模式下，装配式建筑业主、承包商、供货商等利益主体依然独立存在，彼此间存在一定的利益矛盾，但全过程信息化管理通过项目本身客观的信息数据集成，可以在利益主体之间形成实现有效协作，有利于设计、采购、施工等各方的利益均衡。尤其是装配式建筑 EPC 项目，高效率的信息化管理势必将为业主及承包商带来更高的收益，同时也会显著提升项目管理水平。装配式建筑 EPC 模式下的全过程信息化管理，必须借助高效、系统、完善的组织架构建立装配式建筑 EPC 项目信息化管理平台，将统筹分配与管理作为全过程信息化管理的重中之重，借助项目信息化管理平台可以帮助业主及 EPC 总承包商完成信息交流与过程控制，从而建立全新的装配式建筑项目交付模式，达到强化及发挥总承包商科学化管理的目的。通过项目信息化管理平台将业主、设计单位、监理单位、总承包商和专业分包单位及供货商联为一体，并在平台内部配置 EPC 业务流程，项目各相关方通过电子流程进行协作，形成集中统一信息管理的平台，实现模块化信息业务模式，提高项目工作效率的同时，也可强化 EPC 总承包商统筹协调的优势。EPC 总承包项目管理平台有效地集成设计、采购、施工等业务进程，达到满足 EPC 过程服务的目的，实现包括工程电子文档、项目大数据采集与分析、资源与合作伙伴管理等的数据共享及采购协作机制，从而达到对 EPC 项目的动态控制，实现密切追踪、实时分析、流程优化等目的。协同一致的全过程信息化管理平台，涵盖 EPC 项目的全部管理内容，更有利于装配式建筑项目的实施。

本章首先基于作者的研究成果阐述装配式建筑建造全过程信息化管理平台的开发技术，接着介绍一个基于 EPC 模式的装配式建筑建造全过程信息化管理平台的功能及其应用案例。

## 10.2 装配式建筑建造全过程信息化管理平台的开发技术

### 10.2.1 概述

如前所述，装配式建筑要求设计、生产及施工各阶段打通数据共享壁垒，集成各专业软件，实现各环节的高度集成、协作。面向装配式建筑建造全过程信息共享、协同工作需求，需基于 BIM、云计算等技术建立装配式建筑建造全过程信息化管理平台（简称"平台"）。首先，平台为装配式建筑建造全过程各环节信息汇聚（包括结构化数据及非结构化数据）提供底层支撑，形成统一数据源，为各环节应用奠定基础；其次，依托平台可为各阶段不同参与方协同工作、业务应用提供数据服务；最后，平台可整合多种数据挖掘与决策支持手段，支持更加灵活、高效的管理决策过程。因此，一个典型的平台应具有以下三大特征：① 通用性，兼容不同工程项目交付模式、不同组织结构、不同管理流程，可服务不同参与方、不同软件的应用需求，因此需采用 IFC 标准等开放、通用数据格式及协议；② 可扩展性：面向不同工程项目、参与方特点，对平台功能进行定制开发和扩展；③ 灵活性：可根据不同业务和安全需求，对数据存储、数据权限、平台接口、服务、流程进行灵活调整，可服务于不同管理需求。

基于上述特点，装配式建筑建造全过程信息化管理平台应以 BIM 技术为基础，利用 IFC 标准、数据库、云计算等技术实现结构化及非结构化 BIM 数据的存储、管理与共享。依托服务端实现 BIM 数据的分析、处理与可视化，并在此基础上为装配式建筑建造全过程各阶段的共性的 BIM 数据管理、集成、共享、分析处理、可视化与综合分析评价提供支撑平台，服务装配式建筑建造全过程的协同设计、生产跟踪、施工管理、计价算量等应用。

### 10.2.2　建造全过程信息化管理平台架构体系

1. 平台架构

基于以上平台需求及特征，装配式建筑建造全过程信息化管理平台各功能模块的架构如图 10-1 所示，主要可分为数据源、接口层、数据层、平台层、服务层、模型层、应用层等 7 层，各层具体介绍如下：

（1）数据源：平台数据来源包括常用 BIM 建模及设计软件、进度管理软件、性能分析软件、物联网监测系统、智能测控系统以及其他三维模型、图文视频等异构数据。

（2）接口层：为不同商业软件的集成应用提供了工具。通过研发 BIM 数据接口与交换引擎，实现与相关专业软件的数据转换和集成。具体专业软件可包括 Autodesk Revit、Tekla、CATIA 等 BIM 设计及建模软件，Microsoft Project、P3/P6 等进度管理软件，ANSYS、ETABS 等结构分析软件，Autodesk Ecotect Analysis 等日照、通风、声学和能耗等性能分析软件。根据数据类型的不同，数据交换和集成方式可采用如下几种：BIM 模型及设计信息采用基于 IFC 标准中性文件进行数据集成，非 IFC 格式的 3D 几何模型、进度信息、结构分析以及性能分析信息均采用自主开发的数据接口与交换引擎实现数据互用。

（3）数据层：装配式建筑建造全过程的工程数据可以分为结构化的 BIM 数据，非结构化的文档数据以及存储标准构件、部品的标准构件库。其中 BIM 数据可采用基于 IFC 标准的 BIM 数据库进行存储和管理；非结构化的文档数据存储分布式文件系统；类似的，标准构件库数据可采用 IFC 或其他 BIM 数据格式进行存储。非结构化信息、标准构件信息与 BIM 数据库相关联，三者相互结合形成有机的整体。

（4）平台层：为装配式建筑建造全过程管理各专业系统提供统一的数据访问接口、权限认证及版本管理功能。同时，提供大数据引擎、数据轻量化引擎、文件管理引擎与图形引擎模块，为装配式建筑建造全过程的海量数据管理、BIM 模型轻量化传输应用、图片视频文档管理以及多终端模型可视化展示提供统一的平台支撑。

（5）服务层：面向装配式建筑生命期各阶段不同应用的共性需求和 BIM 数据集成、管理与分析需求，以服务形式为装配式建筑全生命期各阶段的应用软件提供 BIM 数据提取集成、数据转换、数据访问、云端计价算量、数据分析预测及评价等一系列服务。

（6）网络层：针对装配式建筑全生命期各阶段不同的应用需求，通过因特网、内部专用网等形式，与各应用系统相集成。

（7）应用层：应用层包括面向装配式建筑建造全过程设计、部品生产、施工等各阶段的应用软件，依托平台可为其提供共性分析工具。

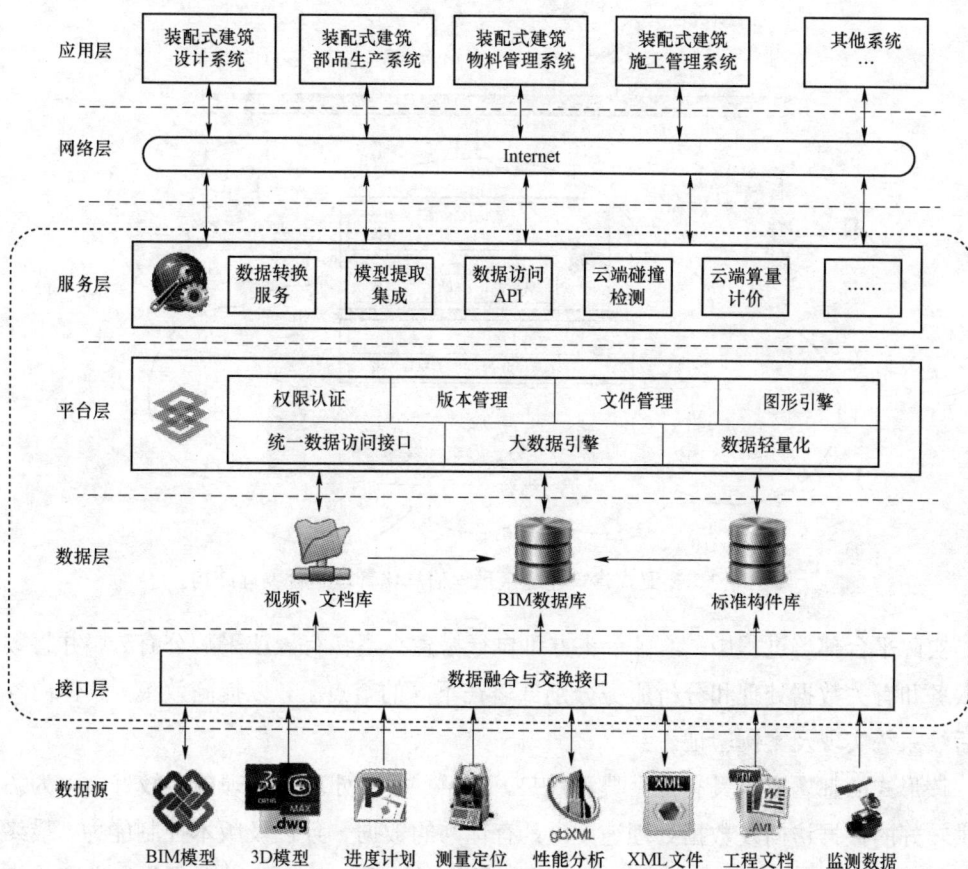

图 10-1  装配式建筑建造全过程信息化管理平台逻辑架构

2. 部署结构

根据上述平台架构，平台层、服务层及接口层（除虚拟仿真模块外）均可部署于服务器端，具有良好的扩展性和服务能力；而数据层可采用关系型数据库 SQL Server、非关系型数据库 HBase、MongoDB 等实现，以更好地支持海量 BIM 数据的存储与管理。

图 10-2 为根据平台架构设计的公有云结构方案，该方案直接将结构化数据、非结

291

构化数据及标准构件数据统一存储到云平台中，依托云平台良好的数据处理、分析能力管理海量 BIM 数据。同时，服务层数据格式转换、数据服务 API、算量计价及性能分析评价等功能模块则以云服务的形式部署在云平台中，并可根据服务性能需求来动态决定是否扩展计算能力或分别独立部署。装配式建筑建造全过程各阶段有关应用软件可通过因特网及平台 API 接口实现与平台的对接，并以此支持建造全过程建设方、设计方、施工方等应用。

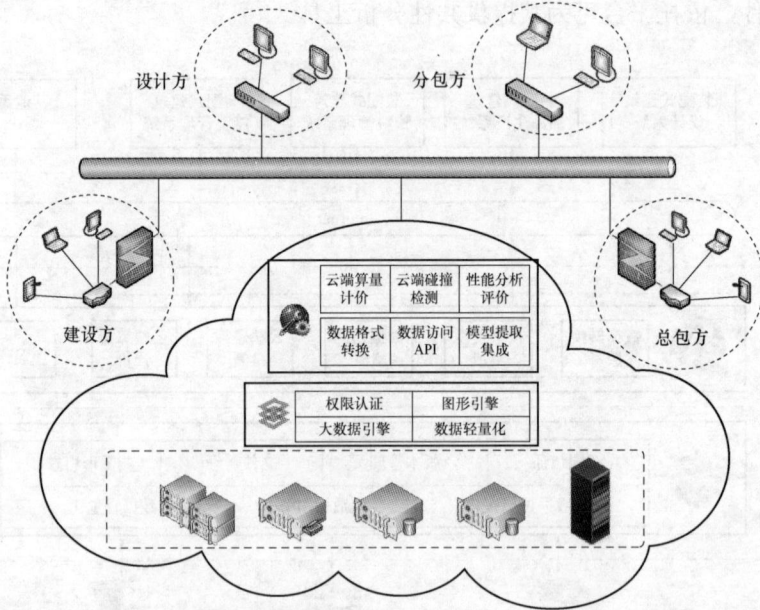

图 10-2　装配式建筑建造全过程信息化管理平台物理结构

实际平台部署过程中，项目牵头方可自行搭建小型私有云或采购公有云，并将数据库服务和有关数据处理和分析服务分别部署在不同的节点上，以提高效率，具体内容详见后续系统实现及案例验证。

该形式的部署方案具有几个典型优势，包括：数据处理及管理能力较好，可为各方提供较好的数据访问及数据处理速度；具有优秀的数据一致性及版本控制能力，最终可形成完整、一致的 BIM 模型；且各方投入量相对较少，可由建设方或总包方负责搭建平台，统一管理，其他参与方平台管理压力小。在项目数据量庞大，数据分析、处理任务频繁时宜采用该方案，以充分利用云平台的优势。

经费有限时，亦可采用独立中心服务器的部署方案。该方案将数据存储、管理服务与有关数据分析、处理以及共性的分析、计算服务统一部署到中心服务器，并借由因特网服务建设方、设计方及施工方等各参与方应用。该方案具有经济投入小、部署快捷简单等特点，适用于各方数据交换频度较低、数据计算分析负荷较小的情况。

### 10.2.3 建造全过程信息化管理平台关键技术

1. 模型轻量化技术

针对模型轻量化,可从数据存储与传输两个层面来提升效率。存储优化方面,通过基于映射的模型存储优化技术和改进的网格简化算法来实现;传输优化方面,通过对网格数据存储优化及 GZIP 整体压缩来实现;显示优化方面,通过基于聚类算法的三角网格法向量生成算法来提升了 3D 表现效果,在模型轻量化的条件下保证较好的显示效果。这样,从存储、传输到最终显示形成对几何模型的整体优化工作。具体如下:

(1)存储优化:BIM 模型通常存在大量具有相同几何外观的构件,如同一尺寸的柱、标准的卫浴设备等。因此,在存储优化方面,可采用基于映射的模型存储方式,对具有相同几何外观的构件,仅存储一份几何信息,并通过映射的方式建立几何信息与不同构件的关系,从而大量减少相同构件存储量,并降低显存消耗。可根据网格相似性匹配方法对各构件进行相似性分析,并对几何外形相似的构件采用同一组三角网格表示,再通过转换矩阵的方式,存储其空间位置信息,并将三角网格组映射到相应位置。同时,可基于网格简化删除或修改模型中对形状变化影响较小的几何元素,在保持原始模型形状变化尽可能小的情况下降低模型复杂度。通过网格简化,尤其是对于复杂构件,可大大减少显示所需的三角形数量,从而达到优化存储的目的。如图 10-3 所示为四组三维模型的三角形网格简化结果,在保证模型基本特征的前提下,对于较复杂构件如摄像头、管件等,简化率约为 80%,而对于较规则构件如管道等,简化率约为 50%。可见,简化

摄像头,三角形数: 2546　　摄像头,二角形数: 482　　风口,三角形数: 1054　　风口,三角形数: 205

管件,三角形数: 1093　　管件,三角形数: 212　　管道,三角形数: 92　　管道,三角形数: 40

图 10-3　不同构件网格简化效果图

算法在保持模型基本形状的前提下，可以明显减少网格三角面数，从而降低存储消耗和提高显示效率。这样，通过基于映射的相似模型存储优化和基于网格简化的复杂构件存储优化，实现对海量几何信息的存储优化，更高质高效地实现模型轻量化的要求。

（2）模型传输优化：针对当前大量 BIM 模型传输与网络显示应用需求，在上述几何模型存储优化的基础上可进一步优化数据传输过程。该过程可从两个方面考虑：一是数据大小方面，可通过通用数据压缩算法（如 GZIP）在服务器端对数据进行压缩，并在客户端或网页端等对数据进行解压缩，从而减少数据大小；另一方面，可从数据获取次数上进行控制，数据消费终端在获得有关模型数据后，应考虑在本地缓存并记录数据获取或更新时间，下次需加载模型数据时，首先检查本地是否缓存或者服务端是否有数据更新，然后有针对性地进行数据获取和传输，以减少数据获取次数及传输量。

2. BIM 数据集成管理技术

（1）面向对象的 BIM 关系数据库。面向对象的数据库设计从三维实体的角度出发，每个实体为一个对象，找到实体的属性，根据属性设计数据表，而数据表的管理采用的是关系数据库管理思想，从而减少数据的冗余以及数据的完整，进而实现数据库结构清晰、独立性强、可扩展性好等特点。关系数据库采用传统的二维关系表存储数据，IFC 对象模型的存储首先要针对不同类型建立数据库模式。下面以 Microsoft SQL 数据库为例，建立 IFC 数据类型与关系数据库的映射方法。

1）简单类型的映射：IFC 简单类型映射为数据库中的单一字段，IFC 简单类型与 SQL 数据库数据类型的映射关系见表 10-1。

表 10-1　　　　　　　　IFC 简单类型与 SQL 数据库类型的映射关系

| IFC 简单类型 | SQL 数据类型 | 说明 |
| --- | --- | --- |
| REAL | float | 32 位浮点数 |
| NUMBER | float | 32 位浮点数 |
| INTEGER | bigint | 长整型 |
| BOOLEAN | bit | 字节 |
| LOGICAL | smallint | 短整型 |
| STRING | nvarchar | 可变长字符串 |
| BINARY | varbinary | 可变长二进制串 |

其中 BOOLEAN 类型的 TRUE 和 FALSE 值分别对应 1 和 0，LOGICAL 类型的 TRUE、FALSE 和 UNKNOWN 分别对应 1、0 和 -1，而其他类型则可以直接存储。

2）定义类型：定义类型参照其底层类型映射为数据库类型。例如，IfcDimensionCount 的底层类型为 INTEGER，而 INTEGER 在数据库中对应 bigint 类型的字段。则对于 IfcDimensionCount 类型的实体属性在数据库中建立 bigint 类型的字段。

3）枚举类型：为了便于读取与识别，将枚举类型映射为 nvarchar 类型的字段，枚举值转换为字符串后存储。

4）选择类型：选择类型的存储需要保留动态的类型信息，采用两个 nvarchar 类型的字段存储选择类型的实例。第一个字段存储选择类型实例的类型，第二个字段存储选择类型实例的值。由实体类型存储在不同的数据表中，因此对于实体类型的属性，需要同时保存实体的类型名称，该名称用于识别对应的数据库表；以及实体的引用，该引用为 uniqueidentifier 类型的数据表主键。

5）聚合类型：聚合类型具有动态的数据成员数量需要以单独的数据表存储，实体属性字段通过引用聚合类型记录的主键获得聚合类型值的集合。聚合类型的属性需要映射为两个字段，其中 nvarchar 类型的字段存储成员类型对应的数据表名称，uniqueidentifier 类型的字段存储聚合类型表的键值，并根据聚合类型的种类建立相应的数据表。

（2）BIM 数据转换集成技术。作为装配式建筑建造全过程信息管理平台与其他业务应用的支撑系统，平台同时应具备与其他三维设计与建模软件的信息导入与集成功能，包括 CATIA、3ds Max、AutoCAD 等系统导出的 3dxml、obj 以及 dxf 等文件格式。

1）CATIA 系统 3dxml 文件的解析与集成技术：CATIA 具有强大的参数化建模与设计能力，在制造业中应用广泛，当前因建筑行业设计软件参数化能力不足，仍存在部分设计企业采用 CATIA 等软件进行复杂曲面及构件的建模。通过分析 CATIA 系统可导出的文件格式（包括 stp、igs、wrml、3dxml 等），平台可选择基于开放式标准 xml 的 3dxml 格式作为 CATIA 设计信息的交换格式。通过对 3dxml 产品结构进行分析，可实现 3dxml 文件的解析与读取，并将数据集成到 BIM 数据库中。

2）obj 与 dxf 文件读取与集成：通过对 3ds Max 系统导出的 obj 格式进行了分析和研究，可了解其三角网格顶点坐标、法向坐标以及贴图坐标的存储形式与顶点索引形式，从而可导入或集成 obj 文件。此外，基于开源的 dxf.net 库等工具，平台可导入 AutoCAD 的图纸等数据，实现信息重用和共享。

（3）基于多协议的物联网监测与 BIM 数据集成技术。基于如图 10-4 所示支持多协议的 BIM 系统和自动化系统集成框架，可通过平台集成不同系统中的监测数据，并提供统一的服务接口供 BIM 客户端调用，实现对监测数据的查询、分析与管理。

配置管理组件负责系统的整体配置管理。其中，IFC 解析模块负责从 IFC 文档中解析提取监测相关信息，包括监测点的元属性信息，例如 ID、数据类型、采集间隔等，然后将提取的信息传递给数据管理模块进行存储；插件管理模块负责协议插件的管理，包括加载、初始化、卸载等。

数据管理组件负责所有监测信息的存储、分析及自动化处理等。其中，实时数据存储模块负责监测点元属性信息及实时监测数据的存储；历史数据存储模块负责监测点历史监测信息的存储；数据处理模块负责对监测点监测数据进行预处理，以便支持 BIM 客户端通过数据服务对监测数据进行查询；自动化模块负责监测数据的自动判断，并触发相应的事件，例如当人体红外传感器监测到人员活动时，自动触发设备报警等。

数据服务组件负责提供统一的数据接口，供 BIM 客户端调用，其中，HTTP 服务模块提供网页服务，Rest 服务模块提供监测数据的访问服务。

消息总线组件负责在各组件之间传递消息，实现各组件之间的协同。

协议插件组件负责和监测系统进行交互，进行监测数据的更新和控制指令的下达，系统采用可扩展的机制，针对不同的监测系统可创建不同的协议插件模块，系统可包含多个协议插件模块。

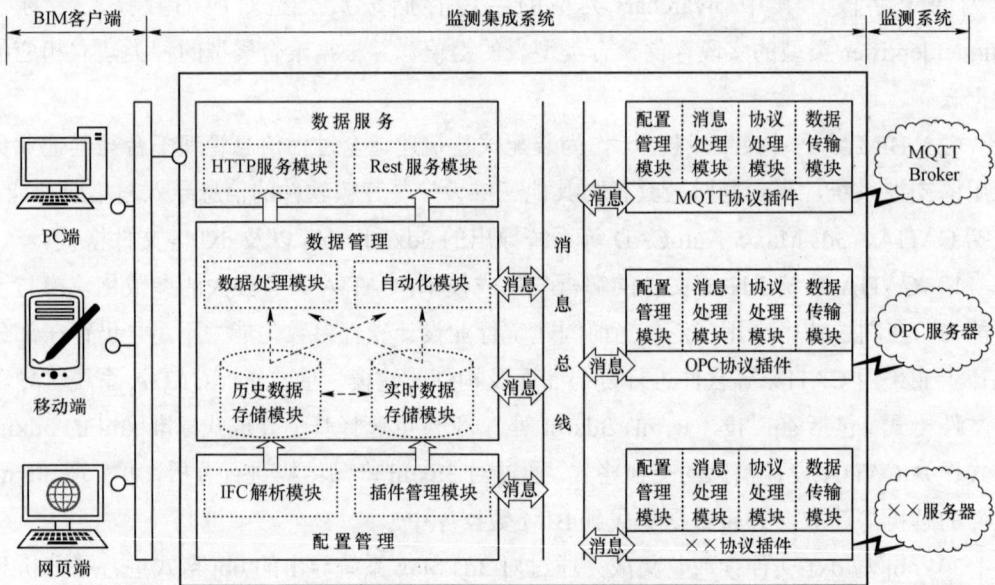

图 10-4　监测数据集成架构

（4）基于私有云平台的数据存储与访问技术。所谓私有云计算，就是指企业自己搭建，为内部以及客户供应商提供私有云服务；或者个人搭建为自己以及亲朋好友提供个人云服务。私有云包括云硬件、云平台、云服务三个层次。私有云的硬件使用的是企业或者个人自己的计算机或者服务器。对于企业来说私有云服务本企业以及本企业的客户和供应商，因此企业自己的电脑或者服务器已经足够用来提供服务了。数据存放在企业自己的服务器中，对数据有绝对的控制权，而且云平台还提供防火墙、数据加密等措施来防止黑客入侵，保障数据的安全性、稳定性。

为了更好地利用 BIM 技术，在建立 BIM 模型时需要加入构件详细的信息，从而导致模型文件比较大，将如此巨大的文件存储在一台服务器上，而且多用户同时访问，势必对服务器造成很大的压力，极大地影响服务效率，甚至导致服务器崩溃，从而造成很差的用户体验，对系统形成很大的阻碍。采用私有云技术，将 BIM 模型数据存储于私有云服务器上，利用云的分布式处理技术，根据需求分配服务器资源，提高了运行效率。与此同时利用该项技术对 BIM 模型数据进行分批、分类的进行保存，更加方便地控制数据的访问，对于不同的用户给予不同的数据权限，实现数据的多层次、高安全的管理。

3. 平台权限管理技术

根据装配式建筑建造全过程信息化管理需求，平台权限管理可分为项目功能模块权限、用户功能权限、用户数据权限三类。平台应提供基于角色的权限访问控制机制，系统管理员可以自定义角色以及角色拥有的权限，并可以对用户针对不同的项目进行角色的设置。这样，首先可以设定每个用户对不同项目的访问权限，其次可以控制每个用户在不同项目中的功能权限，从而实现了对权限的灵活控制和配置。同时，BIM 平台通过用户面板的概念，进行了用户数据权限的管理。

（1）项目功能模块权限。平台设计中，上层应用采用插件式设计，每个功能模块属于不同的插件，在 Admin 后台中有配置网页，可以配置项目所启用的功能模块。在上层平台启动的过程中，可以通过相应 API 接口获取项目所启用的相应模块，进行对应加载。

通过平台的功能模块权限管理，可以实现不同项目加载不同的功能模块，从而实现某专业用户只使用本专业功能模块的需求，实现多专业的协同。

（2）用户功能权限。平台设计采用基于角色的权限访问控制（Role-Based Access Control，RBAC），在不同项目中可以自定义角色，对角色可以配置不同的功能权限。如图 10-5 所示，在 RBAC 中，权限与角色相关联，用户通过成为适当角色的成员而得到这些角色的权限。这就极大地简化了权限的管理。在一个组织中，角色是为了完成各种工作而创造，用户则依据它的责任和资格来被指派相应的角色，用户可以很容易地从一个角色被指派到另一个角色。角色可依新的需求和系统的合并而赋予新的权限，而权限也可根据需要而从某角色中回收。角色与角色的关系可以建立起来以囊括更广泛的客观情况。

平台可根据 PC 端、Web 端、手机端上单独的功能点划分功能权限，因此角色的权限控制非常细致灵活，可以完全根据用户的需求进行自定义。通过对用户配置项目中的角色，可以定义每个用户在不同项目中的不同操作权限，满足实际工程中同一个人在不同项目中具有不同权限的需求。

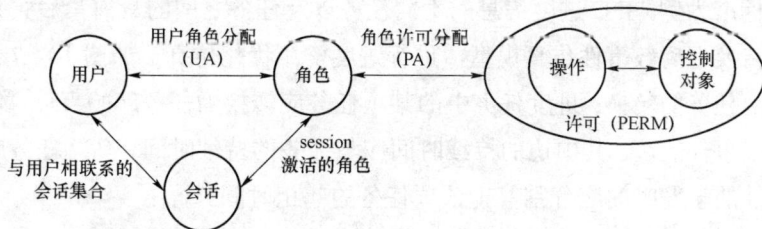

图 10-5 RBAC 架构

（3）用户数据权限。平台设计中，为了实现不同用户管理不同数据的需求，设计了用户数据权限管理机制：在平台中加入了用户面板的概念，数据可以属于某一个用户面板，这样用户就只能被属于这个用户面板的用户所管理。前端通过 API 获取数据的过程中，后台会根据用户来搜索其有管理权限的数据，将有权限数据返回给用户。

通过用户数据权限管理机制，平台可支持不同用户查看、管理对应数据的需求，可以应对 A 业务管理员只查看管理 A 的业务需求。

4. 施工资源配置优化技术

基于平台的建造全过程信息集成技术，可实现进度信息、资源信息与其他工程信息的有效集成，并统一保存到数据库中。可通过提取平台数据实现资源配置离散事件仿真模型的自动构建，将其与优化算法结合可实现模型求解，从而针对不同工期、资源配置目标进行工程施工进度与资源的均衡与优化。以此为基础，可形成如图 10−6 所示基于离散事件仿真及优化的资源配置优化框架，并可在此框架基础上，引入不同的优化算法对资源配置的离散事件仿真模型进行优化求解。

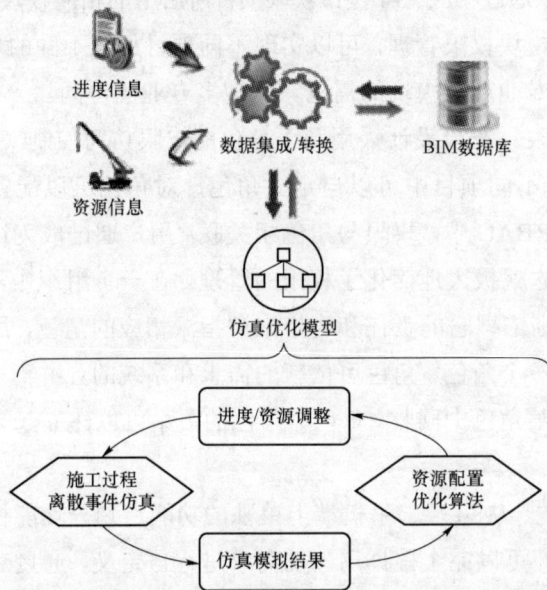

图 10−6　基于离散事件仿真及优化的资源配置优化框架

以 IFC 标准为例，IFC 进度信息的不同任务以及任务之间的紧前紧后关系可通过以下两个步骤转换为离散事件仿真模型，进行进度资源优化仿真，如图 10−7 所示。

（1）进度任务的转换：进度任务中的某项任务应转换为任务起始事件、任务结束事件与连接两个事件的边。其中边的持续时间应与任务的持续时间相等，任务起始事件和任务结束事件的触发时间应分别等于该项任务的起止时间。

（2）紧前紧后关系的转换：紧前紧后关系应转化为连接两项任务起始事件的边。鉴于离散事件仿真模型中一般不允许从触发时间晚的事件连向触发时间早的事件的边，因此，在处理紧前紧后关系的过程中，应考虑任务持续时间与紧前紧后关系时间设置的约束。根据任务起止时间 $s_A$、$f_A$ 与 $s_B$、$f_B$ 与不同紧前紧后关系的不同，该事件边应取不同的值。

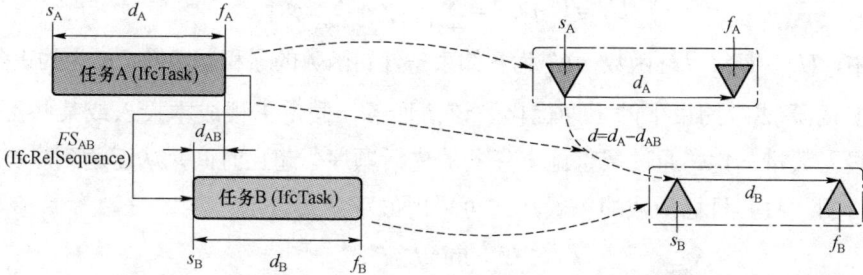

图 10-7　进度任务信息的自动转化

类似的，综合考虑资源使用类型的差异，IFC 标准中的施工资源可分为消耗型资源与占用型资源，如图 10-8 所示，任务节点（Ifc Task）与其占用的资源已通过 WBS 分解信息与资源之间的关系实体（IfcRel Assigns To Process）建立了关联。针对不同资源使用类型，可按照如下方式将资源信息转换到资源配置优化的离散事件仿真模型中：① 对某项任务使用的消耗型资源，可等效转化为任务起始事件触发时从该资源库存中减去相应的资源消耗量；② 对某项任务需要的占用型资源（或部分消耗型资源），则等效转化为任务起始事件触发时从其资源库存中减去该资源占用量，并在任务结束事件触发时归还等量该资源到其资源库存中。

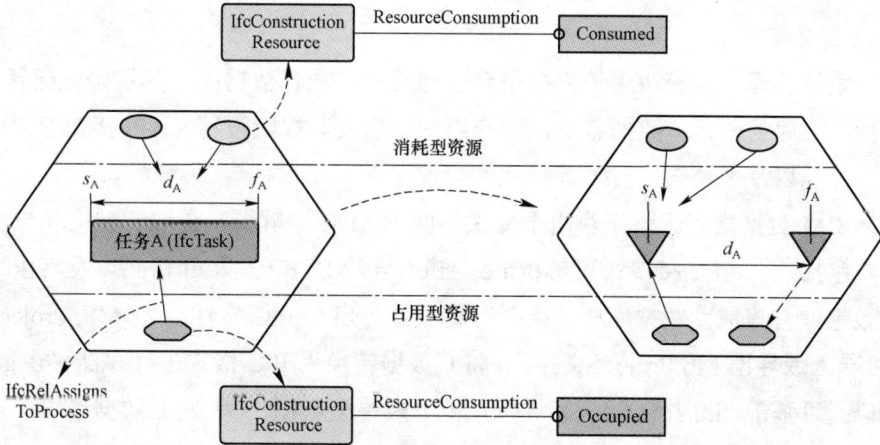

图 10-8　资源信息的自动转化

通常情况下，资源调度及优化问题往往与工程施工计划安排密切相关，因此该类问题又被视为资源—进度的均衡问题。此类问题可分为以下两种类型分别实现求解。

299

（1）工期约束下的资源配置优化。该情形假定为保证或缩减工期，需投入更多的工程施工资源，但鉴于资金等条件限制并不能投入无限制的工程施工资源，因此算法的优化目标是维持预期工期不变的情况下尽可能地控制或减少资源投入。其目标函数可采用如下公式表达：

$$U_f = U + U_p = \sum_0^n \omega_i \gamma_i + \sum_0^m \varphi_j q_j$$

其中，$U_f$ 为最终目标函数；$U_p$ 为各约束条件罚函数的累积罚函数；$m$ 为约束条件数。

（2）资源/成本约束下的工期优化。该情形下，假定工程成本投入或某些工程施工资源的投入数量一定，通过调整施工任务的先后顺序、起止时间，从而达到尽可能缩短工期的目的。故其目标函数的一般形式可采用如下方式表示：

$$U = \min_{r \in R} D(T_r)$$

其中，$R=\{r_1, r_2, \cdots, r_n\}$ 是所有可投入的工程施工资源不同投入组合的集合，$n$ 为资源投入组合数；$T_r=\{t_{1,r}, t_{2,r}, \cdots, t_{m,r}\}$ 是在资源投入组合 $r$ 条件下的所有施工任务的集合，$m$ 为施工任务数；而 $D(T_r)$ 是基于所有施工任务计算总工期的函数。

### 10.2.4　建造全过程信息化管理平台主要功能

结合上述分析及平台关键技术，装配式建筑建造全过程信息化管理平台功能可以分为三大类：一是底层支撑功能，包括系统管理、BIM 数据集成、BIM 数据处理、Web服务 API、图形引擎、数据监测分析等 6 个模块；二是资源配置优化等扩展性决策支持模块；三是设计（深化设计）、构件部品库、施工管理、工厂管理以及智慧工地等业务应用模块，如图 10-9 所示。各模块功能简述如下：

1. 底层支撑功能

（1）系统管理。该模块用于支持平台管理员建立项目数据库及其初始化配置工作。主要包括数据库的创建、数据备份，用户组织结构及其权限设置，API 接口权限设置、数据版本管理以及平台操作日志等功能。

（2）BIM 数据集成。该模块用于提供不同 BIM 数据解析、提取、转换和导出等功能。主要包括：① IFC 接口：可解析.ifc、.ifcxml 等 STEP 及 xml 格式以及其压缩格式的 IFC 数据，并集成到数据库中，同时可将数据导出为 IFC 文件；② MS Project 文件接口：可导入或导出 MS Project 文件，并将其数据转换为 IFC 格式进行存储；③ gbXML文件接口：可基于 xml 格式解析和导入性能分析模型数据；④ 监测数据接口：可通过csv 等格式导入能耗监测、安全监测等有关监测数据；⑤ 其他数据集成接口：可集成dxf 格式图纸数据、3dxml 格式 Catia 模型等数据，充分利用各类设计及模型数据；⑥ 非结构化文件接口：对文本、图片、音视频等数据进行存储和管理。

（3）BIM 数据处理。该模块主要用于支持其他功能模块共性的 BIM 数据分析及处理工作，包括：① 模型提取集成：根据具体应用场景或业务需求，从系统提取相应的数据，或将业务应用产生的数据动态更新到平台数据库；② 数据分类统计分析：利用分布式计算等技术实现有关数据的分类统计分析，提高数据处理效率；③ 模型轻量化：通过数据压缩、相似模型合并、传输优化以及动态加载等技术，减少模型传输量、提升模型显示效率；④ 数据缓存：将上述数据处理结果，以及轻量化数据等在服务端进行缓存处理，以提高有关数据服务效率，降低服务器数据库负载。

（4）Web 服务 API。该模块主要是平台其他功能模块对外开放功能的服务封装，除各功能模块有关功能外，还包括：① 授权校验：根据 API 调用参数判断调用方是否具有该 API 调用权限；② 使用跟踪：跟踪记录各应用软件调用方对 API 的调用情况，便于平台及时解决有关问题。

（5）图形引擎。该模块主要提供装配式建筑建造全过程信息管理的模型三维显示相关功能。主要包括以下几个具体功能：① 模型浏览：平台图形引擎提供基本模型浏览功能，包括缩放、平移、旋转等功能，以及显示、隐藏构件与调整显示效果的功能；② 视图剖切：图形引擎提供剖切面定义、调整与剖切视图创建功能，便于工程人员自行定义剖切视图、查看模型信息；③ 三维漫游：引擎提供模型室内外漫游功能，可交互式查看模型效果；④ 点选交互：平台提供构件点选、框选等多种交互选择方式，实现高效的模型选择、查看；⑤ 离线缓存：平台提供图形数据离线缓存功能，降低数据获取频率，提升数据加载效率。

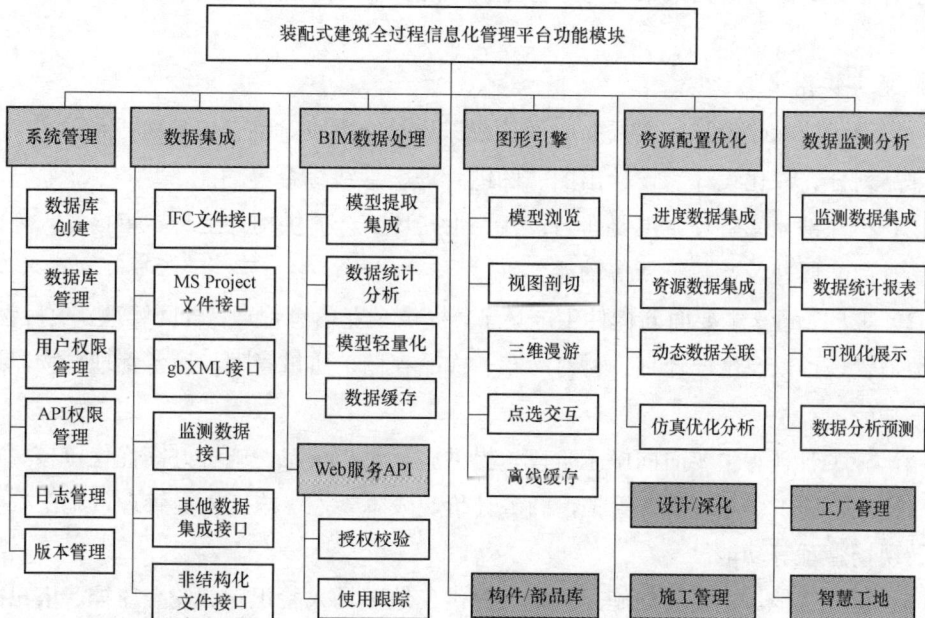

图 10-9　装配式建筑建造全过程信息化管理平台功能模块

2. 扩展性决策支持模块

（1）资源配置优化。该模块主要面向装配式建筑施工过程提供资源配置与进度优化功能，具体包括：① 进度数据集成：平台可基于 Microsoft Project 数据集成接口实现进度数据的自动导入，并可基于平台修改和完善有关进度数据。② 资源数据集成：平台可基于数据表格等方式自动导入工程资源数据，或通过手工录入等方式建立工程项目的资源信息。③ 动态数据关联：平台能够实现进度计划与模型的动态关联，提供手动关联、自动关联等方式，实现进度计划与设计 BIM 模型的集成。集成后，可在平台中对施工过程及施工工艺进行模拟，并为资源配置优化基础；同时，平台提供模型与清单算量与资源信息的动态关联，可通过自动或半自动方式构建模型与资源的关联信息。④ 仿真优化分析：平台根据前述关联建立的 BIM 模型，自动生成资源配置与优化模型，并基于人工智能算法求解资源配置优化模型，并对工程施工的关键资源需求进行分析和均衡，提高资源利用效率，节约时间与成本。

（2）数据监测分析。该模块主要面向装配式建筑物料管理及施工管理提供物联网监测功能，主要包括：① 监测数据集成：平台可将各物联网感知系统的能耗、沉降、测控定位等监测数据统一集成到 BIM 模型中，从而支持施工质量、安装精度等一系列指标的对比和分析。② 数据统计报表分析。③ 可视化展示：平台可将物联网监测数据与 BIM 模型关联，实现基于模型的数据可视化点选、交互与动态展示，更好地体现数据与模型的关系。④ 数据分析预测：同时平台可动态分析统计物联网监测数据，并采用人工智能等算法对数据未来趋势进行分析预测，辅助管理人员更好地决策与掌控工程进展。

3. 业务应用模块

（1）设计或深化设计。主要面向设计或深化设计阶段，整合或集成设计软件功能，提供部品划分、深化设计、设计出图、图纸管理、管线综合等功能。

（2）构件部品库管理。主要面向设计、生产环节，提供构件上传、审核、入库，以及部品查询、属性及参数更新等功能。

（3）工厂管理。主要面向构件生产环节，提供企业信息管理、合同管理、项目管理、生产数据管理，以及生产计划、材料库存、成品存储、质量管理、设备管理、物流运输管理等功能。

（4）施工管理。主要面向施工阶段，提供施工过程模拟、施工方案优化审核、可视化技术交底，施工质量检查、管控，商务计价、成本管控，施工人员管理，施工安全管控以及现场管理等功能。

（5）智慧工地。主要面向施工阶段，提供工地现场人脸识别、安全监控、塔吊防碰撞、智能安全帽接入、风险区域电子围栏等功能。

### 10.2.5 建造全过程信息化管理平台搭建

在有条件的情况下,大型装配式建筑企业可考虑自行研发或搭建建造全过程信息化管理平台。具体方式包括:自主开发或基于某些核心软件进行定制开发实现。其中,自主开发可参考本章第2~3节内容,组织团队进行平台研发。

1. 平台核心软件选型思路

在选择核心软件进行平台定制开发时,应充分考虑企业业务特点及需求,结合企业既有软件数据及接口特点进行软件选型。同时,平台核心软件应优先考虑采用云端或中心数据库存储,具有良好数据接口或 Web 服务接口的软件,为实现建造全过程数据集成管理与高效共享奠定基础。此外,在软件开发技术上,应考虑当前流行及具有大量技术人才积累的方案,避免平台开发、集成过程中因技术不成熟、人员不完备等带来不必要的损失。最后,平台核心软件厂家应提供良好、可持续的技术服务,以支持装配式建筑建造全过程信息化平台未来的长期、平稳运行。

2. 平台 Web 服务接口选型思路

当前,Web 服务实现的主流方案包括以下三种:

(1) XML–RPC:全称是 XML Remote Procedure Call,是一个用于远程过程调用的分布式计算协议。该协议通过 ML 封装调用函数,并使用 HTTP 协议作为传送机制。该协议最早由 UserLand Software 及 Microsoft 提出,并逐渐发展为下述 SOAP 协定。

(2) SOAP:全称是 Simple Ojbect Access Protocol,即简单对象访问协议。该协议标准由 IBM、Microsoft 等公司提出,并提交给万维网联盟。该协议按照 HTTP 通信协议实现不同应用程序之间的通信,并基于 XML 格式进行数据交换,从而使其实现独立于编程语言、平台和硬件。当前 SOAP 协议 1.1 版本已成为业界共同的标准,属于第二代 XML 协定。

(3) REST:其全称是 Representational State Transfer,由 Roy Thomas Fielding 博士提出。REST 定义了一套设计风格,该风格将所有的数据操作和访问行为均统一视为对资源的操作,并定义了一系列对资源的操作。REST 风格要求应用程序采用客户端和服务器结构,且连接协议应具有无状态性。符合 REST 设计风格的 Web API 被称为 RESTful API。

鉴于 REST 模式相较以上两种 Web 服务方案更加简洁,且具有通过缓存提高响应速度、扩展性好、不需额外资源发现机制、长期兼容性好等优点,越来越多的 Web 服务开始采用 REST 风格设计和实现。因此,建议平台搭建时基于 REST 模式设计相应 RESTful API 为全生命期各阶段应用软件提供 Web 服务。

RESTful API 一般从以下三个方面进行定义:

(1) 资源地址:亦即 Web 服务的地址,要求直观、简短,一般通过 URI 表示。

（2）传输的资源：即 Web 服务可以接收或返回的互联网数据类型，往往采用 JSON、XML 等数据格式进行描述。

（3）对资源的操作：Web 服务针对该资源可提供的一系列请求方法，往往与 HTTP 协议的 POST、GET、PUT、DELETE 等请求对应。

根据以上 REST 风格设计要求及规范，可设计表 10-2 所示 Web API 接口。

表 10-2　　　　　　　　　　主要 Web API 接口与 HTTP 操作对应列表

| API URI | API 简介 | Get | Post | Delete | Put |
|---|---|---|---|---|---|
| /project | 工程项目基本信息、项目分支管理 | 查询 | 更新/创建 | 删除 | — |
| /auth | 用户及 API 授权管理 | 查询 | 更新/创建 | 删除 | — |
| /file | 非结构化文档及其元数据管理 | 查询/下载文件 | 更新/创建 | 删除 | 上传文件 |
| /ifc/{col} | 结构化 IFC 数据管理 | 查询 | 更新/创建 | 删除 | — |

以上 API 接口可根据不同的请求附带不同的参数，如 Get、Post 等请求可附带对应的数据 ID，从而实现查询或更新相应数据的功能。

3. 平台集成建议

通常情况下，平台与已有软件及系统集成应采用如上所述 Web 服务接口的形式，可有效降低服务集成难度并提升服务升级改造的便捷性。当既有软件系统二次开发或定制开发困难时，可利用 IFC、XML 等已有开放数据格式进行数据交换，从而实现既有软件数据的共享与集成。如该方面仍存在困难，则可通过其他数据格式先导入 BIM 软件中，再通过 IFC 等格式实现有关数据与平台的集成。

## 10.3　基于 EPC 模式的装配式建筑建造全过程信息化管理案例

### 10.3.1　应用背景

裕璟幸福家园项目位于深圳市坪山区田头社区，总用地面积约 1.12 万 $m^2$，总建筑面积约 6.43 万 $m^2$，共 3 栋塔楼，设计总户数 944 户。其中，63$m^2$ 户型 360 套、52$m^2$ 户型 182 套、37$m^2$ 户型 402 套。这也是深圳首个采用 EPC 总承包模式建设的装配式保障房项目。该项目为装配整体式剪力墙结构，其预制构件包括预制剪力墙、预制叠合梁、预制叠合楼板、预制阳台、预制楼梯、预制混凝土内隔墙板等，现浇节点及核心筒采用铝模现浇施工。

裕璟幸福家园项目从设计开始，就实行标准化建设，即户型标准化、预制构件标准化、模具标准化、现浇节点标准化。同时，采用预制楼梯、楼板、阳台等构件，预制混凝土内隔墙板采用轻质混凝土条板，使项目的预制率达到 50%，装配率达 70%。同时，对预制构件进行深化设计，主要体现在"节点"设计方面，在保证结构连接安全的前提下，实现建筑的耐久性、保温节能性、防水性以及美观度的统一。

该项目采用 EPC 模式，利用建造全过程信息化管理平台，贯穿设计、加工、装配、运维各阶段，避免重复建模，实现设计—加工—装配一体化协同控制。引入基于 BIM 的虚拟制造和装配技术，减少生产、装配问题；同时，构建基于 BIM 的构件部品族库、生产模具族库与工装系统族库，并可整合部品件计算机辅助加工系统（CAM 系统）、构件生产信息化管理系统（MES 系统）、无线射频、物联网等信息技术，充分共享装配式建筑产品的设计信息、生产信息和运输等信息，为工程实时动态调整，制定科学完善、技术先进、经济合理的装配优化方案。

### 10.3.2 应用平台及应用流程

1. 平台概况

中建科技装配式建筑智能建造平台是一个基于 BIM 轻量化引擎的 BIM 平台，如图 10-10 所示，平台提供项目库、预制构件库、模型库三个层次的数据组织；用户可将项目中的 BIM 模型通过专用的客户端工具上传到服务器上，并提供在线浏览 BIM 数据的服务，作为共享、协同的基础；用户同时可以将预制构件、通用模型等共用的 BIM 模型和数据上传到服务器，方便在不同的项目中重用。

图 10-10 中建科技装配式建筑智能建造平台

平台的技术特点：① 后台管理功能强大，建立了合理的分权管理机制，用户管理规范真实高效，所有操作易学易用、操作简便；② 基于最新的 BIM 模型轻量化机制，使得用户通过互联网访问三维 BIM 数据无须长时间等待；③ 针对移动设备访问，做了专门的推送优化，以取得最好的交互体验和流量花费之间的平衡；④ 支持模型的重用。

## 2. 平台功能简介

（1）BIM 设计管理。如图 10-11 所示，通过智能建造平台，储存部品库和构件库。根据预制构件的功能，构件库将预制构件分为"PC 外墙""PC 内墙""叠合楼板""预制楼梯""叠合梁""预制阳台及空调板"六个分类。点击分类，展示该分类下的全部预制构件点击预制构件、构件三维模型及构件信息。部品库包括"卫浴模块"和"厨房模块"两个模块，可以查看各类部品的效果图、厂家、尺寸等信息。

构件库管理示例

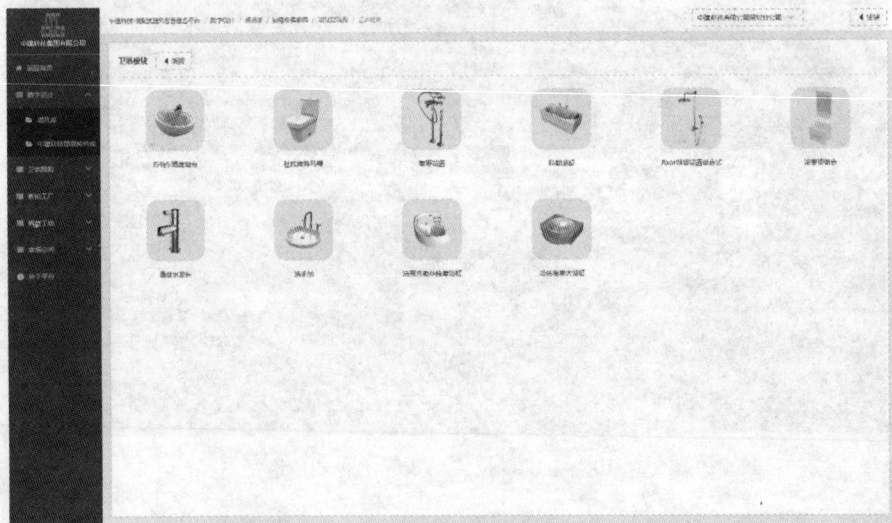

部品库管理示例

图 10-11　构件库/部品库管理示例

如图 10-12 所示，在装配式建筑 BIM 应用中，应模拟工厂加工的方式，以"预制构件模型"的方式来进行系统集成和表达，这就需要建立装配式建筑的 BIM 构件库。通过装配式建筑 BIM 构件库的建立，可以不断增加 BIM 虚拟构件的数量、种类和规格，逐步构建标准化预制构件库和部品库。

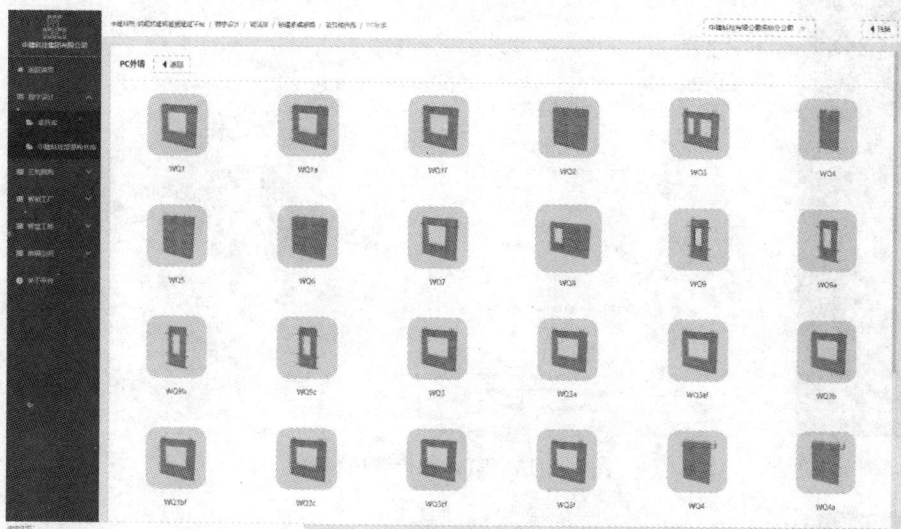

PC 外墙 BIM 构件库

PC 外墙信息展示示例

图 10-12　PC 外墙 BIM 构件库及信息展示示例

（2）云筑采购管理。如图 10-13 所示，在采购模块可以三维模型的形式展示楼层的结构，查看房屋的构件和家具，在三维模型中，可以精确查询构件或家具的详细信息，显示造价表。如图 10-14 所示，将这些需要订购的材料、构件等信息，通过云技术传递到中建股份的云筑网上，实现由二级公司到集团公司的数据对接，进行精确快速的采购。

307

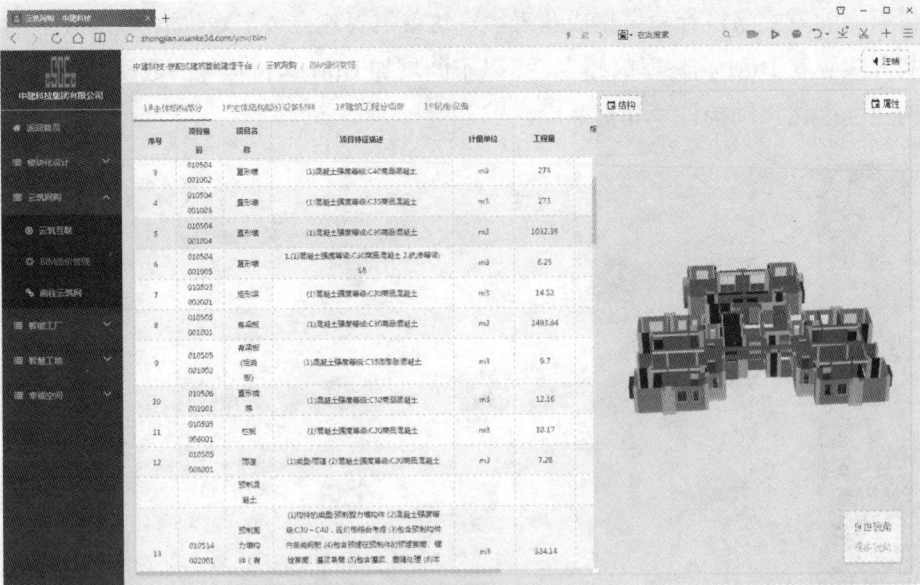

图 10-13　BIM 造价管理示例

图 10-14　云筑互联示例

（3）工厂生产管理。该模块功能主要包括企业信息管理、工厂管理、合同管理、项目管理、生产数据管理、生产计划管理、材料库房管理、生产管理、成品库房管理、质量管理、设备管理、物流管理、施工管理、系统接口数据管理和技术管理。

1）项目管理。项目管理模块是对供应构件的项目进行初始化工作，包括项目立项、BIM 设计数据导入、工厂项目查询、项目开工令、BIM 模型展示，如图 10-15 所示。项目开工令的发出，意味着生产数据和专用模具已经齐备，可以开始正式进入构件生产阶段，也是生产计划编制的起点。

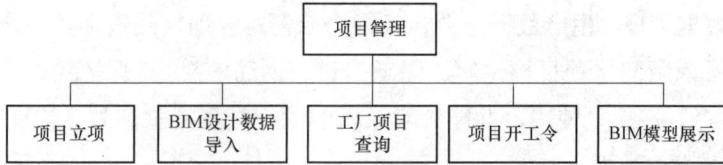

图 10-15 项目管理

2）合同管理。公司统一对构件、原材料、设备模具、物流、劳务合同进行管理。对合同履行跟踪，台账可以进行数据追溯，并能向上和向下进行数据钻取，多维度查询合同信息、执行情况、付款状况、变更情况、结算情况、供应商信息等。

3）供应商与客户管理。系统从供应商的基本信息、组织架构信息、联系信息、法律信息、材料价格、财务信息和资质信息等多方面进行管理，再通过对供应商的供货能力、交易记录、绩效等信息进行综合管理，达到优化管理、降低成本的目的。

客户管理是健全、改善公司与客户之间关系的模块，模块用来确定客户满意度，对客户构成进行分析，深度分析利润构成，并巩固与现有客户的忠诚度。

4）多工厂管理。系统对各工厂生产流程统一规范化管理，分级授权生产业务过滤，规范标准生产工艺，生产工序配置化。通过自定义工艺工序，形成工艺工序序列，并可以对工序定义为普通工序或关键工序，以适应不同工厂的管理水平。

5）公司决策支持。模块是为高层管理层提供"一站式"（One-Stop）决策支持的管理信息中心。通过详尽的指标体系，实时反映企业的运行状态，将采集的数据形象化、直观化、具体化。根据不同角色，显示不同主页，公司决策者可以动态地查看到项目、合同情况及各个工厂产能饱和度等信息。

6）数据一体化设计、生产数据一体化。PKPM-BIM设计过程所生成的BIM数据，生产管理系统可以接口或导入的形式直接接收，如带信息的三维构件、加工构件所需要的物料表（BOM）等，如图10-16所示。

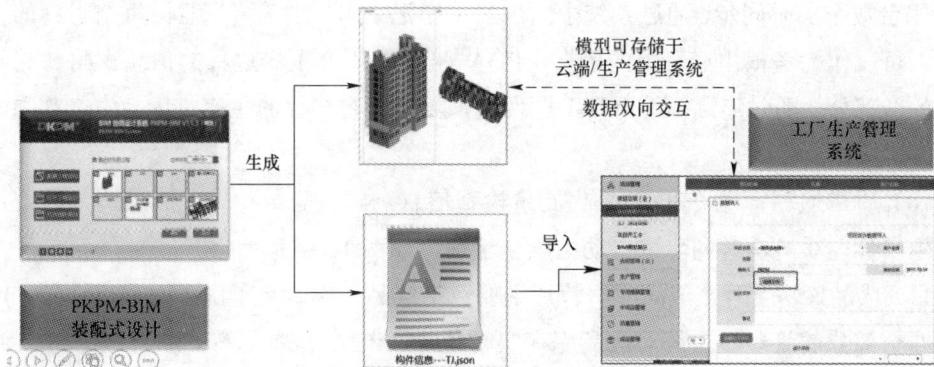

图 10-16 BIM数据导入逻辑图

7）生产数据管理。生产数据主要包括四个来源：自动接收设计数据，构件库选择，Excel 导入，录入新建。项目构件库、图纸信息、钢筋信息、预埋件信息、配筋图、主视图、俯视图等直接接收使用，并能针对录入的生产数据提供高效、快捷的拆分方式，准确拆分到每栋楼每一层。

8）生产计划安排。按生产线、项目、楼号、楼层、构件类型，提前下达日生产任务单，待生产构件数量、已生产构件数量一目了然。根据日生产任务单，提前领取生产所需用料，根据施工顺序生成构件唯一身份证号。下达任务单后，进入待产池，打印构件身份证，根据生产任务生成每个构件唯一编码，构件信息与 BIM 模型信息同步，如图 10-17 所示。

| | 项目名称 | 楼号 | 层号 | 构件类型 | 设计型号 | 构件方量 | 累计生产总数 | 月计划生产数量 | 月实际生产数量 |
|---|---|---|---|---|---|---|---|---|---|
| 1 | 哈尔滨工业大学深圳校区扩建工程项目 | 2A栋 | 23F | 平板式外墙 | 2-WQ5F | 0.7620 | 1 | 0 | 1 |
| 2 | 深圳监狱保障性住房项目 | 3号楼 | 18F | 叠合梁 | 3#DKL7c | 0.2410 | 1 | 0 | 1 |
| 3 | 深圳监狱保障性住房项目 | 3号楼 | 32F | 平板式外墙 | 3#WQ1F | 0.9130 | 1 | 0 | 1 |
| 4 | 深圳监狱保障性住房项目 | 3号楼 | 22F | 叠合楼板 | 3#DBD67-1F | 0.1360 | 2 | 0 | 1 |
| 5 | 深圳监狱保障性住房项目 | 3号楼 | 32F | 叠合楼板 | 3#DBS67-5F | 0.3620 | 7 | 0 | 4 |
| 6 | 深圳万科金域领峰花园 | 4栋 | 23F | 预制凸（飘）窗 | Q4R | 1.5230 | 1 | 0 | 1 |
| 7 | 哈尔滨工业大学深圳校区扩建工程项目 | 2B栋 | 14F | 楼梯 | ST-33-26F | 1.0420 | 2 | 0 | 2 |
| 8 | 深圳监狱保障性住房项目 | 3号楼 | 22F | 叠合梁 | 3#DKL7c | 0.2410 | 1 | 0 | 1 |
| 9 | 深圳监狱保障性住房项目 | 1号楼 | 27F | 平板式外墙 | 1#WQ4 | 0.8120 | 3 | 0 | 1 |
| 10 | 深圳万科金域领峰花园 | 2栋 | 28F | 预制凸（飘）窗 | Q1 | 1.5140 | 1 | 0 | 1 |
| 11 | 深圳监狱保障性住房项目 | 3号楼 | 31F | 预制内墙板 | 3#NQ2a | 1.4170 | 1 | 0 | 1 |
| 12 | 深圳中航华府花园工程项目 | 1号楼 | 32F | 叠合楼板 | YLB-A1R | 0.4460 | 1 | 0 | 1 |
| 13 | 深圳万科金域领峰花园 | 4栋 | 23F | 预制凸（飘）窗 | Q2R | 1.2460 | 2 | 0 | 2 |
| 14 | 东莞万科东江之星项目 | 7号楼 | 8F | 阳台侧板 | YGZ2R | 0.4300 | 1 | 0 | 1 |

图 10-17 生产计划安排示例

9）生产过程管理。系统对每个构件的生产过程、工序流程进行管理，采集每道关键工序，记录工序开工时间、完工时间、班组、操作工、设备加工等信息，并根据构件标准生产工艺，使用 PDA 采集生产过程每道关键工序信息。构件生产状态与生产系统、BIM 平台数据实时同步，通过系统中的生产工序记录卡实时查看、监控每个工序的作业时间，可以作为考核生产班组的依据，PDA 采集的所有生产过程的信息都将作为构件信息的一部分，随时追溯，不用到工厂现场，随时查看构件的生产进度、生产状态，当前生产工序。

10）质量追溯管理。PDA 采集质量检查信息，质量隐蔽检查、成品质量检查，数据与生产管理系统实时同步，自动生成合格证，如图 10-18 所示。

11）成品库房管理。成品库房管理主要包括成品入库、装车出库、发货计划、成品退库四个部分的管理。系统对成品库存实时统计，PDA 成品入库，数据与系统实时同步，并严格按发货计划使用 PDA 装车出库，出库按发货计划规则进行，PDA 出库数据与系统实时同步，如图 10-19 所示。

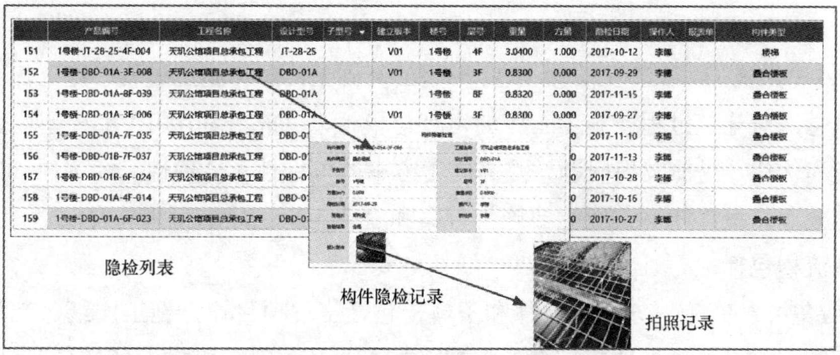

图 10-18　质量检查示例

图 10-19　发货计划示例

12）项目形象进度。系统可按层、楼、项目动态实时统计构件状态；按未生产、在生产、待安装、已安装构件状态生成项目形象进度，数据与构件实际状态实时同步，并可追溯查询，如图 10-20 所示。

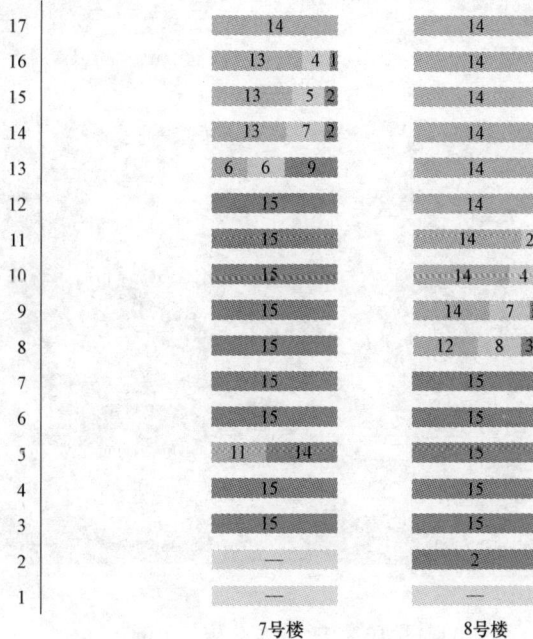

图 10-20　形象进度展示

（4）现场施工管理。

1）装配化施工。在施工阶段 BIM 模型的基础上，添加施工过程、施工流程、施工工序等信息，对施工过程或施工工序的可视化模拟，并充分利用 BIM 模型对施工方案进行分析和优化，提前发现问题，提高施工方案的可行性、合理性、经济性，提高施工方案审核效率，最终能够实现主要施工方案和复杂施工工序的可视化交底。

工作流程包括：

① 收集并编制施工方案的文件和资料，包括工程项目设计施工图纸、工程项目的施工进度和要求、可调配的施工资源概况（如人员、材料和机械设备）、施工现场的自然条件和技术经济资料等。

② 根据施工方案的文件和资料，在技术、管理等方面定义施工过程附加信息并添加到施工模型中，构建施工过程演示模型。该演示模型应当表示工程实体和现场施工环境、施工机械的运行方式、施工工序和顺序、所需临时及永久设施安装的位置等。

③ 如图 10-21 所示，结合工程项目的施工工艺流程，对施工作业模型进行施工模拟、优化，选择最优施工方案，生成模拟演示视频并提交施工部门审核。

④ 如图 10-22 所示，基于综合优化后的 BIM 模型，对预制构件施工安装重点部位进行施工工序及工艺模拟及优化，包括吊装、滑移、提升等，垂直运输、模板工程等通过施工模拟简化施工工艺及施工技术，优化各专业穿插施工工序，确保现场统一作业面各专业施工不出现交叉作业现象。

图 10-21 装配化施工示例

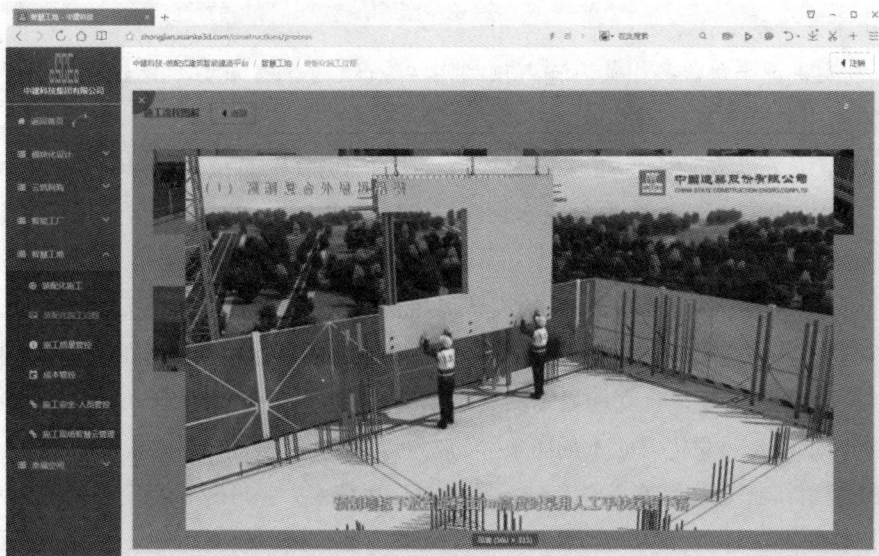

图 10-22 装配化施工过程示例

交付成果包括：

① 施工方案和复杂施工工序过程演示模型：模型应当能够表示施工过程中的施工顺序、相互关系及影响、施工资源、措施等施工过程及流程信息。

② 施工方案和复杂施工工序过程演示视频、图片或文档。

2）施工质量管控。如图 10-23 所示，通过二维码对预制构件进行全生命周期信息追溯，通过手机扫描二维码可查询预制构件从生产到验收的所有信息，使预制构件信息、质量管理规范化、透明化，有效提高装配式建筑建设质量。

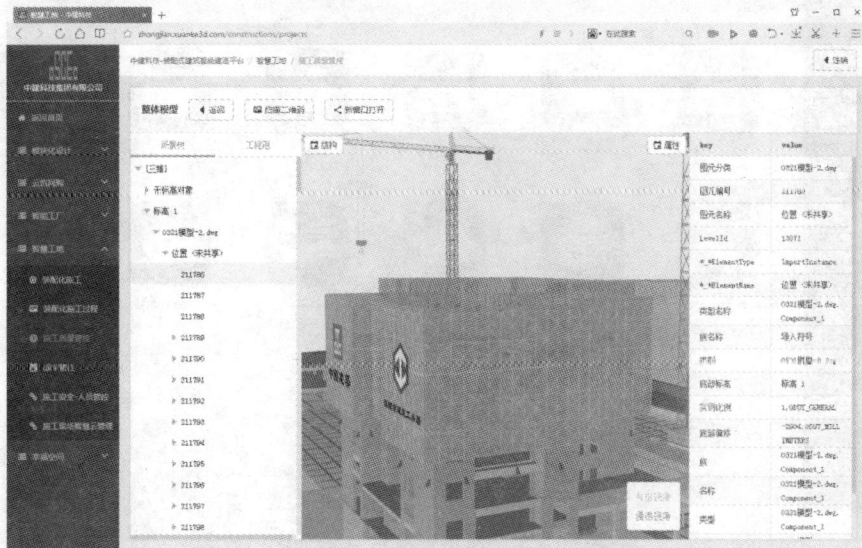

图 10-23 施工质量管理示例

工作流程包括：

① 利用管理平台，各相关方输入预制构件生产、入库、出库、运输、进场、安装、验收阶段的相关信息。

② BIM 负责人及业主方通过扫描二维码对预制构件信息进行监督管理。

3）成本管控。智能建造平台成本管理模块是基于 BIM 技术的自动化算量方法，可以更快地计算工程量，及时地将设计方案的成本反馈给设计师，便于在设计前期阶段对成本的控制。其次，基于 BIM 技术的设计可以更好地应对设计变更。

BIM 软件与成本计算软件的集成将成本和空间数据进行了一致性的关联，能够自动检测哪些内容发生变更，直观地显示变更结果，并将结果反馈给设计人员，使他们能清楚地了解设计方案的变化对成本的影响。

BIM 模型在施工过程中需要及时记录各种变更信息，并形成各个变更版本，为审批变更和计算变更工程量提供基础数据。结合施工进度数据，按施工进度提取工程量，为支付申请提供数据依据。

在深圳项目管理平台，可以将工程量分类汇总，根据深圳市装配式建筑定额进行清单计算，生成相应的表单信息，附带相应的计算式支持查询。投标阶段，共生成 8 万多个，如图 10-24 所示。

图 10-24　成本管控示例（一）

图 10-24  成本管控示例（二）

4）施工安全—人员管控。如图 10-25 所示，智能建造平台通过物联网技术，将物联网接收器遍布整个工地，将芯片放置在安全帽或通过手机定位，对人员位置进行实时监控，检测其是否接近危险源。通过面部识别技术，进行门禁管理，有效控制人员进出并统计劳动力。

图 10-25  施工安全人员管控示例

5）施工现场智慧云管理。如图 10-26 所示，智慧工地模块产生的数据，可以对接到集团的云平台上，实现了数据的层级传递，方便上级单位进行统筹管控，并且实现单位内的数据储存与共享。

图 10-26　施工现场智慧云管理示例

（5）幸福家园。

VR 体验模块。如图 10-27 所示，幸福家园模块用全景形式展示室内装修风格，并支持通过热点进行场景切换，运用 VR 技术，让用户仿佛置身于真实的样板间中，更加直观地体会装修设计师的匠心。

图 10-27　VR 体验模块示例（一）

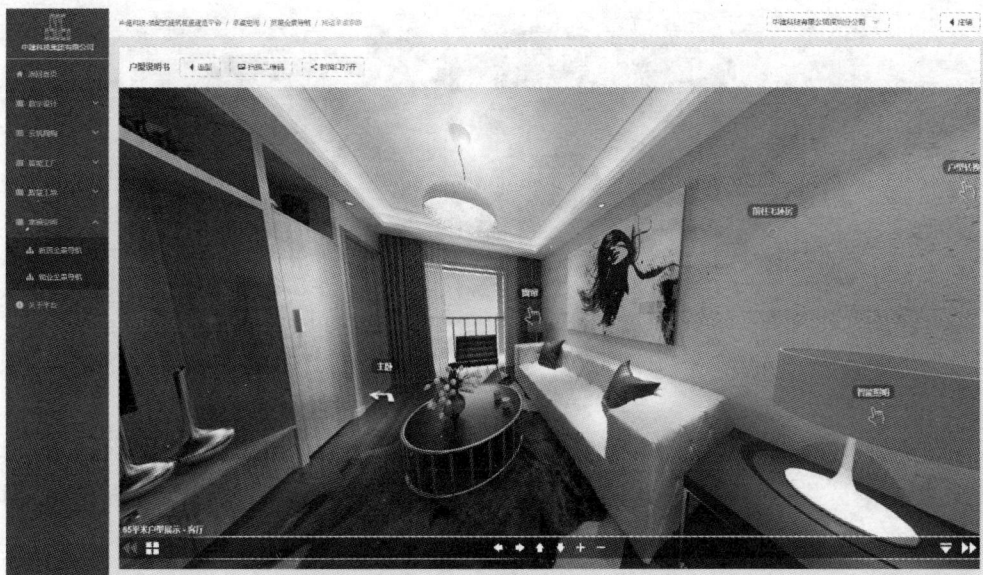

图 10-27　VR 体验模块示例（二）

### 10.3.3　应用范围及应用效果

1. 管理平台的应用范围

通过整合以上各应用环节，形成一体化设计管理平台，分为私有云服务器，线下专业软件部署，线下设计成果线上上传，基于线上管理平台进行业务管理，最终实现线下线上的信息交互联动，如图 10-28 所示。

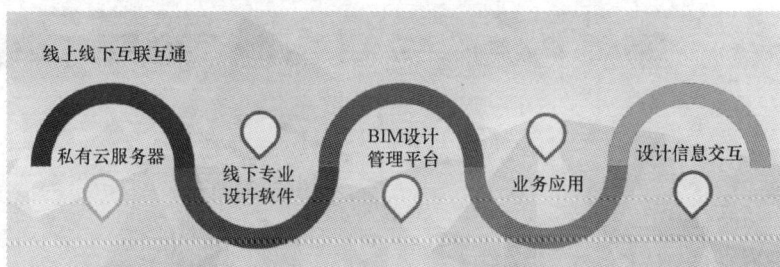

图 10-28　线上线下互联互通

实现云端协同的 EPC 模式：设计阶段应用、商务阶段应用、生产阶段应用、施工阶段应用、装修阶段应用，如图 10-29 所示。

2. 管理平台各环节的具体应用

（1）企业云。中建科技基于"企业云"的装配式建筑协同平台及企业标准《装配式建筑设计 BIM 协同规则》，设定了设计资源标准、设计行为标准和设计交付标准，实现了"全员、全专业、全过程"的"三全"BIM 应用。

图 10-29　云端协同 EPC 模式

（2）线下设计成果——带信息的轻量化 BIM 模型。全员 BIM，即 BIM 不只是三维画图，更要全员共用、共享；全专业 BIM，即同一模型，一体设计；全过程 BIM，即设计、加工、装配一体，EPC 管理核心。

（3）协同方式。采用 BIM 方式可以实现点对面的协同模式，通过互联网技术更可以打破地域的限制，实现跨区域的工作协同。目前可采用虚拟桌面实现局域网基于同一服务器进行协同工作，在保证带宽的前提下可以实现远程登录服务器进行协同工作，另一种方式是通过不同地域的服务器进行同步备份实现协同工作，如图 10-30 所示。

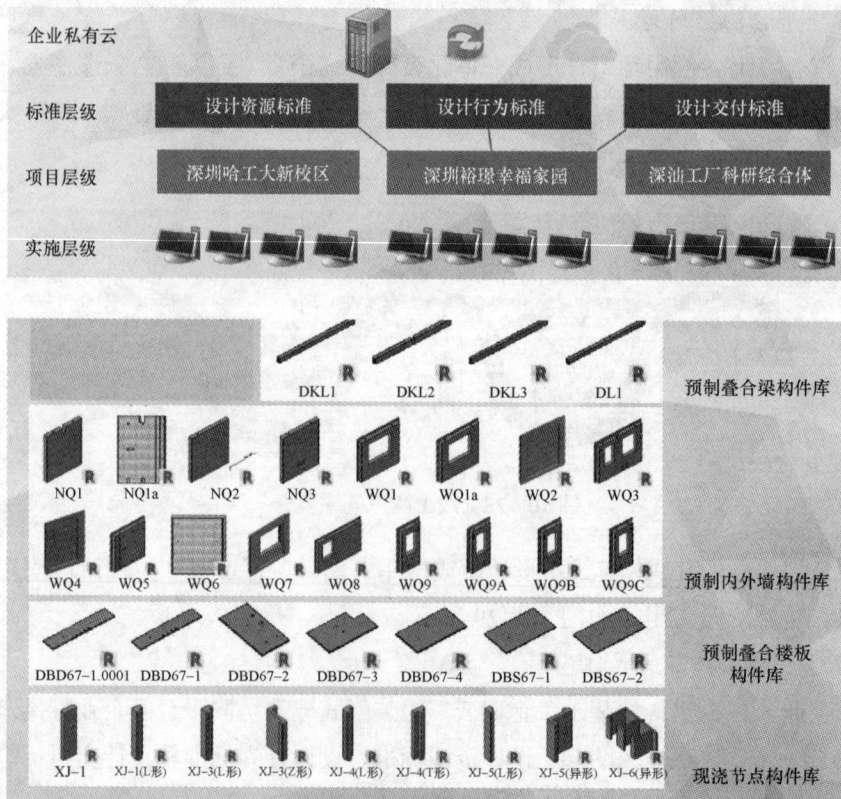

图 10-30　云端协同 EPC 模式

318

3. 智能建造平台的经济效益与成果

深圳项目管理平台将各个流程模块化，整合到各个功能模块。通过云数据库储存信息，实现信息的共享与传递。通过共同的 BIM 模型，实现各个参与方的工作协同，包括各专业设计师工作的协同，在同一模型上完成各自的设计工作，查阅每一构件的工程信息，每一个预制构件的属性信息可以集成汇总。

本装配式建筑智能建造平台拥有三大成果：

（1）通过 BIM 技术一体化协同，实现了模块化设计，个性化定制。在设计过程中可以适时与业主交互，提供个性化的服务，让"建筑不再是遗憾的艺术"。

（2）集成装配式建筑全产业链信息，为建筑全生命周期提供基础数据支持。本平台将装配式建筑全产业链条的数字信息集成在 BIM 模型中，实现了设计、采购、生产、施工和运维全过程的信息交互，为物联网应用、智能工厂和智慧工地的部署提供了基础数据支持。

（3）提供更加绿色环保、品质优良的建筑产品供给，并提供智能化、数字化的"幸福空间"。平台的建设以引领建筑业实现"中国制造 2025"为目标，既保障了绿色、节能、质量更好、性能更优的建筑产品的供给，也能提供一个数字化虚拟的"幸福空间"，不仅让业主在美好的体验中了解各种建筑信息，而且能提供诸如照明模拟、建筑体检等实用功能。

装配式建筑智能建造平台集成了中国建筑在装配式建筑领域的创新成果和系统性优势，以"互联网+"时代的创新创业新智慧，构建引领行业转型发展的智能建造产业新平台，如图 10-31 所示。

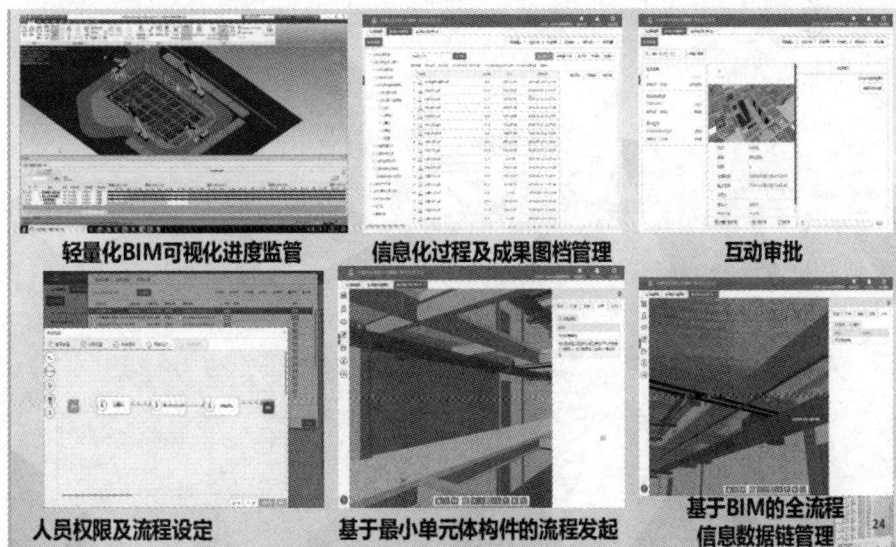

图 10-31　装配式建筑智能建造平台示例

# 参 考 文 献

［1］代庆斌，查丽娟，肖晓丽. DBB 模式下基于网络平台的建设项目管理运作体系研究［J］. 平顶山工学院学报，2007（05）：33－36.

［2］林佳瑞. 面向产业化的绿色住宅全生命期管理技术与平台［D］. 北京：清华大学土木工程系，2016.

［3］ZHANG J，LIU Q，HU Z，et al. A multi－server information－sharing environment for cross－party collaboration on a private cloud［J］. Automation in Construction，2017（81）：180－195.

［4］林佳瑞，张建平. 基于 BIM 的施工资源配置仿真模型自动生成及应用［J］. 施工技术，2016，45（18）：1－6.

［5］LAURENT S S，JOHNSTON J，DUMBILL E，et al. Programming web services with XML－RPC［M］. O'Reilly Media，Inc.，2001.

［6］FIELDING R T. Architectural styles and the design of network－based software architectures［D］. University of California，Irvine，2000.

# 第 11 章　装配式建筑信息化发展趋势展望

## 11.1　引言

　　本行业发展报告前面章节已对装配式建筑从设计到生产、再到施工的全生命各个阶段的信息化发展现状进行了全面总结。当前装配式建筑领域的信息化应用已有诸多能够提高生产力的使用场景，每种场景下均有较为成熟的软硬件平台的技术支持、并已在不同装配式建筑项目中进行了实践。随着信息（IT）时代到数据（DT）时代的逐渐过渡，精益建造（Lean Construction）理念下管理水平的不断提高，信息技术的不断革新，装配式建筑作为传统建筑业向工业化转型的核心，其信息化仍有较大发展空间。

　　建筑业的生产力提升依赖于管理水平的提升和技术的进步，装配式建筑的信息化发展同样依赖于"管理+技术"的组合拳。在管理方面，当前我国装配式建筑项目采用最多的项目交付模式依旧是传统的设计—招标—建造（Design-Bid-Build，DBB）模式。由于装配式建筑产品化的特点，设计、生产、施工必须要密切配合，而 DBB 模式各阶段相互割裂导致其不利于装配式建筑项目的实施。现阶段，为解决 DBB 模式的缺陷，EPC（Engineering Procurement Construction，工程总承包）模式已在装配式建筑中开始使用，但一种更为集成、更依赖于信息化、更有利于高效协同工作的项目交付模式才应是未来的发展趋势。在技术方面，当前装配式建筑领域的信息化技术应用大多停留在将软硬件平台作为工具来使用，而未来技术的应用将逐渐向智能化过渡，信息化技术将从提升生产力的工具转变成生产力本身。管理和技术的发展相互支撑，二者缺少其一，另外一者都无法发挥出最大效用。

　　本章将结合装配式建筑信息化领域的前沿研究，从管理和技术两方面对装配式建筑信息化发展趋势进行展望。

## 11.2 集成化交付模式的采用

现阶段，我国装配式建筑项目鼓励采取 EPC 模式。在 EPC 模式下，总承包单位受建设方的委托，按照合同的约定对项目设计、采购、生产、施工、试运行等装配式建筑全生命期中的部分或全部阶段进行承包，在一定程度上实现了设计—生产—施工一体化，有利于提高项目的综合效益。但 EPC 模式仍存在一些不足之处：总承包方和建设方仍是两个独立的个体，在合作的同时还存在利益冲突；总承包方和分包方也是独立的个体，分包方不能有效参与进设计—生产—施工一体化的过程。因此，EPC 模式还不能使各参与方目标一致，从而达到最理想的高效协同工作状态。装配式建筑的低成本依赖于设计—生产—施工一体化，而协同工作的不足是导致当前我国装配式建筑成本仍高于一般建筑的主要原因之一。

集成项目交付（Integrated Project Delivery，IPD）模式是在欧美等发达国家发展起来的一种新兴的项目交付模式。美国建筑师协会将 IPD 模式定义为：一种项目交付方法，即将人员、系统、业务和实践整合到一个流程中，所有参与者充分利用智慧和实践经验，在项目所有阶段优化、改善建造流程，通过减少浪费为项目增加价值，最大限度地提高项目整体效率和价值。

在 IPD 模式下，项目的建设方、设计方、生产方、总承包方、分包方等参与单位签订多方合同，组合成为收益共享、风险共担的利益共同体，通过协同合作的方式制定决策并完成项目的建设。同时，IPD 模式要求各个参与方在项目早期就参与进来，利用各自的专业知识及经验，提高项目初期决策的有效性，减少后期错误的发生，从而降低产生浪费的风险。

IPD 模式相较于传统的项目交付模式，具有两个主要优势。首先，在 IPD 合同的约束和激励机制的刺激下，项目的各个参与方不再是相互对立的个体，而是拥有统一目标的利益共同体，彼此之间可以共享知识、经验及信息，从而进行无缝的、高度集成的协同工作，各参与方间的关系将从传统模式下的"零和博弈"转变为"融合发展"。其次，IPD 模式在项目开始阶段就将主要参与方都确定下来，使他们可以在项目的规划和设计阶段就加入工作，贡献自己的知识和经验，共同完成最优化的设计方案，以减少项目生产、施工阶段由于变更所导致的浪费和损失。这种工作模式将使得传统模式下在项目生产和施工阶段的大量资源投入逐渐向设计阶段转移，虽然设计阶段所花费的时间和成本都会相应增加，但总体来看，项目的总效益将得到提升。据外国学者统计，在其考察的 IPD 项目中，70.3%的项目节约了成本，59.4%的项目缩短了工期。

装配式建筑的生命周期和一般建筑相比多了生产和运输两个阶段，与之对应的项目参与方也多了生产方和运输方，因此其整个项目团队及协同工作将更加复杂，如何将多参与方集成在一起至关重要。另外，装配式建筑的设计阶段应是面向生产和安装的设计（Design for Manufacturing and Assembly，DfMA），即在设计阶段需要充分考虑后续预制部品、构件的生产、运输及现场安装方面的问题，如何进行设计集成同样重要。而 IPD 模式的两大优势则可以有效解决装配式建筑多参与方集成和设计集成两方面的问题。

此外，装配式建筑作为建筑业工业化转型的核心，使用由制造业的精益生产（Lean Production）演变而来的精益建造相关方法也是必然趋势，如目标价值设计（Target Value Design，TVD）、基于集的设计（Set–based Design，SBD）和末位计划系统（Last Planner System，LPS）。其中，TVD 是一种一边进行设计、一边对设计成果进行评估，以保证设计成果能够严格满足事先制定的成本、质量、功能等方面目标的设计过程；SBD 是对所有可能的设计方案进行同步设计，并在细化的过程中逐步淘汰有明显缺陷的设计方案，以选出最优方案的并行设计方法；LPS 是除了要考虑当前已完成的工作（Did）和当前按照进度需要完成的工作（Should）外，还要考虑由于现实环境与计划执行情况的约束而能够完成的工作（Can）以及在约束允许的前提下，实施人员决定要完成的工作（Will），以提高制定计划的可靠性的进度计划制定方法。IPD 模式目标一致且各参与方提前参与的特点使其非常适合于推行精益建造方法。

IPD 模式是高度协同工作的项目交付模式，对各参与方之间的信息交流沟通有着更高的要求，这就使 BIM 技术、云技术、大数据技术、物联网技术、移动互联网技术、智能化技术等信息化技术的重要性得以凸显，BIM 技术是其中的核心。在 IPD 模式下，装配式建筑的建设方、设计方、生产方、总承包方、分包方甚至后期的运维方将在设计阶段基于"一个 BIM 模型"进行目标价值设计，以达到精益求精的各阶段设计方案。这"一个 BIM 模型"将是整个项目全部信息的载体；如果不使用 BIM 技术，项目各参与方的信息很难集成，不能保证无缝交流沟通，进而无法达到 IPD 模式和精益建造的要求。因此，一方面，BIM 等信息化技术高效集成应用是保证 IPD 项目成功实施的关键；另一方面，IPD 模式也推动信息化技术在建筑业应用的发展，是信息化技术发挥其最大价值的最佳平台之一。

在现阶段，由于制度和市场环境方面的不完善，IPD 模式在我国的推行使用仍有很长的路要走；此外，IPD 模式如何整合装配式建筑实施流程也有必要进一步研究。但在建筑工业化的道路上，IPD 模式能够将装配式建筑、信息化、精益建造等理念和技术有机结合在一起，从管理方面增加装配式建筑项目的价值，势必会成为未来发展趋势。

## 11.3 智能化技术的应用

当前，我国装配式建筑信息化发展能够保证在项目的不同阶段有合适的软硬件平台来支持相应的使用场景，但仍有较大发展空间。一方面，现有软硬件平台较为分散化，没有形成能够覆盖装配式建筑全产业链的生态系统；另一方面，许多前沿技术还未真正在建筑业落地，现有应用未达到智能化。本节将在技术层面，针对这两方面问题，提出装配式建筑信息化发展的四个方向。

### 11.3.1  数据交互和协同工作基于云开展

装配式建筑实施过程涉及设计、生产、运输、施工等多个环节，众多参与方间如何进行高效的数据交互和协同工作对项目能否成功至关重要。当前，装配式建筑项目的各参与方都有自己的信息化应用系统，设计方有自己的设计软件，生产方有自己的生产管理系统，运输方有自己的物流管理系统，施工方有自己的施工管理系统，但这些应用系统往往没有统一的数据标准和数据格式，缺乏相互交互的接口，由此造成各参与方间信息断层、交流不顺畅，从而影响协同工作的效率。

因此，未来有必要研发并使用面向装配式建筑的基于云的 BIM 系统，作为项目各参与方数据交互和协同工作的平台。整个装配式建筑项目在该基于云的系统上维护"一个 BIM 模型"；项目的各参与方则可以根据事先约定好的数据标准和系统提供的接口将该系统与己方的各业务系统对接，对"一个 BIM 模型"进行更新，其他方则可以实时在该系统上接收到更新并提供自己的反馈。基于云的 BIM 系统保证了数据交互的及时性，同时使得各参与方信息对等，进而能够激励高效率的协同工作。

此外，基于云的 BIM 平台还能进一步促进先进技术的集成使用，如 BIM–VR 集成、BIM–GIS 集成等，这将有利于精简装配式建筑的实施流程，提高决策效率。在设计阶段，BIM–VR 集成，可以使各参与方在虚拟场景中直观地游览设计成果并进行讨论，甚至可以直接通过 VR 对 BIM 模型进行修改；在施工阶段，它可用于技术交底，向施工人员直观展示复杂预制构件的施工工序。通过 BIM–GIS 集成，可以将运输中的预制构件的地理位置信息与 BIM 模型中预制构件施工进度计划信息相关联，以根据预制构件运输的事实情况动态地对施工进度计划进行调整，以降低预制构件运输到场提前或延迟所造成的损失。

在信息化发展初期，可以面向重点装配式项目建立这样的基于云的 BIM 系统，为项目提供服务；在积累了一定经验之后，可以建立企业级的基于云的 BIM 系统，为企业的各个装配式项目提供服务，特别是那些业务涵盖装配式建筑多个阶段的总承包企业；最后，在理想情况下，应由行业软件公司牵头，建立行业级的基于云的 BIM 系统，为整个装配式建筑业保驾护航。

### 11.3.2  人工智能算法的全面应用

近些年来，人工智能（Artificial Intelligence，AI）越来越受到人们的关注，相关算法也已广泛应用于各行各业。在建筑业，人工智能算法在建筑生命期各个阶段的应用已有不少研究，但距离真正落地还有一段距离。随着人工智能本身快速的更新发展以及装配式建筑信息化水平不断地进步，相关算法也势必会普及于装配式建筑实施的各个阶段，进而全面实现智能化。

设计阶段，尽管现在信息化水平高的项目都直接采用基于 BIM 的设计，然而 BIM 建模仍是一个烦琐耗时的过程，一定程度上阻碍了 BIM 技术的应用。人工智能算法的出现，将有望辅助人来进行基于 BIM 的设计，甚至完全替代掉人的工作。一方面，人工智能可以遵循事先定义好的规则和标准，根据人工输入的实际需求和约束，应用标准化的部品部件，自动生成若干建筑、结构等设计方案，供人来比选；另一方面，人工智能还可以对人的设计方案进行优化。现阶段，已有不少关于基于 BIM 的自动化设计的研究，例如基于 Revit 的装配式木结构板式构件的拆分设计插件等，但大部分研究都针对局部问题，不能做到自主化的完整设计，距离真正智能化仍有差距。

目前，我国装配式建筑项目以住宅项目为主，而住宅项目一般建筑和结构形式都比较单一，易于标准化，因此较为适合基于 BIM 的人工智能自动设计的研究和试用。此外，装配式建筑面向生产的设计（Design for Manufacturing，DfM）、面向物流的设计（Design for Logistics，DfL）、面向安装的设计（Design for Assembly，DfA）、面向生产和安装的设计（Design for Manufacturing and Assembly，DfMA）等设计方法也可以集成进人工智能。例如，在设计完成的 BIM 模型基础之上，使用人工智能根据标准化预制构件对模型进行拆分，以满足生产、运输和安装的需要；或人工智能使用标准化预制构件，在实际需求的约束下，直接给出由标准化预制构件拼装组成的设计模型。

装配式建筑的预制构件生产和运输阶段，可以使用人工智能来进行生产进度计划的编排和优化以及物流的调度。由于这两个阶段与制造业类似，有较为丰富的经验可以借鉴，因此相关的研究已非常多，也有不少实际的应用，例如本报告第 6 章所介绍的装配式构件信息管理系统就已具有一键排产的功能。未来在生产和运输阶段人工智能算法的应用趋势在于如何与 BIM 技术进行集成，并形成综合考虑生产、运输和施工的进度计划编排和优化方法。

装配式建筑施工阶段，同样可以使用人工智能算法来进行施工场地布置的优化、预制构件吊装顺序的优化以及施工进度计划的编排和优化。以钢筋混凝土建筑为例，传统现浇建筑往往将单个施工段的钢筋绑扎、模板支设和混凝土浇筑分别整体作为一项任务，施工进度计划编排也以单个施工段的单个分项工程作为最小任务单位；但装配式混凝土建筑施工中，由于各个预制构件的吊装位置、施工工序、所需资源都不尽相同，故应以单个构件的施工为施工单位，进行精确到构件和构件施工工序级细度的施工进度计划编排和优化，从时间上来讲，即做到小时级的排程。要完成这样的工作，不能依靠人的知识和精力，而需要人工智能算法自动从装配式建筑 BIM 模型中自动提取所需信息，并自动进行施工进度计划的编排和优化。

人工智能算法在装配式建筑设计、生产、运输、施工等各阶段的全面应用，将使得整个产业链更加自动化、智能化，为装配式建筑全过程的精细化管理提供支持，加速建筑工业化进程。

### 11.3.3　机器人和3D打印辅助建造

推广装配式建筑的缘由之一是为解决当前人口老龄化加剧、劳动力成本上升的问题，而机器人、3D打印等自动化技术恰好也是该问题的解决方案。在制造业，3D打印制造和配备机器人的自动化生产线已广泛应用。在装配式建筑中，机器人和3D打印技术也有所应用：在生产阶段，有全自动或半自动生产线上的各种自动化机具；在施工阶段，有放样机器人、砌筑机器人、幕墙安装机器人、在工厂内使用树脂材料3D打印建造再运输到施工现场安装的桥等。但现有机器人或3D打印多依赖于人事先规定好的指令来进行物理上的操作，未来的发展趋势在于将机器人和3D打印技术与BIM技术进行集成，让机器人或3D打印可以自动提取BIM模型中的信息、自动转化成指挥物理操作的指令以自动完成相关工作。当前，国内许多建筑企业都积极投入建筑机器人和3D打印方面的研发，但建筑业真正实现具有实用价值的建筑机器人、解放劳动力仍有很长的路要走。

### 11.3.4　大数据下的可持续发展

在建筑业向工业化转型的过程中，相关标准会越来越完善、数据格式也会越来越统一，使得行业会越来越规范化；在EPC模式和IPD模式"一个BIM模型"的推动下，项目的数字化交付将会成为主流；另外，数字化交付也将推进数字化运维的实行。这些有助于装配式建筑业的数据积累，形成基于BIM的行业大数据。有了行业大数据，就可以使用大数据技术挖掘数据当中所隐含的潜在信息，如设计阶段预制构件的尺寸设计对施工进度、成本有何影响，对运维阶段建筑的表现有何影响等。利用这些潜在信息，可以构建基于大数据的装配式建筑评价体系；在未来新的装配式建筑项目中，使用该评价体系对装配式建筑设计、生产、施工等各个阶段的工作和流程进行优化，从而充分利用并发挥数据的价值。大数据的积累和利用是在装配式建筑全产业链上循环往复的过程，产业链上游向下游传递数据，数据的潜在价值再反过来指导上游的业务流程，形成可持续发展的装配式建筑业。

## 11.4　结语

集成化的交付模式和智能化技术应用是未来装配式建筑信息化发展的两大趋势。集成化的交付模式应用将以BIM技术为核心的智能化技术应用集成在一起，通过技术来优化装配式建筑生产力；智能化技术应用能为集成化交付模式的协同工作提供支持，使之通过高效率、精细化的管理来增加装配式建筑项目的综合效益。信息化驱动下的装配式建筑发展将会带动未来建筑业的工业化转型。

## 参 考 文 献

[1] AIA. Integrated Project Delivery：A Guide［EB/OL］.［2019.04.08］http://info.aia.org/siteobjects/files/ipd_guide_2007.pdf.

[2] Ma J，Ma Z，Li J. An IPD－based incentive mechanism to eliminate change orders in construction projects in China［J］. KSCE Journal of Civil Engineering，2017.

[3] Kent D C，Becerikgerber B. Understanding construction industry experience and attitudes toward Integrated Project Delivery［J］. Journal of Construction Engineering and Management，2010，136（8）：815－825.

[4] Ma Z，Zhang D，Li J. A dedicated collaboration platform for Integrated Project Delivery［J］. Automation in Construction，2018，86：199－209.

[5] 马智亮，李松阳."互联网+"环境下项目管理新模式［J］. 同济大学学报（自然科学版），2018，46（7）.

[6] 马智亮，李松阳. IPD 模式在我国 PPP 项目管理中应用的机遇和挑战［J］. 工程管理学报，2017，96（5）.

[7] Jin R，Gao S，Cheshmehzangi A，Aboagye－Nimo E. A holistic review of off－site construction literature published between 2008 and 2018［J］. Journal of cleaner production，2018.

[8] Chen K，Xu G，Xue F，et al. A physical Internet－enabled Building Information Modelling system for prefabricated construction［J］. International Journal of Computer Integrated Manufacturing，2017：1－13.

[9] Yin X，Liu H，Chen Y，Al－Hussein M. Building information modelling for off－site construction：review and future directions［J］. Automation in Construction，2019，101：72－91.

[10] Liu H，Singh G，Lu M，Bouferguene A，Al－Hussein M. BIM－based automated design and planning for boarding of light－frame residential buildings［J］. Automation in Construction，2018，89：235－249.

[11] Yang Z，Ma Z，Wu S. Optimized flowshop scheduling of multiple production lines for precast production［J］. Automation in Construction，2016，72：321－329.

[12] Kong L，Li H，Luo H，Ding L，Zhang X. Sustainable performance of just－in－time（JIT）management in time－dependent batch delivery scheduling of precast

construction〔J〕．Journal of cleaner production，2018，193：684-701．

〔13〕Hong WK，Lee G，Lee S，Kim S．Algorithms for in-situ production layout of composite precast concrete members〔J〕．Automation in Construction，2014，41：50-9．

〔14〕Wang Y，Yuan Z，Sun C．Research on assembly sequence planning and optimization of precast concrete buildings〔J〕．Journal of Civil Engineering and Management，2018，24（2）：106-15．

〔15〕Liu H，Al-Hussein M，Lu M．BIM-based integrated approach for detailed construction scheduling under resource constraints〔J〕．Automation in Construction，2015，53：29-43．

〔16〕中国新闻网，国内首座"一次成型"3D 打印桥建成使用寿命 30 年〔EB/OL〕．〔2019.04.11〕https://baijiahao.baidu.com/s?id=1622367348970978878&wfr=spider&for=pc.

〔17〕Park J，Cho YK，Martinez D．A BIM and UWB integrated mobile robot navigation system for indoor position tracking applications〔J〕．Journal of Construction Engineering and Project Management，2016，6（2）：30-39．

# 编　后　记

　　《中国建筑业信息化发展报告：装配式建筑信息化应用与发展》秉承客观公正、科学中立的原则和宗旨，探究了我国装配式建筑全过程信息化应用与发展现状及趋势，总结归纳了装配式建筑信息化应用的理论体系和实践情况，展现了信息化技术在装配式建筑中应用的巨大价值，为信息化技术与装配式建筑的广泛应用和深度融合提供了系统性的理论和实践指导，利于推动我国装配式建筑实现真正的"三化"融合发展。

　　本书适合建设行业各级政府主管部门人员，设计企业、构件（部品）生产企业、施工企业、材料设备供应商等装配式领域管理、技术人员，从事建设领域信息化的研究人员、高等院校相关专业师生等阅读。

　　本书由住房和城乡建设部信息中心主持编写。第1章由广联达科技股份有限公司完成；第2章由住房和城乡建设部信息中心、广联达科技股份有限公司合力完成；第3章由广联达科技股份有限公司完成；第4章由广州粤建三和软件股份有限公司完成；第5章由中国建筑设计研究院有限公司、中设数字技术股份有限公司、北京市建筑设计研究院有限公司、北新集团建材股份有限公司等合力完成；第6章由北京市住宅产业化集团股份有限公司、北京市燕通建筑构件有限公司、镒辰集团天津奥特浦斯机电设备有限公司、内梅切克软件工程（上海）有限公司、亚泰集团沈阳现代建筑工业有限公司、北京榆构有限公司、上海建工材料工程有限公司等合力完成；第7章由中建一局集团建设发展有限公司、北京城建集团有限责任公司合力完成；第8章由中建钢构有限公司完成；第9章由汉尔姆建筑科技有限公司、杭州迅维智能科技有限公司合力完成；第10章由清华大学、北京城建房地产开发有限公司、中建科技有限公司、上海建工集团股份有限公司等合力完成；第11章由清华大学完成。

　　感谢长沙远大住工智能科技有限公司、北京建谊投资发展（集团）有限公司、筑库（上海）信息科技有限公司、山东品通机电科技有限公司等提供案例和相关资料。

全书统稿工作由清华大学马智亮教授完成。

在本书编写过程中，中国建筑集团有限公司给予了大力支持；广联达科技股份有限公司承担了大量的调查研究、资料整理等工作，在此表示衷心感谢！

由于时间仓促，疏漏之处在所难免，恳请广大读者批评指正。

本书编写组